LA

QUESTION PHYLLOXÉRIQUE

LE GREFFAGE

ET

LA CRISE VITICOLE

FASCICULE III

LA

QUESTION PHYLLOXÉRIQUE

LE GREFFAGE

ET

LA CRISE VITICOLE

PAR

Lucien DANIEL

PROFESSEUR DE BOTANIQUE APPLIQUÉE A LA FACULTÉ DES SCIENCES DE RENNES
CHARGÉ PAR LE MINISTRE DE L'AGRICULTURE
D'ÉTUDIER LES EFFETS DU GREFFAGE DANS LE VIGNOBLE FRANÇAIS

FASCICULE III

BORDEAUX
IMPRIMERIE G. GOUNOUILHOU
9-11, RUE GUIRAUDE, 9-11

1911

LA

QUESTION PHYLLOXÉRIQUE, LE GREFFAGE

ET LA CRISE VITICOLE

Fascicule III

DEUXIÈME PARTIE

LES VIGNES AMÉRICAINES ET LA RECONSTITUTION

(Suite)

II. La variation spécifique des vignes greffées

Dans les deux précédents fascicules, nous avons étudié les variations de nutrition générale et constaté que la Vigne, comme toutes les plantes greffées, était soumise aux lois générales qui régissent les symbioses mutualistiques et antagonistiques.

La partie relative aux variations des résistances du sujet et des greffons a démontré par des faits nombreux et précis que le greffage, tant par l'action du bourrelet que par les différences de capacités fonctionnelles entre le sujet et le greffon, pouvait avoir des conséquences désastreuses pour la santé et les produits des vignes reconstituées [1].

Enfin l'étude des variations spécifiques chez un certain nombre de végétaux autres que la vigne a fait voir qu'aucun caractère spécifique n'est invariable d'une façon absolue, soit dans le sujet, soit dans le greffon, mais que tous les caractères sont susceptibles de varier plus ou moins dans des conditions encore insuffisamment précisées.

Il résulte de là que les hypothèses dogmatiques de la conservation absolue des caractères, même les plus minimes, des plantes greffées, de l'autonomie du greffon et du sujet et de la conservation intégrale de leur chimisme propre, doivent aujourd'hui disparaître de la science comme est disparue l'hypothèse de

[1] Cette année encore (1910), les maladies cryptogamiques ont sévi avec une terrible intensité sur le vignoble reconstitué, à tel point que les viticulteurs désemparés ne savent plus à quel saint se vouer. Ces faits justifient mes théories une fois de plus et montrent la justesse de mes prédictions. Finira-t-on par se rendre à l'évidence et par suivre les conseils *désintéressés* que j'ai donnés depuis une dizaine d'années? Supprimera-t-on enfin la cause de tous ces maux au lieu de suivre aveuglément des avis *intéressés?*

Cuvier sur la « fixité des espèces », dont elles sont en quelque sorte le corollaire obligé.

En effet, des faits de plus en plus nombreux relevés dans les diverses branches des sciences naturelles ont amené les naturalistes à adopter la « variabilité de l'espèce ». Ces faits peuvent se classer en deux grands groupes :

1° Les variations dans le temps;

2° Les variations dans l'espace.

Les variations dans le temps ont été observées et bien étudiées par les géologues qui ont suivi avec soin les transformations successives de certains êtres et montré toute l'importance des séries de formes ou *mutations* (1) suivies de couche en couche à travers les périodes géologiques. On conçoit que cette catégorie de variations n'ait pu jusqu'ici être établie dans le cas particulier de la greffe. Les premières connaissances sur ce point remontent à quelques milliers d'années seulement. C'est là un très minime espace de temps par rapport à la longue durée des plus courtes périodes géologiques.

En outre, les faits anciens manquent de précision, et l'on ne pourrait se documenter à la longue à ce point de vue que par l'établissement des musées horticoles où seraient poursuivies pendant plusieurs générations, à l'aide de la même méthode, des études comparatives sérieuses.

Si, faute de semblables créations, nous ne savons que peu de choses sur les variations dans le temps chez les plantes greffées, l'existence de ces variations dans les êtres autonomes suffit à montrer l'inanité des prétentions de ceux qui les nient *a priori* et ont prétendu prouver la fixité absolue des caractères du sujet et du greffon d'après des recherches faites en une ou deux années sur quelques végétaux isolés !

C'est, en effet, à ceux qui nient la variation dans l'espace à prouver que le temps est un facteur négligeable, que la variation dans le temps ne peut se manifester. Apportant des faits positifs sur les variations dans l'espace de certains végétaux greffés, ces faits actuels m'ont suffi, en effet, à montrer la possibilité de la variation en général; c'est ce que ne peuvent faire tous les faits négatifs du monde.

Qu'il s'agisse d'ailleurs des variations dans le temps ou des variations dans l'espace, des faits géologiques ou des faits actuels, on sait que la variation s'effectue avec une vitesse variable suivant les types considérés. On a vu qu'il en est ainsi pour les végétaux greffés : les hybrides de greffe de Néflier et Aubépine apparaissent tardivement quand certains hybrides de greffe entre plantes herbacées se montrent la première année de la greffe.

La variabilité, en général, se traduit par un polymorphisme tantôt presque insignifiant, tantôt intensif. Chez les végétaux greffés, les exemples précédemment cités montrent que la variation se comporte de la même manière.

Il résulte de cette variabilité que, dans la nature, il apparaît « des groupes de formes reliées les unes aux autres par des passages insensibles et dans lesquels on doit distinguer les *variétés* produites un peu partout autour d'un type spécifique moyen et des races d'ordre géographique, locales ou régionales, dues aux conditions de milieu et qui s'écartent parfois très sensiblement du type primitif.

« Ces formes ont été prises pour des espèces et décrites comme telles, tandis que ce terme devrait être réservé aux groupes de formes nettement séparés des groupes voisins, si l'on met à part quelques cas rares d'hybridation (2). »

Faut-il s'étonner si, dans ces conditions, la notion d'espèce reste toujours discutée et discutable, puisqu'elle est éminemment subordonnée au point de vue

(1) Remarquons que le mot *mutation* n'est pas employé au sens que lui a donné depuis Hugo de Vries.

(2) Ch. Dépéret. — *Les transformations du monde animal.* Paris, 1907.

particulier de chaque naturaliste? Ces divergences sont telles que la nomenclature binaire est sur le point de faire place à la nomenclature trinominale, et que trois noms ne suffisent même plus pour désigner certaines formes obtenues en horticulture.

La variabilité peut être progressive ou régressive chez les êtres vivants en général. Les plantes greffées se conforment à cette règle; chez elles, la variation s'exerce en plus ou en moins, par addition ou soustraction (1).

Certains types ont pris une spécialisation de structure telle qu'ils ne sauraient plus varier que dans une même direction. L'adaptation a une limite L chez ces êtres, et si les causes de variation continuent à agir, ils finissent par dégénérer et par mourir sous l'influence des changements de milieu. Ce sont là des données fondamentales que des géologues, en particulier Cope, ont lumineusement mises en évidence par l'étude des formes fossiles ayant persisté à travers les âges ou aujourd'hui éteintes. Or, il paraît en être de même chez les végétaux greffés : j'ai cité des exemples d'améliorations et de détériorations et fait voir que la dégénérescence de certains types sous l'influence de greffes répétées est malheureusement un fait indéniable, en opposition formelle avec les dogmes de l'autonomie du sujet et du greffon.

La variation ne porte pas obligatoirement sur tous les organes constituant l'individu, mais elle peut se manifester sur un organe isolé ou sur un ensemble d'organes. Plusieurs organes d'un même individu peuvent même varier dans des sens différents. Ce genre de variabilité a été désigné par Kowalesky sous le nom d'adaptation fonctionnelle. Les greffes précédemment décrites nous ont révélé des faits d'adaptation fonctionnelle. Tantôt, en effet, un ou plusieurs organes varient, et dans les cas d'organes différents la variation peut être de même sens ou de sens différent, prévue ou imprévue.

Enfin l'on a établi, et c'est là un fait de la plus haute importance tant pour la théorie que pour la pratique, que les modifications dues aux circonstances extérieures se transmettent plus ou moins par voie de génération et qu'elles se conservent par hérédité tant que de nouvelles causes de variations n'interviennent pas. Les faits relatifs à l'influence du sujet sur la postérité du greffon et *vice versa* ont montré que, sous ce rapport, les plantes greffées se conforment aux lois générales de la variation telles que les ont établies les naturalistes modernes.

Quelle est la cause de l'apparition des variétés et des races? La grande majorité des savants la considère comme inconnue. Les hypothèses actuelles ne suffisent pas à tout expliquer.

Personnellement, il me paraît qu'elle a son origine dans les variations lentes ou brusques de la capacité fonctionnelle des plantes, dans les déséquilibres de nutrition $Cv \gtrless Ca$ consécutifs au croisement (déséquilibres congénitaux) ou dans les déséquilibres provoqués naturellement ou artificiellement par les changements si variés des milieux interne et externe des êtres par l'action des agents extérieurs inertes ou vivants. Toutes ces causes ont une répercussion plus ou moins profonde sur l'exercice de l'aliment et sur les fonctions vitales. Dans ces conditions, la variation est une fonction de la nutrition, dans les limites de la suralimentation ou de la disette tolérables par un organisme donné (2).

Cette conception s'accorde fort bien d'ailleurs avec l'hypothèse de Lamarck (adaptation aux besoins physiologiques et aux conditions de milieu); avec l'hypothèse de la variation brusque de Geoffroy Saint-Hilaire, reproduite de nos jours

(1) Pourtant, combien de fois ne m'a-t-on pas, en viticulture, reproché le fameux greffage en plus ou en moins dont j'avais parlé au Congrès de Lyon !

(2) L. Daniel. — *Les facteurs morphogéniques chez les végétaux (Revue bretonne de botanique)*. Rennes, 1909.

par quelques naturalistes désireux de battre en brèche le transformisme; avec l'hypothèse de Darwin sur la coexistence de variations brusques et de variations lentes comme avec la sélection [1].

Il était nécessaire de bien préciser toutes ces données générales relatives à la variation avant de passer à l'étude particulière de la Vigne. Les connaissant, il sera facile de savoir si la Vigne se comporte comme les autres plantes ou bien si elle fait exception dans le règne végétal.

Un certain nombre de questions se posent naturellement à l'esprit de celui qui cherche la vérité pour elle-même.

Les espèces de Vignes sont-elles nettement délimitées, ou bien s'agit-il d'un groupe de formes très variables reliées les unes aux autres et présentant des variétés ou des races géographiques?

Une vigne donnée possède-t-elle des caractères spécifiques (au sens de caractères d'espèce, de race ou de variété) absolument invariables, *immuables*, quelles que soient les circonstances de milieu où elle est obligée de vivre, de se développer ou, ce qui revient au même, quelles que soient les opérations culturales qu'on lui fait subir?

Les caractères spécifiques de cette plante sont-ils, au contraire, plus ou moins malléables, plutôt relatifs et susceptibles de se modifier à des degrés divers, brusquement ou progressivement, sous l'influence des facteurs morphogéniques divers, comme cela se passe dans le reste du règne végétal, ainsi qu'il a été précédemment démontré?

En particulier, le greffage, ce facteur morphogénique dont l'action se révèle parfois si puissante chez divers végétaux, ne peut-il provoquer des morphoses particulières au lieu de maintenir, comme on l'a affirmé, tous les caractères, même les plus minimes, d'une vigne européenne ou d'une vigne américaine déterminée? Ne peut-il y avoir production d'hybrides de greffe entre les vignes greffées, ce terme étant pris dans le sens que je lui ai donné à propos de la greffe en général?

S'il y a variation et non maintien absolu du type, quelles en sont les conséquences pour le vignoble reconstitué? Les variations désignées sous le nom de variations de nutrition pouvaient être bonnes ou mauvaises au point de vue utilitaire : en est-il de même pour les variations spécifiques? Sont-elles suivies de conséquences immédiates ou celles-ci sont-elles seulement à longue échéance? Peuvent-elles être prévues ou sont-elles au contraire absolument inattendues?

On peut se demander aussi quels sont les caractères les plus faciles à modifier; si, en combinant les associations symbiotiques d'une façon particulière, on peut arriver à atténuer des caractères défectueux ou à exalter des caractères utiles, un peu à la façon dont on opère pour le croisement sexuel, etc., etc.?

Certes, il y a là toute une série de questions aussi passionnantes pour l'homme de science que pour le viticulteur. C'est à leur examen que sera consacré le troisième fascicule de cet ouvrage.

Toutefois, avant de passer à l'étude des variations constatées dans les vignes greffées, il est nécessaire, ne fût-ce que pour éviter les malentendus :

1° D'indiquer les caractères, tant génériques que spécifiques, des Vignes

(1) L'antagonisme entre la variation lente et la variation brusque n'existe pas. Soit une plante susceptible de se modifier sous l'influence d'une force F. Il est clair que F peut s'établir brusquement ou par l'action d'une somme de petites forces $f + f' + f'' ... + f^n = F$, forces égales ou inégales, agissant dans des temps égaux ou variables, mais de telle façon que la force f^n agit comme la goutte d'eau qui fait déborder le vase. Il résulte de là que si l'on n'a pas pu ou su observer ces forces successives $f, f', f'' ... f^n$, ce qui est un cas très fréquent, on constate seulement leur résultante finale. Il peut se faire alors que l'on prenne une variation lente pour une variation brusque. Or, beaucoup de variations considérées comme brusques sont fatalement des variations lentes, car on n'a observé tardivement qu'une résultante, étant donnée l'ignorance où était l'observateur de la véritable origine et des conditions de vie de l'être considéré.

d'espèces pures et de leurs hybrides, de façon à préciser nettement les points particuliers sur lesquels aura porté une morphose consécutive à une greffe donnée;

2° De montrer que, dans les vignes franches de pied et par conséquent à l'état autonome, l'on constate des variations spécifiques plus ou moins profondes causées par un facteur morphogénique isolé ou par l'action simultanée de plusieurs facteurs morphogéniques dont elles sont alors les résultantes.

Dans cette partie, tout à la fois botanique et viticole, je m'appuierai exclusivement sur les travaux des botanistes et des ampélographes considérés comme classiques en la matière, c'est-à-dire sur ceux de Planchon, de Millardet, d'Arbaumont, etc. Ce sont ces mêmes travaux dont se sont servis également les adversaires de mes théories, bien qu'ils n'aient pas toujours indiqué la source où ils puisaient sans compter. Si certains aiment à utiliser la collaboration des vivants, d'autres préfèrent celle des morts(¹), qui sont moins exigeants et ne se plaignent jamais des plagiats dont ils sont victimes.

A. Caractères généraux des Ampélidées ou Vitacées, de leurs genres, espèces ou variétés.

La Vigne appartient à la famille des Ampélidées ou Vitacées, qui renferme les Célastrales à étamines épipétales.

Les plantes de cette famille sont tantôt de petits arbres *(Lea)*, tantôt des arbrisseaux grimpant à l'aide de vrilles raméales oppositifoliées, à feuilles isolées, simples ou composées, palmées ou pennées, fréquemment stipulées. La ramification est ordinairement mixte, c'est-à-dire que la tige présente en même temps une ramification latérale ou monopodique et une ramification en dichotomie sympodique hélicoïde.

Les fleurs sont petites, régulières, hermaphrodites ou unisexuées, pentamères ou tétramères en général. Elles présentent entre l'androcée et le gynécée un disque nectarifère annulaire, cupuliforme ou lobé. L'ovaire libre est biloculaire, chaque loge renferme deux ovules anatropes; le style est court et le stigmate simple.

Le fruit est une baie monosperme ou polysperme. Les graines sont à test fort dur; elles renferment un albumen corné et un embryon droit.

La famille des Ampélidées comprend dix genres : 1. *Vitis* Tourn.; 2. *Ampelocissus* Planch.; 3. *Pterisanthes* Blume; 4. *Clematicissus* Planch.; 5. *Tetrastigma* Miquel; 6. *Landukia* Planch.; 6, *Parthenocissus* Planch.; 8. *Ampelopsis* Michaux *(pro parte)*; 9. *Rhoicissus* Planch.; 10. *Cissus* Linn. *(pro parte)*.

Les neuf derniers genres n'ont qu'un intérêt ornemental ou purement botanique.

Les *Ampelocissus* sont des plantes des régions tropicales, rappelant nos vignes par les feuilles, mais dont la tige est tuberculeuse. Sous le nom de Vignes du Soudan, elles ont été introduites en France avec l'espoir de les cultiver à la façon des pommes de terre, mais l'on n'a pas réussi.

Les *Pterisanthes* habitent Java et Sumatra principalement. Leurs graines sont ovales trigones. L'axe de leur inflorescence est dilaté en une lame lobée et spiralée au sein de laquelle sont logées les fleurs hermaphrodites, tandis que les fleurs mâles sont localisées sur les bords.

Les *Clematicissus* sont des plantes de l'Australie extra-tropicale dont le fruit est une baie sèche portée par une cyme pédonculée.

Les *Tetrastigma* sont des lianes sarmenteuses et grimpantes de l'Asie (Ceylan).

Les *Landukia* habitent l'Asie tropicale (Malaisie).

(¹) Voir Serragiotto, *loc. cit.*

Les *Parthenocissus* sont des arbrisseaux grimpants de l'Asie et de l'Amérique dont les vrilles sont dilatées en massue aux extrémités.

Les *Ampelopsis* sont des arbustes buissonnants, à vrilles dépourvues de ventouses. Elles habitent les parties tempérées de l'Asie et de l'Amérique (hémisphère nord).

Les *Rhoicissus* sont des arbrisseaux de l'Afrique tropicale qui ont l'aspect de *Rhus*, d'où leur nom.

Enfin, les *Cissus* sont des plantes grimpantes à fleurs tétramères qui vivent dans les régions tropicales des deux mondes.

Une autre classification intéressante a été donnée par d'Arbaumont (1) à la suite de ses recherches anatomiques sur les plantes de la famille des Ampélidées.

Il a rangé dans une première section les *Euvites* ou vraies Vignes, formées par la majeure partie du genre *Vitis*. Chez ces plantes, l'assise phellogène se développe à la périphérie du liber mou et provoque, par isolement des couches extérieures de l'écorce, l'exfoliation de celle-ci avec les faisceaux mécaniques péricycliques et libériens.

Dans une deuxième section comprenant les *Muscadinia* Planchon, extraits du genre ancien *Vitis* et les neuf autres genres d'Ampélidées ci-dessus, il a groupé les Vignes dont l'assise phellogène est d'origine exodermique et ne provoque que l'exfoliation de l'épiderme. Au lieu de se détacher sous forme de rhitidome, l'écorce persiste et s'épaissit; elle porte en outre des lenticelles en forme de verrues.

On peut encore observer d'autres différences anatomiques intéressantes.

La tige des *Euvites* et des *Muscadinia* possède un collenchyme formé par des paquets isolés correspondant souvent à des stries longitudinales ou même à des côtes comme dans le *Vitis cinerea* Engelm. et le *Vitis Berlandieri* Planchon.

Les autres Ampélidées possèdent du collenchyme en couche continue.

Les fibres libériennes n'existent que dans le genre *Vitis* où elles forment des paquets isolés. L'on a voulu voir (2) dans cette différence de structure des libers la raison pour laquelle les Vignes vierges et les *Vitis* ne pouvaient se greffer ensemble. On a même émis l'hypothèse que la soudure imparfaite des greffes effectuées entre les *Muscadinia* et les *Euvites* était due à la disposition différente des paquets de fibres libériennes par rapport aux rayons médullaires. On sait aujourd'hui que la présence ou l'absence de stéréome et la disposition de ses divers éléments n'ont point une telle influence sur la réussite des greffes (3).

La moelle, en partie scléreuse chez les *Ampelopsis* et les *Muscadinia*, ne l'est pas chez les *Euvites*. Dans ce dernier groupe, elle forme des cylindres interrompus par des diaphragmes au niveau des nœuds, tandis qu'elle forme un cylindre continu dans les *Ampelopsis* et les *Muscadinia*. Vivante au début, elle perd progressivement sa vitalité, se dessèche et meurt.

A l'état vert, le rameau porte des stomates disséminés à sa surface. Les stomates des *Vitis* sont isolés; ils sont au contraire groupés dans les *Ampelopsis*, etc., où un stomate central est entouré d'un certain nombre d'autres.

Ainsi, au point de vue des caractères morphologiques internes et externes, on voit que les *Muscadinia* établissent le passage entre les Vignes vierges et les vraies Vignes. Cette transition est d'ailleurs corroborée par ce que l'on sait actuellement sur l'évolution géologique des Vitacées. Dans les terrains secondaires (jurassique et crétacé), les *Ampelopsis* existent seuls. Dans le tertiaire apparaissent des types voisins des *Muscadinia*. Le *Vitis Vinifera* apparaît seulement en dernier lieu.

(1) M. d'Arbaumont. — *La tige des Ampélidées*. Paris.
(2) Viala et Ravaz. — *Les Vignes américaines*, loc. cit.
(3) L. Daniel. — *Conditions de réussite des greffes*. Paris, 1900.

Par le fait de la non-réussite des greffes entre les genres d'Ampélidées, le seul genre *Vitis* a de l'importance au point de vue auquel je me suis placé dans cet ouvrage. Je laisserai donc de côté tout ce qui concerne les Vignes vierges pour étudier tout particulièrement le genre *Vitis* et les espèces qu'il renferme. Pour la même raison, je m'occuperai à peine des *Muscadinia* et des espèces d'*Euvites* qui n'ont joué qu'un rôle minime dans la reconstitution du vignoble mondial.

Le genre *Vitis* comprend deux sections dont la seconde renferme sept séries, ainsi que le montre la classification suivante, adoptée par divers ampélographes.

SECTION I. — *MUSCADINIA* Planchon.

Vitis Rotundifolia Michaux | *Vitis Munsoniana* Simpson.

SECTION II. — *EUVITES* Planchon.

SÉRIE 1. — *LABRUSCÆ.*

Vitis Labrusca Linné.

SÉRIE 2. — *LABRUSCOIDÆ.*

Vitis Californica Bentham.
Vitis Caribæa de Candolle.
Vitis Coriacea Schuttleworth.
Vitis Candicans Engelmann.

SÉRIE 3. — *ÆSTIVALES.*

Vitis Lincecumii Buckley.
Vitis Bicolor Lecomte.
Vitis Æstivalis Michaux.

SÉRIE 4. — *CINERASCENTES.*

Vitis Berlandieri Planchon.
Vitis Cordifolia Michaux.
Vitis Cinerea Engelmann.

SÉRIE 5. — *RUPESTRES.*

Vitis Rupestris Scheele.
Vitis Monticola Buckley.
Vitis Arizonica Engelmann.

SÉRIE 6. — *RIPARIÆ.*

Vitis Riparia Michaux.
Vitis Rubra Michaux.

SÉRIE 7. — *VINIFERÆ.*

Vitis Vinifera Linné.

Parmi ces espèces, il y en a sept qui offrent un intérêt considérable relativement à la reconstitution tant comme *espèces pures* que par leurs hybrides, dits *américo-américains* ou *franco-américains;* ce sont les *Vitis Labrusca, Vitis Lincecumii, Vitis Berlandieri, Vitis Cordifolia, Vitis Rupestris, Vitis Riparia,* et enfin surtout le *Vitis Vinifera* ou Vigne européenne. A ce titre, il est nécessaire d'en donner les principaux caractères d'après MM. Viala et Ravaz (1).

A. — *VITIS LABRUSCA* LINNÉ.

Le *Vitis Labrusca* possède une « souche vigoureuse, à port rampant, à tronc fort, des sarments rugueux, à poils gros et nombreux, à *vrilles continues,* c'est-à-dire qu'à chaque feuille est opposée une vrille, contrairement à ce qui a lieu pour toutes les autres espèces, dont les vrilles sont *intermittentes, discontinues.*

» Les feuilles sont grandes, orbiculaires, entières, bullées; le sinus pétiolaire inférieure est profond; la face supérieure est d'un vert gai, un peu luisante; la face est garnie d'un tomentum feutré blanchâtre ou jaune doré inséré sur le limbe.

» La grappe est moyenne, à grains surmoyens, d'un noir violacé, à chair pulpeuse, à saveur très foxée.

» Les graines sont grosses, ramassées, à bec court; la chalaze et le raphé sont nuls et remplacés par une dépression circulaire très marquée.

» Les racines sont grosses et charnues. »

Il faut remarquer en outre, ce qui a son importance pour les questions de transmission des caractères entre le sujet et le greffon, que « *les caractères botaniques et culturaux du* Vitis Labrusca *se transmettent* en général d'une façon très accentuée aux cépages qui en dérivent ».

(1) VIALA et RAVAZ, *Les Vignes américaines,* p. 47 et suiv.

B. — *VITIS LINCECUMII* Buckley.

Le *Vitis Lincecumii* est caractérisé par une « souche très vigoureuse, à port grimpant, à tronc fort; le bois de l'année est couleur noisette; les vrilles sont discontinues.

» Les feuilles, très grandes, sont presque aussi larges que longues, orbiculaires, entières ou lobées et à sinus profonds; le sinus pétiolaire, très profond, a ses lèvres tangentes; le timbre est épaix et rugueux; la face supérieure est d'un vert sombre; la face inférieure, glaucescente.

» La grappe est moyenne; les grains moyens, disculaires, pruineux, d'un rouge foncé, à saveur désagréable.

» Les graines sont grosses, pyriformes, à bec détaché; la chalaze est large et orbiculaire; le raphé est filiforme.

» Les racines sont assez fortes, dures et longues. »

C. — *VITIS BERLANDIERI* Planchon.

Dans le *Vitis Berlandieri*, la « souche est vigoureuse, à port grimpant, avec un tronc moyen; le bois de l'année est terne, avec quelques rares flocons de poils laineux sur les jeunes sommets, et d'un brun cannelle grisâtre, *avec sept côtes très accusées*. Les vrilles sont intermittentes.

» Les feuilles jeunes sont luisantes, d'un vert roussâtre; à l'état adulte, elles sont de taille moyenne, à forme pentagonale arrondie, presque entières; leur sinus pétiolaire est profond, à lobes convergents; elles sont à peine dentées. Le limbe est épais, largement gaufré, vaguement creusé en gouttière, à bords parfois un peu recourbés; la face supérieure est d'un vert plus clair, souvent luisante; elle a des nervures proéminentes, garnies de poils courts.

» La grappe est moyenne, serrée, à grains petits, très fermes, sphériques, pruinés et noirs.

» Les graines sont moyennes, ramassées, à bec fort et court; la chalaze est arrondie, peu saillante et s'amincit en un raphé peu proéminent.

» Les racines sont traçantes, assez fortes, épaisses et charnues. »

MM. Viala et Ravaz constatent qu'il y a de nombreuses formes de cette espèce qui présentent entre elles des différences considérables. Ils les divisent en *Berlandieri tomenteux* et en *Berlandieri glabres;* les poils de ceux-ci sont moins fournis que dans les premiers. On a, en outre, d'après les études de M. Mazade[1] utilisé, pour la distinction des formes, la couleur des feuilles.

Cette espèce vit dans les régions chaudes de l'Amérique, et les formes glabres surtout offrent une grande résistance à la sécheresse. Elle est adaptée aux terrains calcaires et résiste à des doses de carbonate de chaux assez élevées. Son introduction est due au botaniste Planchon, qui le premier l'a fait connaître en France.

D. — *VITIS CORDIFOLIA* Michaux.

Le *Vitis Cordifolia* a une « souche très vigoureuse, à port grimpant et à tronc très fort, le bois de l'année est luisant et couleur cannelle, la base des poils est persistante, les nœuds aplatis et les vrilles discontinues.

» Les feuilles jeunes s'étalent aussitôt et sont d'un fauve vernissé; à l'âge adulte, elles sont moyennes, cordiformes, arrondies, entières et épaisses; le sinus pétiolaire est profond et étroit, les dents sont régulières, obtuses, normales au limbe; la face supérieure est d'un vert foncé et luisant, la face inférieure est d'un

[1] *Revue de viticulture*, 1896.

vert plus clair et plus vernissée, avec des nervures garnies de poils courts et souples, le pétiole possède un sillon.

» La grappe est allongée, à grains lâches, sphériques, noirs et luisants, à saveur âpre.

» Les graines sont moyennes, ramassées, à bec gros et court, la chalaze est ronde, le raphé est un mince cordon brusquement délimité.

» Les racines sont assez fortes et dures. »

Cette espèce est sensible à la chlorose et meurt dans les calcaires crayeux blancs. Il y a plusieurs variétés, et MM. Viala et Ravaz admettent, d'après M. Millardet, la forme *bronzée* et la forme *jaune*.

E. — *VITIS RUPESTRIS* SCHEELE

Le *Vitis Rupestris* se distingue par sa « souche vigoureuse, son port buissonnant, son tronc court et fort; le bois de l'année est d'un rouge brun et terne, ou luisant et châtain clair; ses vrilles sont discontinues.

» Les feuilles jeunes sont transparentes et brillantes, d'un rouge roussâtre; à l'âge adulte, elles sont petites, plus larges que longues, entières, en gouttière, à bords relevés, glabres, épaisses; sinus pétiolaire ouvert et presque nul; les dents sont bien découpées, larges et obtuses; la face supérieure est d'un vert foncé et lustré; la face inférieure est d'un vert plus clair et vernissé.

» La grappe est petite, formée de grains petits, subsphériques, d'un noir violacé, très colorés en rouge à l'intérieur et d'un goût franc.

» Les graines sont petites, globuleuses, à bec gros et court, à chalaze allongée et peu saillante; le raphé rudimentaire se confond avec la chalaze.

» Les racines sont longues, grêles, très dures ou bien charnues. »

Il existe de nombreuses variétés de *Vitis Rupestris*, mais « il est nécessaire pour le Rupestris, de même que pour le Riparia et le Berlandieri, de n'employer pour la reconstitution que des *formes de première vigueur* » ([1]).

MM. Viala et Ravaz ajoutent que, pour cette espèce, on pourrait établir deux groupes :

1° Les Rupestris à *feuilles plutôt petites* (comparativement);

2° Les Rupestris à *feuilles plus grandes*.

Chacun de ces groupes est subdivisé à son tour, le premier en Rupestris à *port buissonnant*, peu *vigoureux*, et en Rupestris à *port buissonnant*, mais *vigoureux;* le second en Rupestris à *grandes feuilles épaisses peu gaufrées*, en Rupestris à *grandes feuilles charnues très gaufrées*, et en Rupestris à *port non buissonnant*.

F. — *VITIS RIPARIA* MICHAUX.

Le *Vitis Riparia* est une des espèces de Vignes américaines qui ont été le plus employées dans la reconstitution du vignoble français.

Voici ses caractères :

« Souche vigoureuse, à tronc moyen, à sarments plutôt grêles, variables de teinte à l'aoûtement du rouge pourpre au gris cendré; vrilles discontinues.

» Feuilles jeunes, s'étalant tardivement; adultes, moyennes ou grandes, plus longues que larges, entières, les cinq lobes indiqués par des dents plus développées, deux séries de dents aiguës et obliques; d'un vert foncé à la face supérieure,

([1]) On m'a objecté que, dans la reconstitution, l'on n'avait pas cherché systématiquement les formes vigoureuses, à grandes capacités fonctionnelles, et capables de suralimenter énergiquement le greffon. On voit, par cette citation, corroborée par d'autres aveux, combien l'on doit faire peu de cas des négations qui m'ont été opposées par certains américanistes de mauvaise foi.

d'un vert plus clair, glabres ou faiblement tomenteuses sur les nervures à la face inférieure.

» Grappe petite, à grains petits, sphériques, pruinés, d'un noir violacé, acerbes.

» Graines très petites; chalaze peu saillante, s'atténuant en un raphé rudimentaire.

» Racines longues, minces et grêles, très ramifiées, dures.

» C'est un fait connu de tout le monde, aujourd'hui, que les variations individuelles du Riparia sont très nombreuses (1). Les Riparia les meilleurs sont les plus vigoureux. »

MM. Viala et Ravaz divisent les Riparias en deux groupes, les Riparias *tomenteux* et les Riparias *glabres*. Les Riparias tomenteux sont partagés en Riparias tomenteux à *grandes feuilles* et en Riparias tomenteux à *petites feuilles*. Les Riparias glabres se divisent en Riparias à *feuilles lobées* et en Riparias à *feuilles entières*, ceux-ci étant à *petites feuilles* ou à *grandes feuilles*.

La subdivision est poussée plus loin encore. Les Riparias glabres à feuilles entières sont classés d'après la *couleur*, la *forme*, l'*épaisseur* des feuilles, etc.

Enfin, la *teinte* du bois, l'*acuité* ou l'*allongement des dents*, la *coloration des nervures*, différencient les formes individuelles...

Le *Vitis Riparia* est une plante des terrains non calcaires ou peu calcaires *très fertiles naturellement* ou enrichis par d'assez fortes fumures (2).

G. — *VITIS VINIFERA* Linné.

« Les caractères botaniques du *Vitis Vinifera* et de ses innombrables formes dérivées sont *concentrés exclusivement dans la graine*. Les caractères du tronc, des rameaux, des feuilles, des fruits, sont très variables et offrent, on peut le dire, toutes les nuances.

» La graine, à *caractères constants*, est de grosseur variable, mais elle est toujours allongée; le bec est nettement séparé et relativement très long; la chalaze est déprimée, peu apparente et *toujours reportée vers le tiers supérieur de la graine*. Ces caractères du bec allongé et de la situation de la chalaze ne se retrouvent dans aucune autre espèce.

» Notons encore, comme fait constant, la *reprise facile de bouture* de tous les cépages qui proviennent du *Vitis Vinifera*, le goût *franc* des fruits, qui sont juteux, non pulpeux et non foxés, parfois à saveur particulière, comme dans les Muscats, Cinsaut, Cabernet-Sauvignon.

» Enfin un *caractère très fixe* et important au point de vue de l'adaptation est celui des *racines*, qui sont *grosses, tendres* et *charnues*. Ce caractère des racines grosses explique que les cépages issus du *Vitis Vinifera* prospèrent d'une façon générale dans les sols très compacts.

» Le *Vitis Vinifera* réussit cependant à peu près également bien, au point de vue végétatif, dans toutes les natures de terrains, même dans les plus meubles, depuis les terres les plus siliceuses jusqu'aux terres les plus calcaires. Mais dans les sols blancs, crayeux, tendres, les cépages issus de cette espèce se chlorosent partiellement, surtout les années à printemps humide. Si l'on compare, au point

(1) D'où proviennent ces variations? MM. Viala et Ravaz ne le disent pas. Que la fécondation, le sol, le climat, les engrais, etc., y soient pour quelque chose, cela est fort probable. Mais le greffage n'y a-t-il pas contribué aussi? Aucun greffeur sérieux n'oserait répondre par la négative à une question semblable.

(2) Et pourtant l'on m'a reproché d'avoir dit que le vignoble reconstitué était descendu du coteau dans la plaine et montré que, pour cette raison et grâce aux fumures obligatoires, etc., la qualité des vins avait baissé!

de vue de la sensibilité à la chlorose, le *Vitis Vinifera* aux autres espèces et surtout aux espèces américaines, on peut en conclure qu'il est très résistant et beaucoup supérieur à ces dernières; seul, le *Vitis Berlandieri* a presque la même résistance à la chlorose que le *Vitis Vinifera*.

» Au point de vue de la résistance au phylloxéra, toutes les formes, *sans exception*, sont d'une *résistance nulle*. Certains cépages doivent à leur grande vigueur une durée un peu plus longue, mais tous finissent par succomber aux attaques de l'insecte. Cette non-résistance au phylloxéra peut, de même que la résistance à la chlorose, se transmettre aux hybrides qui proviennent du *Vitis Vinifera*.... »

Enfin le botaniste Vesque (1) dit que « le *Vitis Vinifera* a produit une multitude de variétés qui ont porté sur la *taille* de la plante, sur la *forme* et le *duvet* des feuilles; enfin et surtout sur la *couleur*, la *grosseur* et la *forme* du fruit ».

Je pourrais citer encore les traités d'ampélographie anciens ou récents dans lesquels sont décrites les principales variétés de vignes cultivées pour la cuve ou pour la table. Mais comme les caractères de ces vignes seront décrits ultérieurement quand sera faite leur étude comparative, greffées et franches de pied, il n'y a pas lieu d'insister, les caractères utilisés rentrant dans ceux qui viennent d'être précédemment indiqués ou étant des caractères analogues.

Mais il me faut, dès maintenant, faire une remarque qui a son intérêt. Les caractères botaniques ou viticoles qui servent à délimiter les espèces ou les variétés ayant joué un rôle dans la reconstitution sont *acceptés de tout le monde;* je les ai puisés dans les écrits des adversaires de mes théories et par conséquent ils en ont eux-mêmes souligné la valeur.

En les utilisant, je le ferai donc « d'après la loi et les prophètes viticoles »; ceux-ci auraient mauvaise grâce à me reprocher de m'en servir sous le prétexte que certains de ces caractères, pour ne pas dire tous, n'ont qu'une fixité relative. C'est ce qu'ont fait cependant MM. Viala et Ravaz et nombre d'autres écrivains américanistes (2).

De deux choses l'une : ou ces caractères sont *bons* ou ils sont *mauvais*. Dans le premier cas, ils sont tout indiqués comme termes de comparaison quand il s'agit d'étudier, dans les mêmes conditions de culture, une variété de vigne donnée, greffée et franche de pied. Dans le second cas, on comprendra difficilement que, connaissant l'insuffisance de tel ou tel caractère, MM. Viala et Ravaz, et avec eux nombre d'ampélographes, les aient acceptés à la légère au lieu d'en fournir de meilleurs.

Et le viticulteur impartial ne manquera pas de remarquer que nombre de caractères, considérés à un certain moment par ces auteurs comme immuables, ne sont devenus vraiment mauvais et se sont mis à varier sous l'influence de

(1) Vesque, professeur à l'Institut agronomique. *Traité de Botanique agricole et industrielle*, Paris, 1885 p. 533.

(2) Rappelons que quelques-uns de ces caractères ont changé de nom aujourd'hui : ce sont des *caractères agronomiques*, d'après le Congrès d'Angers, caractères qui sont, parait-il, sous la dépendance *absolue du viticulteur*.

Une affirmation aussi orgueilleuse et aussi exagérée suffit à montrer la bonne foi et la valeur scientifique de ceux qui osèrent la formuler. Les faits se chargent de montrer chaque année l'impuissance de l'homme à prévoir les variations climatologiques et par suite leurs conséquences culturales, comme aussi son impuissance à se défendre contre les forces aveugles de la nature.

Cela me rappelle l'histoire de ce roi de l'antiquité que les courtisans, en célébrant sa puissance, comparaient à un dieu. Pour les confondre, il les conduisit, à marée montante, au bord de la mer, en disant à celle-ci : « Tu n'iras pas plus loin. » Bientôt une vague couvrit le monarque et ses flatteurs; il sourit pendant que les courtisans s'éloignaient confus...

L'année 1910, avec son cortège de misères imprévues, n'a-t-elle pas été la vague, j'allais dire la douche, qui a submergé les prétendus maitres absolus de la vigne et de la viticulture?

causes extérieures autres que la greffe que lorsque j'ai eu montré leurs modifications à la suite du greffage.

Cette constatation faite, je laisserai de côté la discussion pour passer à l'étude des faits concernant :

1° La variation chez les Vignes autonomes;
2° La variation chez les Vignes greffées.

B. La variation spécifique chez les vignes autonomes.

Il est utile de rappeler ici, pour faciliter la compréhension de cette partie et de la suivante, quelques données générales sur la variation chez les êtres vivants telle que je la conçois d'après la théorie des capacités fonctionnelles. Ces données ont été jusqu'ici à peine ébauchées dans cet ouvrage. Pour cette raison, je vais les exposer rapidement.

Pour moi, un déséquilibre de nutrition, rentrant dans les cas généraux $Cv \gtrless Ca$, est à la base de toute variation, de toute morphose, quelle qu'en soit l'étendue.

Trois causes fondamentales de déséquilibre peuvent agir à cet effet, ensemble ou séparément; ce sont: la *fécondation*, le *milieu intérieur* et le *milieu extérieur*.

Que l'on obtienne, disais-je d'une façon générale en 1909 (¹), des êtres différents avec les graines différentes d'une même plante ou les graines différentes d'une même fleur, cela n'a rien qui doive étonner celui qui sait que la capacité fonctionnelle particulière des organes reproducteurs mâles et femelles dépend de la position des fleurs sur la plante, de l'orientation des rameaux, de leur âge, etc.; que la capacité fonctionnelle des gamètes femelles d'une même fleur dépend de la position des ovules, de la vascularisation particulière de ceux-ci, etc.; que les gamètes mâles ne sont pas tous obligatoirement nourris de la même manière; que, enfin, leurs capacités fonctionnelles sont fatalement différentes dans le cas où la maturité sexuelle des gamètes a lieu à des époques différentes, etc.

L'on sait aussi que les bourgeons d'un même arbre ou d'un même arbuste, comme la Vigne, sont jusqu'à un certain point comparables à des graines; ils ont des capacités fonctionnelles différentes suivant leur position sur le rameau qui les porte, suivant la nature et la position particulière du rameau sur l'arbre, suivant la capacité fonctionnelle de la feuille à l'aisselle de laquelle ils sont placés, suivant l'éclairement, etc.; en un mot, ils sont dissemblables à des degrés divers parce qu'ils n'ont pas, d'une part, les mêmes facilités d'exercice de l'aliment et, d'autre part, parce que, en vertu de l'hérédité, ils sont plus ou moins spécialisés en vue de certaines fonctions (²).

C'est pour cela que des bourgeons différents et même des bourgeons en apparence semblables ne donnent pas les plantes identiques quand, par séparation du corps de la plante, ils servent à la propager; c'est pour cela que, pour conserver dans la mesure du possible un type donné par boutures ou marcottes, il est nécessaire de faire une sélection suivie des rameaux à multiplier.

Et il est facile de comprendre que, sans ces précautions, le bouturage provoque des modifications plus ou moins prononcées, par addition ou soustraction; de même que des modifications se produisent encore dans les caractères spécifiques de l'être autonome quand on manque de rameaux de même ordre à multiplier; quand, par défaut d'attention, se glissent avec les bons de mauvais rameaux;

(¹) Daniel. — *Les facteurs morphogéniques chez les végétaux* (*Revue bretonne de botanique*, mars 1909).
(²) Daniel. — *Nouvelle classification des greffes et des procédés de greffage* (*Revue bretonne de botanique*, 1910).

quand, par défaut d'un critérium absolu de sélection, le cultivateur prend inconsciemment des rameaux défectueux, etc.

Voilà donc les deux premières causes de variation qu'on rencontre chez une plante autonome évoluant en milieu constant ou milieu parfait, le plus propre à la conservation de ses caractères spécifiques au sens le plus large du mot.

Mais il y en a une troisième, étrangère à la plante et qui retentit de façon plus ou moins énergique suivant sa valeur absolue : c'est le milieu extérieur, si variable, qui, par ses intermittences d'action, provoque les *à-coups* de végétation dont j'ai déjà parlé et qui retentissent parfois si fortement sur la turgescence des méristèmes et par conséquent sur la croissance, etc.

Le milieu extérieur, en se modifiant, augmente ou diminue le déséquilibre congénital dans tout être provenant d'un croisement hétérogame. S'il y avait des plantes formées à la suite d'une union homogame, ne présentant pas de déséquilibre congénital, un déséquilibre accidentel n'en prendrait pas moins naissance sous l'action des variations du milieu cosmique.

Qu'il y ait déséquilibre congénital ou non, l'être ainsi placé en *milieu variable* se modifie fatalement dans ses caractères spécifiques tels que je les ai définis. Il présente, dans divers cas, des combinaisons nouvelles de caractères biologiques s'effectuant dans son organisme entier ou dans l'une de ses parties seulement.

Comme le milieu extérieur comprend un grand nombre d'agents morphogéniques dont chacun est susceptible, dans des conditions déterminées, de provoquer des morphoses particulières chez une plante donnée, on conçoit quelle vaste étendue présente le champ de la variation d'un végétal autonome, quand agissent simultanément les trois facteurs qui viennent d'être indiqués. Leur action se traduit par des changements le plus souvent *adaptatifs*, en vue de permettre à l'être de se maintenir et de se perpétuer dans les conditions nouvelles où il est placé. Mais il peut arriver d'autres modifications, inutiles ou même nuisibles. Elles peuvent être temporaires ou durables, suivant que la limite d'adaptation L n'est pas atteinte ou qu'elle est dépassée.

La complexité et l'étendue de pareils changements se comprennent facilement en se servant d'une comparaison due à Pfeffer (¹). Cet éminent physiologiste a comparé l'organisme vivant à un orchestrion automatique pouvant fonctionner sous l'action de diverses *sources d'énergie :* électricité, ressorts, pesanteur, etc.

Pour le mettre en mouvement, il suffit de presser sur un bouton électrique ou de déterminer un déclanchement qui met en marche un rouleau égrenant les notes de musique d'un morceau déterminé.

Dans le végétal il y a aussi des producteurs d'énergie : ce sont les *agents morphogéniques* qui actionnent certains organes et les font fonctionner à la façon dont le producteur d'énergie met en mouvement l'orchestrion. Ces agents provoquent des morphoses dépendant de la nature des organes comme la nature de la musique fournie par l'orchestrion dépend de la nature du rouleau actionné. Et comme il est possible avec des rouleaux différents d'avoir de la musique variée, il est possible d'avoir avec un même agent morphogénique des morphoses différentes suivant les êtres et suivant l'organe actionné chez un être donné.

De même, dans un orchestrion automatique, un même rouleau peut être mis en mouvement par des sources différentes d'énergie sans que la musique change; dans la plante, des sources différentes d'énergie, des facteurs morphogéniques différents peuvent provoquer une même morphose; divers catalyseurs sont capables de produire un même déclanchement, de mettre en œuvre une réaction donnée. C'est conforme, comme je l'ai déjà dit, à l'axiome bien connu de

(¹) PFEFFER. — *Pflanzenphysiologie.*

Pascal : « *Un même effet peut être produit par plusieurs causes.* » Ce principe ne devrait jamais être oublié quand on veut expliquer des résultats, en apparence contradictoires, mais qui se comprennent fort bien quand on envisage toutes les données d'une expérience.

Ces considérations montrent que pour expliquer les faits et pour provoquer systématiquement des morphoses (¹), ce qui est un des buts les plus importants pour la science et la pratique, plusieurs conditions fondamentales doivent être réalisées :

1° Il faut connaître les morphoses susceptibles d'être provoquées dans un organisme donné. Il serait aussi inutile de chercher à obtenir dans une plante une morphose pour laquelle elle n'est pas adaptée que de demander à un orchestrion automatique un morceau de musique dont on n'a pas le rouleau. Il faut de toute nécessité que l'organisme que l'on veut modifier soit construit de façon à pouvoir être *orienté* dans le sens de la variation cherchée. C'est là une condition évidente par elle-même.

C'est ce qu'ont, depuis longtemps, su reconnaître empiriquement nombre de créateurs de variétés nouvelles en horticulture. Le choix heureux de types particuliers dans une espèce présentant de nombreuses variétés ou races constitue le *secret* de la réussite de beaucoup de spécialistes horticoles qui obtiennent des variétés méritantes lorsque d'autres, moins observateurs, échouent presque toujours. Ces types, dits *étalons*, sont en état de variation potentielle maxima ; ils sont beaucoup plus malléables que les plantes qui n'ont pas subi préalablement l'ébranlement des caractères de l'espèce dont ont parlé Lecoq et Naudin. Les horticulteurs les ont choisis parmi ceux que l'expérience et le hasard leur ont révélés comme fournissant le maximum de variations intéressantes au point de vue utilitaire, dans le milieu particulier où le cultivateur opère.

2° Il faut connaître et savoir manier rationnellement les facteurs morphogéniques, les catalyseurs, qui agissent par leur *masse* et leur *intensité* jusqu'au moment précis où le point critique d'une variation est dépassé, où un excès de turgescence n'a plus d'effet utile sur l'organisme, mais devient au contraire nuisible.

Il est non moins nécessaire de connaître et de savoir manier la source d'énergie nécessaire au *travail* que nécessite la morphose, et cela qu'il s'agisse de l'action, isolée ou simultanée, du croisement, du milieu extérieur et du milieu intérieur.

3° Enfin il est au moins très utile, sinon indispensable, de savoir *déterminer le point critique* dans les conditions précises de chaque expérience, autrement dit la *turgescence-limite* à laquelle la morphose se produit ; c'est-à-dire de connaître pour chaque point d'appel sur lequel on agit, l'action des variations de l'eau et des produits dissous, la valeur propre des déséquilibres $Cv \gtrless Ca$ que l'on réalise systématiquement dans le but d'obtenir une morphose déterminée.

En un mot, la production rationnelle des morphoses, utilitaires ou non, exige la connaissance complète de l'être susceptible de se métamorphoser ; celle des agents capables de provoquer les changements cherchés et celle des pressions-limites qu'exigent ceux-ci pour se réaliser dans cet être évoluant dans un milieu donné.

Nous sommes malheureusement bien loin encore de connaître les rouages, les corrélations, les arrangements compliqués de chaque organisme vivant, ainsi que la façon particulière dont chacun de ses organes répond à l'action de chaque agent morphogénique.

(¹) Autrement dit, pour *perfectionner systématiquement les êtres vivants*, comme je l'ai indiqué le premier.

Nous ne connaissons pas davantage tous ceux-ci, et pour ceux qui sont aujourd'hui connus, nous ignorons souvent une grande partie de leurs propriétés excitantes ou catalytiques; nous ne savons pas la façon dont ils agissent sur les divers organismes, ni même l'action qu'ils exercent sur chacun des organes d'un organisme donné, capable d'être influencé par eux; nous ignorons le *temps* nécessaire à la production d'une morphose, même quand l'être semble placé dans les conditions voulues pour qu'elle apparaisse.

Nous ne savons pas encore manier bien rationnellement les sources d'énergie qui provoquent le développement des êtres ou qui entretiennent leur vie dans les conditions normales. A plus forte raison sommes-nous loin de pouvoir manier ces facteurs quand ils portent sur l'être obligé de réagir contre des conditions de vie défectueuses, réaction qui se manifeste par des signes extérieurs variables, mais dont nous ignorons le plus souvent le mécanisme intime.

La connaissance des points critiques de variation, des pressions-limites qu'exige chaque morphose pour apparaître, c'est là la base sur laquelle doit s'appuyer celui qui cherche à obtenir des morphoses, avons-nous dit. Or, dans cette branche de la physique biologique, tout est à faire. Faut-il s'étonner si, dans ces conditions, les problèmes soulevés par les variations de tout ordre constatées un peu partout dans le règne végétal sont loin d'être résolus actuellement, si même ils peuvent être résolus un jour?

Une telle complexité doit-elle nous empêcher de les aborder? Certes non. Mais on doit le faire en se gardant bien de sacrifier les faits expérimentaux à des théories invérifiables, souvent trompeuses, basées sur la métaphysique et sur la négation des faits le plus solidement établis.

C'est en groupant les matériaux pierre par pierre qu'on arrive à construire un édifice. C'est en apportant des contributions, minimes si l'on veut, mais consciencieuses, à l'étude des origines des variations bien observées dans la nature et de leurs causes qu'on arrivera, dans un temps plus ou moins rapproché, à remplacer l'empirisme actuel par une pratique rationnelle basée sur la science et peut-être à fabriquer à volonté des races ou des variétés nouvelles telles que notre cerveau les aura conçues.

Nous n'en sommes pas là encore. Si nous devons avouer notre ignorance sur un grand nombre de points même fondamentaux, il est juste de dire que l'on possède cependant aujourd'hui quelques données intéressantes sur quelques facteurs morphogéniques, sur quelques catalyseurs capables de provoquer des morphoses.

On en connaît dont l'action particulière, dans des conditions précises, est à peu près suffisamment établie par l'expérience pour être utilisée dans la pratique raisonnée. On en connaît d'autres, d'un maniement plus délicat, qui, au lieu de donner un résultat *certain*, fournissent des résultats *approchés*, *variables* ou *intermittents*, parce que leur emploi met en mouvement sans doute plusieurs organes en corrélation, comme dans l'orchestrion automatique on pourrait, par un mécanisme approprié, faire fonctionner plusieurs rouleaux de musique à la fois. De même que, suivant la nature des rouleaux actionnés, la musique sera harmonieuse ou non, la plante, sous l'action d'un agent morphogénique, pourra donner une résultante prévue ou imprévue, harmonique ou inharmonique au point de vue vital, utile ou nuisible au point de vue cultural.

L'influence d'un facteur morphogénique peut être générale et porter sur l'ensemble de la plante; elle peut être aussi localisée à une ou plusieurs parties de l'organisme. C'est ce qui permet d'expliquer les variations générales constatées par les horticulteurs et constituant ce qu'ils ont appelé *variations désordonnées* ou *affolement* et les *variations par bourgeons*, apparaissant soit *brusquement* sous l'influence d'une force puissante égale ou supérieure à la pression-limite L nécessaire à une morphose donnée, soit *progressivement* par l'accumulation de petites forces arrivant à la longue à égaler ou dépasser la même pression-limite L en un temps *t*.

Une comparaison physique donnera une idée de ces phénomènes. Soit une digue de résistance uniforme destinée à retenir les eaux d'un étang et capable de résister à une pression-limite L. On conçoit que L pourra être dépassée brusquement par l'eau amenée en masse par un orage et pressant uniformément sur toute la surface de la digue; de même L pourra être dépassée par l'apport lent d'eau provenant de petites pluies insuffisantes chacune pour l'atteindre d'un seul coup. Dans les deux cas, il y aura *rupture brusque et totale* d'un seul coup de la digue.

Mais si la digue n'offre pas partout une résistance uniforme ou si les pressions ne s'exercent pas d'une même façon sur tous ses points, il arrivera que la digue se rompra brusquement ou lentement dans les points de plus faible résistance; une fissure apparaîtra, puis grandira progressivement si l'on ne répare la brèche.

Chez les plantes, la digue, c'est l'hérédité. Tous les caractères n'ont pas la même valeur à ce point de vue; la digue n'est pas uniforme, mais formée de matériaux inégalement résistants. Grâce à la différenciation du corps en organes de capacité fonctionnelle différente exerçant des appels inégaux, un même facteur morphogénique peut déterminer des pressions différentes sur les divers points d'appel et l'on s'explique ainsi que l'un d'eux puisse, à l'exclusion des autres, donner naissance à une morphose. C'est alors la *variation par bourgeons*, constatée souvent, mais non expliquée.

Bien entendu, la fissure produite dans l'hérédité peut se maintenir, s'agrandir ou disparaître. Tantôt, c'est la plante elle-même qui élimine la portion transformée; tantôt, c'est l'homme qui s'efforce de maintenir l'hérédité (races pures) ou qui cherche à la vaincre (production de races et de variétés nouvelles). Dans ce dernier cas, il essaye d'obtenir la rupture de la digue, l'*affolement*, qui caractérise l'état d'une plante variant dans toutes les directions.

Pour arriver à ce résultat, il utilise un certain nombre de facteurs morphogéniques :

1° La *lumière*, qui provoque les *photomorphoses;*

2° La *chaleur*, qui détermine les *thermomorphoses;*

3° Les *agents mécaniques*, qui causent les *mécanomorphoses;*

4° Les *croisements* qui fournissent les *hybridomorphoses;*

5° Les *agents nutritifs*, qui donnent les *chimiomorphoses*, parmi lesquelles il faut citer en première ligne les *hydromorphoses*, causées par les variations du régime de l'eau;

6° Les *actions parasitaires*, auxquelles correspondent les *biomorphoses;*

7° Enfin les *blessures* systématiques ou accidentelles qui mettent en mouvement divers facteurs et donnent lieu aux *automorphoses*.

Connaissant ces données générales sur l'espèce et ses variations, il est facile de se rendre compte que les espèces du genre *Vitis* n'échappent pas aux lois qui régissent la biologie des autres êtres vivants. Toutes sont, d'après les données taxonomiques établies par les ampélographes, des *groupes de formes* et non des espèces parfaitement tranchées; ce sont des types en état de *variation potentielle*, susceptibles de se modifier à des degrés divers suivant des directions multiples. Leurs caractères ne sauraient donc être considérés *a priori*, comme on l'a fait, comme *immuables*, quel que soit le milieu où on les place. C'est d'ailleurs si vrai que je citerai plus loin de nombreux faits de mutabilité rapportés par les plus ardents américanistes, c'est-à-dire par ceux-là mêmes qui ont présenté le vignoble greffé comme le miroir parfait de la stabilité.

D'où viennent les formes actuelles? Elles ont été évidemment produites, à des époques plus ou moins reculées, par la multiplication naturelle ou artificielle et par les changements de milieu brusques ou progressifs. C'est là un *fait* bien nettement démontré pour le *Vitis Vinifera,* qui est une des espèces les mieux connues et les plus intéressantes non seulement au point de vue de la culture, mais encore à celui des effets bons ou mauvais du greffage.

Certes, le *Vitis Vinifera* a pu être une espèce bien distincte à l'origine, tant qu'elle est restée à l'état sauvage dans son milieu original. Mais elle a été cultivée de temps immémorial; on l'a propagée exclusivement par multiplication végétative (bouturage ou marcottage). Les Vignes actuelles proviennent, soit d'un individu unique issu d'une génération sexuée, soit d'individus différents issus de mêmes générations, soit enfin d'individus issus de fécondations successives dans des lieux différents.

Dans ces conditions, il serait difficile de savoir si les variétés cultivées de temps immémorial ont pour parent un même individu ou si elles proviennent d'individus différents, lesquels ont été pris à des dates diverses à l'état sauvage. Tout ce qu'on peut dire, c'est qu'elles sont issues de deux parents de capacités fonctionnelles assez rapprochées sans doute, mais différentes, et que leur déséquilibre congénital permet de penser qu'elles ont pu donner des hybridomorphoses dans la suite des temps comme cela se passe à la suite des croisements, les hybrides n'ayant qu'une stabilité plus faible que l'être de race pure. Par la culture, ces morphoses primitives se sont accentuées et il en est apparu de nouvelles sous l'influence des variations de milieu.

C'est ce que prouve l'histoire des variétés de vignes qui ont été fixées par une intelligente sélection et qui sont apparues, accidentellement en apparence, sur des ceps de variétés sélectionnées et multipliées semblables à elles-mêmes pendant longtemps dans les mêmes vignobles.

L'apparition de ces formes est la preuve irréfutable que le bouturage ou le marcottage ne sont point des moyens absolus de conservation des types de vignes cultivées, quelles que soient par ailleurs les précautions prises pour maintenir leurs caractères. Aucun caractère de variété n'est donc stable d'une façon absolue chez une vigne autonome cultivée en un même point, dans les conditions habituelles.

Dans le *Vitis Vinifera,* le déséquilibre congénital étant à son minimum, c'est surtout à l'action prédominante des variations du milieu interne et du milieu externe qu'il faut attribuer l'origine des diverses formes. Ces morphoses plus ou moins fixées sont une résultante d'actions brusques ou d'actions lentes répétées au cours des siècles. Tenter de remonter de ces formes au *Vitis Vinifera* primitif a pu séduire quelques viticulteurs. Mais la genèse de beaucoup de variétés actuelles par accumulation lente de variations insensibles suffit à montrer que c'est là une utopie.

Chez les Vignes américaines, dites pures, les variations culturales n'existent pas pour les types sauvages, mais cependant des morphoses sont apparues quand ces plantes ont émigré dans des sols différents de leur habitat originel. Les variétés locales ainsi formées ont pu se croiser entre elles et donner lieu à un déséquilibre congénital important. De là les séries de formes naturelles observées, même en Amérique. Importées en France, elles ont été soumises à une acclimatation suivant les points où on les a cultivées. De là des causes nouvelles de morphoses. Ainsi se comprennent la multiplicité des formes du Riparia, du Rupestris, du Berlandieri et l'apparition assez fréquente de types nouveaux dans les pépinières.

Si maintenant l'on prend les Vignes hybrides soit naturelles, soit artificielles, le déséquilibre congénital atteint son maximum et son importance est proportionnelle à sa valeur absolue, variable suivant le degré de parenté du père et de la mère. Soumises aux déséquilibres provoqués par les variations des milieux externe ou interne, elles réagissent énergiquement et manquent naturellement de stabilité.

Cultivées à l'état autonome, les Vignes hybrides donneront plus facilement des morphoses que les Vignes d'espèces pures. Mais ce serait une grave erreur de prétendre que celles-ci, et en particulier le *Vitis Vinifera,* ne peuvent varier parce qu'elles sont pures. D'une façon générale, elles varient moins, mais elles varient quand même avec facilité à l'état autonome.

C'est là un fait tellement évident que je ne devrais pas insister. Et pourtant, ainsi qu'on le verra plus loin, on l'a nié par mot d'ordre à propos des effets du greffage.

Est-il vraiment nécessaire de rappeler qu'une même vigne, formée par la multiplication asexuée d'un même pied originel, donne des produits différents dans des sols différents, l'exercice de l'aliment ne s'y faisant pas de la même manière? Qui ne sait qu'elle varie quand on la change de climat, que ses produits diffèrent dans un même point suivant une foule de circonstances?

Il a été déjà indiqué dans les pages précédentes que le vin est simultanément fonction du cépage, du sol et du climat; et qu'il est absurde de chercher à obtenir le vin d'un cru donné en dehors du point précis où la nature l'a placé (1).

Evidemment ces changements dans les produits de la vigne, vu leur caractère utilitaire, sont ceux qui ont le plus frappé les vignerons et qui ont été le mieux observés par eux. Ils ont remarqué de tout temps que les variations produites pouvaient être de faible amplitude ou temporaires ou, au contraire, être très accentuées et durables.

Dans le premier cas, ils ne s'en préoccupaient pas, car ils savaient que les changements, disparaissant avec la cause agissante, n'avaient pas d'importance. La vigne, dans les conditions normales, revenait à ses caractères primitifs.

Dans le second cas, c'était tout différent, car les caractères modifiés étaient héréditaires plus ou moins et se conservaient dans le milieu où ils étaient apparus. Les vignerons s'étaient vite aperçus que les modifications étaient tantôt bonnes, tantôt mauvaises au point de vue utilitaire. Ce sont tout naturellement les bonnes qui ont été propagées et qui ont fourni les variétés locales, en état de variation potentielle plus que le type, mais maintenues par une sélection plusieurs fois séculaire. Les mauvaises, considérées comme des *dégénérescences*, ont été pour cette raison éliminées des cultures. Il s'en forme cependant de temps à autre malgré les sélections les plus rigoureuses.

Ces dégénérescences se produisent dans un même point, bien que l'on ait fait tout le possible pour les prévenir. Elles se montrent beaucoup plus facilement et apparaissent plus nombreuses quand on soumet les variétés locales à une adaptation nouvelle (sol, climat, etc.), quand, par exemple, on les transporte dans des pays différents de leur point d'origine. Un Pinot ne peut quitter la Bourgogne, un Cabernet-Sauvignon ne peut quitter la Gironde, sans donner des produits inférieurs, sans dégénérer, en un mot.

Les variations ainsi constatées de temps immémorial dans les vignobles n'atteignent pas seulement les parties utilitaires de la plante, mais elles portent sur tous ses organes simultanément ou séparément. Rappelons qu'elles intéressent l'appareil végétatif comme l'appareil reproducteur.

On a constaté maintes fois des modifications plus ou moins profondes dans les

(1) Voir le 1er fascicule de ce Mémoire, p. 123.

dimensions générales de la Vigne et sa structure, le géotropisme des rameaux ou des racines; dans la longueur et la grosseur relative des entrenœuds; dans la forme des feuilles, le nombre et la disposition des dents, la valeur de l'angle des nervures, l'état plus ou moins gaufré des parenchymes, les accidents de la surface (poils et stomates); dans la couleur des feuilles ou des jeunes pousses et la précocité relative du débourrage; dans les résistances aux gelées, aux parasites, à l'action d'une substance donnée, etc., etc.

Les changements observés dans l'appareil reproducteur portent sur la forme des inflorescences ou des fruits, le degré de perfection des organes sexuels et leur aptitude à la fécondation; la couleur des fruits, leur qualité, leur volume, leur composition; le nombre, la forme et la qualité des graines; l'époque et la durée de la maturation, etc., etc.

En un mot, on a constaté des variations dans *tous* les caractères employés par les ampélographes pour distinguer entre elles les variétés de vignes cultivées.

On sait que ces variations existent, qu'elles se produisent sous l'action des engrais, de l'eau, du sol, des climats, de la taille, etc. Mais, bien que les morphoses des vignes cultivées aient été utilisées de temps immémorial, on n'a pas cherché à en connaître la genèse ni à les reproduire systématiquement. Il résulte de là que, comme pour beaucoup de problèmes agricoles, on ne possède sur ces points que des données vagues; l'on n'a point étudié d'une façon complète et rationnelle l'action particulière de chaque facteur morphogénique sur chaque variété de vigne cultivée. Si donc la variation spécifique de la vigne est indéniable, on ne peut, dans la grande majorité des cas, préciser à quel facteur il faut l'attribuer; on ne peut dire si elle est le fait d'un facteur unique ou la résultante de l'action combinée de plusieurs facteurs.

Quoi qu'il en soit à cet égard, l'important, au point de vue auquel je me suis placé dans cet ouvrage, c'est de savoir que la vigne autonome varie dans le temps et dans l'espace et que cette variation est prouvée par une pratique plus de vingt fois séculaire.

L'existence de certaines morphoses est encore prouvée par l'expérience directe, ce qui permet alors d'en préciser la genèse.

Laissant de côté les chimiomorphoses et les hydromorphoses déjà indiquées aux variations de nutrition générale (action des engrais, de la culture en sols riches, de l'humidité et de la submersion), je décrirai quelques-unes des variations les plus remarquables et les plus intéressantes provoquées dans la vigne par d'autres facteurs morphogéniques, en particulier pour le déséquilibre de nutrition $Cv < Ca$ (procédés de taille, hybridation sexuelle); autrement dit, diverses automorphoses et hybridomorphoses capables de nous éclairer ultérieurement sur divers effets du greffage de la vigne. Telles sont les *monstruosités* et *dégénérescences*, la *coulure* et le *millerandage;* les variations de *couleur* des raisins et quelques résultats singuliers du *croisement sexuel*.

A. *Monstruosités et dégénérescences.* — Les monstruosités et les dégénérescences peuvent porter sur l'appareil végétatif et sur l'appareil reproducteur. Elles consistent soit en des fasciations des tiges, des vrilles ou des feuilles; soit dans des anomalies de nervation, de forme ou de symétrie des feuilles; soit enfin dans la déformation plus ou moins prononcée des grappes ou des fleurs et la valeur sexuelle des organes reproducteurs.

a. — Fasciations et anomalies foliaires diverses. — Les fasciations de la tige, des vrilles ou des feuilles et anomalies diverses des feuilles sont dues à une brusque augmentation de la turgescence des méristèmes, quelle que soit l'origine de cette augmentation [1].

Lorsque, au sommet d'une région de croissance se trouvent plusieurs bourgeons qui ont héréditairement une capacité fonctionnelle différente, ces bourgeons se développent avec une intensité égale ou très voisine, sous l'influence de l'afflux anormal de nourriture. Et, comme ils prennent la direction verticale et se pressent les uns contre les autres, ils restent concrescents sur une portion plus ou moins grande de leur étendue. Quelquefois, ils sont distincts, mais n'ont plus leur géotropisme habituel. J'ai pu observer ce fait sur des pins maritimes et des pins sylvestres dans mon jardin d'Erquy. Étant données les pluies abondantes de cette année (1910), la plupart des pins ont donné deux étages de branches dans l'année. La pousse d'automne était formée d'un nombre variable de rameaux verticaux, entourant l'axe principal et presque aussi développés que lui.

En employant le procédé du ravalement, de la taille incomplète, du recépage, et en général tous les procédés de taille amenant un déséquilibre $Cv < Ca$ suffisamment élevé en valeur absolue, j'ai pu produire expérimentalement, sur les plantes des familles les plus diverses, des fasciations plus ou moins bizarres, des enroulements variés, des changements de forme et des dispositions des feuilles, etc. Et ces phénomènes provenaient si bien d'une turgescence exagérée des tissus en voie de croissance que des ruptures caractéristiques se produisaient sur les parties fasciées quand la limite d'élasticité du tissu épidermique était dépassée.

Ce qui se passe chez les végétaux en général existe aussi chez les vignes.

« La Vigne, disais-je en 1907 [2], traitée par la décapitation et la taille incomplète, fournit aussi des variations bien remarquables.

» Sur une Vigne de Chasselas provenant d'une bouture faite il y a douze ans, à Rennes, un rameau de remplacement parti au voisinage du sommet a donné un entre-nœud portant deux feuilles opposées: une feuille avec un bourgeon normal à son aisselle remplaçait donc la vrille qui eût dû se trouver en ce point.

» Dans un autre rameau, on voyait deux feuilles et une vrille naissant sur un même nœud.

» Certains rameaux portaient des vrilles fasciées en totalité ou en partie, très nettement aplaties. J'ai remarqué, et cela est en parfaite concordance avec la théorie des capacités fonctionnelles, que toutes ces vrilles fasciées étaient à l'état de déséquilibre $Cv < Ca$, car, aux pluies survenues pendant le printemps, elles jaunirent, puis se détachèrent comme cela se passe pour ces organes dès que la réplétion aqueuse est atteinte.

» Enfin un rameau était fascié à son extrémité, et l'on voyait en outre une vrille soudée à l'entre-nœud voisin sur une longueur de 5 centimètres. La partie libre de cette vrille était aplatie et nettement fasciée.

» J'ai taillé de la même façon une jeune Vigne de semis, âgée de sept ans, qui n'avait pas encore produit de fruits, et j'ai obtenu sur un même rameau la série des anomalies que représentent les figures 156-160 numérotées de 1 à 5 dans l'ordre de leur disposition sur le rameau.

[1] Voir, pour les détails des expériences sur ce sujet, L. Daniel, *Essais de tératologie expérimentale; origine des monstruosités* (*Revue bretonne de botanique*, 1906 et suiv.); *Les facteurs morphogéniques chez les végétaux* (*ibid.*, 1908); *Application à l'horticulture de la théorie des capacités fonctionnelles* (Lyon, 1905, in *Lyon-Horticole*) et divers articles parus dans le *Jardin* et la *Revue horticole*, en particulier *Des anomalies de floraison observées sur les poiriers et les pommiers cultivés dans les jardins* (*Revue horticole*, 1er juin 1910).

[2] *Revue bretonne de botanique*, numéro de mars, 1907, p. 37.

» A la base (1, *fig. 156*), on trouvait un nœud portant une feuille normale et une vrille à divisions aplaties.

» Plus haut (2, *fig. 157*), deux feuilles s'inséraient sur le même nœud, mais sans être toutefois nettement opposées.

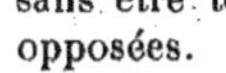

Fig. 156, 1.
Vrille aplatie.

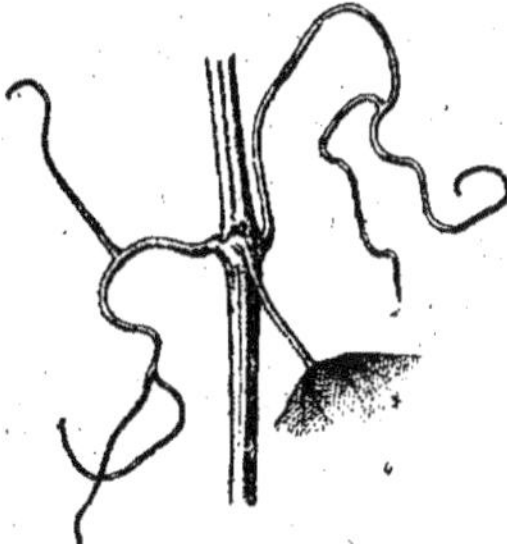

Fig. 159, 4.
Nœud portant une feuille et deux vrilles opposées.

» Le nœud supérieur portait deux feuilles directement opposées, c'est-à-dire situées aux extrémités opposées d'un même diamètre, et une vrille perpendiculaire à l'insertion de ces feuilles (3, *fig. 158*).

» Plus haut encore, on trouvait (4, *fig. 159*) deux vrilles opposées et une feuille perpendiculaire à l'insertion des vrilles.

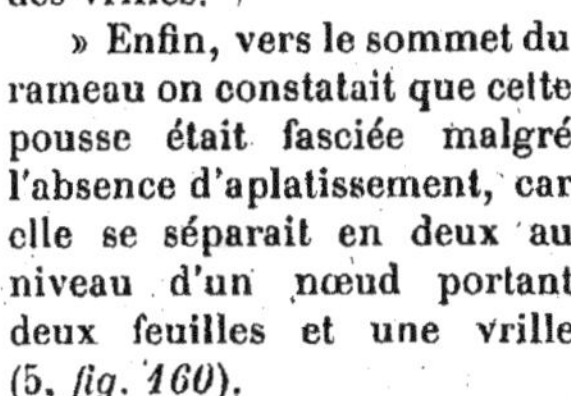

Fig. 157, 2.
Nœud portant deux feuilles.

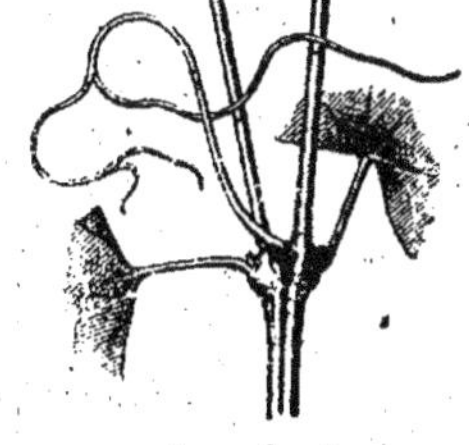

Fig. 160, 5.
Nœud portant deux feuilles et une vrille.

» Enfin, vers le sommet du rameau on constatait que cette pousse était fasciée malgré l'absence d'aplatissement, car elle se séparait en deux au niveau d'un nœud portant deux feuilles et une vrille (5, *fig. 160*).

» Et après avoir montré que l'on trouve dans d'autres plantes, à la suite de tailles sévères, des phénomènes de même genre, particulièrement dans les *Chionanthus*, je concluais que, dans ce cas et les cas semblables, les anomalies phyllotaxiques ont un rapport étroit avec la fasciation et cela ne doit pas surprendre, car elles sont dues à une même cause variable en intensité, qui est le déséquilibre $Cv < Ca$. »

Fig. 158, 3.
Nœud portant deux feuilles opposées et une vrille.

J'ai, depuis, continué mes expérience sur la production expérimentale des monstruosités chez la Vigne à la suite de la taille en sec et en vert, et j'ai constaté que, en raisonnant cette opération de façon à amener la production d'un déséquilibre $Cv < Ca$ très élevé, on obtient fréquemment des monstruosités variées chez la Vigne en général et plus spécialement sur certaines d'entre elles.

Dans mon jardin d'Erquy (Côtes-du-Nord), sur les bords de la mer, je cultive une dizaine de variétés de Vignes, dont des vignes de Chasselas de Fontainebleau très vigoureuses. J'ai pratiqué sur elles des recépages à quelques années de distance et j'ai constaté chaque fois l'apparition de monstruosités diverses.

Tantôt on remarquait des tiges fasciées, largement aplaties; tantôt les vrilles étaient fasciées sur toute leur étendue *(fig. 161)*; tantôt enfin c'étaient les feuilles qui se soudaient de façon à former une feuille à limbe unique *(fig. 162)* ou à donner un pétiole unique terminé par plusieurs limbes reliés à leur base dans des plans différents *(fig. 163)*.

Fig. 161.

Rameau de Vigne portant une vrille fasciée et une feuille à plusieurs limbes portés par un pétiole unique (Chasselas), monstruosités obtenues par recépage.

FIG. 162.

Feuille monstrueuse à pétiole unique et à limbe double (Chasselas), obtenue à la suite d'un recépage.

Ces monstruosités n'ont pas apparu sur les pieds de la même Vigne traités par les procédés de la taille ordinaire, montrant ainsi qu'elles ne prennent pas naissance si le déséquilibre $Cv < Ca$ est insuffisamment élevé en valeur absolue dans les Chasselas en question.

C'est tout différent pour la variété *Valencia*, qui, à la suite de la taille ordinaire, me donne, depuis sept ans, chaque année, de nombreuses fasciations de la tige et diverses déformations des feuilles.

Il résulte de ces expériences comparatives que la valeur absolue du déséquilibre $Cv < Ca$, exigée pour la production des concrescences de la tige ou la déformation des feuilles, est moins élevée à Erquy, dans les conditions de l'expérience, pour la variété *Valencia* que pour la variété Chasselas.

Cela est en somme bien naturel, puisque chaque variété (et même chaque individu provenant de bouture) a des aptitudes particulières, une façon propre de se comporter en présence d'une même augmentation de turgescence.

Les tiges fasciées redonnent des pousses normales quand le déséquilibre $Cv < Ca$ a de nouveau fait place à l'équilibre de végétation $Cv = Ca$ sous l'influence de la production de nouvelles pousses aériennes de remplacement. Peut-être, à la suite de blessures répétées et de sélections convenables, l'aptitude à la fasciation se maintiendrait-elle chez certaines Vignes, comme cela se produit pour une variété de Fusain du Japon. Étant donné que semblable fixation n'a aucun intérêt utilitaire, on n'a pas fait d'essais systématiques sur ce point intéressant d'adaptation de la Vigne au milieu pléthorique.

Aux changements morphologiques externes correspondent naturellement des changements anatomiques. L'état biologique ultérieur de la plante s'en ressent aussi, et c'est ainsi que l'on s'explique l'influence, connue de temps immémorial, de la taille sur l'aoûtement, la fructification, la qualité du fruit et le développement de la plante dans les années qui suivent.

De même les résistances aux maladies cryptogamiques sont diminuées d'autant plus que la valeur absolue du déséquilibre $Cv < Ca$ est plus élevée. Je l'ai observé maintes fois pour le Fusain, le Lilas, etc., etc. Il en est de même pour la Vigne.

Je me suis demandé en outre si les fasciations et monstruosités diverses observées dans l'appareil végétatif du *Vitis Vinifera*, c'est-à-dire d'une espèce pure, se retrouvaient au même degré dans les hybrides de deux ou de plusieurs espèces de *Vitis*.

La théorie fait prévoir que, étant donné que le déséquilibre congénital vient s'ajouter au déséquilibre accidentel causé par la taille, les monstruosités seront, dans un grand nombre de cas, plus accentuées et plus fréquentes chez les hybrides que chez les espèces pures.

Et il en est bien ainsi. J'ai constaté le fait dans les champs d'expériences qu'il m'a été donné de visiter et plus particulièrement à Millery, chez M. Jurie.

Toutefois, il faut bien se garder de généraliser. Dans les espèces pures, le déséquilibre accidentel de taille agit seul. Dans les hybrides, deux facteurs agissent à la fois : le facteur déséquilibre congénital et le facteur déséquilibre accidentel. On conçoit que ces deux facteurs peuvent être concordants ou discordants suivant les cas. S'ils concordent, il y a augmentation des monstruosités par rapport à l'espèce pure; s'ils discordent, il y a diminution.

b) Anomalies de l'appareil reproducteur. — Nous avons vu que l'addition de nitrates et des substances azotées, les irrigations, la submersion, l'emploi de l'acide phosphorique, de la potasse, des catalyseurs comme le manganèse, les apports siliceux, argileux ou calcaires, les variations climatologiques, les procédés de taille, la décortication annulaire, etc., peuvent amener dans la Vigne le déséquilibre Cv < Ca et modifier son appareil végétatif dans des proportions variables, passagères ou durables.

Ces mêmes agents exercent une influence également considérable sur l'appareil reproducteur et c'est là un fait connu de tous les viticulteurs. Le facteur taille, en particulier, a sur l'appareil reproducteur de la Vigne une importance énorme

FIG. 163.
Grappes d'une même vigne dont la première a parfaitement développé ses raisins, la seconde a coulé en partie et la troisième a coulé complètement.

quant au raisin, à sa quantité et à sa qualité. De temps immémorial on a observé que la taille courte réduit la production en fournissant des raisins de qualité supérieure et que, au contraire, la taille longue augmente la production au détriment de la qualité.

En outre, chaque type de Vigne devait être taillé d'une façon particulière pour donner qualité ou quantité. Le nombre des rameaux laissés sur la souche, leur longueur relative et la valeur des bourgeons entraient en ligne de compte et variaient suivant les types; chacun de ceux-ci évoluait à sa manière et demandait des soins particuliers. Une pratique séculaire avait révélé ces détails aux vignerons qui se les transmettaient soigneusement de père en fils : une variété A ne se taillait pas comme une variété B.

Mais les vignerons savaient aussi que si les résultats d'une taille donnée pour une variété de vigne sont prévus d'avance suivant les caractères spécifiques de celle-ci, les variations climatologiques les influencent en bien ou en mal suivant les cas. Comme ces variations climatologiques sont impossibles à prévoir, les aléas de culture avaient une certaine importance qu'ils s'efforçaient de réduire au minimum d'après les conditions les plus habituelles du climat de la région.

Fig. 164.

Grappe bien développée avec deux autres grappes de la même vigne millerandées à des degrés divers.

C'est ainsi que tantôt les raisins étaient très abondants ou rares suivant que la coulure n'existait pas ou s'était produite avec intensité, que les maladies cryptogamiques attaquaient plus ou moins ou n'attaquaient pas les raisins, que les fleurs étaient plus ou moins parfaites, les raisins plus ou moins gros, plus ou moins colorés, plus ou moins bien constitués, etc.

Au cours des recherches faites à Rennes et à Erquy sur les conséquences du déséquilibre $Cv < Ca$ consécutif à la taille énergique de l'appareil végétatif, je me suis proposé de rechercher quelle était l'action de ce même déséquilibre sur l'appareil reproducteur du Chasselas de Fontainebleau.

J'ai montré par des études expérimentales faites sur un grand nombre de plantes que la valeur sexuelle des gamètes est influencée par les déséquilibres

$Cv \gtrless Ca$, quand ceux-ci atteignent une certaine limite. Cette valeur est augmentée dans des limites déterminées par le déséquilibre $Cv > Ca$; elle est diminuée par le déséquilibre inverse $Cv < Ca$, amenant une pléthore dans l'appareil reproducteur. Suivant les procédés de taille, on peut amener la disette ou la pléthore dans la fleur, par conséquent agir sur la valeur sexuelle et les rendements.

Les fleurs pléthoriques à des degrés divers ne se fécondent pas : c'est alors la *coulure* qui apparaît *(fig. 163)*. Ou bien la fécondation s'effectue quand même, la pléthore ne survenant qu'après l'acte reproducteur accompli, mais l'embryon avorte à des degrés divers de développement. Le grain de raisin reste vert si l'avortement est très précoce; il continue à se développer en vertu de l'excitation mécanique provoquée par l'embryon si celui-ci s'est développé quelque peu et est mort ensuite. Mais il reste en général de plus petite taille.

Tantôt le fait est général sur tous les grains de raisin qui sont tous sans pépins (raisins de Corinthe, etc.); tantôt les grains se développent d'une façon très irrégulière, restent de taille plus petite et très variable, mûrissent quand même, mais sont plus aqueux, à peau plus mince, etc. Dans ce dernier cas, la grappe est dite *millerandée (fig. 164)*.

Je me suis proposé d'étudier expérimentalement le millerandage [1]. J'ai opéré sur des Vignes de chasselas à Erquy. Ces vignes donnaient tous les ans des raisins en abondance et très bien conformés, sans trace de coulure. Elles étaient saines et vigoureuses et placées sur un mur, à l'exposition du midi.

Cultivées jusqu'ici dans des conditions identiques, je les ai, en 1907, 1908, 1909 et 1910, taillées comparativement en totalité et en partie, les unes au moment même de la floraison, les autres après que le grain bien noué avait atteint la grosseur d'un bon grain de plomb. Dans le premier cas, la coulure a été beaucoup plus considérable dans les pieds taillés que dans les pieds normaux, mais il n'y a pas eu accentuation sensible du millerandage. Dans le deuxième cas, la taille ne pouvait plus influencer la coulure, mais le millerandage a été plus énergique dans tous les pieds taillés. Les grappes des vignes taillées complètement portaient seulement quelques grains normaux et quelques gros grains aplatis; le reste était formé de grains plus petits, sans pépins. Les vignes incomplètement taillées portaient, sur les rameaux taillés, des grappes à grains normaux et à grains millerandés en nombre à peu près égal, quand les grains normaux prédominaient sur les rameaux non taillés. Ces différences établissent très nettement que, comme la coulure, le millerandage est fonction des conditions d'alimentation de la grappe.

La théorie des capacités fonctionnelles permet de comprendre ce qui s'est passé. Le printemps a été particulièrement humide à Erquy, et c'est seulement à la fin de juillet que les beaux jours sont apparus. En taillant la vigne, je lui ai enlevé une portion des appareils nécessaires à la vaporisation de l'eau en excès, d'où déséquilibre dans les parties restantes. La pléthore aqueuse, dans le cas des vignes taillées au moment de la floraison, a provoqué naturellement la coulure. Dans les vignes taillées au moment du développement actif du fruit et de la graine, elle a provoqué l'atrophie plus ou moins complète de l'embryon. Les inégalités du développement des grains et des pépins s'expliquent par les appels inégaux de sève qu'exercent les organes dans des situations différentes par rapport à l'exercice de l'aliment. L'intensité plus grande du millerandage à la suite de la taille complète s'explique par un déséquilibre de nutrition plus considérable en valeur absolue.

Les grains millerandés présentaient un pédoncule plus épais au voisinage du

[1] L. Daniel. — *Production expérimentale de grains de raisin sans pépins (C. R. de l'Académie des sciences).*

fruit qu'à leur base et se détachaient en entraînant le pédoncule entier. La maturation de ces grains était plus précoce; leur peau était plus mince; les pépins, qui existaient dans quelques-uns des plus gros grains d'apparence normale, étaient souvent avortés à des degrés divers; la pulpe était plus aqueuse. Les pluies rendaient encore cette différence plus grande avec les grains normaux, montrant ainsi que le déséquilibre produit dans l'appareil végétatif avait une répercussion ultérieure sur la constitution du raisin.

A ces différences macroscopiques correspondaient des changements anatomiques prononcés dans le pédoncule et dans le fruit.

Le pédoncule normal est de forme presque cylindrique. Au voisinage du fruit, la coupe transversale de ce pédoncule montre une moelle sclérifiée entourée d'un anneau de bois secondaire bien développé. Le liber présente des îlots de fibres libériennes et des cristaux d'oxalate de chaux. A sa base, le pédoncule possède une structure assez voisine de la précédente; toutefois il y a moins de fibres libériennes et de cristaux; le parenchyme médullaire n'est pas sclérifié.

Le pédoncule du fruit millerandé est tout différent du précédent. Au voisinage du fruit, la coupe transversale montre une moelle légèrement scléreuse, des faisceaux primaires réunis latéralement par un parenchyme à membranes plus ou moins épaissies; mais il n'y a ni fibres libériennes ni cristaux d'oxalate. L'épaisseur totale de la coupe est plus faible que celle du pédoncule normal. A la base du pédoncule, dans la région mince, on observe la structure primaire exclusivement, et l'épaisseur en est très faible: on s'explique par là le peu de résistance en ce point et la facilité avec laquelle une traction ou un choc font détacher à la fois le fruit millerandé et son pédoncule.

Le fruit présente une structure variable suivant son degré de développement. Dans les grains verts et durs, il est resté sensiblement à la structure qu'il avait au moment de la fécondation; dans les autres, on trouve un épicarpe réduit, un mésocarpe sensiblement normal et un endocarpe peu distinct, avec ou sans traces de grains suivant que l'avortement a été précoce ou tardif ou plus ou moins prononcé.

En résumé, on peut conclure de ces expériences que le millerandage, c'est-à-dire la production de raisins mûrs sans pépins, est provoqué par une suralimentation, une pléthore aqueuse, au moment où le grain noué se développe avec une grande activité.

Il y a lieu de penser que toute cause autre que la taille en vert, mais produisant le déséquilibre $Cv < Ca$ caractéristique de la suralimentation, doit provoquer le millerandage. Or, ce déséquilibre caractérise très souvent l'état biologique des vignes françaises greffées sur vignes américaines dans les conditions actuelles de la culture à la quantité. Il est donc tout naturel que le phénomène du millerandage se soit accentué dans ces vignes greffées.

Ce sont là des faits qui nous permettront de comprendre facilement l'influence spécifique de certains sujets sur diverses vignes françaises greffées dans des cas particuliers qui seront examinés plus loin.

c) — *Monstruosités de l'appareil reproducteur.* — Sous l'influence du déséquilibre de nutrition $Cv < Ca$, il arrive que l'appareil reproducteur de la vigne subit des déformations tératologiques diverses, d'intensité variable suivant les cas, et qui peuvent intéresser l'inflorescence, la rafle, la fleur, le fruit ou la graine.

Parmi les plus connues, on peut citer la duplicature de la fleur et la chloranthie. Ces transformations sont du même ordre que les monstruosités obtenues expérimentalement chez un grand nombre de plantes par l'emploi de la taille et autres blessures systématiques. La cause est évidemment la même que pour les monstruosités de l'appareil végétatif de la vigne, et il n'y a pas lieu d'insister sur ce point.

Elles consistent, d'après les auteurs qui ont étudié ces anomalies dans la vigne, en particulier d'après Portele, dans le retour à l'état de pétales de tout ou partie des étamines; ou bien, comme dans le cas de chloranthie, au retour des diverses parties de la fleur à l'état de bractées vertes, d'apparence plus ou moins foliacée.

Il est fort probable que la plus grande partie de ces monstruosités seraient héréditaires par multiplication agame, comme cela se passe chez beaucoup de plantes horticoles, mais on s'est rarement proposé de les propager (1). Cela se comprend; la duplicature et la chloranthie ont pour conséquences l'infertilité; l'hérédité de ce caractère n'a, dans ces conditions, d'autre intérêt pratique qu'une pure curiosité.

On peut trouver aussi des monstruosités de l'ovaire et des variations dans le nombre, la taille, la grandeur des graines, ainsi que dans la disposition de ces organes.

En général, ces monstruosités, provoquées par les déséquilibres de nutrition, sont transitoires dans un grand nombre de cas, et elles disparaissent quand le déséquilibre $Cv < Ca$ fait place à l'équilibre de nutrition $Cv = Ca$ ou au déséquilibre $Cv > Ca$.

On peut encore signaler ici une autre anomalie qui, cette fois, intéresse tout particulièrement la pratique. Une même variété de vigne, cultivée dans un terrain donné, peut, malgré des sélections attentives, dégénérer à la longue et perdre sa fertilité à des degrés divers suivant les ceps considérés.

Cette stérilisation est parfois accompagnée de modifications du feuillage, qui devient persillé. C'est ainsi que, en Bourgogne, on désigne sous le nom de *plants verts* les ceps de Pinot qui prennent des feuilles beaucoup plus découpées, moins velues et souvent plus vertes, et qui sont infertiles à des degrés divers.

Cela se retrouve dans d'autres cépages, comme la Clairette, le Castets, etc., et l'on a attribué avec raison le phénomène à un excès de vigueur, qui se traduit par un développement très prononcé de l'appareil végétatif au détriment de l'appareil reproducteur.

Pareille dégénérescence est parfaitement d'accord avec ce qui a été dit précédemment au sujet de l'effet de la nourriture sur la valeur sexuelle des animaux et des plantes. Ce que l'on désigne encore dans certains vignobles sous le nom de *Vignes folles* se comprend facilement sans plus ample explication, puisqu'il s'agit en l'espèce de vignes à végétation luxuriante et s'emportant à bois, comme on dit en arboriculture.

Plants verts ou vignes folles sont des vignes définitivement *dégénérées*. Ces défauts sont désormais acquis chez eux et se conservent à la suite du bouturage. Il en est de même pour eux comme pour la plupart des dégénérescences observées à la suite de l'acclimatation quand on transporte une vigne donnée, adaptée à un pays, de ce pays dans un autre (2).

B. — *Variations de la couleur.* — Parfois, quoique rarement, on rencontre dans les vignobles des changements de coloris, dont l'origine est fort diverse et la

(1) D'après M. Viala, le caractère de la duplicature est *constitutionnel* et *fixé* et peut se transmettre par le bouturage. Tel serait le cas pour le Gamay à fleurs doubles, que l'on a fixé par sélection et qui a toujours tous les organes de ses fleurs transformés en feuilles florales. M. Pulliat, qui a décrit cette monstruosité dans ses *Mille variétés de vignes*, Paris, 1888, indique ce phénomène sur la Serine et quelques autres vignes.

(2) Il serait facile d'en signaler des exemples, en dehors de ceux qui ont été déjà indiqués au cours de ce travail, si l'on venait contester l'existence de ces dégénérescences. Je me bornerai à rappeler le cas du Gamay cité par Rozier. Ce cépage, porté des côtes du Rhône en Bourgogne vers 1750, était devenu méconnaissable cinquante ans après.

cause fort variable suivant les cas [1]. Ces variations peuvent porter sur le feuillage, la tige ou sur l'appareil reproducteur. Parmi elles, j'étudierai surtout la panachure et les variations de la couleur des raisins.

a. — *Panachure.* — Parmi les observations concernant cette variation, je citerai seulement une curieuse étude de M. Ravaz sur l'Aramon panaché [2]. J'aurai d'ailleurs à la rappeler quand j'étudierai les effets de la greffe sur le *Vitis vinifera*, et pour cette raison il est bon de la reproduire en entier dès maintenant.

« L'Aramon panaché, représenté dans la planche en chromo qui accompagne ce numéro du *Progrès,* dit M. Ravaz, n'est pas encore un cépage fixé; mais il le sera sans doute bientôt. Il s'est produit l'année dernière sur une portion de souche, dans le domaine de Verchamp. M. Jules Leenhardt voulut bien m'en confier quelques sarments et deux grappes, et c'est l'une de ces grappes qui a été reproduite par la peinture, mais avec des dimensions très réduites.

» Comme on le voit, la grappe porte des raisins de toutes les couleurs. A la base, les grains normaux dominent; ils ont la couleur, la grosseur, la saveur des grains de l'Aramon noir. Mais à mesure qu'on se rapproche du sommet, ils diminuent de volume en même temps qu'ils changent de couleur. Les uns sont d'un beau rose, les autres d'un rose pâle; d'autres encore sont d'un jaune clair et généralement petits; enfin, quelques-uns portent des bandes vertes qui correspondent sans doute aux nervures primaires des feuilles carpellaires.

» Tous ces grains modifiés dans la taille et la couleur le sont aussi dans le contenu. Les grains rosés sont encore un peu sucrés; les grains jaunes, de même que les bariolés, ne le sont plus. Les pépins présentent des différences aussi importantes. Les grains de la base ont des pépins normaux, durs, bien constitués, à contenu corné et abondant; les autres ont des pépins plus petits, raccornis, souvent vides ou presque vides, peu résistants et de couleur plus pâle.

» Le pédoncule porte une longue bande jaunâtre qui tranche nettement, avant la maturité, sur la couleur verte des tissus sains. Elle se retrouve sur un côté du sarment, du pétiole et (comme on le voit sur la figure) de la feuille.

» La constitution d'une grappe panachée est la même que celle de tous les organes atteints de cette affection. Les parties jaunes ou pâles ne se relient pas insensiblement aux parties de couleur normale; il n'y a pas entre elles de nombreux termes de passage: on passe brusquement des unes aux autres. C'est d'ailleurs ce qu'on voit très bien sur la grande feuille de ce rameau. C'est aussi ce que tout le monde pourra facilement constater, par exemple, sur les Fusains panachés, etc. Les organes atteints de panachure sont de vraies mosaïques; et c'est ce qui les distingue de ceux atteints de chlorose, dont la couleur verte se dégrade peu à peu régulièrement et passe insensiblemet au jaune.

» L'Aramon panaché ne présente aucun intérêt pour la culture non seulement parce qu'un mélange de grains de toutes couleurs ne répond à aucune exigence de la vinification, mais encore parce qu'il ne peut donner que des produits de mauvaise qualité. Et si je le multiplie sur une étendue, très restreinte d'ailleurs, c'est afin de pouvoir étudier les conditions dans lesquelles cette affection se produit.

(1) Il existe de très nombreux travaux sur les matières colorantes que l'on rencontre chez les plantes, et cependant nos connaissances sur ce point sont encore bien incomplètes. Signalons à ce point de vue particulier les recherches de M. Armand Gautier sur les matières colorantes des feuilles de la vigne et des raisins; ceux de M. Overton signalent les rapports existant entre l'anthocyanine et le sucre contenu dans un tissu végétal; ceux de M. Mirande sur la coloration provoquée dans les feuilles par les parasites, et enfin ceux de M. Raoul Combes sur l'anthocyane, qui ont jeté un jour nouveau sur cette question complexe.

(2) L. Ravaz. — L'*Aramon panaché* (*Le Progrès Agricole et Viticole*, avec une planche en couleurs, 1er décembre 1901). A ce moment, l'auteur ne répudiait pas encore mes théories et je n'étais pas mis à l'index par les américanistes de l'École de Montpellier.

» Car il s'agit d'une affection qui se traduit, comme on l'a vu plus haut, par une diminution de la taille et un ralentissement de la nutrition des grains, des pépins, des feuilles, etc. Les souches panachées sont beaucoup plus faibles que les souches normales; elles succombent rarement à cette affection — au moins dans les régions méridionales, il peut bien en être autrement dans les régions septentrionales; — j'en connais qui sont panachées depuis près de trente ans, mais elles vont toujours en faiblissant et elles ne produisent plus de fruits ou, quand exceptionnellement elles en produisent, la coulure enlève la presque totalité des grains.

» La panachure, on le sait depuis longtemps, se propage par graines, boutures, greffons, etc. Par graines, cela n'est pas douteux; les semis un peu importants de vignes donnent presque toujours quelques individus panachés. Et s'ils peuvent germer, ce qui n'est pas certain pour tous, les pépins d'Aramon panaché donneront probablement quelques plantes semblables au type. Par boutures, cela est également établi depuis longtemps. C'est ainsi qu'on propage d'ordinaire les panachures utilisées par les horticulteurs pour la décoration des massifs, jardins, etc. La vigne ne fait pas exception. J'ai planté chaque printemps, depuis quatre ans, des sarments de divers cépages atteints de cette affection : ils ont régulièrement donné des plantes semblables aux pieds mères ou plutôt aux portions de pieds mères sur lesquels ils avaient été prélevés. Il en est de même pour la greffe.

» Mais ce qui est curieux, c'est que *la panachure du greffon se communique au sujet et celle du sujet au greffon.*

» Les plantes autres que la Vigne en fournissent de nombreux exemples. En voici pour la Vigne :

» En 1898, je fis greffer sur Clinton et sur Champin panachés des Aramons et des Carignans sains. Les greffes réussirent mal; il n'y eut que quelques reprises, mais toutes les greffes furent panachées. J'ai pu également observer la contamination du sujet par le greffon sur la Vigne. Quelle est la cause de cette affection et quelles circonstances la font apparaître? C'est ce que j'examinerai dans un prochain article. »

Depuis cette époque, M. Ravaz a prétendu que la panachure de la Vigne est causée par les gelées, et il l'aurait reproduite expérimentalement en soumettant cette plante pendant une heure à un froid de — 2°4 pendant son épanouissement. Et *cette panachure provoquée se communiquerait du sujet au greffon* et *vice-versa* (¹), tout comme la panachure spontanée.

b. — Renforcement et rétrogradation de la couleur chez certains raisins. — Un certain nombre de vignes présentent des variétés noires, grises, blanches, etc., qui ne diffèrent parfois entre elles que par la couleur de la peau des raisins ou, plus rarement, par la couleur de la chair.

L'origine de ces variations a été très discutée.

J'ai reçu, à propos des Pinots, chez lesquels on connaît de nombreuses variations de ce genre, une très intéressante lettre de M. Louis Rouget, viticulteur connu et secrétaire de la Société de Viticulture de Salins (Jura). M. Louis Rouget a eu la bonne fortune d'assister à une série de variations des plus curieuses qui se sont produites sur des ceps de Pinot importés dans sa région et d'assister ainsi

(¹) Ravaz. — *Recherches sur les maladies de la Vigne (Rapports scientifiques de la Caisse des Recherches scientifiques*, 1908, p. 355). Si la panachure avait pour origine les gelées tardives, le phénomène serait général et ne se présenterait pas à l'état d'exception très rare, comme c'est le cas dans la nature. Peu importe d'ailleurs cette origine. Ce qu'il importe de retenir, c'est la transmission par greffe du caractère panachure, observée par un de ceux qui nient absolument la possibilité des phénomènes de cet ordre.

à la création d'une nouvelle série de variétés analogues à celles qui sont fixées d'ailleurs depuis longtemps dans la Bourgogne.

Voici les faits tels qu'il me les a rapportés en 1901 :

« En 1891, m'écrivait-il après le Congrès de Lyon où j'eus le plaisir de faire sa connaissance, j'étais occupé en compagnie d'un ami, à marquer dans une plantation de Pinot gris (Beurot de la Bourgogne) les ceps les plus fertiles en vue de la multiplication de ce cépage par le greffage, lorsque j'aperçus un cep à *raisins blancs* dont l'aspect ne m'était pas ordinaire. Après dégustation des raisins et examen de ce cépage, il ne me fut pas difficile d'établir que je me trouvais en face d'un Pinot ne différant du Beurot que par la couleur de ses fruits. Ayant lu que des accidents inexpliqués provoquaient parfois des variations de ce genre, je conclus que j'étais en face de l'un de ces accidents et que le *Pinot blanc* était désormais trouvé.

» Mes prévisions furent confirmées par la découverte, dans le courant de la même année, d'un cep de la même variété (Pinot gris) dont un bras portait des raisins *blancs*, l'autre des raisins *gris*. Chacun de ces bras fut marqué, et l'année suivante le même fait se reproduisit. Les sarments ayant porté les raisins blancs ont été multipliés et ont bien reproduit le même caractère. Le cep qui les a produits existe encore.

» Nous avions donc tenu pied par pied plusieurs milliers de ceps de Beurot sans remarquer d'autres variations. Or, depuis ce temps, continuant mes greffages en vue de la reconstitution de nos vignobles détruits par le phylloxéra, nous passons chaque année avant vendanges pour continuer notre sélection, et nous avons pu remarquer que ces accidents de décoloration se produisent fréquemment et spontanément sur des ceps ou fractions de ceps qui, jusqu'à ce moment, avaient montré leur coloration ordinaire. C'est ainsi qu'en 1899 et 1900, on ne comptait plus les ceps portant traces de ces variations : c'était tantôt un cep portant des raisins gris, sauf un rameau qui portait des *raisins blancs;* ou bien sur un cep gris, un rameau portant un *raisin blanc* et un *raisin gris;* ou bien encore des grappes *moitié blanches* et *moitié grises;* tantôt une *aile blanche* sur une *grappe grise* ou quelques *grains blancs* semés au hasard sur une *grappe grise;* tantôt enfin quelques grains ayant un *hémisphère blanc* et l'autre *gris*.

» Beaucoup plus rarement on rencontrait quelques *grains noirs* ou une fraction de *grappe noire* sur une *grappe grise*.

» En 1896, j'espérais pouvoir présenter au Congrès ampélographique de Chalon-sur-Saône une grappe dont la partie principale était *grise*, une *aile blanche* et l'autre *noire*. Malheureusement, à la date de la réunion du Congrès, cette grappe était tellement endommagée par le *Botrytis* qu'elle n'était plus présentable. Aujourd'hui cette vigne n'existe plus (¹); elle a été détruite par le phylloxéra, puis arrachée pour être remplacée par des plants greffés de la même variété. Mais ceux-ci continuent à donner des exemples de décoloration spontanée assez communs.

Les cas de variation du *Pinot noir fin* en *Pinot gris Beurot* sont très communs dans les vignobles de Montrachet, je crois, et M. V. Pulliat, avec son esprit d'observation si développé, avait tiré cette conclusion que (sans pouvoir expliquer la cause de ces variations), puisque le Pinot noir devient gris, le Pinot gris devait devenir blanc dans certains cas et sous certaines influences de même ordre. Il prévoyait le Pinot blanc; il le chercha et le découvrit.

« Je n'ai jamais remarqué de couleur intermédiaire entre le Pinot gris et le

(¹) La vigne où se sont produites ces variations avait été plantée vers 1875, en boutures de 25 centimètres, selon la méthode et suivant les conseils du Dr Guyot, dont les travaux sont encore si souvent consultés aujourd'hui et sont toujours d'actualité.

Pinot blanc; mais il existe entre le Pinot noir et le Pinot gris toute une gamme chromatique de nuances dont les intervalles sont à peine sensibles (1).

» La variation blanche du Pinot gris est à présent si bien isolée, fixée et sélectionnée, c'est un cépage si plein de promesses que je commence à le multiplier en grand (2).

» En 1893, j'observai dans une plantation du même âge un cep de Pinot noir dont les raisins de couleur noire intense comme la suie (Pinot moure) faisaient contraste avec les raisins des ceps voisins de Pinot noir dont la pruine est plutôt d'un noir bleuâtre. Cette variation s'était produite spontanément sans qu'il existât préalablement dans cette plantation un seul cep de cette couleur. Je soumis des échantillons de cette variété de Pinot nouvelle pour moi à feu mon oncle Charles Rouget, ampélographe distingué, qui me donna comme explication que ce *Pinot nègre* ou *moure* existe depuis longtemps et qu'on le considérait comme le produit d'un semis de Pinot présentant tous les caractères de ce cépage, sauf la différence de l'intensité de la couleur des fruits. Le cep en question devait être là depuis la plantation de la vigne sans avoir été observé, me disait mon oncle.

» Depuis cette époque, je vis apparaître, sans plantation nouvelle de cette vigne, un certain nombre de ceps de *Pinot moure* et le plus souvent par groupes de deux ou trois pieds sur la même ligne ou sur des lignes collatérales. Quelquefois même là où j'en avais observé un seul cep l'année précédente, j'en trouvais deux ou trois groupés autour du premier, *comme s'il y avait eu contagion.*

» Je doutai alors de l'exactitude de l'explication qui m'avait été donnée par mon oncle et, en 1898, je trouvai dans la même vigne un cep de Pinot noir ordinaire chargé de beaux raisins bleuâtres au milieu desquels *deux grappes de Pinot moure* portées par un même rameau montraient leur couleur suie tranchant bien sur la couleur des grappes voisines.

» Le doute n'était plus permis : le Pinot moure était donc bien le produit d'une *variation par bourgeons* apparue sur le Pinot noir ordinaire.

» En dehors de la variation elle-même, ce qui m'a le plus frappé, c'est, après une stabilité de formes de près de quinze ans, la rapidité avec laquelle les deux variations de couleur noire ou blanche, en sens inverse, se sont produites sur un nombre considérable de ceps. Ces deux variations ont porté extérieurement, *exclusivement*, sur les raisins ; le faciès de la variété Pinot est conservé intact dans les deux nouvelles formes.

» Tout ceci m'amène à poser un point d'interrogation. Comment se fait-il que sur nos cépages locaux : Poulsard, Trousseau, Argant, etc., constituant le fonds de notre vignoble, les variations de ce genre soient extrêmement rares, tandis qu'elles sont si communes sur ces cépages d'importation relativement récente ou plutôt récemment introduits dans notre vignoble? Pourtant ils sont cultivés dans les mêmes sols, soumis aux mêmes soins culturaux, et ils reçoivent à peu près régulièrement les mêmes fumures en fumier de ferme, superphosphates, sulfate de potasse, formules qui nous donnent d'excellents résultats (3).

» Les terrains sont en coteau, à environ 300 à 350 mètres d'altitude, d'assez bonne constitution, ainsi qu'on en peut juger par l'analyse suivante due à M. Chauzit :

Carbonate de magnésie.	14,36
Argile.	31,74

(1) A. Berget. — *Ampélographie pinophile*, et Durand, *Culture de la vigne en Côte-d'Or.*

(2) Voir A. Berget. — *La Question des Pinots blancs* (*Revue de viticulture*, 21 octobre 1899), et *Comptes rendus du Congrès de Lyon*, 1898, etc.

(3) Les cépages anciens sont acclimatés ; les cépages introduits ne l'étaient pas, et leur grande variabilité peut être le résultat soit de l'adaptation au sol et au climat, soit de conditions culturales nouvelles.

Sable	19,50
Carbonate de chaux	25
Sulfate de chaux	9,50

» Ce sont des terres de fertilité moyenne, assez profondes, à l'exposition S.-O... »

Un passage de la lettre de M. Rouget m'avait particulièrement intéressé. C'était celui où il indiquait la manière progressive dont la variation de couleur atteignait un même pied, pour apparaître ensuite sur les pieds voisins à la façon d'une maladie contagieuse [1]. Je le priai de m'envoyer des racines prises comparativement sur les pieds ayant varié et sur ceux qui avaient conservé leurs caractères afin de rechercher si les racines des pieds en variation ne présentaient pas de champignon parasite, agissant à distance sur l'appareil reproducteur du Pinot à la façon des Composées dont j'ai parlé dans le fascicule II de cet ouvrage. Malgré des recherches attentives sur un grand nombre de radicelles coupées à des hauteurs différentes, je n'ai pu déceler la présence d'un mycélium quelconque.

Je m'empresse d'ailleurs de dire que ce résultat négatif ne prouve pas d'une manière absolue que l'hypothèse d'une variation consécutive ou *parasitisme* d'un champignon est à rejeter en l'espèce. Il est possible que toutes les racines d'un cep, même ayant varié en entier, n'aient pas été infectées ou que je ne me sois pas servi du réactif capable de mettre en évidence les hyphes du parasite. Il est donc bon de réserver ses conclusions jusqu'à ce que des recherches plus complètes aient élucidé la question.

Quoi qu'il en soit de la cause du changement de couleur des raisins, il s'agit d'une variation nettement spécifique, au sens que j'ai donné à ce mot, puisqu'il s'agit d'un caractère important en ampélographie.

Une remarque qui aura son importance à propos des effets du greffage, c'est que ces variations de la couleur des raisins étaient autrefois *fort rares*. Voici ce qu'en a dit le comte Odart, dans son *Ampélographie universelle*, ouvrage justement estimé:

« On s'attend bien que les caractères qui ont fixé particulièrement mon attention ont été pris dans la fructification, qui m'a offert la considération importante de *l'époque de maturité*, celle de la *forme des grappes* et celle des *grains*, ainsi que la disposition de ceux-ci entre eux.

» J'ai cherché à bien exprimer la nuance de la couleur, quoique je n'ignore pas qu'elle soit légèrement variable par l'influence du sol et du climat, sans pourtant porter la crédulité, au sujet de cette variation, au point d'ajouter foi au rapport d'Antil, auteur américain d'un *Essai de culture sur la Vigne*, lorsqu'il dit avoir observé, dans le continent qu'il habite, des raisins dont la couleur sur les lieux élevés était blanche et passait du rouge plus ou moins foncé jusqu'au noir, à mesure de l'abaissement du sol sur lequel était plantée la Vigne.

» Cette considération de la couleur a paru si importante au célèbre agronome espagnol, D. Allonzo de Herrera, qu'elle l'a dirigé uniquement dans l'établissement de ses sections au chapitre des familles de la Vigne. Mais cette classification serait pour le moins aussi vicieuse que les autres, car les trois Picpouilles, les trois Corinthes, deux Bouteillans sur les trois, et une foule d'autres se seraient trouvés chacun séparés de leur famille et dans une division différente.

[1] Dans nos jardins, on observe parfois des variations de couleur chez certaines espèces cultivées et qui offrent les allures d'une contagion. Un certain nombre de monstruosités, par exemple des duplicatures (*Mathiola*), semblent provenir de l'action de parasites mal connus. Enfin, l'intensité variable et progressive de la variation sur un même cep s'explique fort bien par ce fait que les diverses parties du cep sont à des états biologiques différents, c'est-à-dire n'ont pas les mêmes capacités fonctionnelles au moment où la variation apparaît.

» Ce caractère me paraît aussi remarquable, quoiqu'il se présente des cas extraordinaires où la couleur varie, je ne dirai pas du blanc au noir, mais du moins du *gris* au *noir* sur les grains du même cep d'une égale maturité. Il semblerait, d'après la remarque que j'en ai faite en 1837, que cette mutabilité affecte particulièrement les espèces de couleur intermédiaire, celle que les Romains appelaient *helvolæ* (rouge clair). *Ce cas, d'ailleurs, est si rare qu'il est plutôt une confirmation qu'une dérogation de ce caractère.* »

Remarquons en outre qu'il peut y avoir sous ce rapport un renforcement ou une rétrogradation de la couleur, en un mot une variation *en plus* ou *en moins*, comme cela se passe en toutes choses. Il y a amélioration ou détérioration du caractère, suivant les cas ou suivant le but utilitaire considéré.

Bien qu'il paraisse peu probable que les variétés Pinot cultivées puissent être le résultat d'une hybridation naturelle, c'était cependant à cette cause que le comte Odart était enclin à rapporter les variations de couleur ainsi obtenues chez ce type de Vignes et chez quelques autres.

C'est aussi à l'hybridation sexuelle que le baron Antonio Mendola rapporte des variations singulières de coloris qu'il a observées dans sa collection.

« Une vigne appelée *Morillòn panaché* présente, dit-il, des variations extraordinaires. En certaines années, telle souche n'avait que des raisins *noirs*, et rien que des raisins *blancs* en d'autres années. Quelquefois il y avait des sarments à grappes complètement noires et des sarments à grappes complètement blanches sur le même cep. D'autres fois, les grappes noires et blanches s'entremêlaient partout; finalement, il existait des grappes moitié blanches et moitié noires, et des grappes à grains panaché, rayés de blanc et de noir. Souvent tout cela se rencontrait ensemble. Comment expliquer ces multiples effets de protéisme, divers tous les ans? Ce sont là des prodiges de l'hybridation. »

Certes, il est tentant de voir dans ces faits si curieux un dédoublement, à des degrés divers, de caractères parentaux entre un raisin blanc et un raisin noir croisés, ou des transformations multiples d'un hybride mosaïque à grands éléments, ou, pour le Pinot moure, un renforcement de la couleur chez l'hybride. Il semble toutefois que l'hypothèse de l'hybridation est insuffisante pour expliquer l'apparition du Pinot blanc et du Pinot moure, dans les Vignes observées par M. Rouget. Il y a certainement autre chose, et cela ne présente rien d'illogique; un même effet peut être produit par plusieurs causes différentes, agissant isolément. Nous en avons indiqué déjà des exemples.

Le baron Antonio Mendola a rapporté aussi à l'hybridation sexuelle des phénomènes curieux d'accentuation et de rétrogradation de la couleur des raisins jeunes.

« Tous les raisins, sitôt la fleur tombée, montrent en commençant à nouer des petits grains de couleur pâle ou foncée, puis, à mesure qu'ils grossissent, les raisins blancs prennent des teintes claires et les raisins colorés des teintes plus ou moins obscures; dans cet état les paysans toscans disent que le raisin est *sarrasin*, c'est-à-dire qu'il commence à noircir comme un Sarrasin.

» Or, l'hybridation, et nulle autre cause, a produit des Vignes qui font tout le contraire, c'est-à-dire que les petits grains, dès qu'ils sont noués, montrent une couleur presque noire qui s'éclaircit à mesure qu'ils grossissent. Ainsi se comporte le Kadarkaï de Hongrie qui m'est venu de la collection du comte Odart et de celle de M. Pulliat; ainsi se comporte le Chasselas rose. Ce phénomène, insolite chez la généralité des Vignes et que l'on appelle rétrogradation de la couleur, est certainement une chose extraordinaire. Comment l'hybridation l'a-t-elle amenée tout d'un coup? »

Le baron Mendola cite encore le cas d'une Vigne étrange qui, dès qu'elle touchait un mur ou un tronc d'arbre « émettait une quantité de petites racines adventives, semblables à celles du Lierre et qui lui servaient à s'appuyer et à se nourrir (?). Le pied que je cultivai, dit-il, était voisin d'un mur exposé au midi et près d'une palissade. Les rameaux, sitôt qu'ils touchaient à l'un ou à l'autre, se recouvraient de ces racines minuscules. Résultat peut-être d'une parenté entre la Vigne, selon certains botanistes, et les *Cissus* qui présentent cet enracinement à forme rampante, genre Lierre. Il faut pourtant se rappeler qu'aucune des variétés des Vignes d'Europe et d'Amérique ne présente cet enracinement de Lierre, phénomène dès lors extraordinaire. »

En somme, de toutes les observations qui viennent d'être rapportées, particulièrement de celles relatives à la couleur des raisins, il résulte qu'il serait difficile de dire quel est le facteur morphogénique qui les a causées. Rien ne peut nous servir de guide puisque l'on s'est presque toujours borné à constater le fait accompli, sans donner la moindre indication sur sa genèse.

S'agit-il d'automorphoses résultant de blessures, comme dans le cas des Aubergines décortiquées qui ont été figurées dans le premier fascicule de cet ouvrage; de biomorphoses dues à un parasitisme accidentel agissant à distance comme dans certaines Composées: d'hybridomorphoses, c'est-à-dire d'un dédoublement de caractères parentaux, de l'apparition d'une mosaïque à grands éléments remplaçant une mosaïque microscopique chez un hybride entre une Vigne à raisins blancs et une Vigne à raisins rouges (¹) ou bien est-ce dû à des agents cosmiques: lumière, chaleur ou agents mécaniques? Pour le moment, nous l'ignorons complètement.

Mais, quel que soit l'agent de variation, on peut cependant dire que :

1° Les variations provoquées par le facteur morphogénique responsable du changement de coloris ne se produisent pas avec une égale facilité chez les différentes variétés de Vignes. Chacune de celles-ci est plus ou moins sensible vis-à-vis de cet agent;

2° Un même facteur morphogénique n'agit pas avec la même intensité sur l'ensemble des organes qui constituent un appareil, ni sur l'ensemble des appareils qui composent le corps d'une même Vigne.

3° Un caractère spécifique peut être influencé indépendamment des autres, ou quelquefois plusieurs caractères le sont à la fois corrélativement.

Ce sont en somme des actions le plus souvent *localisées* à quelques organes et qui n'apparaissent qu'avec *irrégularité*.

C. *L'hybridation sexuelle et ses principaux résultats chez la Vigne.* — L'incertitude qui règne sur l'origine des variations de la couleur des raisins et l'attribution de ces résultats à un croisement de Vignes à raisins blancs et rouges par divers naturalistes nous amènent à étudier d'une façon sommaire les principaux résultats de l'hybridation chez la Vigne.

Cela est d'autant plus nécessaire que les phénomènes observés dans l'hybridation asexuelle par greffage offrent un certain parallélisme avec ceux du croisement sexuel et que certains effets du greffage des hybrides ne peuvent se comprendre que si l'on connaît complètement la manière dont ces hybrides sont constitués relativement à leurs parents.

Malheureusement les lois qui régissent la transmission des caractères parentaux aux hybrides de Vignes sont encore assez mal connues. Même beaucoup de ceux-ci sont des enfants du hasard, sur la filiation desquels on n'a aucune donnée précise. Quant à ceux dont l'état civil est bien établi, il est souvent très

(¹) C'est peu probable, étant donné que le baron Mendola lui-même, dans ses hybridations, a observé des raisins blancs se colorant en rouge sous l'action d'un pollen de Vignes à raisins rouges ; mais il n'a jamais vu le contraire, c'est-à-dire la rétrogradation de la couleur chez un raisin rouge fécondé par un raisin blanc.

difficile de déterminer ce qui, chez l'un d'eux, est dû à l'influence du père ou à celle de la mère, lorsqu'il s'agit par exemple de caractères imprévus n'existant pas chez les parents.

Nous avons déjà dit que, dès le début de la reconstitution, M. Millardet, professeur à la Faculté des Sciences de Bordeaux, eut l'idée de créer, par croisement sexuel, des hybrides de Vignes, producteurs directs, capables d'être cultivés francs de pied, c'est-à-dire à l'état autonome, de façon à supprimer les inconvénients et les aléas du greffage.

C'est en 1876 que, dans les comptes rendus de l'Académie des Sciences, M. Millardet exposa ses conceptions. C'est donc à lui et non à d'autres que revient le mérite de la méthode et la priorité de son application (1).

Le problème que se posait M. Millardet était de créer un hybride possédant la résistance phylloxérique dans sa racine et les qualités de la Vigne française dans son appareil reproducteur.

Il s'appuyait sur les observations de Naudin relatives aux *hybrides mosaïques*. On a vu que, dans ces plantes, les caractères du père et de la mère sont disjoints, c'est-à-dire placés côte à côte, et forment une sorte d'habit d'Arlequin, tantôt microscopique, tantôt à grands éléments.

Évidemment les hybrides mosaïques à éléments microscopiques ne pouvaient constituer une solution. Seuls les hybrides mosaïques à grands éléments pouvaient peut-être donner une racine résistante, caractère de la vigne américaine, combinée à un raisin de qualité, caractère du *Vinifera*.

Il ne faut pas se dissimuler que les chances d'obtenir une Vigne hybride de cette nature, à la suite d'un premier croisement, étaient faibles, quoique le problème n'offrît rien d'absurde. Elle pouvait apparaître directement à la suite d'un croisement heureux, par semis; ou bien elle pouvait se produire accidentellement dans un hybride mosaïque à petits éléments sous l'influence de causes externes ou internes provoquant l'apparition d'une mosaïque à grands éléments, comme cela se voit parfois chez diverses plantes cultivées dans nos jardins ou dans nos champs.

M. Ravaz (2) a critiqué la conception de M. Millardet en disant que si cet hybride idéal venait à être réalisé, il serait « exactement semblable à une Vigne greffée » et qu'il en aurait « par suite tous les défauts ».

Tout en enregistrant ici l'aveu de M. Ravaz, relatif aux défauts du greffage, qu'il a si bien oubliés ensuite, il faut remarquer que l'hybride idéal en question pourrait différer considérablement d'une vigne greffée, car M. Millardet n'avait en vue que deux caractères, la résistance phylloxérique de la racine et les caractères de fructification du parent français. Dans la greffe, le greffon entre avec l'ensemble de ses caractères; il en est de même pour le sujet américain. Dans un hybride au contraire, un caractère isolé ne se transmet pas obligatoirement avec les autres caractères de la même façon et on conçoit fort bien un hybride dont la racine aurait la résistance phylloxérique tout en ayant des propriétés osmotiques semblables à celle de la vigne française, par exemple.

En outre, un tel hybride mosaïque aurait sur la greffe l'immense avantage En outre, un tel hybride mosaïque aurait sur la greffe l'immense avantage
de ne pas présenter de bourrelet et il pourrait ainsi puiser directement ses

(1) Au Congrès de Lyon, en 1901, M. Foëx réclama la priorité de la conception des producteurs directs pour l'École de Montpellier en s'appuyant sur les registres de l'Ecole. Il est admis par tout homme de science que seules les publications ou les communications faites dans des Congrès ou des Sociétés comptent pour la prise de date, car il est trop commode d'inscrire ce que l'on veut sur des registres sans contrôle. La question est donc tranchée, comme doit l'être toute réclamation reposant sur des bases analogues. Pas mal d'écrivains viticoles sont d'ailleurs passés maîtres dans l'art du plagiaire, comme l'a montré le docteur Sernagiotto. Nous en verrons encore plus d'un exemple.

(2) Ravaz. — *C. R. du Congrès de Lyon*, Lyon, 1901, p. 454.

aliments dans le sol sans que ceux-ci subissent un arrêt complet ou un simple retard, parfois même une modification comme cela se passe au point d'union du sujet et du greffon.

Au début de l'hybridation sexuelle, le seul but cherché par M. Millardet et ses émules était donc la qualité du raisin et la résistance phylloxérique. Mais les insuccès du greffage et l'introduction d'un élément nouveau, la lutte contre les maladies cryptogamiques, soulevèrent d'autres problèmes beaucoup plus graves que le premier.

C'est ainsi que surgirent les essais de croisement relatifs à l'adaptation du sujet aux sols, à la résistance à la sécheresse et aux maladies cryptogamiques (santé du feuillage); enfin ceux concernant ce que l'on a appelé les questions d'*affinité* sans les définir d'une façon précise (1).

a. Méthodes employées par les hybrideurs. — Les savants ou les praticiens qui se sont occupés du croisement de la Vigne peuvent se partager en deux groupes :

1° Ceux qui ont fait de l'hybridation par à peu près, au hasard, tant dans la pratique de la fécondation que dans le choix des parents;

2° Ceux qui ont fait de l'hybridation scientifique et raisonnée. Les procédés de ceux-ci peuvent seuls nous intéresser. Ils sont naturellement basés sur les conditions de possibilité des croisements ou parenté sexuelle du père et de la mère.

Or, dans l'ensemble du règne végétal, l'expérience a montré que si, sur un même stigmate, se trouvent trois grains de pollen, dont celui de la plante mère, celui d'une race voisine et celui d'une espèce voisine, c'est celui de la race qui arrive le premier à l'ovule par suite de la rapidité plus grande de la croissance de son boyau pollinique. Il résulte de là que le croisement est plus fréquent que l'autofécondation et que l'hybridation entre espèces est relativement rare dans la nature. Pratiquement, si l'on veut obtenir des hybrides d'espèces, il est nécessaire de prendre des précautions spéciales pour empêcher le croisement des races ou l'autofécondation (castration de la plante hermaphrodite, etc., etc.).

Or, les espèces de *Vitis* présentent cette propriété curieuse de se comporter presque comme des races, de telle sorte que l'hybridation se fait chez elles plus facilement, dans certains cas, que le croisement de simples variétés d'une même espèce et que l'autofécondation.

Cette facilité de croisement exige par conséquent des précautions sérieuses pour empêcher un croisement accidentel quand on poursuit une hybridation méthodique.

Il ne s'ensuit pas de là toutefois que toutes les espèces de Vignes se croisent entre elles naturellement ou se croisent avec une égale facilité ou que la facilité du croisement soit proportionnelle au degré de leur parenté botanique, telle que l'ont fixée les classificateurs.

α. Bases d'hybridation. — Les hybrideurs se sont servis en général de parents différents quand ils ont tenté des croisements empiriques ou raisonnés. A ces parents de nature variée, on a donné le nom de *bases d'hybridation.*

Ainsi M. Millardet s'est adressé plus spécialement au *V. Berlandieri*, au *V. Cordifolia*, au *V. Rupestris* et au *V. Riparia.*

M. Ganzin s'est surtout servi du *V. Rupestris.*

M. Seibel a choisi le *V. Rupestris* et le *V. Lincecomii.*

(1) L'affinité est un mot, vide de sens, dont se sont servis les auteurs viticoles pour marquer leur ignorance des causes d'un grand nombre de phénomènes consécutifs aux variations de nutrition ou aux variations spécifiques causées par la symbiose de deux Vignes.

M. Oberlin a employé le *V. Riparia*, ainsi que M. Baco.

D'autres hybrideurs ont essayé des bases d'hybridation multiples, soit isolément, soit en combinaisons. Ainsi M. Couderc s'est servi des *V. Cordifolia*, *V. Æstivalis*, *V. Lincecomii*, *V. Labrusca*, *V. Monticola*, *V. Cinerea*, *V. Berlandieri*, *V. Riparia* (rarement) et principalement du *V. Rupestris*.

M. Castel a eu recours aux *V. Berlandieri*, *V. Rupestris*, *V. Riparia*, *V. Solonis*, *V. Cordifolia*, etc.

M. Malègue s'est adressé aux *V. Berlandieri*, *V. Rupestris*, *V. Riparia*, etc.

Enfin, M. Jurie a pris les *V. Riparia*, *V. Rupestris*, *V. Monticola*, etc.

β. *Nature des croisements.* — Les hybrideurs ont réalisé des combinaisons extrêmement nombreuses qui peuvent être classées commodément en se servant des données générales établies par les zootechniciens et les botanistes.

Soient deux espèces de Vignes A et B.

On peut prendre alternativement comme mâle A, puis B, et l'on réalisera les hybrides binaires, réciproques ou *inverses* A × B et B × A, dans le cas de plantes hermaphrodites bien entendu.

On a remarqué que la facilité relative de ces deux croisements inverses n'est pas obligatoirement la même. Ainsi M. Couderc, en dehors du *Vinifera*, « n'a jamais réussi la pollinisation avec le pollen de fleurs vraiment femelles d'espèces pures. » Il n'a réussi qu'en s'adressant à des vignes déjà croisées (Vialla) ou à des *Vinifera* dont les étamines ne sont pas complètement courbes (gros Ribier, Schiraz, etc.).

Quand les croisements inverses sont possibles tous les deux, les hybrides obtenus ne sont pas forcément identiques, comme cela a lieu chez certains Papillons, par exemple. Les hybrides issus d'un même croisement diffèrent également entre eux plus ou moins. Et cela se comprend, étant donné ce que j'ai dit déjà sur les différences que peuvent présenter entre eux deux gamètes mâles ou deux gamètes femelles, même produits par la même étamine ou le même ovaire.

Aux hybrides ainsi obtenus par le croisement direct de A et de B, on donne le nom d'hybrides directs. Les hybrideurs, dans le cas de la Vigne, les ont souvent appelés des demi-sang ou des demi-sève, comme on le fait en zootechnie.

On s'est très souvent, en pratique, arrêté à ce premier croisement. L'hybride, répondant au but que l'on cherchait, a été ensuite multiplié par bouturage, marcottage ou greffage.

Mais, en cas d'insuccès, l'on est allé plus loin et l'on a eu recours aux croisements dérivés unilatéraux ou alternatifs.

Prenons l'un quelconque des hybrides directs précédents, A × B par exemple. L'on peut faire reproduire exclusivement cet hybride avec l'un de ses parents. Le produit sera toujours un hybride direct, puisque les parents A et B restent les seuls à entrer dans la nouvelle combinaison.

Les croisements que l'on pourra réaliser sont les suivants, si la fécondité des descendants est illimitée :

A × B = 1re génération ou hybride direct de 1re génération.

1re LIGNÉE AVEC A COMME PÈRE	2e LIGNÉE AVEC B COMME MÈRE
A (A × B) = 2e génération.	(A × B) B = 2e génération.
A [A (A + B)] = 3e génération.	[(A × B) B] B = 3e génération.
A (A [A (A + B)]) = 4e génération.	([(A × B) B] B) = 4e génération.
Etc., etc.	Etc., etc.

En examinant ces deux lignées parallèles, on voit de suite que le croisement se fait, dans le 1er cas, de façon à ce que le père ne change pas de côté; et, dans le 2e cas, de façon à ce que la mère ne change pas de côté à son tour. Pour cette raison ce croisement a été désigné sous le nom de croisement *unilatéral*.

Cette catégorie de croisements a été étudiée chez l'homme où l'on désigne les croisements du blanc A par la négresse B sous le nom de mulâtre; du blanc par la mulâtresse A (A × B), sous le nom de tierceron; du blanc et de la tierceronne A [A (A × B)], sous le nom de quarteron, etc.

Il suffit de jeter un coup d'œil sur les formules ci-dessus pour voir qu'il y aura, à la longue, un retour plus ou moins complet à l'un des générateurs.

On peut montrer, par un calcul qui n'a cependant rien d'absolu, qu'il doit en être ainsi.

Égalons à 1 les facteurs A et B supposés de race pure et de capacité fonctionnelle sexuelle égale, de *sangs* égaux ou de *sèves* égales, comme on dit (1).

L'hybride A × B formé de deux sèves égales sera représenté par la formule $\frac{A}{2} + \frac{B}{2}$. Ce sera un demi-sang ou demi-sève. Ainsi le mulâtre est un demi-sang par rapport au blanc et au nègre; le 41 B Millardet (Chasselas × Berlandieri) est un demi-sang ou demi-sève par rapport à ses parents, le Chasselas et le Berlandieri.

L'hybride A + B demi-sang peut être fécondé par un mâle de l'espèce A pure. La formule du nouvel hybride sera la suivante :

$$\frac{A + \frac{A + B}{2}}{2} = \frac{3}{4} A + \frac{1}{4} B;$$

c'est le tierceron qui ne contient plus qu'un quart du sang maternel, mais qui possède $\frac{3}{4}$ du sang paternel.

M. Couderc a réalisé un grand nombre d'hybrides de ce genre. Ainsi le demi-sang Bourrisquou × Rupestris 601 manque de fertilité et ne peut pour cette raison servir comme producteur direct. Pris comme père, avec le Cabernet-Sauvignon comme mère, il donne le 126^8 Couderc, hybride à $\frac{3}{4}$ de sang de *Vinifera*, très fertile, et par conséquent pouvant être utilisé comme producteur direct.

L'hybride tierceron fécondé par le parent A fournit le quarteron dont la formule est :

$$\frac{A + \frac{3}{4} A + \frac{1}{4} B}{2} = \frac{7}{8} A + \frac{1}{8} B.$$

Le quinteron aura pour formule :

$$\frac{A + \frac{7}{8} A + \frac{1}{8} B}{2} = \frac{15}{16} A + \frac{1}{16} B,$$

et ainsi de suite.

(1) Ici j'expose la question d'après les données des éleveurs ou des hybrideurs, sans pour cela les faire absolument miennes, et simplement dans le but de faire comprendre les façons d'opérer des divers hybrideurs dont j'aurai à m'occuper par la suite, quand seront étudiées les variations particulières de leurs hybrides.

On voit que A croît de plus en plus et finit par *absorber* B. De là cette conclusion: le croisement unilatéral ne peut être indéfiniment continué parce qu'il aboutit au retour plus ou moins complet à l'une des races composantes. Il doit cesser dès qu'on a atteint le résultat cherché. Même si ce résultat n'est pas atteint vers la 5e génération, il est préférable d'abandonner cette méthode pour recourir à d'autres procédés de croisement.

Au lieu de prendre un mâle toujours de la même espèce, comme précédemment, on peut recourir alternativement à un mâle de l'espèce A et à un mâle de l'espèce B. C'est alors un *croisement alternatif* qui conduit à des combinaisons nouvelles.

Le croisement alternatif peut être *régulier* ou *irrégulier*. Il est régulier quand on opère de la façon suivante :

Après avoir obtenu l'hybride $A \times B = \frac{A}{2} + \frac{B}{2}$ ou demi-sang, on effectue son croisement par A servant à nouveau de père et on réalise le tierceron $A(A + B) = \frac{3}{4} A + \frac{1}{4} B$.

L'on croise ce tierceron avec l'espèce B pure servant de père, et l'on a un hybride à $\frac{5}{8}$ de sang B pour $\frac{3}{8}$ de sang A, comme l'indique le calcul suivant :

$$B\,[A\,(A + B)] = \frac{B + \frac{3}{4} A + \frac{1}{4} B}{2} = \frac{5}{8} B + \frac{3}{8} A.$$

Ce dernier hybride, pris pour mère, est croisé par un père A, donnant naissance à l'hybride

$$A\left(B\,[A\,(A + B)]\right) = \frac{A + \frac{5}{8} B + \frac{3}{8} A}{2} = \frac{11}{16} A + \frac{5}{16} B.$$

On croise ensuite par B et ainsi de suite alternativement.

En somme, ce procédé est caractérisé par le changement régulier du mâle des deux espèces à chaque génération, l'hybride précédemment obtenu jouant toujours le rôle de femelle.

Il peut se faire que la régularité du croisement unilatéral ou du croisement alternatif n'ait pas donné les résultats attendus. Il arrive parfois que l'on a dépassé le but cherché, et il faut alors *revenir en arrière* en recourant au croisement alternatif irrégulier.

Ainsi, supposons que l'on ait, par croisement unilatéral, obtenu l'hybride $A\,[A(A + B)]$ de troisième génération, qui possède $\frac{7}{8}$ de sève A pour $\frac{1}{8}$ de sève B. On s'est aperçu qu'un caractère important de B est disparu (forme, vigueur, résistance, couleur, etc.) et on veut le faire réapparaître.

On fera un retour en arrière en prenant cet hybride comme mère et B comme père. L'hybride nouveau sera constitué de la façon suivante :

$$B\left(A[A(A + B)]\right) = \frac{B + \frac{7}{8} A + \frac{1}{8} B}{2} = \frac{9}{16} B + \frac{7}{16} A.$$

Si ce croisement ne donne pas encore le résultat cherché, on fait rentrer A comme père pendant plusieurs générations de façon à réduire à nouveau le sang B et on retourne à nouveau en arrière. si l'on vient à nouveau à dépasser le but.

En somme, la différence de cette dernière méthode avec la précédente consiste dans l'irrégularité de l'alternance des mâles de chaque race et un fractionnement différent des sangs qui sont ballottés en tous sens. C'est pour cette raison que le croisement alternatif irrégulier a été désigné par les éleveurs anglais sous le nom de *brassage des sangs*.

Aux hybrides obtenus par croisement direct unilatéral ou alternatif, on donne le nom d'*hybrides dérivés*.

On peut encore employer d'autres procédés. Ainsi, au lieu de se servir de deux générateurs fixes A et B, on peut avoir recours à plus de deux générateurs et l'on a alors des *hybrides combinés*.

On a réalisé des hybrides combinés de deux façons :

1° Par un premier croisement entre deux espèces A et B et par un deuxième croisement de l'hybride A × B avec une espèce C servant de père ou de mère, de façon à obtenir les hybrides combinés (A × B) C et C (A × B) inverses par rapport l'un à l'autre et formant alors des hybrides ternaires.

2° Par un croisement entre deux hybrides binaires présentant un générateur commun (A × B) (A × C) qui sera encore un hybride ternaire, ou entre deux hybrides formés par des générateurs tous différents (A × B) (C × D), ce qui donne des hybrides quaternaires, etc.

On comprend que dans ces nouvelles catégories d'hybrides on puisse faire intervenir le croisement unilatéral ou les croisements alternatifs régulier et irrégulier avec le retour en arrière et le brassage des sangs. C'est dire que l'on peut réaliser dès lors des combinaisons à l'infini.

Si l'empirisme et le hasard ont trop souvent présidé aux combinaisons de certains hybrideurs, il est juste de dire que d'autres ont pris pour guide les données de la science et que quelques-uns ont réussi des créations voulues, rationnellement préparées.

Un des plus beaux exemples nous en est fourni par la création méthodique du fameux 580 Jurie [1].

En 1887, M. Jurie croisait la Mondeuse et le Rupestris-Monticola. Il obtenait ainsi son n° 102, Mondeuse × Rupestris-Monticola. Cet hybride est *très fertile*, mais ses *résistances sont insuffisantes*.

En 1889, l'hybrideur lyonnais cherche à accroître ces résistances sans diminuer la fertilité. Il prend pour père le Riparia × Rupestris gigantesque de Jœger et pour mère son n° 102. Il obtient alors son numéro 251, hybride d'une résistance parfaite, mais dont la grappe à petits grains laissait beaucoup à désirer sous le rapport de la fertilité. Il avait donc dépassé le but.

En 1893, il cherche à retrouver la fertilité en diminuant la sève américaine en excès par un retour en arrière. Il prend le 102 pour père et le 251 pour mère, et il obtient son hybride n° 580, qui, sans être absolument parfait, a la grosseur des grains et la fertilité du n° 102 et les résistances du n° 251 ; autrement dit le 580 possède réunies des qualités de fructification de la Vigne française et des qualités de résistance appartenant à ses parents américains.

b. Transmission des caractères parentaux aux hybrides de Vignes. — Au début de leurs recherches, de nombreux hybrideurs s'étaient fait de singulières illusions

(1) A. Jurie. — *Création d'un hybride producteur direct résistant* (*Revue de viticulture*, 1898).

sur la transmission probable des divers caractères parentaux chez leurs hybrides. M. Millardet lui-même ne tarda pas à s'en apercevoir, et si parfois quelques-unes de ses prévisions se sont réalisées, dans l'immense majorité des cas il a obtenu, comme ses émules, des résultats plus ou moins inattendus.

Pour M. Millardet (1), l'hybridation de la Vigne pour les demi-sang a révélé « un fait général très curieux et des plus importants : l'*influence prépondérante de la plante qui fonctionne comme père* dans les croisements ».

« Nous possédons, ajoute-t-il, des centaines de chaque sorte de ces hybrides, par exemple : *Aramon* × *Rupestris* et *Rupestris* × *Aramon*, *Alicante-Bouschet* × *Rupestris* et *Rupestris* × *Alicante-Bouschet*, etc. D'une manière générale et sauf de rares exceptions, les hybrides dans lesquels le *Rupestris* est le père sont plus résistants au phylloxéra, à grappes beaucoup moins grandes et à fruits beaucoup plus petits que cela n'a lieu dans les hybridations inverses. En hybridant l'européen par l'américain, on obtient une très haute résistance au phylloxéra, mais la fructification est insuffisante.

» Quant aux hybrides à trois-quarts de sang, s'ils contiennent trois-quarts de sang américain (*Chasselas* × *Riparia* × *Riparia*), ils sont tellement semblables à l'américain et leur fructification est tellement rudimentaire qu'ils ne peuvent servir que de porte-greffes. »

A l'appui de ces faits, on peut citer les observations de M. Baco sur le Chasselas de Palestine. Toutes les fois qu'il s'est servi de cette base d'hybridation, à titre de père, elle s'est montrée beaucoup plus dominante qu'un cépage américain, qu'il se soit agi de demi-sang ou de trois-quarts de sang. Tous les hybrides obtenus sont assez vigoureux, ont le faciès du père et surtout ses grappes très volumineuses; mais ils sont tous très sensibles à l'oïdium et au mildew comme le Chasselas de Palestine, et par conséquent sans valeur. Le père s'est montré ici très prépondérant au point d'annihiler tous les autres parents employés par l'hybrideur landais.

M. Millardet a constaté par ailleurs ce fait très important à notre point de vue, et qui est admis par tous les hybrideurs :

« Dans quelques cas, un résultat à peu près inattendu s'est produit par l'apparition, chez les hybrides, de propriétés qui manquent à leurs parents. C'est ainsi que les hybrides de *Riparia* et de *Rupestris* ont une haute résistance à la chlorose alors que chacune de ces espèces prises séparément est très sensible à cette affection. Les hybrides entre *Rupestris* et *Arizonica* semblent être dans le même cas. »

Ce sont là des faits qui nous permettront de comprendre comment, à la suite de certaines greffes, on observe chez l'un des conjoints des caractères particuliers qui ne se retrouvent pas chez le sujet et chez le greffon cultivés francs de pied (2). L'on verra plus loin par les faits que l'hybridation par la greffe chez la Vigne offre un parallélisme parfois fort net à l'hybridation sexuelle, parallélisme que j'ai signalé dès le début de mes études, mais dont les adversaires de mes théories n'ont pas tenu compte, en viticulture.

L'on doit aussi à M. Millardet (3) de curieux résultats sur l'hybridation de divers *Vitis Vinifera* et du *Vitis Scuppernong* qui, ainsi qu'on l'a vu, appartient à la section des *Muscadinia* de Planchon. Tous les individus issus de ces hybridations n'avaient que des caractères de *Vinifera;* ils ne rappelaient en rien le

(1) Millardet. — *Essai sur l'hybridation de la Vigne*. Paris, 1891.

(2) C'est ainsi que, à la suite d'un greffage entre le Haricot de Soissons et le Haricot Noir de Belgique, j'ai obtenu par semis des graines du sujet un Haricot vivace à racines tuberculeuses comme dans le Haricot d'Espagne. Sujet et greffon étaient annuels cependant (Voir *C. R. de l'Académie des Sciences*, 1910).

(3) Millardet. — *Note sur la fausse hybridation chez les Ampélidées* (*C. R. du Congrès de l'hybridation de la Vigne*, Lyon, 1901).

Scuppernong. La nature hybride de ces Vignes se reconnaissait toutefois, soit par les monstruosités de l'ovaire, soit par la malformation du pollen. Mais par ailleurs elles ressemblaient exactement à leur mère.

M. Millardet voulut voir si les choses se passeraient de la même manière en faisant jouer au *Scuppernong* le rôle de mère. Il féconda donc cette Vigne avec du pollen de *Vitis Vinifera* et de *Vitis Rupestris*. Il constata que les hybrides étaient encore sensiblement identiques à la mère *Scuppernong*, sauf dans un seul cas où l'on trouvait mélangés les caractères du père et de la mère.

Ayant de même réussi le croisement du *Vitis Vinifera* et de l'*Ampelopsis hederacea* (vigne vierge), il obtint aussi des hybrides qui rappelaient exclusivement leur mère.

A ce mode particulier d'hybridation dans lequel un des parents absorbe l'autre en entier, M. Millardet a donné le nom de *fausse hybridation* ou d'*hybridation sans croisement*. C'est une dichodynamie, mais on peut trouver dans le cas des Fraisiers, par exemple, comme l'a déjà observé le même auteur, un nombre considérable de types maternels pour un type paternel, ce qui constitue une dichodynamie avec tendance à l'hétérodynamie. Semés, ces faux hybrides de fraisiers fournissent une génération absolument identique à eux-mêmes. Ce sont donc des hybrides à gamètes non disjoints.

Mais certains naturalistes ont vu dans ces faits une pseudogamie, c'est-à-dire que le pollen aurait simplement agi comme un stimulant capable de développer parthénogénétiquement les ovules du *Vitis Vinifera* ou de *Fragaria*. Il n'y aurait pas eu de karyogamie. Ainsi s'expliquerait tout naturellement que les produits soient identiques à la mère et fournissent une descendance du même type.

Quelques écrivains viticoles ont vu dans les faux hybrides signalés par M. Millardet des *hybrides unilatéraux*, analogues à ceux que Mendel a obtenus dans les Pois, c'est-à-dire des hybrides dans lesquels les gamètes seraient disjoints. Et ils ont prétendu que si M. Millardet avait semé les graines des faux hybrides de *Vitis Vinifera* et de *Suppernong* autofécondés, il aurait obtenu le mélange habituel de types paternel et maternel purs et leurs hybrides plus ou moins intermédiaires, avec des caractères en mosaïque. Par conséquent, la descendance des faux hybrides eût pu donner le fameux hybride à tête française et à pied américain, jusqu'ici vainement cherché.

Les graines des faux hybrides de *Vitis* n'ayant pas été semées, on ne peut formuler que des hypothèses. Cependant il paraît peu probable qu'il s'agisse d'hybrides unilatéraux de Vigne, si l'on s'en rapporte au cas parallèle des Fraisiers, où la descendance a été étudiée, sans que l'on ait constaté la moindre disjonction de caractères parentaux. Les faux hybrides de *Fragaria* sont des hybrides à gamètes non disjoints et il en est presque sûrement de même pour les faux hybrides de Vigne.

M. Millardet a essayé de montrer, par l'anatomie, que l'*hybride mosaïque* existe bien dans le genre *Vitis*, et que la *fusion* n'est pas la règle. Ayant examiné la feuille de l'*York Madeira*, qu'il considère comme un hybride naturel du *Vitis Æstivalis* et du *Vitis Labrusca*, dont les stomates sont différents, les uns superficiels, les autres situés au fond d'une sorte de puits, il constata que cet hybride présentait à la fois les stomates superficiels de la mère *Labrusca*, les stomates profonds du père *Æstivalis* et des stomates intermédiaires, en un mot une véritable mosaïque des caractères stomatiques parentaux.

M. Castel (1) prétend avoir fréquemment observé l'hybride mosaïque dans ses semis. Ainsi « quand les bourgeons d'un hybride commencent à se développer,

(1) Castel. — *Conseils pratiques sur l'hybridation de la Vigne (C. R. du Congrès de Lyon, 1901).*

Fig. 165.
Feuille et grappe du 1230l Jurie (pied mère)
(*Argant* × *Lincecomii-Rupestris*).

Fig. 166.
Grappe de 1375l Jurie (pied mère).
(*Rupestris-Lincecomii* × *Mondeuse*).

1 à 16, échelle en centimètres.

Fig. 167.
Rameau et grappes de 1975 Jurie (pied mère).

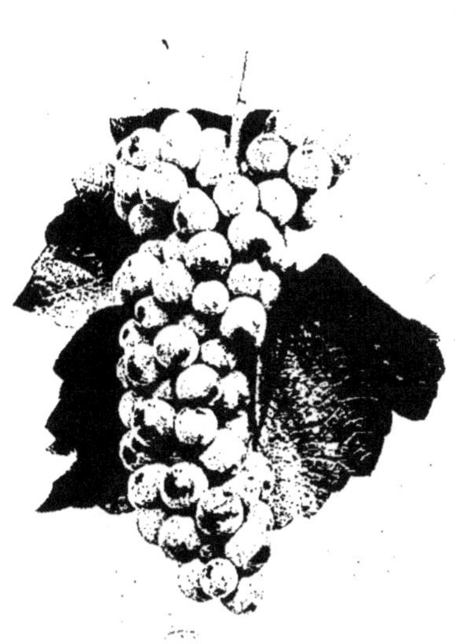

Fig. 168.
Grappe et feuilles de 1975 Jurie (pied mère).

Fig. 169.

Rameau et grappes de 2850 Jurie (pied mère) (560 × 580).

Fig. 170.

Le Baco 24-23 (Folle Blanche × Riparia).

FIG. 171.

Un cep de 22 A Baco (pied mère), ayant subi les atteintes de la Cochylis.

FIG. 172.
Un cep de 27-1 Baco (Claverie × J. 201 Couderc) pied mère.

Fig. 173.
Autre cep de 27-1 Baco, pied-mère.

on constate que les uns présentent d'une manière frappante presque tous les caractères du père, les autres les caractères de la mère. Plus tard, quand les sarments sont parvenus à leur entier développement, les différences cessent de se manifester. »

Cette observation montre que, dans les hybrides de Vignes, on observe parfois un *changement de catégorie* dans leur ontogénie, comme cela arrive, d'après Giard, chez certains Oiseaux du genre *Fringilla*. Nous retrouverons des faits assez analogues dans la greffe.

Le même hybrideur prétend que les hybrides de Vigne présentent en général des caractères intermédiaires entre les parents. « Quand les parents d'un hybride appartiennent à deux espèces différentes, c'est le parent qui se rapproche le plus de l'état sauvage qui imprime ses caractères avec le plus d'intensité, soit que ce cépage ait servi de père, soit qu'il ait servi de mère. »

Il a remarqué que « les hybrides franco-américains producteurs directs et en particulier les *Franco-Rupestris*, sont, en général, à maturité plus tardive que celle de leur parent à maturité la plus tardive ». Il y a donc, chez la Vigne, des *hybrides à caractères renforcés*. Nous en trouverons plus loin des exemples chez les Vignes greffées.

Certaines Vignes impriment à leur descendance des caractères particuliers, constants. Ainsi « les hybrides de *Rupestris* à fleurs hermaphrodites donnent toujours des Vignes à raisins noirs. Les *Rupestris* à fleurs mâles, comme les *Rupestris* Martin et Ganzin, donnent parfois des hybrides à raisins blancs. En outre, les hybrides de cépages à fleurs mâles présentent, en général, de plus grandes variations dans leurs fruits que les hybrides obtenus par le croisement de cépages à fleurs hermaphrodites.

» Les hybrides de *Riparia* présentent une très haute résistance aux maladies cryptogamiques.

» Dans leurs hybridations, les *Labrusca* donnent des cépages alcooliques et ont une tendance à produire des cépages blancs. »

M. Castel a étudié la descendance d'un certain nombre de ses hybrides autofécondés : ces descendants d'hybrides sont les *retours d'hybrides*. Pour lui, « les retours d'hybrides donnent lieu à de nombreuses variations et font constamment retour, d'une manière irrégulière, au père et à la mère de l'hybride dont on a semé les pépins, mais toujours d'une manière prépondérante au parent qui se rapproche le plus de l'état sauvage. »

Au point de vue pratique, il n'a rien obtenu de bon dans ces semis, à part quelques porte-greffes méritants. Le semis d'hybrides autofécondés n'est donc pas à conseiller.

M. Jurie partageait les idées de Naudin sur les hybrides mosaïques, et son opinion a d'autant plus d'importance qu'il connaissait admirablement les caractères de ses bases d'hybridation et savait merveilleusement les suivre dans les multiples combinaisons réalisées non seulement chez son fameux n° 580, mais chez ses créations plus récentes et plus intéressantes pratiquement, telles que les numéros 1230[1] *(fig. 165)*, 1375[1] *(fig. 166)*, 1975 *(fig. 167 et 168)* et 2850 *(fig. 169)*.

Les résultats obtenus par lui relativement à la transmission de certains caractères parentaux sont conformes à ceux relevés par M. Castel et fournissent aux opinions de celui-ci un appoint d'autant plus important que M. Jurie, contrairement à MM. Castel et Couderc qui créaient des hybrides à cinq huitièmes de sève française, cherchait la solution du problème posé par Millardet dans les hybrides producteurs directs à cinq huitièmes de sève américaine et prétendait, par ce procédé, obtenir des vins meilleurs, tout en sauvegardant les résistances.

M. Couderc est l'hybrideur qui a effectué les plus nombreux croisements, qui a essayé le plus grand nombre de bases d'hybridation et qui a jusqu'ici semé le plus grand nombre de pépins. On lui doit de nombreuses observations intéressantes, mais qui ne sont pas toujours d'accord avec celles des autres hybrideurs, ainsi qu'on en pourra juger.

Toutes les espèces de la section des *Euvitis* de Planchon, dit M. Couderc (1), se croisent entre elles avec la plus grande facilité et leurs hybrides sont indéfiniment féconds. M. Couderc n'a pu réussir l'hybridation d'aucune espèce d'*Euvitis* avec celles de la section des *Muscadinia*, ni avec les *Cissus*, *Ampelopsis*, *Ampelocissus* ou autres Ampélidées (2).

« Les diverses espèces d'*Euvitis* ont donné dans leurs combinaisons, soit deux à deux, soit trois à trois, soit de complication quelconque, des hybrides qui se comportent plutôt comme des métis que comme des hybrides. L'hybridation de la Vigne ressortit donc plutôt aux lois du métissage qu'à l'hybridation proprement dite. »

M. Couderc attribue ce fait à ce que les divers *Euvitis*, quoique étant des espèces très tranchées, sont des espèces à la fois pseudo-dioïques et multiformes, qui se sont adaptées de temps immémorial à la fécondation croisée obligatoire et au croisement avec les espèces voisines. Elles ont acquis, par ces croisements successifs, une sorte de *plasticité* et sont devenues aptes à se laisser impressionner presque normalement par des espèces de régions éloignées avec lesquelles elles n'avaient jamais eu de rapports sexuels.

Il a proposé le nom nouveau de *Bâtardage* pour le croisement d'espèces très tranchées, mais dioïques ou quasi dioïques et multiformes, dont les produits sont plutôt des métis que des hybrides. Ces produits seraient appelés bâtards, et on dirait bâtards de premier sang, bâtards dérivés, bâtards à trois quarts de sang, bâtards complexes, etc. Le bâtardage serait en tête de l'hybridation proprement dite et la relierait au métissage. Bien que tous les passages existent entre le bâtardage et l'hybridation proprement dite, son importance pratique justifie, selon lui, cette distinction.

Aujourd'hui, comme on l'a vu, on ne sépare plus le métissage de l'hybridation, mais il n'en est pas moins intéressant de signaler les résultats des expériences de M. Couderc.

« La fertilité botanique des bâtards est complète à tous les degrés de croisement. Cette propriété a été méconnue à cause de l'action des pseudo-mâles agissant comme espèce et comme état floral pour amener des atrophies d'ovaires chez certains bâtards.

» La vigueur est exagérée dans les croisements binaires et ternaires, mais conservée seulement dans les croisements quaternaires, dérivés, complexes, etc., tandis que dans les métis, elle croît en général avec les croisements successifs.

» Certaines espèces sont prépondérantes sur d'autres, qu'elles soient employées comme père ou comme mère, et chez elles l'influence du père et de la mère paraît égale, c'est-à-dire que les bâtards strictement inverses sont identiques. D'autres espèces se balancent : ce sont celles qui sont morphologiquement le plus voisines. La règle de l'équivalence génésique des gamètes est, chez ces dernières, peut-être un peu moins marquée que chez les premières; le père y a une influence prédominante dans le bâtard tout jeune; puis, à l'âge adulte, le balancement s'accentue;

(1) Voir *Comptes rendus du Congrès de l'hybridation de la Vigne*, Lyon, 1902, p. 64.

(2) Comme on le voit, M. Couderc a été moins heureux sous ce rapport que M. Millardet. D'autre part, on sait que, depuis l'époque où M. Couderc écrivait ces lignes, M. Grille, d'Angers, a réussi des croisements de genres entre *Vitis* et *Ampelopsis* et il a obtenu de véritables hybrides.

enfin, en vieillissant, le bâtard ressemble plus à sa mère, mais ces différences, quoique fréquentes, ne sont pas constantes.

» Dans les générations successives, l'influence de la mère paraît prépondérante, tandis que, dans les bâtards dérivés, c'est celle du père. Ces nuances ne sont sensibles que quand les espèces unies se balancent presque complètement : *Labrusca* et *Vinifera, Riparia* et *Rupestris*; elle s'effondrent devant la prédominance d'une espèce sur l'autre : *Vinifera* et *Rupestris;* et alors l'espèce prédominante l'est aussi bien dans les générations lointaines que dans les premiers rangs, pourvu que les composants y soient au même degré de filiation et cela qu'elle ait figuré comme père ou comme mère.

» Le croisement d'un bâtard de demi-sang par son père ou sa mère donne des résultats qui tiennent plus de l'hybridation que du métissage; et, ce qu'il y a de curieux, c'est que la prépondérance des espèces ne ressort plus comme dans les premiers sangs et la généralité des croisements successifs. Ainsi un *Bourrisquou* × *Rupestris* croisé par un *Bourrisquou* donne des *Vinifera* presque purs qui meurent régulièrement du phylloxéra. Le même *Bourrisquou* × *Rupestris* hybridé par le *Rupestris* qui a servi de père donne des produits où le *Bourrisquou* n'est pas toujours aussi annihilé que le *Rupestris* dans le croisement précédent. La vigueur, tout en étant grande, ne l'est pas plus ou l'est moins que celle du demi-sang *Rupestris* générateur, ce qu'on peut expliquer par la vigueur moins grande du *Rupestris* que du demi-sang. En somme, les bâtards dans les croisements par leur père ou leur mère se comportent plutôt comme des hybrides que comme des métis, tout en différant les uns des autres.

» Non seulement les formes, variétés ou sous-variétés de chaque espèce, croisées entre elles, suivent les mêmes lois que les espèces elles-mêmes, mais chaque *état floral* d'une espèce se comporte comme une espèce vis-à-vis d'autres états floraux, soit de la même espèce, soit des autres espèces. C'est pour cela que les *Vitis* sont qualifiés de pseudo-dioïques.

» Si on croise entre eux nos *Vinifera* cultivés, on obtient des femelles (étamines courbes) et des hermaphrodites (étamines droites), mais jamais de mâles analogues aux vignes sauvages mâles des forêts. De même si on croise un *Rupestris* femelle (étamines courbes) avec un *Vinifera* cultivé (hermaphrodite à étamines droites), on obtient uniquement des femelles (étamines courbes) et des hermaphrodites (étamines droites) et jamais de mâles, bien que le *Rupestris* femelle ait eu évidemment un père mâle puisqu'il n'y a pas d'hermaphrodite chez les *Rupestris*. Si on croise un *Vinifera* (hermaphrodite à étamines droites) avec un *Rupestris* mâle, on obtient tous les passages entre la femelle (étamines courbes) et le mâle pur, c'est-à-dire entre la prépondérance absolue du pistil et des caractères corrélatifs de la grappe et la prépondérance absolue de l'androcée et de la conformation corrélative de la grappe.

» Parmi ces passages se trouvent les curieux *mâles à pistil,* à grappe de mâle, à pistils rudimentaires et à graines microscopiques, à peu près sans albumen, mais susceptibles de germer et de reproduire la forme mâle à pistil *qui se trouve ainsi fixée.*

» Le seul état floral qui ressort toujours, quels que soient les états floraux croisés, est l'état femelle (étamines courbes), mais il est toujours en petite proportion, proportion variable d'ailleurs suivant qu'on a employé comme père un état mâle ou un état hermaphrodite.

» Quand on emploie un état mâle, cet état est toujours prépondérant dans l'état floral des semis où les mâles sont en grande majorité, absolument comme un *Rupestris* est prédominant sur un *Vinifera.* »

M. Couderc a fait remarquer qu'en dehors du *Vinifera* il n'a jamais réussi la pollinisation avec le pollen de fleurs vraiment femelles d'espèces pures, ce qui aurait été très intéressant pour produire des bâtards strictement inverses. Ses nombreux essais ont été infructueux et il n'a réussi qu'en s'adressant à des Vignes déjà croisées (Vialla, etc.) ou à des *Vinifera* dont les étamines ne sont pas absolument courbes (gros Ribier, Schiriaz, etc.). On sait que c'est seulement avec l'âge du cep que les étamines courbes des fleurs dites femelles arrivent à renfermer des grains de pollen bien conformés et susceptibles d'émettre leurs tubes.

« Dans l'hybridation proprement dite, c'est surtout sur le pollen que portent les atrophies ou les arrêts de développement dus au croisement. Dans le bâtardage, l'organe mâle non seulement est conservé, mais toujours mieux développé que dans les deux composants.

« Ainsi les femelles (hermaphrodites à étamines courbes) ont toujours les filets moins grêles et le pollen mieux développé que dans les deux espèces pures; il apparaît des hermaphrodites proprement dits dans des croisements d'espèces qui, pures, n'en présentent pas. Enfin on voit toute la série continue des *femelles, hermaphrodites femelles, hermaphrodites proprement dits, mâles à pistil* et *mâles*.

» C'est sur l'organe femelle, au contraire, que le bâtardage paraît influer moins favorablement. La raison en est que, dans le croisement d'une femelle (étamines courbes) d'une espèce par un mâle plus ou moins atrophié d'une autre espèce, il y a fusion des caractères, non seulement du feuillage, mais aussi d'état floral. Ainsi considérons l'hybridation d'un *Vinifera* femelle par un *Rupestris* mâle; nous constatons que, dans le semis, il y a tous les passages entre l'ovaire atrophié du *Rupestris* et l'ovaire exagéré du *Vinifera* femelle. D'où les bâtards à grains atrophiés à divers degrés.

» Pour l'organe mâle, la série des passages est similaire; mais il faut remarquer que si l'on part d'un côté d'une étamine exagérée, celle du *Rupestris* mâle, on part de l'autre d'une étamine simplement mal nourrie par suite de la faiblesse des filets chez le *Vinifera* femelle. Il n'est donc pas étonnant que, dans les produits, aucune atrophie proprement dite des étamines ne se constate et que les moins développées le soient encore plus que celles du procréateur qui les a le plus mal, le *Vinifera* femelle.

» En somme, les *Vitis* sont des plantes en voie de différenciation dioïque par avortement de leurs macro ou microsporanges et exagération corrélative du sporophore antagoniste. Le bâtardage arrête cette évolution et tend à rétablir le balancement des sporophores. Au point de vue botanique, il y a là une sorte de déchéance et, par là, le bâtardage rentre bien dans l'hybridation proprement dite; mais, au point de vue pratique, c'est tout le contraire parce que nous n'utilisons que les vignes hermaphrodites les mieux équilibrées, celles à ovaires bien conformés et à filets moyens, forts et dressés, c'est-à-dire à conformation favorisant le mieux l'autofécondation. »

On doit encore à M. Couderc, sous le rapport de l'hérédité des caractères parentaux chez les hybrides de vignes, d'intéressants documents qui montrent que les plantes obtenues par lui ne se comportent point, quant à leur descendance, conformément à la loi de Mendel.

« Les semis de graines autofécondées, dit-il, chez les bâtards de demi-sang n'ont jamais donné les variations désordonnées signalées chez les hybrides proprement dits. Ces semis, que j'appelle des *retours de bâtards*, tournent autour du demi-sang semé, mais tous dirigés en général vers l'espèce prépondérante; ils s'en rapprochent manifestement plus ou moins sans jamais retourner vers l'autre espèce, ni même y tendre.

» Ainsi on sème des grains autofécondés de *Bourrisquou* × *Rupestris* 603 par exemple. Les pieds de semis rappelleront tous 603, mais en se rapprochant beaucoup plus du *Rupestris* que 603; aucun ne sera mâle cependant, bien que le *Rupestris* qui a hybridé le *Bourrisquou* fût mâle; enfin aucun ne retournera au *Bourrisquou* ni manifestement vers le *Bourrisquou*.

» Ces constatations ont été faites sur des milliers de pieds de semis, et les espérances qu'on avait conçues de ce côté doivent être abandonnées. Cependant quelques pieds de demi-sang autofécondés peuvent avoir de la valeur.

» La vigueur des retours de bâtards est en général assez uniforme et médiocre, quand on a soin d'assurer une stricte autofécondation. Dans le cas contraire, il ressort quelques pieds de vigueur excessive, mais ce sont des bâtards ternaires, issus de fécondation d'aventure. On remarque chez les retours de bâtards, et chez eux seuls, de nombreux cas de rachitisme, et d'assez nombreux cas de pélories, d'avortement des ovaires et autres monstruosités. »

M. Couderc signale aussi que « les caractères les plus fugaces, les plus insignifiants botaniquement, sont conservés dans les croisements et se retrouvent dans de lointaines générations; par exemple, la coloration violette du Chasselas rose, la coloration des Bouschet, etc. La Nature ne distingue pas entre ce que nous appelons les caractères botaniques essentiels sur lesquels est basée notre systématique et ceux que nous regardons comme secondaires ou insignifiants. Chaque être est un tout qui les transmet tous génésiquement, certes plus ou moins atténués, mais jusque dans les générations les plus éloignées.

» Au contraire, certains des caractères qui sont pour nous primordiaux, ne le sont pas du tout pour la Nature. Le croisement peut, dans les *Vitis*, détruire des caractères qui sont pour nous des caractères non seulement de genre, mais même de famille. Ainsi les Ampélidées et les familles voisines ont leurs ovaires formés de deux ou plusieurs carpelles, mais toujours biovulés. Eh bien, le simple croisement de deux espèces de *Vitis* suffit pour multiplier les ovules dans les carpelles et détruire, chez les bâtards, le caractère fondamental du genre, de la famille et même de tout le groupe des familles naturelles voisines. Certains bâtards de Vignes ont des carpelles tri ou quadriovulés, c'est-à-dire 5, 6, 7 ou 8 pépins par grain de raisin. Le cas est fréquent dans les bâtards de *Labrusca* et de *Linsecomii*. »

M. Couderc admet comme une règle très générale que l'on observe dans l'hybride de Vigne la *fusion* de tous les caractères des composants, qu'il s'agisse de *caractères externes* ou de *caractères internes*. Cela se produit dans les hybrides binaires, ternaires, complexes, etc., et aussi dans la postérité des hybrides autofécondés.

Toutefois il admet que, très exceptionnellement, on peut trouver des hybrides mosaïques. Ce ne serait donc que par un hasard absolument extraordinaire que serait réalisé l'hybride producteur direct conçu par M. Millardet, et il n'y a rien d'étrange à ce qu'on ne l'ait pas encore obtenu.

Et pourtant M. Couderc lui-même a cité des faits qui contredisent sa thèse. N'a-t-il pas obtenu son 126-12 qui est absolument *Vinifera* par ses fruits, mais qui se rapproche nettement par sa racine de la vigne américaine? Aucune hypothèse ne peut expliquer la constitution de cet hybride, si ce n'est celle de Naudin.

Il semble donc que M. Couderc ait, en adoptant l'hypothèse unique de la fusion des caractères parentaux chez tous les hybrides, formulé une conclusion passablement hasardée. Etant donné le nombre élevé des hybrides qu'il a créés, il est d'ailleurs impossible qu'il ait pu les examiner tous très sérieusement au point de vue morphologique externe et les suivre pendant un temps suffisant pour les juger d'une façon sûre. L'étude anatomique est plus longue encore et plus délicate; à plus forte raison n'a-t-il pu la faire d'une façon approfondie. Aussi ne faut-il pas s'étonner que des études récentes aient pu infirmer, au moins en partie, une conclusion par trop absolue et en contradiction avec les observations d'autres hybrideurs.

Il résulte en effet des recherches de M. Gard [1] que l'anatomie des hybrides, comparée à celle des parents, révèle souvent une juxtaposition de caractères parentaux comparable à une mosaïque, et que cette juxtaposition est particulièrement visible dans la feuille et dans la tige.

Pour lui, la structure permet de déterminer l'influence respective de chaque parent, au moins dans les hybrides binaires de vigne. C'est le parent mâle qui joue le rôle prépondérant.

Mais au fur et à mesure que la complication des hybrides augmente, il devient de plus en plus difficile, anatomiquement, de déterminer avec certitude la part qui revient à chacun d'eux, et même de reconnaître tous les parents qui entrent dans la constitution de l'hybride.

Retenons encore ce fait intéressant, qui se produit rarement toutefois, que, dans un hybride binaire, l'un des ascendants peut prédominer dans un organe, tandis que l'autre parent peut prédominer dans un organe différent du même hybride.

Les nombreuses hybridations de M. Baco, l'hybrideur landais, dont nous aurons bien des fois par la suite à étudier les belles créations, lui ont permis d'apporter une nouvelle contribution aux données fournies par ses prédécesseurs.

Non seulement ses études ont porté sur les hybrides de Riparia, sa principale base d'hybridation, mais encore sur d'autres bases : *V. Labrusca* (Noah, Othello), *V. Rupestris*, *V. Æstivalis* (Jacquez, Herbemont, Cunningham), Chasselas de Palestine, croisés avec divers *V. Vinifera* de sa région.

Il les a combinés d'un grand nombre de façons et il a obtenu des 1/2, 3/4, 5/8, 9/16 et 11/16 de sang, ces derniers jusqu'ici moins intéressants pratiquement.

Parmi ces hybrides que j'aurai l'occasion d'étudier par la suite, à propos des hybridations asexuelles, je citerai le 24-23 Baco (Folle Blanche × Riparia Grand × Glabre) *(fig. 170)*, le 22 A (Folle Blanche × Noah) *(fig. 171)*, le 27-1 (Claverie × J 201 de Couderc) *(fig. 172 et 173)*, le 43-23 (4401 × Cabernet-Sauvignon), etc.

Ce dernier est remarquable comme hybride mosaïque. Ceux qui connaissent bien ses parents les reconnaissent à première vue dans cet hybride.

Le 38-27 Baco (27-1 × Aramon-Rupestris Ganzin n° 1) reproduit le faciès de son père, plus résistant au mildew, et la grappe *renforcée* de l'Aramon-Rupestris Ganzin n° 1.

Ses observations viennent donc souvent à l'appui de celles de MM. Millardet, Castel et Jurie, rapportées dans les pages précédentes et les confirment dans la plupart des cas, en les étendant à des hybrides nouveaux.

L'influence dominante de l'élément mâle n'existe pas seulement, ainsi qu'on l'a vu, dans la transmission des caractères externes et des caractères internes, mais elle se révèle encore quand il s'agit de caractères physiologiques, tels que les résistances et la vigueur relative.

Ainsi, selon divers Américanistes, il y a des caractères, tels que la résistance au calcaire et au phylloxéra et la faculté de pénétration dans le sol résistant, qui sont si bien fixés chez les diverses espèces de Vignes qu'on les retrouve dans leur descendance. De même la résistance des Vignes américaines au phylloxéra se communique aux hybrides, mais d'une façon différente, suivant que l'individu mis en jeu sert de père ou de mère. C'est l'élément mâle qui prédomine sur l'élément femelle.

[1] Gard. — *Études anatomiques sur les vignes et leurs hybrides artificiels.* Bordeaux, 1903.

Au point de vue de la fructification, c'est l'élément mâle, dans les cas où il est prédominant, qui transmet le plus ses caractères, mais quand, par l'hybridation, on cherche une plus grande production, on diminue la résistance phylloxérique. Ces deux caractères sont antagonistes.

Sous le rapport de la vigueur relative, on possède des données parfois contradictoires, mais qu'il importe de relever, car la question de la vigueur des porte-greffes a joué un rôle extrêmement important dans la reconstitution, faite en vue d'obtenir de grands rendements sans s'occuper de la qualité des vins récoltés.

Les uns ont admis comme une règle générale que les Vignes que l'on hybride transmettent leur vigueur à leur produit, mais la vigueur de celui-ci est plus grande si l'élément le plus vigoureux sert de mâle. Les individus hybrides sont plus vigoureux que les deux formes dont ils proviennent, et cela d'autant plus que l'espèce la plus vigoureuse sert de mâle. C'est aussi ce qu'a remarqué souvent M. Baco chez ses hybrides.

Pour M. Couderc, il n'en est pas toujours ainsi. La vigueur est exagérée dans les croisements de demi-sang A × B ou B × A, et l'hybride est alors plus vigoureux que le plus vigoureux des parents. C'est aussi ce qu'a indiqué M. Castel.

Mais ce sont les croisements de trois espèces A × B × C qui donnent des produits de vigueur maxima, et l'hybride est toujours plus vigoureux que le parent le plus vigoureux.

Tandis que, dans les plantes en général, la vigueur des hybrides résultant des croisements de races augmente à chaque croisement nouveau, dans des limites assez étendues, ces limites sont beaucoup plus restreintes dans la Vigne.

Ainsi, si l'on croise entre eux deux demi-sang A × B et A_1 × B_1 appartenant aux deux mêmes espèces, la vigueur des hybrides d'hybrides ainsi obtenus ne dépasse pas celle du parent le plus vigoureux.

Si les deux demi-sang que l'on marie comprennent trois espèces distinctes, par exemple si l'on croise un hybride A × B par un hybride A × C, la vigueur est diminuée par rapport aux deux hybrides parents, mais moins que dans le croisement précédent entre les hybrides de deux espèces.

Quand l'on croise deux demi-sang dont les parents sont tous différents, par exemple si l'on croise l'hybride A × B par l'hybride C × D, la vigueur du produit est sensiblement égale à celle du parent le plus vigoureux. Il peut même arriver que la vigueur du produit soit diminuée. Tel est le cas du 16-4^B Baco (J. 503 × 10^A).

En augmentant le nombre des parents, on n'augmente donc pas la vigueur des demi-sang ou celle des hybrides combinés ternaires, chez qui elle atteint son maximum.

L'hybrideur américain Munson a formulé ainsi « les lois générales du développement constitutionnel des Vignes, considérées relativement à leur ascendance :

» 1° Les descendants les plus vigoureux et les plus résistants sont produits, toutes autres choses égales d'ailleurs, par des mères ayant des étamines courbes et des pistils bien développés, fécondées par des vignes à fleurs mâles, comme par exemple *Mayer*, *Lindley*, *Brighton* sont pollinisées par *Dracut*, *Presley*, etc.

» 2° Voisins de ceux-ci par la vigueur sont les descendants de mère, ayant des étamines courbes avec de gros pistils, fécondées par des Vignes hermaphrodites; par exemple *Brighton* ou *Lindley* multipliées par *Concord*, *Ives* ou *Delaware*.

» 3° Viennent ensuite comme vigueur et résistance les descendants de Vignes hermaphrodites, comme *Concord*, *Ives*, *Perkins*, *Catalewa* et la majeure partie des Vignes cultivées, fécondées par des Vignes à fleurs mâles.

» 4° Au quatrième rang pour la vigueur sont les produits de la fécondation des Vignes hermaphrodites par d'autres Vignes hermaphrodites, par exemple *Con-*

cord × *Delaware* ou *Ives*. Ces descendants seront encore plus faibles si les Vignes sont fécondées par elles-mêmes ou par leurs descendants purs, en recourant à la génération « *in and in* ». Les produits de cette génération ont habituellement des fleurs hermaphrodites, susceptibles d'autofécondation; ce sont les variétés préférées par les viticulteurs, qui ne prêtent aucune attention au sexe, parce qu'elles fructifient bien quand elles sont plantées dans les vignobles par lots de variétés isolées. Beaucoup d'hybrides *Labrusca* × *Vinifera* appartiennent à cette classe.

» 5° Plus débiles encore, lorsque la reproduction parvient à s'effectuer, sont les descendants de Vignes à étamines courbes fécondées par des variétés à étamines courbes comme *Mayer* × *Brighton* ou *Lindley*.

» 6° Dans le cas où une variété à étamines courbes serait fécondée par elle-même, si la chose est possible (M. Jœger pensait que cela pouvait se produire avec son n° 43), il faudrait en attendre la descendance la plus débile. De telles fécondations sont très rares du reste, si elles existent. Les variétés pistillées qui sont ainsi fécondées perdent généralement leurs pistils peu de jours après; toutefois les pistils peuvent d'abord grossir un peu. Le professeur S.-A. Beach a qualifié ces variétés de « *self excitant* » ou « *self irritant* », s'excitant par elles-mêmes, mais stériles. »

Enfin le célèbre horticulteur californien Luther Burbank, dont les créations ont fait tant de bruit en Amérique, s'est occupé aussi de l'hybridation de la Vigne et il a obtenu un hybride de vigne, la *tartaric grap*, dont le raisin se distingue par une richesse extraordinaire en acide tartrique.

Il n'est pas sans intérêt, au point de vue particulier des questions qui sont traitées ici, de dire quelques mots des recherches de Luther Burbank et des conclusions qu'il en a tirées. Il s'est proposé pour but [1] :

1° D'améliorer les anciennes variétés d'arbres à fruits, de légumes et de plantes d'ornement;

2° D'associer aux espèces domestiques ou cultivées des espèces sauvages, afin d'obtenir des formes nouvelles exemptes des défauts des plantes parentes et accentuant leurs qualités;

3° Enfin la création de formes végétales absolument inédites, ce qui est le comble de l'art de l'horticulteur et du botaniste.

Les procédés employés par lui ont été :

1° Le croisement d'individus d'une même espèce, ou l'hybridation entre individus d'espèces différentes;

2° La sélection, comme reproducteurs, des sujets qui paraissent les plus aptes à atteindre le but visé;

3° La greffe « qui lui a servi *très largement* pour obtenir des variations dans les plantes ».

Les expériences de Burbank sont souvent en contradiction avec les lois de Mendel; elles tendent à prouver que ces lois n'existent pas réellement ou que, du moins, elles comportent un nombre très considérable d'exceptions. Les règles d'après lesquelles les caractères des ascendants se reproduisent chez les descendants sont très complexes au lieu d'avoir la simplicité relative que leur prête Mendel.

En outre, ses obtentions sont en contradiction avec les théories de Hugo de Vries sur la variation brusque. C'est par degrés, par évolutions graduelles que Burbank est parvenu à modifier à peu près à volonté les plantes cultivées dont il s'est occupé.

En résumé, il résulte des connaissances actuelles que l'on possède sur les

[1] Comparer les procédés de Burbank et la *méthode d'amélioration systématique des végétaux* que j'ai formulée en 1894 et développée depuis en 1898, etc.

hybrides de Vignes qu'il y a peut-être des *hybrides unilatéraux* (faux hybrides de Vigne de Millardet); qu'on n'a pas jusqu'ici signalé d'*hybrides alternants* ni d'*hybrides hétérogènes* dans le genre *Vitis;* qu'il y a des *hybrides intermédiaires* nombreux, particulièrement dans les séries des créations de MM. Couderc, Baco, etc.; qu'on rencontre des *hybrides* nettement *mosaïques* comme le 126-12 de Couderc, le 43-23 Baco et quelques autres, et que cette mosaïque est visible, soit dans les caractères externes, soit dans les caractères anatomiques (Millardet, Gard); qu'enfin on trouve des *hybrides renforcés* (Castel, Baco), bien que ceux-ci soient relativement rares.

On observe parfois un changement plus ou moins rapide, plus ou moins net, dans l'ontogénie de quelques hybrides (Castel, etc.). De même l'hybride peut présenter des caractères qui ne se trouvent pas chez les parents (Millardet).

Le peu que l'on sait sur la postérité des hybrides de Vigne, à la suite de leur autofécondation, montre que l'on n'a jusqu'ici observé aucun cas se rapportant aux lois de Mendel ou pouvant s'expliquer par elles.

Ces données connues, il nous sera plus facile de comprendre et d'expliquer les effets du greffage de la Vigne, les améliorations ou les détériorations qu'il provoque, le choix des sujets améliorants, leur emploi rationnel par rapport à des greffons déterminés, dans un milieu donné, et une foule de faits qui paraissent étranges à ceux dont l'éducation scientifique est insuffisante ou qui ont été travestis par des gens aveuglés volontairement par des intérêts et dont la mauvaise foi est évidente.

Dans ce qui va suivre, je vais examiner successivement les données fournies par les partisans du maintien absolu des caractères de la Vigne, les variations singulières de leurs idées et de leurs interprétations, puis j'étudierai les faits observés, soit par moi, soit par mes collaborateurs, sur les Vignes françaises ou américaines pures et ensuite sur leurs hybrides, à la suite de greffages systématiques *comparatifs,* c'est-à-dire effectués en plaçant côte à côte, dans les mêmes conditions, les Vignes greffées et les Vignes témoins, ayant fourni les sujets et les greffons.

Procédés et méthodes employés par les Américanistes dans le but de combattre la variation spécifique de la Vigne.

Le rapport que je présentai en 1901 au Congrès de Lyon fit, suivant l'expression d'un inspecteur général de l'Agriculture, l'effet d'une pierre dans la mare aux grenouilles. Mais bientôt les Américanistes, sentant le danger, prirent l'offensive par la plume de M. Ravaz. En 1903 (¹), celui-ci me mettait en demeure de répondre aux diverses publications qu'il avait faites dans le but de réfuter mes conclusions relatives aux variations des Vignes greffées. Loin d'imiter la courtoisie dont je ne m'étais pas départi à son égard, il s'exprimait avec une vivacité quelque peu agressive, et constatant que ses attaques ne m'avaient pas fait sortir de ma réserve, il laissait entendre que mon silence provenait de ce que je ne trouvais rien à lui répondre.

« J'eusse cependant aimé, disait-il, connaître par quelle argumentation M. Daniel eût réfuté les résultats de mes expériences et la conclusion que j'en ai tirée ou plutôt qui s'est dégagée d'elle-même. Cette satisfaction m'est refusée, provisoirement j'espère. Ce n'est

(¹) RAVAZ. — *Sur les effets de la greffe* (*Le Progrès Agricole*, Montpellier, 1903).

pourtant point l'opinion ou les affirmations de M. Daniel qui comptent ici, quelle que soit d'ailleurs la notoriété de bon aloi que lui ont value ses vastes et importants travaux sur la greffe; ce sont les raisons, les faits sur lesquels elles s'appuient. Il se borne à dire que mes critiques ne sont pas justifiées. C'est bientôt dit. Mais si une affirmation est chose facile, il est souvent plus difficile d'en prouver l'exactitude, et quelque esprit malavisé pourrait peut-être dire qu'il en est ainsi dans le cas présent, puisque, en fait de preuve, M. Daniel n'en donne aucune. »

En présence d'une telle insistance, j'ai changé de système, bien que les faits et les arguments que m'opposait M. Ravaz n'eussent en rien mérité d'être relevés vu qu'ils se réfutaient d'eux-mêmes. J'ai donc répondu à M. Ravaz, comme on l'a vu au cours de cet ouvrage, et montré quel fonds il faut faire sur les travaux d'un auteur affirmant que deux variations de sens contraire s'annulent, que la vigne est à développement infini et qu'on peut la faire durer aussi longtemps qu'on veut à l'aide de fumures, etc. Cependant j'avais laissé de côté certains faits, certains arguments et certaines méthodes, trouvant que j'avais déjà donné bonne mesure. Or ces faits, ces arguments et ces méthodes ont été repris par lui et par d'autres; ils ont même pénétré dans les *Comptes Rendus de l'Académie des Sciences*. Je suis dès lors obligé de les relever à leur tour, sinon j'aurais l'air de fuir la discussion et de les reconnaître comme fondés.

Si je les relève aujourd'hui et si je le fais parfois d'une façon un peu vive, les adversaires de mes idées ne pourront s'en prendre qu'à leur insistance. Je n'avais pas l'intention de révéler certains larcins scientifiques ni de signaler à nouveau l'insuffisance de leurs méthodes et leurs contradictions fréquentes. Je les aurais volontiers laissés tirer d'un même sac plusieurs moutures, suivant leurs petits intérêts ou les besoins économiques du moment, estimant que cela n'a qu'un rapport lointain avec les effets du greffage de la Vigne. Ils m'obligent à sortir de ma réserve et je le regrette pour eux, car ils avaient tout intérêt à mon silence.

J'ai déjà, dans le 1er fascicule de cet ouvrage (1), critiqué les opinions et l'état d'esprit des premiers Américanistes, la fragilité des « dogmes de la reconstitution ». Tout le monde sait aujourd'hui que mes déductions étaient exactes et que mes prédictions se sont malheureusement réalisées. C'est un fait indéniable que « en voulant défendre le vignoble français contre le phylloxéra, on l'a livré aux maladies cryptogamiques. C'était tomber de Charybde en Scylla » (2).

Evidemment les premiers Américanistes manquaient de logique en s'appuyant sur des hypothèses et des *a priori*, quand ils opéraient en grand sans avoir fait en petit des essais préalables. Ils savaient qu'ils faisaient un saut dans l'inconnu et qu'ils jouaient à pile ou face l'avenir de la viticulture. Mais ils avaient l'excuse de se baser sur les données scientifiques du moment relatives à la greffe (3).

Leurs successeurs ne sont pas plus logiques; ils ont été aussi téméraires dans maintes occasions, mais ils sont plus coupables que leurs devanciers, car ils n'ont pas l'excuse de l'ignorance. *Ils savent*, car une expérience vieille aujourd'hui de plus de quarante ans les a renseignés; les moins clairvoyants d'entre eux peuvent mesurer l'étendue des fautes commises; certains les ont même soulignées dans leurs écrits. Ils assistent aujourd'hui à la faillite de ce qu'ils avaient appelé la *Viticulture nouvelle* et présenté orgueilleusement comme le plus grand progrès agricole des temps modernes.

Pourtant ces mêmes Américanistes, après avoir accepté sans préparation suffisante la dangereuse mission de résoudre les problèmes scientifiques et écono-

(1) Voir pages 28-30.
(2) L. Daniel. — *C. R. du Congrès de Rome*, 1903.
(3) A ce moment, les botanistes n'admettaient pas, en général, l'influence du sujet sur le greffon; ils étaient en désaccord avec la majorité des horticulteurs.

miques posés par la première faillite de la reconstitution, vers 1880 (1), après avoir mené la Viticulture française à la ruine, refusent toujours de se rendre à l'évidence et d'accepter la leçon des faits.

La plupart n'ont pas le courage et la loyauté de reconnaître leurs erreurs. Loin de là, ils cherchent à donner le change. Ils cherchent à rejeter sur d'autres l'écrasante responsabilité qu'ils ont encourue en engageant l'avenir d'une façon si imprudente et en amenant ces crises si inquiétantes pour notre vignoble et notre pays. Périsse la viticulture plutôt que de laisser croire à leur insuffisance et à la faillite de leurs méthodes! Aussi l'on ne doit pas s'étonner que le mot d'ordre dont j'ai déjà parlé existe toujours et qu'il soit même de plus en plus rigoureusement observé.

Il suffit de lire les articles consacrés depuis quelques années à la question viticole pour s'en apercevoir et pour constater que quiconque ose dire la vérité, sans se soucier des contingences du moment, est toujours honni comme le fut autrefois M. Müntz quand il montra si lumineusement les effets néfastes de la taille longue et de la culture intensive sur la qualité des vins méridionaux (2).

Depuis 1903, l'on a choisi pour nouveaux boucs émissaires la *variation spécifique de la Vigne et celui qui a osé le premier la signaler*. Tous deux ne s'en portent pas plus mal, au contraire, malgré les procédés plutôt singuliers employés pour les combattre et que je dois indiquer à titre documentaire.

Il m'est arrivé, à plusieurs reprises, de visiter des champs d'expérience ou des vignobles en compagnie de fonctionnaires agricoles, au cours de voyages effectués en qualité de chargé de mission. Je me serais naturellement attendu à rencontrer partout des personnes soucieuses de m'aider dans la recherche de la vérité, étant donné l'intérêt qu'avait la viticulture à être définitivement fixée sur les effets du greffage.

J'ai eu cependant le regret de ne point trouver chez quelques fonctionnaires agricoles et chez plusieurs viticulteurs le concours que j'avais escompté. Leur mauvaise volonté s'est traduite tantôt par des refus de me documenter, tantôt par des maquillages de documents qui auraient pu m'induire en erreur si je n'avais été défiant et pourvu de moyens de vérification.

C'est ainsi qu'après avoir, sous la direction de certains professeurs, parcouru des champs d'expériences, je n'avais rencontré que des variations banales. Mais quand je restais seul avec des employés de culture, il m'est arrivé à plusieurs reprises d'être conduit vers des points intéressants où l'on pouvait observer des faits confirmant mes théories et qu'on s'était bien gardé de me montrer. Et je vois encore l'effarement d'un adversaire intéressé de mes idées en apprenant que j'avais *vu* certain cep greffon, conduit à deux astes, dont l'une était restée sans variation quand l'autre présentait des rapports manifestes avec son sujet. J'ai su depuis que cette variation a vécu « ce que vivent les roses » et qu'il me serait inutile de chercher à la revoir.

Un membre influent d'un syndicat viticole important avait très gracieusement mis à ma disposition son vignoble, d'ailleurs très intéressant à divers points de vue. Non seulement j'avais recueilli chez lui des matériaux d'étude, mais il s'était empressé de m'en envoyer, cueillis suivant mes indications. Ému sans doute par quelques publications que j'avais faites, et qui ne cadraient pas avec ses idées, il

(1) Voir l'introduction de cet ouvrage.

(2) A propos des études de M. Müntz, le Dr A. Vialettes s'exprimait ainsi : « M. Müntz, disait-il, dénonce les tailles généreuses et les fumures intensives comme les principales causes de la surproduction. Je suis complètement de son avis. Mais les viticulteurs du Midi en sont-ils seuls responsables? N'est-ce pas de toutes les Écoles d'agriculture, et de l'Institut national agronomique surtout que nous sont venus les conseils, les enseignements et les incitations les plus pressantes vers la culture intensive? » (*Les vignobles à hauts rendements du Midi; Revue de viticulture*, 5 avril 1902).

m'adressa un jour des paquets d'organes qui se ressemblaient beaucoup, étiquetés sous des noms de Vignes françaises, mais qui étaient des mélanges de Vignes françaises et de Vignes américaines. Il ne pouvait se douter que l'examen anatomique de ces organes me révélerait immédiatement la *fraude,* si ce mélange était voulu, ou l'*erreur* si ce mélange était, ce dont je doute fort, l'effet d'une confusion involontaire.

Si j'étais tombé dans le piège, quelles gorges chaudes n'eût-on pas faites au sujet de ma crédulité !

Mais, instruit par des mésaventures arrivées autrefois dans le vignoble à des naturalistes dont on avait surpris la bonne foi, j'ai toujours pris les plus grandes précautions vis-à-vis des documents que j'ai recueillis, de façon à n'être pas trompé par ceux mêmes qui les mettaient à ma disposition. J'ai vérifié plusieurs années de suite les principaux d'entre eux et comparé les envois qui m'étaient faits avec ceux que je recevais d'ailleurs ou avec les prélèvements que j'avais faits moi-même.

Les personnes de bonne foi, soucieuses de voir enfin la vérité se faire jour, ne pouvaient se formaliser de ma défiance et des précautions prises par moi pour ne pas être induit en erreur, même par des viticulteurs sincères.

Ce qu'ont pu penser les autres m'importe peu, on le comprendra sans peine ; je n'avais pas à me préoccuper de leur colère, pas plus que des intérêts particuliers, mais à rechercher la vérité tout entière, sans défaillance et sans compromission. L'homme de Science, qui accepte une mission viticole relative aux effets du greffage, doit avoir plus que tout autre :

Un impassible cœur, sourd aux rumeurs humaines.
(LECONTE DE LISLE.)

D'autres procédés blâmables ont été employés par des adversaires de mes théories, surtout à propos de la *variation spécifique de la vigne* ou *hybridation asexuelle*, qui est devenue un véritable cauchemar pour les Américanistes actuels. J'ai déjà protesté un grand nombre de fois contre le parti pris avec lequel on a dénaturé mes écrits, que l'on travestissait de telle façon que, dans le monde scientifique comme dans le monde viticole, ceux qui ne prennent pas la peine de remonter aux sources ne pouvaient manquer de se faire une opinion très erronée de mes doctrines.

Et pourtant, malgré mes protestations, non seulement l'on me fait toujours généraliser ce que j'ai présenté comme une « rare exception », mais l'on continue à changer mes définitions et à me faire dire ce que je n'ai jamait dit. Récemment encore, en 1910, dans une communication à l'Académie des Sciences, un écrivain agricole, M. Griffon, pourtant bien au courant de mes travaux, exposait la question des effets du greffage de la Vigne, de façon à faire croire que j'ai exclusivement basé mes critiques de la reconstitution sur les variations spécifiques de la Vigne, quand j'ai toujours dit que le principal danger venait des variations de nutrition générale (1). Il est vrai qu'il admet aujourd'hui ces dernières variations que, quelques années auparavant, lui et d'autres niaient énergiquement. N'était-il pas du nombre de ceux qui admettaient alors que les plantes greffées conservaient intégralement leur chimisme propre et leur autonomie? Cette concession est un premier progrès, ainsi que le changement de définition du chimisme qu'a fait un autre auteur, pour atténuer l'effet de conclusions hasardées, aujourd'hui reconnues inexactes par ceux qui les ont formulées. Encore quelques étapes et l'évolution sera complète. De même que les variations de nutrition générale sont devenues

(1) Ce sans-gêne n'est-il pas bien significatif? On est bien pauvre d'arguments, quand on en est réduit à travestir les travaux de son adversaire.

des variations agronomiques, la variation spécifique prendra un nouvel état civil et ce seront mes adversaires d'aujourd'hui qui l'auront découverte. Qu'importent mes droits de priorité et ma personne si la reconstitution est enfin reconnue néfaste et si, en la répudiant avec toutes ses erreurs, la viticulture reconquiert sa prospérité d'autrefois, si la France conserve ses joyaux viticoles, c'est-à-dire ses crus connus du Monde entier ?

J'aurai du moins la satisfaction d'avoir rendu service à mon pays; c'est la seule récompense que j'ambitionne.

Quelques-uns de mes contradicteurs sont allés plus loin en supprimant des documents qu'ils savaient m'être utiles ou qu'ils supposaient pouvoir m'éclairer sur la valeur de leurs travaux ou de leurs collections tant vantées.

C'est ainsi, comme je l'ai déjà dit, que fut détruite la collection de vignes américaines de l'École de Montpellier, arrachée par M. Ravaz l'année même où je me proposais de la visiter, en qualité de chargé de mission.

Lors de mon passage à cette École, au mois d'août 1903, j'eus le regret de ne trouver ni le Directeur ni M. Ravaz, alors en vacances. Cependant, grâce à l'obligeance d'un fonctionnaire de l'École, je pus visiter une partie des collections nouvelles. J'insistai pour voir les 300 vignes qu'avait, d'après mes méthodes, décapitées M. Ravaz, afin de voir par moi-même si les rejets des sujets américains ne présentaient pas quelques variations spécifiques, contrairement aux observations du professeur méridional. Or, ces vignes avaient aussi été arrachées à la suite d'un seul essai, et je ne pus même voir le terrain où elles avaient vécu. Mon cicerone, malgré mon insistance, garda de Conrart le silence prudent...

Cependant ce chiffre biblique de 300 vignes décapitées m'avait intrigué. Il me rappelait les *300 renards* lancés par Samson dans les champs des Philistins. Je m'étais dit qu'il était bien difficile à un seul observateur (occupé par ailleurs, même fût-il entièrement libre de son temps) de suivre avec soin le développement morphologique des rejets d'un chiffre aussi considérable de vignes décapitées, et, je l'avoue, je n'avais pas beaucoup de confiance dans la sincérité de l'expérience. Mes pressentiments n'étaient pas trompeurs.

Poursuivant mon enquête, je finis par apprendre, grâce à une personne bien placée pour être renseignée, que le chiffre de 300 était *légèrement exagéré*.

« Cela, me dit en souriant cette personne, ne doit pas vous surprendre, puisque vous êtes dans le Midi, où l'on exagère toujours un peu. »

Et sur mon insistance, elle voulut bien m'indiquer approximativement le taux de l'exagération :

« Mettez, me dit-elle, que M. Ravaz a ajouté un zéro et vous ne serez pas loin de la vérité. »

Pour celui qui sait le soin et le temps que demandent des études précises, comme celles qu'exige l'examen un à un de tous les organes d'un cep dans le cours de son développement, le chiffre 30 est encore bien fort pour une étude complète et sérieuse, même au cours de la végétation d'une seule année.

Le lecteur pourrait se dire que je rapporte ici des « histoires » pures et simples et penser que j'ai pu moi-même exagérer ou altérer les faits au bénéfice de ma cause. Laissons donc ces faits sans insister davantage (tout mauvais cas est niable), et passons à l'examen de documents *écrits*, tout aussi caractéristiques, mais qui ne sauraient être *niés*, puisque chacun pourra les *contrôler* au besoin. L'un des plus remarquables parmi ceux-ci, c'est le cas de l'Isabelle de Poligny.

En 1902, M. P. Gouy [1] publiait la note suivante :

« M. Salins, horloger à Poligny, très ancien, très zélé et très expert cultivateur d'hybrides, m'a écrit pour me signaler des faits extrêmement intéressants et nouveaux qu'il a

[1] *Revue des Hybrides*, 1902.

observés dans son vignoble. Voici sa lettre, qui a été suivie un peu plus tard d'une autre qui donne des explications plus détaillées, en réponse aux questions que je me suis empressé de lui adresser. »

« Poligny, le 11 juin 1902.

» MONSIEUR LE DIRECTEUR,

» Je viens vous rendre compte d'un fait très curieux qui s'est produit chez moi cette » année. J'avais fait quelques greffes de vignes en 1882 (1) sur des jeunes sujets d'Isabelle. » J'ai fait mes greffes à un mètre de hauteur, puis, ma greffe faite, j'ai redressé ma greffe » qui a fort bien poussé l'année suivante, puisque, en 1884, j'ai récolté un grand panier de » raisins. Le greffon était le Poulsard qui, dans notre pays, fait un excellent vin; mes » plants ont toujours donné des fruits superbes.

» L'année dernière, il a poussé sur la souche un beau bois de 2 mètres de long, à peu » près à 25 centimètres plus haut que la greffe. Cette année, sur ce jeune bois qui est cou- » vert de très beaux raisins, les feuilles sont des feuilles d'Isabelle. Seulement ces feuilles » sont un peu plus pâles que celles de l'Isabelle. Tous les visiteurs, même les plus connais- » seurs, déclarent que c'est de ce cépage. Je ne sais pas ce que sera le fruit, s'il aura la » saveur de l'Isabelle ou si ce sera toujours du fin Poulsard, comme les autres années.

» J'ai coupé l'ancienne souche à 10 centimètres plus haut que ce jeune bois qui, l'année » dernière, m'a encore donné du Poulsard. Je suis enchanté de cette transformation, mais » je voudrais être à quatre mois plus tard pour voir les fruits. » CH. SALINS. »

M. Gouy fit suivre cette lettre du commentaire suivant :

« Les phénomènes décrits par M. Salins m'ont paru si curieux, si importants, si conformes aussi aux théories de MM. Armand Gautier, Daniel et Jurie, que je me suis empressé d'écrire à ce dernier en le priant de les étudier à fond et d'en tirer les conséquences botaniques et culturales qu'ils lui sembleraient comporter.

» M. Jurie s'est acquitté de cette mission avec la conscience scrupuleuse (2) et la haute compétence qui le distinguent. Je n'ai donc qu'à lui laisser la parole ».

Voici la lettre qu'adressa à M. Gouy le regretté M. Jurie (3). Elle est un peu longue, mais c'est un document historique important qu'il est nécessaire de reproduire en entier :

« MON CHER DIRECTEUR,

» Après la communication que vous avez bien voulu me faire, de la lettre de M. Salins, de Poligny (Jura), vous faisant part de la variation considérable survenue, cette année chez lui, sur un cep d'Isabelle greffé de Poulsard, je me suis mis en relations avec ce viticulteur. Le fait énoncé était d'une telle importance scientifique, qu'avant de parler je tenais à savoir si nous n'étions pas en face d'une observation faite à la légère.

» Après plusieurs lettres précisant certains points sur lesquels j'avais attiré l'attention de M. Salins, je reconnus que j'avais affaire à un brave et honnête homme, s'occupant depuis de nombreuses années, dans ses moments de loisir, à métisser, hybrider, greffer ses ceps; ne poursuivant aucun but mercantile, cherchant simplement sa satisfaction personnelle, et faisant profiter ses amis de ce qu'il trouvait parfois de bon.

» Il y avait, dans les variations signalées chez lui, deux faits scientifiques si importants que lorsque je fus certain de trouver une réalité, je n'hésitai pas à aller à Poligny pour pouvoir vous parler *de visu* de cette variation subite.

(1) Remarquons que la variation a mis ici dix-neuf ans à apparaître et que, comme je l'ai fait remarquer, la question de *temps* n'est pas à négliger comme l'ont fait les Américanistes, qui ont si imprudemment « engagé l'avenir », et ceux qui ont prétendu infirmer mes résultats dès la première année de leurs recherches infructueuses (comme MM. Griffon et Ravaz, par exemple).

(2) La probité scientifique de M. Jurie n'a jamais été mise en doute par les adversaires loyaux de ses idées. Elle a été reconnue par M. Viala dans l'article nécrologique qu'il a consacré à notre regretté ami. En 1902, M. Roy-Chevrier a montré sa foi sincère en l'hybridation asexuelle, foi qui en faisait un véritable apôtre. (*Revue de viticulture*, 1902).

(3) A. JURIE. — *Une variation par greffage à Poligny*; *Revue des Hybrides*, 1902).

» Dans son jardinet, situé au-dessous des ruines de l'ancien château de Poligny, M. Salins me montra tout d'abord un cep très vigoureux, obtenu en 1880 du métissage d'une Clairette dorée par Madeleine-Angevine.

» En 1890 seulement, ce cep donna de longs raisins de 350 à 400 grammes, à gros grains légèrement oblongs, malheureusement d'une maturité plus tardive encore que celle de la Clairette.

» En 1892, un jet vigoureux partit d'une grosse racine un peu au-dessous du collet. Trouvant que ce long sarment se prêterait mieux à courir sur sa tonnelle qui occupe trois côtés du jardin, que sa vieille souche tortueuse, M. Salins la rabattit, ne laissant dès lors plus que le rameau nouveau, qui au bout de deux ans donna dix-huit raisins à gros grains, blancs, oblongs comme les raisins primitifs, mais avec cette différence qu'ils étaient aussi précoces que les autres étaient tardifs. M. Salins m'a affirmé que la maturité de ce cep était de huit jours en avance sur le Précoce de Malingre.

» J'ai examiné avec soin le feuillage de ce métis, qui, dans son ensemble rappelle beaucoup celui de la Clairette; sinus pétiolaire et autres en V très fermé à la base, parenchyme épais. A la page inférieure de la feuille ronde légèrement trilobée se retrouve la Madeleine-Angevine par ses grosses nervures et son tomentum aranéeux. Les raisins passaient fleur lorsque je les vis; les formes allongées faisaient bien pressentir de longs raisins à gros grains; chaque sarment porte deux à trois raisins. Lorsque M. Salins constata cette transformation de tardivité à précocité, si considérable, il en informa M. Pulliat, qui lui répondit que, quoique très rares, ces transformations se voyaient quelquefois, que c'étaient des *retours par bourgeonnements*.

» L'objet principal de ma visite était le pied d'Isabelle greffé de Poulsard en 1882, et qui depuis 1884 a toujours donné, même en 1901, du raisin de Poulsard.

» En 1899, à environ vingt centimètres au-dessus du point de greffage, poussa un bourgeon taillé à deux yeux, en 1900, à un mètre. En 1901, ce fut sur la ramification de ce sarment que fut établie la taille de cette année, et l'ancienne souche rabattue à dix centimètres au-dessus du nouveau rameau. M. Salins m'a avoué que, jusqu'à ce printemps, il ne s'était jamais aperçu de modifications dans le feuillage des deux branches qui se trouvaient entrelacées. Ce printemps il fut étonné de trouver son cep, non plus avec des feuilles de Poulsard, mais avec des feuilles se rapprochant beaucoup de celles de l'Isabelle, avec de nombreux raisins, ayant passé fleur avant la floraison du Poulsard et d'une dimension intermédiaire aux deux espèces.

» Lorsque, le 4 juillet, je suis allé à Poligny, j'ai constaté la parfaite exactitude du fait que m'avait signalé, dans sa lettre, M. Salins. A un mètre du sol, l'on voit nettement le point de soudure d'une greffe à l'anglaise, parfaite, sans bourrelet, le greffon légèrement plus gros que le sujet. J'ai constaté que ce rameau nouveau part bien à vingt centimètres au-dessus de la greffe sur le greffon; les sarments portent deux ou trois raisins, généralement trois sur les sarments; les vrilles sont continues; j'en ai compté quatre à cinq de suite. La transmission de ce caractère du Labrusca est très importante. Les feuilles sont intermédiaires entres les deux espèces; quelques-unes se rapprochent davantage de l'une des variétés, la feuille de Poulsard trilobée, à sinus profonds, s'est arrondie, celle de l'Isabelle a accentué ses lobes tout en conservant sa rondeur; le tomentum floconneux de l'Isabelle est remplacé par un léger tomentum aranéeux. Les raisins m'ont paru de plus grande dimension que ceux de l'Isabelle.

» Nous aurons maintenant à compléter cette description au moment de la maturité, et à voir si le fox du Labrusca n'est pas venu adultérer le fin bouquet du Poulsard.

» Voilà les deux faits importants que je suis allé voir: M. Salins m'a signalé une variation qui serait l'influence du greffon sur le sujet.

» Je vais l'énoncer pour prendre simplement date. La variation apparue l'an dernier ne me paraît pas suffisamment ample. Voici le fait: une Clairette est greffée en 1890 sur 1202. Il y a deux ans, à deux ou trois centimètres au-dessous de la greffe, a poussé un sarment qui l'an dernier aurait donné de gros raisins noirs légèrement oblongs, comme 1202 donne des raisins noirs, petits il est vrai. Je ne cite ce fait que pour prendre date, et montrer quel esprit de prudence guide mes appréciations.

» Au lendemain du Congrès de Lyon, la révélation de ces variations est une bonne fortune immense. Sans légendes entourant leurs origines, l'une est prise à son berceau même. Elles nous apportent la confirmation des théories de M. A. Gautier sur les mécanismes moléculaires de la formation des races et des espèces. Elles confirment également celles de M. L. Daniel sur l'hybridation asexuelle des plantes ligneuses.

» Ce rameau métis de Madeleine-Angevine et de Clairette dorée, variant brusquement, perdant la tardivité, caractère spécifique d'une des variétés composantes, et acquérant la précocité, attribut spécial de l'autre variété, c'est la preuve incontestable de la continuation de l'action pollinique et du principe de variation qu'elle porte en elle.

» Après la magistrale leçon de biologie de M. A. Gautier au Congrès de Lyon, tous les phénomènes de variations et de spontanéité qui se produisent dans les hybrides et leur descendance sont facilement compréhensibles. Dans l'exposé de cette conception si profonde du principe de la *coalescence des plasmas* des cellules végétatives dans le mécanisme de la formation des races, le savant biologiste nous montre comment les plasmas portent en eux l'impression de l'agent fécondateur, cause première de la variation. La graine de la plante hybridée peut reproduire directement par semis un nouveau végétal, et chaque bourgeon à feuilles de ce végétal porte en lui l'impression de l'agent fécondant, puisque de ce bourgeon sortira une graine qui pourra reproduire l'hybride; donc, dans ce bourgeon, la matière pollinique y a laissé son empreinte.

» Partant de ces données, M. A. Gautier a eu cette pensée géniale: que si le mariage des races se fait par pollinisation, il pourrait peut-être résulter également de l'accouplement des cellules végétatives et de la coalescence de leurs plasmas; que si cette coalescence avait lieu, elle devait amener une modification des cellules constitutives, et avec elles, celle de l'être qui en résulte.

» En 1886, dans son mémoire, hommage à M. Chevreul, *sur le mécanisme de la variation des êtres vivants*, M. A. Gautier, après avoir cité l'observation de Darwin: le greffage d'un bourgeon de rameau à feuilles panachées sur une plante de même espèce, mais à feuilles de couleur uniforme, suffit à produire, quelquefois, sur d'autres branches du sujet qui n'ont pas subi la greffe, des bourgeons d'où sortent des feuilles panachées, ajoutait: « Ici le tissu cellulaire d'une race végétale, et non plus son pollen, a suffi pour hybrider, » au contact, les tissus d'une race distincte; nous voyons clairement, dans ce cas, les causes » qui ont produit l'hybridation agir sur un autre individu par l'intermédiaire des cellules » d'un ascendant, une première fois impressionnées. L'influence du greffon sur le sujet est » nettement démontrée; elle est manifestée également dans le Néflier de Bronvaux avec ses » modifications successives montrant la tendance constante à la séparation de plus en plus » complète des espèces.

» L'influence du sujet sur le greffon se trouve tout entière dans le cep d'Isabelle de Poligny; elle est hors de toute contestation; les vrilles continues, à elles seules, constituent une preuve irrécusable.

» Les beaux et nombreux travaux de M. L. Daniel ont donné une extension considérable à ces faits de coalescence de cellules végétatives, non seulement entre plantes de même race, mais encore entre plantes de genres différents; aussi le principe de la variation par la greffe dans les plantes herbacées n'est plus discuté, et, grâce à la vigne qui offre de si nombreux cas de variation, elle n'est plus discutable dans les plantes ligneuses. Il faut convenir qu'il est difficile de faire accepter des théories qui bouleversent si profondément les notions admises jusqu'à ce jour; mais les faits sont là, avec leur brutalité, et rien ne prévaudra contre eux; tous les mots de spontanéité, de dimorphisme, de dichroïsme, qui ont été inventés pour masquer notre ignorance, disparaîtront, et le principe de la coalescence des cellules végétatives et de leurs plasmas nous donnera l'explication rationnelle des phénomènes qu'un langage barbare est impuissant à nous donner.

» Depuis la première variation que j'ai observée en 1899 et dont l'explication m'a été fournie par l'étude de l'ouvrage de M. L. Daniel sur la variation par la greffe et l'hérédité des caractères acquis, j'ai obtenu de nombreuses variations dans des buts déterminés, et j'ai la conviction que le perfectionnement systématique des végétaux par la greffe, appliqué à la vigne, sera des plus féconds; mais une étude patiente et longue est nécessaire pour trouver les plantes qu'il faudra associer, pour que la nature sauvage de la résistance ne vienne pas adultérer le bouquet spécial de chacun de nos vieux cépages.

» Depuis longtemps cette influence des sèves entre sujets et greffons est discutée, mais les variations sont généralement trop petites pour frapper nos sens et attirer notre attention.

» Dans son n° du 15 avril dernier, M. Viviand-Morel, l'érudit rédacteur du *Lyon horticole*, disait à propos de la note que j'avais publiée dans la *Revue de viticulture* sur l'influence de la greffe dans l'éclatement du raisin, combien il serait utile de réunir tous ces faits d'influences réciproques, et à cette occasion il citait le passage suivant tiré de la *Théorie et de la Pratique de l'Horticulture:* « Puisque la qualité du fruit est ainsi influencée par l'espèce du sujet sur lequel on l'a greffé, il nous semble rationnel de croire aussi que l'on doit lui faire perdre de sa bonté en le greffant sur des sujets dont le produit est sans valeur; ainsi, par exemple, l'amandier et le prunier sauvages ne peuvent que nuire au produit des greffes de pêcher; le pommier sauvage à celui des greffes de pommier, etc.; d'un autre côté on améliorera certainement la qualité des fruits en les greffant sur des sujets distingués.»

» Des auteurs allemands, s'appuyant sur ce raisonnement, conseillent d'anoblir les fruits en prenant des sujets des meilleures variétés pour y placer les greffes; ils affirment que la qualité du produit y gagne beaucoup. Meyer, qui a été traduit dans le *Taylor's Magazine*, dit que Treffs a fait connaître dès 1803 plusieurs exemples dans lesquels des pommes anoblies deux fois ont porté des fruits extrêmement délicats; il cite des groseillers et des groseillers à maquereau dont le fruit a beaucoup gagné à la suite d'un seul anoblissement; le perfectionnement s'était bien plus marqué encore à la suite de trois où quatre opérations semblables. Il raconte qu'un abricotier ayant été greffé sur un reine-claudier et un cognassier sur un poirier bergamote d'automne, le premier porta des fruits aussi juteux que la reine-claude, et bien plus délicats, et le second donna des coings bien plus tendres et bien moins pierreux que ceux des cognassiers ordinaires.

» Appliquons ce procédé à la vigne. Je ne doute pas que nous n'obtenions, par la méthode de greffage de *bon sur meilleur*, des cépages pouvant rivaliser avec nos plus fins cépages d'autrefois, permettant aux pays à grands vins de faire revivre la qualité de leurs vins comme s'efforce de le faire le Bordelais.

» Il n'y a pas beaucoup plus de deux ans, qu'au mois de mai de 1900 je vous donnai l'analyse succincte du livre de M. L. Daniel: *Variation dans la greffe et hérédité des caractères acquis*. En finissant, je disais qu'il fallait bien peu de terre pour faire germer la graine qu'apporte le vent, et que l'idée vraie se développe comme une cellule de levure placée en milieu favorable.

» La graine a germé au delà de mes espérances, le scepticisme poli de quelques sommités botaniques que vous aviez consultées a disparu chez le plus grand nombre; j'en ai reçu les témoignages les plus flatteurs. Le principe de la coalescence des cellules végétatives chez les plantes ligneuses est aussi certain que chez les plantes herbacées.

» L'Isabelle de Poligny en est une preuve nouvelle.

» La graine a donc non seulement germé, mais elle a produit un arbre capable d'affronter dorénavant tous les orages. » A. Jurie. »

M. Jurie ne se contenta pas de publier sa lettre dans la *Revue des Hybrides*. Il donna, dans la *Revue de viticulture*, la même année, une courte *Note sur l'Isabelle de Poligny*.

Cet article amena M. Ravaz à critiquer, en 1903 (1), la variation constatée chez le Poulsard, et il le fit en ces termes, après avoir rapporté la Note de M. Jurie en entier et qualifié son travail de « très curieuse et très intéressante *histoire* » (2).

« Un viticulteur très distingué, qui est non seulement à l'avant-garde, mais encore très souvent à « l'extrême-pointe », qui, comme M. Jurie, trouve à renverser les opinions reçues plus d'agrément qu'à les consolider, bref, qui est aussi peu que possible retenu par le « souvenir des enseignements reçus », M. Roy-Chevrier, dis-je, s'est hâté vers la merveille de Poligny. Et voici l'impression qu'il en a reçue :

« Cher Monsieur,

» Vous avez appris ma course de l'an dernier à Poligny et vous me demandez mon » opinion sur sa fameuse Isabelle. Je ne puis que vous répéter ce que j'ai écrit à mon

(1) Ravaz. — *Sur les variations de la Vigne greffée (Le Progrès agricole*, 1er novembre 1903).

(2) Le mot « histoire » a été supprimé par M. Ravaz lui-même dans le tirage à part de son article. Il a donc ainsi reconnu qu'il était allé trop loin et combien ce terme était déplacé en la circonstance.

» ami, M. Jurie, dès mon retour de cette vaine expédition. Les caractères labruscoïdes, » signalés quelques mois auparavant dans le Poulsard surmontant la dite Isabelle, n'existaient plus lors de ma visite. Pas plus dans le fruit que dans les pampres, *il ne m'a été » possible d'en retrouver un seul.* J'ai offert de retourner les voir dès leur réapparition et » j'attends encore qu'on me fasse signe. M. Daniel pourrait peut-être vous en donner des » nouvelles plus fraîches; car je suppose que, dans sa mission de pèlerinage aux pieds » miraculeux, sa première génuflexion a dû être pour Poligny.» J. Roy-Chevrier. »

Et M. Ravaz ajoutait :

« L'Isabelle de Poligny était une des colonnes de la théorie de M. Daniel. Est-ce que déjà le temple menacerait ruine? »

Poussant l'ironie jusqu'au bout, il terminait son article par ces mots : « Qu'en pense M. Daniel? »

J'en pense que certaines personnes ne manquent pas d'aplomb (1). C'est aussi sans doute ce qu'en pensera celui qui prendra connaissance des documents suivants, que, par courtoisie pure, je n'aurais pas publiés si je n'y étais obligé par le manque de mémoire de M. Roy-Chevrier.

Déjà en 1903 (2), M. Jurie avait protesté en ces termes contre l'article de M. Ravaz :

« En réponse, disait-il, à l'article de M. Ravaz sur les variations dans les vignes greffées, *je maintiens la rigoureuse exactitude de mes observations du 4 juillet* sur le cep d'Isabelle greffé de Poulsard, que M. Ravaz se permet de qualifier d'*histoire* alors que j'ai chez moi des faits analogues. M. Roy-Chevrier ne s'est plus souvenu de la lettre qu'il m'a écrite le 27 septembre 1902 et qui contient la *preuve de la variation.* Le ton pris par ces messieurs interdit toute discussion (3).

» Je continuerai, sans m'inquiéter de leurs contradictions, de publier ce que je vois.

» A. Jurie. »

En effet, à son retour de Poligny, M. Roy-Chevrier avait écrit à M. Jurie une lettre que j'ai lue et qui permettait à ce dernier de confondre son contradicteur, s'il jugeait utile de le faire un jour (4). D'autre part, M. Roy-Chevrier m'avait à moi-même, sur ma demande, fourni à la même époque des renseignements sur la variation du Poulsard. Son expédition n'avait point été aussi vaine qu'il le prétendait en 1903 dans sa lettre à M. Ravaz et l'on pourra en juger par les documents suivants que je tiens à la disposition de ceux qui voudraient les compulser.

Le 18 octobre 1902, M. Roy-Chevrier m'écrivait en effet :

« A mon grand regret, je n'ai pu retrouver dans l'Isabelle de M. Jurie les caractères que celui-ci avait cru y voir deux mois auparavant.

» Dans le feuillage, il n'y avait aucune différence avec n'importe quel autre Poulsard (5),

(1) C'était aussi l'opinion de M. Roy-Chevrier en 1898, quand il écrivait à propos de la résistance phylloxérique, dans la *Revue de viticulture* : « Comment apprécier cette résistance? C'est chose fort délicate. M. Ravaz préconise dans ce but l'emploi de *pots de sable* que M. Millardet a raillés agréablement. La fameuse échelle mobile de Montpellier manque toujours d'aplomb ; elle devrait en emprunter à ses constructeurs. C'est pourtant une échelle double, très double ; il est étonnant qu'on s'y casse le cou aussi aisément. »

(2) *Le Progrès agricole*, 8 novembre 1903.

(3) Et dire que l'on m'a reproché de n'être pas tendre pour ceux qui ne partagent pas mes idées!

(4) M. Jurie est mort sans avoir publié le document en question.

(5) Il est possible que le feuillage se soit modifié dans le sens du Poulsard au fur et à mesure de son développement. Ce n'est pas le seul cas de ce genre observé dans les greffes de Vignes. Le plus bel exemple que je connaisse est celui du Poirier-Coignassier hybride de greffe que je cultive dans mon jardin. Ses feuilles et ses pousses, au début de la végétation, sont du Coignassier presque pur. A la fin de la végétation elles prennent en grande partie les caractères du Poirier.

et, dans les fruits, les modifications signalées existent aussi chez les Poulsards greffés sur Riparia. L'Isabelle m'a paru tout à fait innocente de la *modification de la forme des grains* et de leur compacité plus grande.

» Quant aux *vrilles continues,* j'ai eu beaucoup de mal à rencontrer *une extrémité présentant quatre vrilles de suite;* tous les autres pampres les avaient par deux, suivant la règle des Viniféras. Il sera donc prudent de voir à nouveau l'an prochain ce phénomène avant de le classer et d'en augmenter la série très intéressante de vos variations par greffage. »

M. Jurie m'ayant communiqué le numéro du *Progrès agricole* contenant la lettre de M. Roy-Chevrier, j'écrivis à celui-ci pour lui exprimer ma surprise de le voir, à un an de distance, avancer deux versions si différentes d'un même fait et aussi d'être mis par lui en cause au sujet d'une variation que je n'avais ni vue, ni décrite personnellement.

De sa réponse, écrite le 6 mai 1904, je ne retiendrai que cette simple phrase, bien suggestive :

« La réponse que j'ai adressée à M. Ravaz, *sur ses pressantes sollicitations,* n'était pas destinée à vous être personnellement désagréable. »

Pour en finir avec l'histoire de l'Isabelle de Poligny, je dois dire que, désireux d'aller voir cet hybride de greffe, je pris la précaution, pour ne pas faire en vain un long et coûteux voyage, de me documenter par lettre à son sujet en 1904. On me fit savoir que cette vigne n'existait plus et qu'elle avait été supprimée pour cause d'expropriation. Son propriétaire ne l'avait pas multipliée. Est-ce parce qu'elle ne lui avait pas paru méritante, ou parce qu'il était *ennuyé* du bruit fait autour de son observation ou pour une autre cause? Je l'ignore, mais je compris qu'il était inutile de me déranger. *L'Isabelle de Poligny avait vécu,* et un document très intéressant avait ainsi disparu.

Malgré moi, en guise d'oraison funèbre, me revinrent à la mémoire les vieilles méthodes que stigmatisa si finement M. P. de Laffitte [1] et je songeai à ces intelligents moutons qui broutaient, avec une si curieuse précision, les vignes compromettantes, sans toucher aux autres.

Bien que, d'après les documents fournis par M. Roy-Chevrier, il soit hors de doute que la variation labruscoïde ait existé chez le Poulsard de Poligny, vu que le viticulteur bourguignon, dans sa première version, ne diffère avec M. Jurie que sur une question d'amplitude de cette variation, admettons cependant que, par impossible, MM. Salins et Jurie aient été de mauvaise foi, que M. Roy-Chevrier ne se soit pas contredit, en un mot que la variation de Poligny n'ait pas existé. Cela signifierait-il que mes théories sont en défaut?

Je ne pourrais être rendu responsable des observations fausses faites, soit par des adversaires, soit par des partisans de mes idées, et l'on s'étonnera à bon droit que, dans ces conditions, M. Ravaz, dans son désir de combattre celles-ci, ait présenté la variation de Poligny comme l'une des colonnes de ma théorie. J'ai recueilli, dans le vignoble reconstitué, suffisamment de faits probants et indéniables, établissant la réalité des variations spécifiques consécutives à certains greffages, pour que l'existence de la variation par greffe ne puisse plus aujourd'hui être mise en doute, même si une observation d'un fait, non contrôlé par moi sur place, était inexacte.

D'autres documents peuvent éclairer encore le lecteur sur la sincérité de certains Américanistes et sur leur désir de faire la lumière sur des questions qui touchent de si près à leurs intérêts personnels. J'ai déjà dit que, en 1907, un Congrès international de viticulture fut organisé à Angers par M. Viala dans

(1) V. pp. 193-196, fascicule II de cet ouvrage.

le but de combattre mes théories et d'atténuer l'effet produit chez les viticulteurs par la publication du premier fascicule de cet ouvrage.

Quand j'appris, par la lecture des journaux, l'existence de ce Congrès et son but, je fus flatté de l'honneur que l'on faisait à mes modestes travaux. Confiant encore en la loyauté scientifique des adversaires de mes théories, persuadé que comme moi ils cherchaient à solutionner les questions mises par eux à l'étude, je me faisais une fête d'assister aux séances et de prendre part aux discussions en mettant sous les yeux des Congressistes les matériaux mêmes qui m'avaient servi dans mes recherches. On ne peut que s'incliner devant les faits quand on est sincère.

J'attendais de jour en jour une invitation qui ne vint pas. Comme j'avais été précédemment invité, fort aimablement d'ailleurs, aux Congrès de Lyon en 1901 et de Rome en 1903, je compris que, si l'on rompait ainsi avec les traditions à mon endroit, ma présence eût été gênante, sans doute.

Suivant l'expression d'un écrivain indépendant, M. R. Kehrig, ce Congrès fut en effet une sorte de *Concile* où quelques viticulteurs, s'érigeant de leur propre autorité (1) en juges infaillibles, essayèrent, à l'unanimité, disent les comptes rendus officiels, d'étrangler la « variation spécifique », ce pelé, ce galeux d'où venait tout le mal.

Organisateurs et rapporteurs, d'ailleurs choisis soigneusement parmi ceux dont on se croyait sûr, et pour la plupart anciens élèves de l'École d'agriculture de Montpellier, avaient oublié qu'à notre époque de libre examen scientifique, les procédés d'étouffement en honneur au Moyen-Age, et qui consistent à condamner à huis clos un hérétique sans l'entendre et l'appeler à se défendre, ont fait leur temps.

Il n'est plus possible aujourd'hui de jeter dans les cachots les personnalités gênantes, de leur fermer la bouche. En agissant ainsi, on grandit son adversaire et l'on va contre le but qu'on se propose d'atteindre. La lumière arrive à se faire jour quand même; quel que soit le soin qu'on ait pris pour la maintenir sous le boisseau, elle s'échappe par quelque fissure (2).

La lecture même des comptes rendus officiels du Congrès d'Angers suffirait pour éclairer celui qui examine avec soin les travaux présentés et la manière dont les séances furent conduites par M. Prosper Gervais.

Mais on peut mieux encore juger de l'*unanimité* prétendue avec laquelle on aurait constaté l'immutabilité spécifique des vignes greffées et de la sincérité de divers membres de ce Congrès par la lettre suivante (3), adressée par un congressiste angevin à M. Paul Gouy, et que celui-ci présente comme « un esprit élevé et indépendant, libre de tout préjugé d'école ou de parti, et en même temps comme un praticien éminent et un ampélographe des plus distingués ».

« Cher Monsieur Gouy,

» Je tiens à vous féliciter sans plus de retard de votre article sur le Congrès viticole d'Angers (4). Vous en avez parfaitement retracé la physionomie et vous avez mis le doigt sur la plaie initiale, sur le parti pris des personnages officiels qui l'ont organisé et conduit, en sacrifiant constamment la vérité à leurs vues particulières et à leurs intérêts privés.

(1) Chose curieuse: parmi ces juges, qui auraient dû être particulièrement compétents, il n'y avait pas un seul botaniste de carrière, pas un physiologiste au courant des questions de greffe si délicates qui devaient être discutées aux séances.

(2) « La pensée échappe toujours à qui tente de l'étouffer » (Victor Hugo, *Les Châtiments*, Paris, 1875).

(3) *A propos du Congrès d'Angers* (*Revue des hybrides*, octobre 1907).

(4) M. Gouy avait précédemment, dans la *Revue des hybrides*, montré que si l'organisation du Congrès montrait l'habileté stratégique des membres du Bureau, elle ne faisait pas honneur à leur impartialité.

» Vous le savez, je suis indépendant par caractère et par situation; je n'appartiens à aucune école, à aucun groupe, je ne connais que les faits. La communication que je vous adresse sur ce que j'ai vu de mes yeux et entendu de mes oreilles, n'est dictée que par l'unique souci de la vérité et le désir d'être utile à la viticulture française.

» Comme vous le dites fort bien, et comme tous les auditeurs impartiaux et sérieux l'ont constaté dès la première séance, les dirigeants et les promoteurs de cette assemblée n'avaient qu'un but: se donner raison malgré les faits, faire ratifier leurs théories systématiques, obtenir des votes affirmant que le greffage n'apporte aucune modification, de n'importe quelle nature, à la constitution et à la fructification des anciens Viniféras.

» Cette attitude a choqué plusieurs des assistants, que leurs observations et leurs expériences avaient à bon droit convaincus du contraire. A diverses reprises, des viticulteurs ont pris la parole pour discuter les conclusions officielles, pour rectifier les faits allégués et en exposer d'autres en opposition avec les thèses des organisateurs. Ces tentatives de discussion furent vaines. Chaque fois les orateurs étaient interrompus, avant la fin de leurs exposés, par les grands pontifes du Congrès, fonctionnaires agricoles ou professeurs pour la plupart. Les dits pontifes interpellaient autoritairement les viticulteurs qui avaient la parole, les arrêtaient au milieu de leurs communications, leur posaient coup sur coup des questions insidieuses, etc. Après quoi le Bureau désignait des rapporteurs chargés de résumer le débat en concluant dans un sens arrêté à l'avance et en escamotant les objections.

» Pourtant quelques dissidences parvinrent exceptionnellement à se faire jour et à se manifester jusqu'au bout. C'est ainsi qu'un des rapporteurs désignés soutint énergiquement, soit dans son rapport, soit dans ses explications données à la tribune, qu'en Maine-et-Loire on avait souvent vu des porte-greffes communiquer aux vins de leurs greffons certains goûts inconnus jusque-là chez les cépages francs de pied.

» Il citait particulièrement les vins blancs produits par les Pinots de la Loire, variété qui forme la base de beaucoup de vins d'Anjou.

» Cet orateur, mieux posé que personne pour en juger, puisqu'il est du pays et qu'il jouit d'une autorité méritée parmi les vignerons angevins, est M. Lepage. Il faut savoir que ce professionnel de premier mérite, observateur aussi modeste que consciencieux, n'a cessé depuis quinze ans de parcourir tous les districts viticoles de Maine-et-Loire, en donnant aux propriétaires, désireux de reconstituer, les conseils les plus intelligents et les plus pratiques.

» Eh bien, après avoir lu son rapport basé sur des observations multiples, sagaces autant que sincères, cet excellent M. Lepage fut soumis par le Bureau et ses auxiliaires à une véritable inquisition orale, à laquelle son caractère conciliant ne lui permit pas de riposter comme il aurait fallu. Mais son travail reste acquis, pourvu toutefois qu'il soit inséré comme les autres dans le compte rendu officiel du Congrès.

» On a pu voir également un autre viticulteur des plus distingués, M. le marquis de Dreux-Brezé, conclure dans le même sens que M. Lepage; mais en proie aux mêmes contradictions et interruptions systématiques dans le débat qui suivit son rapport, M. de Dreux-Brezé, qui est l'honnêteté personnifiée, et qui pousse la courtoisie jusqu'à l'excès, ne releva point ces procédés comme ils auraient mérité de l'être. Il se contenta de maintenir ses affirmations en invoquant à l'appui le témoignage d'un ampélographe angevin très connu et très considéré, M. Daignère:

« M. Daignère, ajouta-t-il, est dans la salle, et, si vous voulez le consulter, il s'empressera de vous faire les communications que vous lui demanderez. »

» Mais le Bureau n'eut garde de déférer à ce désir en invitant M. Daignère à prendre la parole. La séance continua sans qu'il fût appelé à la tribune. Il est vrai que les grands chefs avaient leurs raisons pour ne pas désirer l'entendre. Ils connaissaient déjà sa thèse, gênante pour eux; M. Daignère avait eu l'occasion de l'exposer, dans des entretiens particuliers, à MM. Ravaz, Pacottet, Capus, Semichon et autres dignitaires de la Viticulture d'État. Il fallait lui fermer la bouche. Ainsi fut fait.

» Citons encore le sentiment de l'habile directeur de la Station ampélographique de l'Ouest, M. Gilles Desperrières. C'est un ami intime de M. Viala, désireux de ne lui déplaire en rien. Néanmoins M. Desperrières a déclaré cent fois et toujours persisté à soutenir que tous les porte-greffes américains modifiaient, abaissaient ou altéraient la qualité des vins de leurs greffons. Cette affirmation est d'ailleurs insérée en son nom dans le rapport de M. Lepage.

» En somme, le Congrès avait à discuter *sérieusement* et *contradictoirement* plusieurs questions importantes relatives au greffage, à l'action des divers porte-greffes, à l'influence réciproque du sujet et du greffon, etc.

» De nombreuses observations sur ces problèmes auraient pu être versées au débat par les nombreux praticiens présents. La réunion d'Angers aurait pu ainsi mettre au point ces questions délicates, et sinon les solutionner absolument, du moins les faire avancer. La plupart des Congressistes y étaient venus avec cette espérance.

» Elle a été déçue. Par décision des promoteurs et organisateurs, on n'a rien appris à l'assistance; on lui a même caché la vérité qui aurait gêné et compromis certains gros bonnets officiels attardés dans les thèses d'autrefois, aujourd'hui reconnues erronées. Lourde responsabilité qu'ont prise ces Messieurs, et qui ne contribuera pas à leur attirer la considération due avant tout à la probité intellectuelle, à la loyauté dans les discussions scientifiques et culturales. »

J'aurai plus tard l'occasion de citer les faits rapportés par MM. Lepage et de Dreux-Brezé et d'en souligner l'importance. Pour le moment je me borne à faire remarquer l'intérêt de cette lettre d'un *Congressiste* ayant suivi les séances et par conséquent bien renseigné, relativement à la manière toute spéciale dont certains Américanistes ont écrit trop souvent l'histoire (¹).

Dans le même ordre d'idées, tous les viticulteurs et les savants au courant des questions de greffe ont encore présente à la mémoire la façon dont certains Américanistes, pour ne pas dire tous, se rendant compte que leurs efforts n'arrêteraient pas la vérité en marche et que leurs erreurs scientifiques, économiques et culturales étaient désormais connues, prirent le parti de saisir la première occasion qui se présenterait de me livrer au bras séculier. C'était la dernière cartouche, mais c'était une fois de plus montrer qu'ils avaient tort. « *Si parva licet componere magnis*, » dirai-je avec le poète latin, ce n'est pas en obligeant Galilée à renier la vérité scientifique qu'il avait découverte qu'on a empêché celle-ci de détrôner le dogme astronomique admis jusqu'alors.

« L'homme qui lutte pour la justice et la vérité, a dit Victor Hugo, trouvera toujours le moyen d'accomplir son devoir tout entier ».

C'était bien mal me connaître que de me supposer capable d'abandonner la lutte avant d'avoir fait tout ce qui est en mon pouvoir pour amener le triomphe d'idées que les faits s'obstinent à justifier.

Ce n'était pas le moyen de remettre en équilibre le trépied chancelant de la trinité sybilline, *Riparia*, *Rupestris* et *Berlandieri*, chère à M. Viala, que de recourir à la force et de demander la tête d'un loyal adversaire, conscient d'avoir fait une œuvre scientifique honnête et de rendre service à son pays en lui faisant connaître enfin la vérité, cachée systématiquement par ceux qui eussent dû la lui révéler.

(¹) Les Congrès et les Commissions d'enquête ont été les principaux moyens d'étouffement employés par les Américanistes pour pallier les vices de la reconstitution aux yeux du public viticole. Les rapporteurs et les membres de ces Commissions ont toujours été choisis avec soin parmi les Américanistes obéissant à un même mot d'ordre, *incapables de voir* ou qui croient que *ne rien voir, c'est bien voir*, ou bien, ce qui est pis encore, que ne pas *consentir à voir* et nier les faits les plus saillants mis sous leurs yeux, c'est le seul moyen de se voiler la face.

Ce sont ces viticulteurs ou professeurs, toujours les mêmes, que l'on retrouve partout, ressassant les mêmes idées devant les mêmes auditeurs ou des auditeurs nouveaux, n'ayant rien appris ou plutôt n'ayant rien voulu retenir de la leçon des faits. Ce sont eux qui, à l'occasion du Congrès de Dijon, ont été appelés récemment, non sans ironie, des «*commis-voyageurs pour Congrès*», par l'un des leurs, M. Pacottet, qui oubliait ainsi que lui-même avait été deux fois rapporteur au Congrès d'Angers, seul ou en collaboration avec M. Viala. L'article de M. Pacottet sur le Congrès de Dijon ne fut pas sans soulever des colères et M. Prosper Gervais protesta véhémentement dans la *Revue de viticulture*. M. Viala remit tout en ordre en montrant que la façon de voir d'un Bourguignon peut être différente de celle d'un Méridional. En science viticole et économique, la vérité peut ainsi avoir son goût de terroir.

Pourtant, en 1908, avec une remarquable unanimité cette fois, et une méthode stratégique digne d'une meilleure cause, les Américanistes, vivement piqués par mes publications et définitivement vaincus sur le terrain scientifique où je me suis toujours tenu, malgré leurs efforts pour m'en faire sortir, mirent en mouvement leurs Associations viticoles et demandèrent contre moi des *sanctions sévères*, sous le prétexte que j'avais écrit dans le *Times* que *les vins du Midi ne se conservent plus malgré les drogues dont on est obligé de les saturer* (¹).

Bien que je n'eusse jamais écrit cette phrase, ni une autre analogue, elle me fut généreusement attribuée. Je fus blâmé par le Ministre de l'agriculture, sans avoir été appelé à fournir des explications et à me défendre. La mission dont j'étais chargé me fut enlevée.

J'étais déjà depuis longtemps fixé sur la bonne foi de certains de mes contradicteurs. Cependant l'injustice était cette fois tellement flagrante et il m'était si facile d'en donner les preuves que je fis appel à leur loyauté, pensant qu'ils s'empresseraient de réparer l'erreur, dans leur intérêt même.

Il y a bientôt trois ans que j'ai fait cet appel et jusqu'ici, à ma connaissance du moins, aucun de ceux qui se sont ainsi trompés n'a songé à rétablir les faits. Au contraire, tout récemment encore, M. R. Brunet, secrétaire de la rédaction de la *Revue de viticulture*, a essayé de perpétuer cette malhonnête équivoque. *L'erreur était donc volontaire* et personne, en dehors de moi, n'avait eu la naïveté d'en douter. Signaler de tels procédés, n'est-ce pas les flétrir?

A ce moment, on est même allé très loin dans la voie des contre-vérités scientifiques et culturales. M. Ravaz, qui me sommait de lui répondre, il y a bientôt huit ans, a cru nécessaire de nier les faits les plus saillants sur lesquels j'ai établi mes conclusions et qui sont connus de tous les viticulteurs. Il s'est attiré la réplique suivante de M. P. Gouy (²):

« M. Ravaz, dans des intentions certainement excellentes, vient d'adresser au *Times* une *Réfutation des allégations de M. Daniel* (³), où l'on trouve du *vrai*, de *l'approximatif* et du *faux* — surtout du *faux* (⁴).

» Qu'il nous soit permis de relever à notre tour quelques-unes des erreurs officiellement proclamées par le savant professeur de l'Ecole de Montpellier.

» *La lutte contre le phylloxéra.* — M. Ravaz déclare qu'il n'y avait pas lieu, au début de l'invasion phylloxérique, d'employer les traitements d'extinction, comme on l'a fait en Italie, en Espagne et surtout en Allemagne et en Suisse. Il nous permettra de ne pas être de son avis. En l'absence de ces traitements, le vignoble français a été presque complètement détruit en quelques années. La pratique contraire a permis à l'Italie et à la Péninsule Ibérique de conserver jusqu'à ce jour une bonne partie de leurs vignes, à la Suisse et à l'Allemagne de garder les leurs presque intactes. Il est donc certain que le procédé destructif, bien appliqué, aurait procuré à la France les mêmes résultats et épargné des frais de reconstitution totale qui se chiffrent par centaines de millions.

» *La production des vignes greffées et leur emplacement.* — C'est encore deux contre-vérités que soutient M. Ravaz en assurant:

» 1° Que, « dans les régions sèches et chaudes comme le Midi, les nouveaux vignobles produisent moins que les anciens »;

(¹) Cette phrase a été *inventée de toutes pièces* par mes adversaires (Voir p. 251 et pièces justificatives).

(²) P. GOUY. — *Quelques erreurs de M. Ravaz* (*Revue du Vignoble*, août 1908).

(³) Cet article, qui sera donné aux pièces justificatives, était si manifestement rempli d'inexactitudes que le *Times* refusa de l'insérer. Il fut d'ailleurs assez sévèrement jugé, même par des Américanistes qui reprochent à son auteur de m'avoir tant de fois déjà fourni des armes pour le battre.

(⁴) A ce sujet, voir les pages 236 et suivantes de cet ouvrage et comparer les affirmations de M. Ravaz à ses écrits antérieurs et aux aveux d'autres Américanistes, tels que MM. Gervais, Semichon, etc.

» 2° Que « les Vignes n'ont point quitté les coteaux (1) pour la plaine » et que « tous les sols plantés autrefois en Vignes le sont encore aujourd'hui ».

» On a exagéré incontestablement l'accroissement de production amené par le greffage et le déplacement des vignobles ; mais c'est un paradoxe de nier que cet accroissement et ce déplacement existent dans une large mesure.

» *Le greffage et les maladies cryptogamiques.*— Selon M. Ravaz, les anciennes maladies cryptogamiques, anthracnose, oïdium, pourriture, ne sont pas plus violentes qu'autrefois et n'exercent pas plus de ravages. Quant aux fléaux plus récents, mildew, roots divers, black-root, ils n'atteindraient pas les Vignes greffées plus violemment que les Viniféras francs de pied.

» Ces deux points ne sont pas soutenables. Les faits les mieux établis démontrent que les maladies de la Vigne se sont considérablement développées depuis quinze ou vingt ans, c'est-à-dire depuis que la reconstitution s'est effectuée. Ils prouvent aussi que les greffés sont plus touchés, d'une façon générale, que les Viniféras francs de pied cultivés auprès d'eux; ce qui, du reste, concorde parfaitement avec la théorie scientifique du greffage des plantes cultivées (2).

» *Les vins auraient été améliorés par le greffage.* — L'expérience et l'observation s'élèvent contre cette affirmation. Jamais les vins faibles et de garde difficile n'ont été aussi abondants que de nos jours, et jamais la chimie viticole n'a tenu une place aussi large. Les progrès de la culture et de l'œnologie ont, il est vrai, amené des améliorations partielles, ou plutôt pallié la détérioration des produits; mais ces progrès n'ont pas suffi pour contre-balancer l'influence pernicieuse exercée, en bien des cas, par la recrudescence des maladies cryptogamiques, les traitements, les cépages d'abondance, la culture en plaine et la greffe.

» *Les remèdes à la crise.* — M. Ravaz dit, en somme, aux viticulteurs éprouvés par une crise sans précédent : « Vous êtes dans la bonne voie; continuez ! » Cela revient à dire que la mévente a été sans causes et qu'elle disparaîtra comme elle est venue, sans efforts et sans remèdes.

» Nous croyons, nous, qu'il y a lieu au contraire de revenir sur certaines pratiques abusives de la reconstitution et de l'œnologie actuelle, de restreindre la part faite aux cépages d'abondance, à la culture intensive, aux vignobles de plaine; de viser davantage à la qualité; de chercher à obtenir des vins bien équilibrés, sans intervention nécessaire du sucre, de l'acide tartrique et des autres adjuvants ou médicaments devenus indispensables avec la production actuelle.

» Et nous croyons que l'Ecole de Montpellier serait mieux dans son rôle en orientant les viticulteurs de ce côté qu'en les engageant à persévérer dans des pratiques qui ont fait naître en grande partie la crise actuelle et qui sont éminemment propres à la perpétuer. »

(1) Aux affirmations de M. Ravaz sur ce point, j'opposerai les lignes suivantes écrites par un auteur dont il ne pourra suspecter la compétence et la sincérité, puisqu'il s'agit de M. Ravaz lui-même:

« Les systèmes de taille appliqués à la Vigne sont extrêmement nombreux. Chaque région viticole en a au moins un qui lui est spécial quand elle n'en a pas plusieurs. Ils sont tous, sans doute, le résultat d'une longue expérience et leur diversité tient à la diversité même des circonstances climatériques, telluriques, économiques, culturales, etc.

« Mais ces circonstances ont subi d'importantes modifications depuis quelques années. Les Vignes franches de pied ont fait place à des vignes greffées, et greffées sur des sujets très différents les uns des autres, qui n'ont ni les mêmes aptitudes, ni les mêmes exigences; *elles ont aussi quelquefois quitté les coteaux pour les plaines fertiles et fraîches.* Les façons culturales, les fumures qu'elles reçoivent ne sont plus les mêmes que jadis. On peut donc se demander si ces changements ne doivent pas entraîner des changements correspondants dans la taille. A cette question il semble bien qu'on ne puisse répondre que par l'affirmative. » (L. Ravaz, *Sur la taille de la Vigne*; *Revue de viticulture,* 1898, p. 212.)

(2) Voir, au sujet du mildew, les intéressantes recherches cryoscopiques sur les Vignes greffées, faites récemment (1910) par M. Jules Laurent, professeur à l'Ecole de Médecine de Reims. Elles montrent nettement l'influence du greffage et du sujet employé relativement à la réceptivité vis-à-vis du mildew, et viennent à l'appui de mes théories.

Après avoir édifié le lecteur sur la sincérité d'un grand nombre de mes contradicteurs, il est bon d'examiner les procédés d'étude dont ils se sont servis, de relever les contradictions qui fourmillent dans leurs écrits et de montrer, par les faits observés par eux, que les Vignes greffées varient dans leurs caractères spécifiques, bien qu'ils aient affirmé le contraire.

Parmi les arguments employés, il y en a un qui est passé à l'état de cliché; c'est celui de la « colossale expérience » de la reconstitution, qui est toujours de mise. Voici comment s'est exprimé sur ce point M. Ravaz (1), à propos de la résistance phylloxérique des Vignes greffées:

« Une propriété qu'il importe de rendre immuable, qui est la seule justification de l'introduction des Vignes américaines dans nos vignobles, *la résistance au phylloxéra*, n'est point modifiée par la greffe. D'ailleurs, s'il pouvait en être autrement, il y a longtemps qu'on le saurait (2). Les vignes greffées n'occupent pas seulement quelques fractions de plates-bandes de jardin, elles couvrent une surface de près de deux millions d'hectares; elles ne sont pas représentées seulement par quelques plantes élevées sous cloche; elles sont au nombre de plus de *dix milliards*, poussant dans les sols et sous les climats les plus variés.

» Et si j'ajoute que non pas *un*, mais des millions d'observateurs en surveillent chaque jour la croissance, on conviendra qu'un fait de l'importance de celui dont on admet la possibilité, et qui non seulement serait possible, mais encore très fréquent d'après M. Daniel, un tel fait, dis-je, eût difficilement échappé à l'examen le plus superficiel. L'expérience et l'expérimentation sont donc ici d'accord, et c'est une raison de plus de croire à l'immutabilité de la résistance phylloxérique du sujet et du greffon. »

J'ai déjà eu l'occasion de montrer par les faits que M. Ravaz, en disant que j'ai indiqué comme très fréquentes les mutations de la résistance phylloxérique, a singulièrement amplifié l'observation, unique au moment où il écrivait (1903), et les commentaires dont je l'avais accompagnée (3).

Mais l'argument des milliards d'hectares reconstitués est plutôt singulier et l'on s'étonne qu'il puisse être employé par des hommes de science, qui devraient connaître la valeur des mots et passer au crible les méthodes pour en reconnaître les qualités et les défauts. On se rendra compte, sans être grand clerc, qu'il est difficile d'étudier une pareille mine de documents, même y eût-il des millions d'observateurs compétents et désintéressés attelés à cette besogne. Or, qui sont ces millions d'observateurs dont parle M. Ravaz? Ce sont des gens qui, d'après M. Prosper Gervais, n'ont d'autre but que de gagner de l'argent. Pour eux, peu importe que la Vigne greffée varie ou ne varie pas pourvu qu'elle rapporte. Leur seul souci, et je ne songe nullement à le leur reprocher, c'est d'obtenir du raisin et de vendre leur vin avantageusement. L'immense majorité se moque des questions scientifiques, et, parmi ceux qui s'y intéressent, y en a-t-il beaucoup de suffi-

(1) L. Ravaz. — *Les effets de la greffe* (*Le Progrès agricole*, p. 498-499, 19 avril 1903).

(2) On a vu que cela se sait, en effet. Et M. Ravaz ne pouvait ignorer ce qu'a écrit à ce sujet M. Prosper Gervais, dans son travail sur «*Les porte-greffes*», publié en 1898 dans la *Revue de viticulture*. N'a-t-il pas vu que M. Gervais adopte les idées de M. Couderc, c'est-à-dire que, dans les sols défavorables, *l'américain greffé ne réagit pas comme à son ordinaire*, et n'émet pas de nouvelles racines sous l'action des piqûres du Phylloxéra?

Si la résistance phylloxérique était vraiment immuable, aucun procédé ne devrait la modifier. Or, M. Ravaz est arrivé, grâce à sa méthode des «*petits pots*», à faire attaquer par le Phylloxéra des «*Vignes résistantes*» et à obtenir *d'une manière régulière* des tubérosités non seulement sur des Vignes chez lesquelles on n'en avait rencontré que rarement (Rupestris du Lot) ou exceptionnellement (Riparia-Gloire), mais même sur certaines variétés chez lesquelles elles n'avaient jamais été signalées (Riparia Grand Glabre, Rupestris Ganzin, Cordifolia-Rupestris de Grasset, 101[14], etc.); et cela non seulement sur les racines d'un an, mais même assez souvent sur celle de deux. C'est, on l'avouera, une singulière façon de montrer l'immutabilité de la résistance phylloxérique que de provoquer expérimentalement sa variation!

(3) Voir précédemment.

samment compétents pour émettre une opinion motivée, dégagée de toute contingence matérielle? Évidemment non. A chacun son métier.

Admettons même que ceux-ci existent parmi les viticulteurs. Il leur serait impossible d'opérer sérieusement en *grand*, sous peine d'être débordés rapidement par une avalanche de documents dont le classement et l'examen leur seraient impossibles matériellement. Il est donc absolument nécessaire de se limiter et d'opérer en petit si l'on ne veut faire œuvre vaine ([1]).

Je sais bien qu'il se rencontre parfois, dans le Midi, des viticulteurs doués d'une singulière puissance d'observation. C'est ainsi que M. Prosper Gervais ([2]), parlant des essais en pots faits par M. Ravaz à propos de la résistance phylloxérique, disait : « J'ai mes *petits pots*, moi aussi : ce sont les deux cent mille pieds de vignes de tout âge au milieu desquelles je vis toute l'année, auxquelles *je tâte le pouls et fais tirer la langue tous les matins*. De ces consultations quotidiennes sont ressorties pour moi bien des petites choses intéressantes et instructives. »

En fixant la durée de la matinée à six heures, M. P. Gervais aurait examiné près de cent vignes à la seconde. Quel médecin précieux il eût fait s'il avait voulu ! A lui seul, il eût suffi pour un corps d'armée !

Tout cela, c'est du verbiage, dont on a par trop abusé vraiment en viticulture. Ce n'est pas de la science, quoi qu'on en dise.

Et d'ailleurs M. Ravaz lui-même n'a-t-il pas opéré en petit quand il a décapité 300 vignes, en admettant ce chiffre comme exact? Que sont *300 vignes* par rapport aux *dix milliards de vignes reconstituées* qu'il n'a pas décapitées? N'est-ce pas lui qui a essayé la résistance phylloxérique des vignes par leur culture en pots, c'est-à-dire en petit? N'était-il pas alors *seul* de son avis et observateur unique? Et comment se fait-il qu'il ait fait état d'une expérience de M. Gouirand, de Cognac, portant seulement sur *deux ceps greffés?* Je pourrais déjà, avec Molière, lui faire observer qu'il prête « ses qualités aux autres ».

J'irai plus loin; si M. Ravaz et moi avions parlé de faits comparables ou des mêmes faits, on pourrait se dire que puisque tous deux nous avons *opéré en petit*, la méthode est *mauvaise* lorsque je m'en sers, et qu'elle est *parfaite* quand elle est employée par lui.

Mais M. Ravaz parle de *faits négatifs* tandis que j'ai signalé seulement les *faits positifs* que j'avais obtenus ou que j'avais contrôlés chez leurs obtenteurs. Cela, c'est bien différent. Dix milliards et plus de faits négatifs, fussent-ils bien établis et consciencieusement observés, n'empêcheraient pas un fait positif d'exister, que celui-ci soit gênant ou non. Par conséquent, la critique de M. Ravaz, au lieu de m'atteindre, se retourne exclusivement contre lui.

En voyant l'assurance du professeur méridional, on se dirait vraiment que la Vigne ne peut varier que dans son champ d'expérience et avec sa permission, ce qui est peut-être vrai après tout, puisque, par décision du Congrès d'Angers et sur la proposition de M. Ravaz, il a été décrété que « l'influence spécifique du sujet sur le greffon est nulle » et que les modifications, quand il y en a, « sont entièrement sous la dépendance du viticulteur » ([3]).

Je dois cependant faire des réserves relativement à l'insuffisance de la préparation scientifique de quelques écrivains viticoles qui, avec une emphase toute

([1]) J'ai déjà eu l'occasion de faire cette remarque à propos des recherches botanico-chimiques viticoles faites par M. Verdié au champ d'expériences de Haut-Gardère, à Léognan, près Bordeaux. M. Guillon, moins imprudent sous ce rapport que MM. Ravaz et Griffon, n'a-t-il pas indiqué que, dans ses carrés d'expériences voisins, on ne peut apprécier à l'œil des différences que révèlent les pesées? Et il en est de même pour toutes les précisions scientifiques. On peut donc faire dire tout ce qu'on veut à la *colossale expérience*.

([2]) Prosper GERVAIS. — *La durée des vignobles reconstitués en Vignes américaines* (*Revue de viticulture*, 1898).

([3]) *C. R. du Congrès d'Angers*, p. 178.

méridionale, se traitent entre eux de savants éminents, à la façon dont le « divin Champin » traitait Foëx de « premier micrographe de France ». En viticulture, la valeur de certains faits prend une ampleur inattendue ; il en est parfois de même pour les travaux de certains auteurs.

J'ai déjà montré l'erreur fondamentale de l'un d'eux qui, mesurant les effets de la sécheresse sur des Vignes greffées et franches de pied dans une année à printemps humide et à été très sec, avait pris comme critérium la longueur totale des sarments, c'est-à-dire les pousses de la période humide et de la période sèche.

Le même auteur, alors professeur d'agriculture dans une école pratique, s'était chargé de faire des analyses chimiques des moûts de raisins, choisis au petit bonheur à des moments plus ou moins éloignés dans un champ d'expérience très étendu, celui de Haut-Gardère, à Léognan (Gironde), et il opérait seul là où il eût fallu de nombreux *chimistes de profession* pour faire œuvre sérieuse, étant donné que les combinaisons qu'il a étudiées dépassaient 500. Il n'avait pas de presse manométrique et se servait d'un matériel sommaire. Eût-il été bien outillé, que pouvait-on attendre d'un professeur non spécialiste, faisant accidentellement des analyses chimiques pendant huit à dix jours par an ?

Ce sont cependant ces analyses dont on a fait état au Congrès d'Angers, en les présentant comme des documents de la plus haute valeur, démontrant que la variation spécifique n'existe pas !

Si l'on peut avec raison critiquer l'introduction dans le domaine scientifique de ces procédés sommaires rappelant ceux qu'emploient les viticulteurs pour se renseigner *grosso modo* sur les proportions des correctifs qu'il faut ajouter à leurs vendanges, que dire des méthodes utilisées par MM. Bouffard et Ravaz pour arriver à certains résultats présentés par eux, en collaboration avec MM. Bonnet, Dupont et Rey, au Congrès de Lyon en 1901 ?

Dans leur volumineux Mémoire (¹), on trouve les chiffres suivants à l'analyse du moût de *Vitis Monticola* :

	1900	1901
Densité à 15° C	1.018,3	1.101,5
Sucre correspondant (table Salleron)	186	240,5
Extrait sec à 100°	»	233,6
Sucre (par la liqueur de Fehling)	»	238
Acidité totale (en acide sulfurique)	6.64	4

Cette analyse révèle un fait bien capable de surprendre les chimistes et les mathématiciens. L'extrait sec, c'est-à-dire la somme de toutes les matières non volatiles (sucre, acides fixes, tanins, cendres, etc.) se trouve plus faible que le sucre correspondant. *C'est dire qu'une somme de nombres positifs peut être plus faible que l'un des nombres la composant* (²).

On croira sans doute que j'exagère. Il est facile de vérifier ce que j'avance en recourant aux sources. Peut-être prétendra-t-on qu'il s'agit ici d'une erreur d'impression ou d'un *lapsus calami*. Il n'en est rien, car on trouve des analyses de même ordre, avec quelques variantes, aux moûts de *Vitis Berlandieri*, de *Vitis Riparia*, de *Vitis Rupestris*, etc. En un mot, on trouve au moins un des chiffres du sucre supérieur à l'extrait sec, partout où celui-ci figure à côté du sucre correspondant, dans les analyses des moûts effectuées par MM. Ravaz et Bouffard.

(¹) *Les producteurs directs à l'École de Montpellier* (*C. R. du Congrès de l'hybridation de la vigne*, Lyon, 1901, p. 387).

(²) M. Ravaz n'y va pas de main-morte dans ses applications des mathématiques à la viticulture. Cette fois il sape par la base la chimie et l'arithmétique la plus élémentaire.

On me dira que ces résultats sont la conséquence d'une méthode vicieuse d'analyse, d'un procédé dont les auteurs cités ne sont pas responsables. Soit, mais alors pourquoi s'en sont-ils servis? Quand on est sévère pour les autres, on doit être plus exigeant encore pour soi-même.

En tout cas, il résulte de là que l'on ne saurait prendre au sérieux de pareilles analyses qui ne peuvent que jeter le discrédit sur les autres recherches de ces professeurs.

Ce n'est pas seulement en mathématiques et en chimie que l'on peut remarquer l'insuffisance des connaissances de certains Américanistes notoires.

Nous avons vu déjà qu'ils ont méconnu, à propos du Phylloxéra, la loi de biologie générale qui règle les rapports des espèces entre elles et d'après laquelle toute espèce qui atteint un maximum dangereux pour d'autres espèces est ramenée à ses proportions normales par le jeu des conditions naturelles (absence de nourriture, parasitisme, etc.).

De même ils ont méconnu les lois de la géologie et de la physique du globe en ne prévoyant pas que le déboisement des parties montagneuses et l'abandon de la culture de la Vigne dans certains coteaux auraient pour conséquences la dénudation des roches et les inondations, et que, pour réparer leur imprudence, des efforts longs et coûteux seraient nécessaires.

Lequel d'entre eux a élevé la voix, à temps, pour arrêter la destruction des oiseaux insectivores, que l'on a réduits en pâtés pour la satisfaction des chasseurs du Midi et des consommateurs, sans songer qu'on laissait ainsi le champ libre aux parasites dont ils contre-balançaient le développement? Lequel a prêté l'oreille aux avertissements de Maxime Cornu mettant en garde contre l'introduction du Mildew, ou aux miens quand j'ai montré la profondeur de l'abîme où l'on entraînait la viticulture?

Ont-ils été plus logiques quand il s'est agi de lutter contre les parasites? Nous avons vu qu'ils ont employé des sels de cuivre contre les maladies cryptogamiques en niant l'action nocive, qu'ils ont dû reconnaître depuis, du cuivre sur la fermentation ou la conservation des vins et le caractère vénéneux de ses sels pour l'homme.

Plus récemment, ils se sont adressés aux sels arsenicaux et à la nicotine, qui ont donné lieu à des accidents sérieux. C'est en vain que l'Académie de médecine et les corps compétents ont essayé d'arrêter les viticulteurs sur la pente funeste où ils sont entraînés par certains professeurs d'agriculture pour le moins imprudents; les hygiénistes, le croirait-on, n'ont pas été écoutés!

Si encore, par ces ingrédients dangereux, on était venu à bout de la Cochylis, l'un des plus dangereux parasites de la Vigne, le mal serait moindre. Mais les Américanistes jouent de malheur. La Cochylis a résisté aux insecticides. Quels sont les êtres que l'on a détruits par les arséniates et la nicotine? Ce sont les araignées et autres ennemis naturels de la Cochylis, que l'on parle aujourd'hui d'élever en grand pour repeupler le vignoble!! Ainsi agit autrefois le roi de Prusse, Frédéric-le-Grand qui, après avoir payé pour détruire les moineaux, fut obligé de payer pour les faire revenir.

Et pendant ce temps, les journaux célèbrent à l'envi la *science profonde* avec laquelle nos Américanistes ont résolu *tous* les problèmes soulevés par la crise phylloxérique, et l'on a même prétendu qu'ils les avaient *prévus!* Avec le Riparia, le Rupestris et le Berlandieri, il semble qu'on ait rapporté en France le *bluff* américain. Ce serait risible si ce n'était inquiétant pour l'avenir de la viticulture et pour notre pays. Et l'on se demande, dans beaucoup de milieux viticoles, où l'on va et si cette épreuve sera enfin la dernière. Cela pourrait être si l'on prenait les mesures nécessaires. Mais le fera-t-on? C'est bien peu probable.

Dans le domaine de la physiologie végétale, nous retrouvons des erreurs aussi incompréhensibles que les précédentes dans les écrits de certains adversaires de mes théories.

Voici ce qu'écrivait, en 1903, M. Ravaz [1], après avoir greffé dix à vingt vignes en six séries choisies parmi les vignes à raisins foxés et non foxés, ou parmi les cépages teinturiers et non teinturiers:

« Aux rameaux sujets, j'ai enlevé toutes les feuilles et tous les bourgeons; *ils n'ont conservé que leurs grappes*. Par contre, j'ai laissé les greffons se développer librement. Il est résulté de cette préparation que, sensiblement *depuis la floraison*, le sujet est resté *entièrement dépourvu de ses feuilles*, et que ses grappes ont été alimentées *uniquement* par les feuilles du greffon.

» Ces grappes, qui ont été nourries par un nombre de feuilles du greffon variant de vingt à trente, ont *parfaitement mûri*, quoique un peu plus tard que les grappes normales (on conçoit qu'il en soit ainsi), et voici ce qu'on a observé.

» 1° Les grappes d'Aramon, nourries par le Concord et l'Isabelle, ont présenté la *coloration*, la *grosseur*, la *forme* du grain et la *saveur* qui leur sont propres. Pas la moindre trace, chez elles, de n'importe quel caractère appartenant au Vitis Labrusca, pas la moindre saveur de fox.

» 2° Le Teinturier est, comme on sait, un cépage dont les feuilles et le bois prennent de bonne heure une coloration rouge intense. Les tissus corticaux des rameaux renferment beaucoup de matière colorante et l'on sait aussi que ses raisins sont très colorés. On pourrait donc s'attendre à voir la matière colorante des rameaux greffons passer dans les tissus et les raisins de leurs rameaux sujets [2]. Il n'en a rien été. Les feuilles du greffon ont pris la teinte rouge habituelle; il en a été de même des écorces de la tige; mais cette coloration rouge s'est arrêtée net au plan de soudure. La matière colorante, dissoute cependant, n'a pu pénétrer dans le sujet, et les grappes de l'Aramon et du Gamay sujets ne sont pas plus colorées qu'à l'état normal et n'ont présenté aucun caractère, même de faible importance, étranger à l'Aramon et au Gamay.

» Il me semble bien que si le greffon pouvait réagir spécifiquement sur le sujet, *c'est évidemment dans ces expériences* [3]. Nous sommes ici dans des conditions bien plus favorables à la variation que dans le cas des greffes mixtes; la nutrition est en effet complètement changée, les grappes du sujet recevant *uniquement* les substances élaborées par le greffon. Malgré cela, grappe et sujet restent *immuablement* ce qu'ils sont à l'état *normal*. Je n'insiste pas davantage sur la conclusion qui découle de ces résultats.

» Je pourrais encore tirer cette autre conclusion des mêmes expériences. C'est qu'ici les substances qui apparaissent dans le fruit: matière colorante, huile essentielle, etc., ne sont pas nécessairement préformées dans la feuille; et le raisin n'est pas simplement le réservoir où le trop-plein des feuilles vient s'accumuler. Il jouit d'une *autonomie* plus grande qu'il ne paraît; sans doute, il reçoit des feuilles des substances déjà transformées, mais ce sont pour lui des matières premières qu'il élabore à son tour et à sa façon, *formant toujours ainsi, qu'elles que soient les circonstances dans lesquelles il vit, les mêmes produits*.

» Ainsi, ni le sujet, ni le greffon, ne réagissent spécifiquement sur les qualités du fruit. »

Ces expériences de non-influence du greffon sur le sujet ont été complétées

(1) Ravaz. — *Les Effets de la Greffe* (*C. R. du Congrès international d'Agriculture de Rome*, avril 1903).

(2) Cette affirmation surprendra, car l'on sait depuis très longtemps que le bourrelet ne laisse pas, au moins dans la grande majorité des cas, passer les matières colorantes. Ce fait est l'un des meilleurs arguments que l'on ait invoqués pour combattre la théorie des formations descendantes en botanique physiologique.

(3) M. Ravaz se fait sur ce point de singulières illusions.

par M. Gouirand qui a recherché, non plus sur les dix à vingt greffes de six séries, mais sur *deux exemplaires* seulement, l'influence inverse du sujet sur le greffon.

M. Ravaz [1] nous apprend que M. Gouirand a opéré comme lui et qu'il a enlevé après la floraison toutes les feuilles du greffon réduit à ses rameaux fertiles. Les grappes « ont grossi *normalement*, et le 15 octobre, jour de leur cueillette, elles ne se distinguaient pas des greffes voisines nourries par leurs propres feuilles. Même *grosseur* et *forme* des grains, même *saveur*, même *coloration* verte; grappes *également attaquées* par la pourriture grise, etc.»

Et, de cet essai, fait dans des conditions qu'approuve M. Ravaz, M. Gouirand tire la conclusion suivante:

« Cette expérience semble bien montrer que les variations dues au greffage ne sont pas si grandes que certains ont voulu le dire et que *la qualité de nos vieilles vignes françaises* n'est pas encore près de disparaître à la suite de leur association avec les vignes américaines. Elle est d'ailleurs facile à répéter par les incrédules.»

Cette expérience a été répétée par M. Ravaz qui en a donné les résultats, *toujours les mêmes chaque année,* dans les comptes rendus de l'Académie des Sciences, en 1910.

Semblables écrits appellent de nombreuses réflexions, particulièrement sur les parties que j'ai indiquées en italique, tant sur la méthode que sur l'interprétation des résultats.

MM. Ravaz et Gouirand emploient, *en petit* (nous sommes loin des dix milliards de vignes reconstituées), le procédé de l'effeuillage total qui, ainsi que je l'ai montré pour la vigne et chez les arbres fruitiers, ralentit la croissance d'un rameau d'une façon énorme et place celui-ci dans des conditions maladives, bien qu'il soit en communication directe avec la plante à laquelle il appartient. Les parties les plus jeunes, effeuillées trop tôt, présentent le phénomène de la brûlure et un mauvais aoûtement s'observe à la fin de la végétation [2].

Ces phénomènes sont naturellement accentués par le greffage, car le bourrelet est un obstacle sérieux au passage de la sève, en quantité d'une part, en qualité de l'autre.

Il résulte de là qu'il est fort difficile de conserver les fruits sur les branches complètement effeuillées, car celles-ci se dessèchent le plus souvent par la pointe, entraînant parfois la chute du fruit; c'est ce qui se passe du moins dans divers arbres fruitiers. Qui ne connaît l'exemple classique du pêcher et le procédé de greffage siamois indiqué par Knight pour assurer la maturation des pêches sur rameaux dénudés? Pour obtenir un bon développement et une bonne maturation des grappes, un pareil greffage siamois des rameaux effeuillés avec un rameau du conjoint feuillé était nécessaire; MM. Ravaz et Gouirand ne l'ont pas fait; ils ont donc observé des rameaux malades, insuffisamment nourris, et cependant ils ont obtenu des *fruits normaux* ayant simplement subi un retard de maturité. Or, M. Pacottet [3] s'exprimait ainsi, au Congrès d'Angers, à propos de la qualité des raisins :

« Nous savons que les fruits d'un arbre malade ou d'une branche malade ont une précocité maladive, une *saveur* et une *conservation* qui laissent à désirer. »

M. Ravaz lui-même [1] a écrit : « Toutes les fois que la plante souffre de la sécheresse, les feuilles fonctionnent mal; d'où maturation mauvaise. »

Donc des feuilles insuffisantes comme fonctionnement ne peuvent donner une

(1) Ravaz. — *Sur les variations de la vigne greffée* (*Le Progrès agricole*, 1er nov. 1903, p. 530).
(2) Lucien Daniel. — *La théorie des capacités fonctionnelles.* Rennes, 1902.
(3) Pacottet. — *Le greffage et la qualité des vins en Bourgogne* (*C. R. du Congrès d'Angers*, p. 116).

bonne maturation. Et quand ces feuilles disparaissent complètement, l'insuffisance est à son maximum; donc la maturation est impossible, ou au moins très mauvaise.

Il en est si bien ainsi que M. Ravaz l'a dit lui-même dans une autre publication [2]:

« Les vignes sans feuilles (il y en a quelquefois et l'on peut en produire) ou trop faibles, bien qu'elles aient peu de fruits, donnent des vins détestables ou médiocres. »

Comment, dans ces conditions, expliquer les résultats signalés par MM. Ravaz et Gouirand, bien faits pour étonner le physiologiste, si ce ne sont pas des résultats fabriqués pour les besoins de la cause[3]?

M. Ravaz nous apprend que les grappes des sujets ou des greffons effeuillés sont nourris *uniquement* par le greffon feuillé ou le sujet feuillé auxquels chacun est soudé. Il semble ignorer que les tiges, les grappes et même le fruit jeune possèdent de la chlorophylle et que cette chlorophylle effectue un travail analogue à celui de la feuille. Par l'effeuillage, il a diminué le nombre des ouvriers et l'abondance relative des matériaux nutritifs, mais c'est une erreur fondamentale de croire qu'il a transformé complètement la nutrition du rameau effeuillé.

Le physiologiste et le viticulteur ne seront pas moins surpris d'apprendre que le grain de raisin jouit d'une *autonomie* suffisante pour lui permettre de donner *les mêmes produits, quelles que soient les circonstances dans lesquelles il vit.* Il n'y aurait ni crus, ni bonnes ni mauvaises années. Il n'est pas, je crois, nécessaire d'insister [4].

Il est enfin bizarre que, pour démontrer que j'ai tort en admettant l'influence réciproque du sujet et du greffon et la possibilité de transmissions accidentelles de caractères chez les conjoints, M. Ravaz se soit adressé aux caractères qui, d'après mes recherches, se transmettent très difficilement, comme le caractère de la *couleur* [5]; ou dont je n'avais pas parlé jusqu'alors pour la vigne, comme la transmission du goût de *fox*. En quoi ses résultats négatifs sur quelques greffes de vignes conduites anormalement et par suite maladives pouvaient-ils prouver que j'avais fait erreur, puisqu'il ne s'agit pas de variations analogues à celles que j'ai décrites? Et ses expériences fussent-elles faites avec toute la rigueur scientifique et une méthode parfaite et ses résultats négatifs fussent-ils en opposition formelle avec les miens, ils ne prouveraient pas que les faits positifs décrits par d'autres ou par moi sont faux, mais simplement que les phénomènes de transmission sont *exceptionnels* et non *généraux :* c'est d'ailleurs ce que j'ai toujours dit.

Si « l'influence spécifique réciproque du greffon et du sujet *est nulle* » [6], comment M. Ravaz explique-t-il la transmission de la panachure naturelle ou de la panachure artificielle (provoquée par lui) du sujet au greffon et *vice versa* qu'il a obtenue chez la vigne [7] d'une façon *constante?* Il est allé beaucoup plus loin que tout le monde sous le rapport de cette transmission, car l'on s'accorde à reconnaître que si pareil phénomène est *possible*, il n'est cependant jamais *général.*

(1) Ravaz. — *Sur la taille de la Vigne* (*Revue de viticulture*, 1898, p. 212).

(2) Ravaz. — *Sur quelques facteurs de la qualité du vin* (*C. R du Congrès d'Angers*, p. 186).

(3) Certains travaux de M. Ravaz ont déjà donné lieu à des critiques de ce genre. M. Viala, qui doit bien connaître son ancien collaborateur, s'exprimait un jour ainsi à propos de la « *Brunissure* », que M. Ravaz attribuait à la surproduction : « Sa démonstration expérimentale est tellement mathématique qu'elle nous laisse un peu rêveur. » — Voir : *Revue de viticulture,* 1904, p. 507. L'article de M. Viala, passablement mordant, est à lire en entier, car il montre combien certains Américanistes se connaissent entre eux.

(4) Voir p. 237 de cet ouvrage la critique faite à M. Bacon qui avait reproduit cette singulière opinion au Congrès international d'Angers.

(5) C'est un fait que j'ai signalé un grand nombre de fois.

(6) Ravaz. — *Les effets de la greffe (loc. cit.).*

(7) Voir p. 412.

Et, nouvelle contradiction, le raisin se panache alors, lui aussi, perdant cette curieuse autonomie particulière qu'avait découverte le professeur méridional chez un organe immuable, au même titre, sans doute, que la résistance phylloxérique.

Or, dans son rapport au Congrès de Rome (1), le même M. Ravaz, ainsi qu'on l'a déjà vu (2), affirmait, cinq ans après, que l'on n'a pas à craindre, à la suite du greffage, « *une modification quelconque dans la nature de nos vignes et de leurs produits.* »

Et cette phrase inspirait à M. Serlupi (3) la réflexion suivante : « N'appelle-t-on pas cela clairement parler et même trop ! Cela me semble absolument une loi dictée et qui n'admet pas d'exceptions ! »

Plus tard, au Congrès d'Angers (4), M. Ravaz, à la suite d'explications mathématiques qui lui sont particulières, s'exprimait ainsi :

« On conçoit comment la substitution d'un porte-greffe vigoureux à un porte-greffe faible (ou réciproquement) *peut modifier la qualité du produit.* Je crois qu'il n'y a pas lieu d'insister sur ce point. Partout le meilleur sujet est celui qui assure à son greffon l'allure de végétation qu'il avait à l'état franc de pied dans les mêmes conditions de sol et de climat. Les variétés-sujets étant innombrables, il ne peut être impossible de trouver parmi elles un tel porte-greffe. *On voit donc que le greffage ne détruit pas nécessairement les crus* (5).

» On peut aller plus loin. Soient deux crus voisins : l'un, C, supérieur, dont la végétation des francs de pied est A ; l'autre, moins bon, C', dont l'allure de végétation est A'. La différence de qualité de leurs produits est A — A'. Comme nous avons un grand choix de sujets, nous pouvons, ce semble, en trouver au moins un qui tende à rapprocher A' de A ; et voilà donc que maintenant la greffe, non seulement *consolide les crus*, mais encore les *améliore !!* » (6).

Trois ans plus tard, le même M. Ravaz (7) écrivait :

« La reconstitution du Vignoble par greffage met en évidence ce fait important : que *les Vignes greffées donnent les mêmes produits que les Vignes non greffées* ».

Pour qu'il en soit ainsi, il faut donc, d'après M. Ravaz lui-même, que l'on ait trouvé le « sujet qui assure à son greffon l'allure de végétation qu'il avait à l'état franc de pied dans les mêmes conditions de sol et de climat ». Où est ce phénix ? Aucun Américaniste ne l'a indiqué, pas plus M. Ravaz qu'un autre, et *pour cause.*

D'autre part, à propos de la qualité du vin, M. Ravaz écrivait en 1898 (8) :

« La Vigne greffée est une Vigne qui naît vieille. *Elle ne ressemble en rien à une Vigne franche de pied.* Pourquoi, dès lors, ses produits ne seraient-ils pas différents ?

Ne nous étonnons pas trop de ces contradictions de M. Ravaz. Il est facile d'en relever beaucoup d'autres chez les Américanistes, car elles sont pour ainsi dire la règle. J'en citerai seulement quelques-unes, choisies parmi les plus récentes et les plus caractéristiques.

Nous avons vu que MM. Viala et Ravaz admettaient, dans leur ouvrage sur les vignes américaines, l'influence réciproque du sujet et du greffon chez les plantes

(1) Ravaz. — *Les effets de la Greffe* (*C. R. du Congrès de Rome*, 1903).

(2) Voir p. 150 de cet ouvrage.

(3) Marquis Girolamo Serlupi. — *Hybrides de greffe*, 1904.

(4) Ravaz. — *Sur quelques facteurs de la qualité du vin* (*C. R. du Congrès d'Angers*, p. 186).

(5) Cette phrase peut passer pour un aveu. Si le greffage ne détruit pas *nécessairement* les crus, on peut en conclure qu'il les détruit au moins *quelquefois*.

(6) Ces deux points d'exclamation sont dans le texte de M. Ravaz. Est-ce qu'il se serait étonné lui-même de son raisonnement et de ses conclusions ? Si le greffage *consolide*, il ne saurait *améliorer* et réciproquement.

(7) Ravaz. — *Recherches sur l'influence spécifique réciproque du sujet et du greffon chez la Vigne* (*C. R. de l'Acad. des Sciences*, 14 mars 1910).

(8) Ravaz. — *Sur la qualité du vin des vignes greffées* (*Revue de viticulture*, 1898).

herbacées, d'après mes expériences. Ils contestaient qu'elle existât chez la vigne, mais ils admettaient cependant des faits de variation que j'ai déjà indiqués et qui sont très suggestifs.

Au Congrès d'Angers, MM. Viala et Pacottet (¹) ont présenté un court mais intéressant travail sur les variations provoquées par le greffage de la vigne. Après avoir indiqué qu'ils avaient pu, à l'aide du sulfure de carbone, défendre contre le phylloxéra les vignes des forceries de la Seine et les débarrasser complètement de l'insecte (²), ils exposent que leurs observations ont porté « sur les variations que peuvent subir les organes foliacés des vignes greffées : *sarments, feuilles, fleurs*, et sur celles qui se produiraient dans les diverses phases végétatives : *débourrement, floraison, véraison, maturation, aoûtement* ». Enfin, dans un intérêt pratique, ils ont dégusté les fruits, étudié leur aspect et leur conservation.

Ils n'ont obtenu aucune variation due au greffage. « La qualité des fruits n'est pas changée (³). Le greffage n'augmente en aucune façon les variations, les anomalies des greffons ». Toutefois, à propos des variations dans les phases végétatives, MM. Viala et Pacottet s'expriment ainsi : « sans nier de petites différences, nous n'avons pu encore les apprécier, ni les évaluer ».

Il faut remarquer que ces auteurs ont dénaturé la définition que j'ai donnée de la variation spécifique en y introduisant la notion d'hérédité dont je n'avais pas parlé, et que leur travail renferme cette affirmation qui étonnera plus d'un physiologiste :

« Il peut circuler et se former dans les végétaux des corps inertes aussi inactifs sur une orientation protoplasmique que l'est la sève ascendante, avec tous les matériaux nombreux qu'elle renferme. » Et pourtant ils ne peuvent ignorer que les substances minérales de la sève ascendante renferment, ainsi que l'a dit Pfeffer, de nombreuses *substances morphogènes*, et que les changements de nutrition ont une part prépondérante dans la création des variétés agricoles et horticoles.

Ainsi M. Viala, collaborant avec M. Pacottet, n'admet pas, en 1907, que la vigne greffée puisse varier, qu'il y ait un changement quelconque dans les phases végétatives du sujet et du greffon ou dans les fruits et qu'il y ait des transmissions de caractères de l'un à l'autre conjoint qui gardent chacun leur chimisme propre et leur autonomie, à la façon sans doute du grain de raisin dans l'hypothèse curieuse de M. Ravaz. C'est bien net.

M. Viala, depuis, a changé souvent de collaborateurs. Au lieu de MM. Ravaz et Pacottet, il a pris MM. Vermorel (*Ampélographie* Viala et Vermorel) et Péchoutre (*L'hybridation asexuelle; Revue de viticulture*, 1910), et aussitôt l'on entend un autre son de cloche et l'on voit apparaître la question de l'amélioration par la greffe, incompatible avec l'immutabilité de la qualité du raisin sur laquelle avaient insisté MM. Viala et Pacottet.

« Les prétendues variations de greffes, susceptibles de fixations, que l'on a signalées pour la Vigne, sont donc un mythe, une fable que quelques observateurs, convaincus peut-être, mais peu circonspects, ont propagée...

» Les variations d'ordre morphologique constatées sous l'influence du greffage

(¹) Viala et Pacottet. — *Les influences réciproques du porte-greffe et du greffon* (*C. R. Congrès d'Angers*, p. 40, 1907).

(²) Cet aveu est précieux à enregistrer. La lutte contre le phylloxéra est donc possible avec le sulfure de carbone, quoi qu'on en ait dit.

(³) On sait que les fruits d'une vigne jeune et d'une vigne vieille sont différents, et c'est là un argument que font valoir les Américanistes pour justifier la qualité inférieure des vins de vignes greffées. M. Ravaz et M. Guillon ont indiqué que les vignes greffées naissent vieilles. Comment dès lors MM. Pacottet et Viala ont-ils obtenu des fruits non changés en se servant de vignes de même âge? Ce qui est vrai à Montpellier est-il faux quand il s'agit des forceries de la Seine?

ne sont pas plus nombreuses que les variations accidentelles que nous avons signalées dans le chapitre de la variation par bourgeons ; on peut même affirmer que le greffage n'accentue pas et n'étend pas ces variations.

» L'influence du greffage sur la qualité des vins — influence que M. Daniel et avec lui quelques esprits prévenus et partiaux ont exagérée dans le sens pessimiste et avec une légèreté d'autant plus blâmable que leur erreur irréfléchie, sinon *volontaire* (1), ne pouvait qu'appeler, à l'étranger, la suspicion sur les grands vins français — cette influence est plutôt *amélioratrice*, comme elle l'est pour les arbres fruitiers.

» La fable exagérée (2), qui avait été forgée sans preuves, de la perte de qualité de nos grands vins sous l'effet du greffage, restera comme une simple *illusion* d'observateurs superficiels et *inconscients*.

» Cette exagération a même fait perdre de vue les différences d'action amélioratrice (3) qu'ont les divers porte-greffes sur la qualité des vins. Depuis longtemps, en Côte-d'Or, on avait noté que les Rupestris et les hybrides de Rupestris avaient une maturation moins parfaite et, partant, une qualité moins complète que les Riparia greffés avec les mêmes cépages... »

D'autre part, le même M. Viala, un jour qu'il écrivait sans collaborateur, s'était exprimé ainsi dans sa conférence de 1903 à la Société régionale de viticulture de Lyon (4) :

« L'amélioration des produits doit aussi être obtenue par le choix des porte-greffes qui ont *une influence très considérable sur la qualité des fruits du greffon ;* cette influence est aujourd'hui bien reconnue. De nombreuses expériences comparatives s'est dégagée la conclusion bien nette que les *Rupestris* ou hybrides de *Vinifera* × *Rupestris* donnent comme porte-greffes de nos cépages français une qualité inférieure à celle obtenue sur les *Riparia*. Ces faits sont surtout bien démontrés par les observations des viticulteurs bourguignons (5) ou girondins. Et ainsi que je le disais dans un des précédents Congrès tenus à Lyon, les *Berlandieri* ou leurs hybrides sont les porte-greffes qui *impriment* aux produits des greffons qu'ils portent le maximum de qualité. »

Si nous laissons de côté la note personnelle relative à la supériorité du *Berlandieri* pour ne retenir que la valeur différente du raisin suivant la nature spécifique des sujets employés, on verra que M. Viala adorait à Lyon, en 1903, ce qu'il a brûlé, en 1907, à Angers ; et que, en 1910, il est bien embarrassé pour se dégager et pour justifier ses façons de voir successives.

Nous voyons qu'il en est aujourd'hui arrivé à redire que les vins ne *changent* pas, mais qu'ils *s'améliorent* par la greffe, opinion qui a déjà été réfutée par le raisonnement et les faits observés dans tous les vignobles de France et de l'étranger. Si les vins n'ont pas changé, c'est qu'ils ne sont pas améliorés et réciproquement. Et si l'on admet la possibilité d'une amélioration, il faut aussi admettre la possibilité de la détérioration.

Quant aux faits, j'en pourrais citer un grand nombre, en dehors de ceux qui ont été relevés dans le 1er fascicule de cet ouvrage. La *Revue de viticulture*, organe

(1) Dédaignant les insultes personnelles, je ne suivrai pas M. Viala sur ce terrain où l'on a dénaturé mes actes avec la plus insigne mauvaise foi.

(2) Comment peut-on exagérer une fable ?

(3) Ainsi, c'est moi qui, après avoir créé la méthode d'amélioration systématique des végétaux par la greffe, après avoir suscité les travaux de MM. Jurie, Castel, Baco et autres dans la Vigne, suis cause que l'on a négligé l'amélioration possible par le greffage que je préconisais au Congrès de Lyon ! M. Viala a vraiment une façon très particulière de présenter les choses.

(4) P. Viala. — *La viticulture dans le monde* (*Revue de viticulture*, 1903, p. 128).

(5) M. Pacottet étant viticulteur bourguignon, ne pouvait ignorer lui-même ces faits. Comment ne les a-t-il pas rappelés à M. Viala au Congrès d'Angers ?

de M. Viala, nous fournit sur la détérioration de certains vins par le greffage des documents précieux anciens et récents.

Que d'articles ont été publiés dans ce journal orthodoxe sur la *concentration des vins*, preuve que les vignes américaines ont *dilué*, comme je l'ai montré, nos vins de France, au détriment de leur qualité ! En outre M. Farcy a été tout récemment chargé par cette *Revue de viticulture* d'étudier le provignage des vignes greffées, et il rapporte qu'il y a encore à l'Hermitage « une dizaine d'hectares en Vignes françaises non greffées ; *on pense en effet dans le pays que le vin des Vignes non greffées est meilleur* (1) ». M. Farcy, pourtant investi de la confiance de la *Revue de viticulture* et de son directeur, serait-il, lui aussi, volontairement inconscient ?

Que penser de la « *circonspection* » de M. Viala qui laisse passer dans son journal de pareilles affirmations « *pessimistes* », capables « *d'appeler, à l'étranger, la suspicion sur les grands vins français ?* » Aurait-il perdu de vue l'action uniquement « *amélioratrice* » de la greffe, et son optimisme était-il « *superficiel et irréfléchi ?* »

A qui se fier désormais si M. Viala, gardien jusqu'ici fidèle d'un dogme fondamental de la reconstitution, laisse écrire à l'un de ses disciples de semblables hérésies, bien capables de troubler « *les viticulteurs déjà si éprouvés ?* » Ne craint-il pas qu'un Américaniste, plus Américaniste encore que lui, ne réclame des « *sanctions sévères ?* » contre un « *fonctionnaire* » qui laisse ainsi suspecter la « *grande œuvre* » de l'École de Montpellier ?

En 1898, le professeur d'agriculture angevin Bouchard, qui avait une compétence unanimement reconnue des viticulteurs de sa région, écrivait ces lignes qui sont en complète contradiction avec les opinions de M. Viala sur l'action du Riparia et du Rupestris par rapport à la qualité des vins (2) :

« Les vins obtenus avec des raisins cueillis sur des greffes de Rupestris, dit-il, sont de qualité plus distinguée et de garde plus sûre que les vins provenant de raisins récoltés sur les Riparias greffés. Cette opinion, dont j'assume toute la responsabilité, s'appuie sur des faits qui sont connus de beaucoup de vignerons angevins et qui ne sont point non plus ignorés des hôteliers et des négociants en vins. »

Dans un autre article, M. Bouchard (3) est plus net encore : « En prétendant, dit-il, que la qualité d'un même raisin est différente selon qu'il provient d'un Rupestris ou d'un Riparia, j'enfonce une porte ouverte, attendu que, dans l'Anjou du moins, beaucoup de vignerons sont déjà fixés sur cette question.

» Ce fait me fut, pour la première fois, signalé par M. Couderc, il y a déjà quelques années, et, sitôt les vendanges venues, je m'empressai de vérifier s'il était vrai que « le greffage de nos cépages français sur Riparia était comme le » mariage d'un noble avec sa cuisinière », et je ne manquai pas de m'en aller de vigne en vigne, grappillant les raisins des greffes sur Riparia et sur Rupestris pour me faire une opinion *de gustu*.

» La différence de succulence entre les deux raisins est bien sensible à qui sait un peu goûter un fruit. »

Et, d'après le professeur d'agriculture angevin, cela fut constaté, non seulement par lui, mais par d'excellents vignerons opérant sur des vignes de même âge. L'analyse révéla des différences notables dans le sucre qui, en 1898, était en

(1) J. Farcy. — *Le provignage dans les côtes du Rhône* (*Revue de viticulture*, 1910, p. 323).
(2) Bouchard. — *Le Rupestris du Lot et la sécheresse* (*Revue de viticulture*, 1898).
(3) Bouchard. — *Richesse saccharine des jus de Chemin blanc greffés sur Rupestris du Lot comparée avec celle des jus de Chemin blanc greffés sur Riparia* (*Revue de viticulture*, 1898).

plus forte quantité dans les greffes sur Rupestris du Lot. Il en était de même en Touraine.

On pourrait tirer, des écrits d'autres congressistes d'Angers, professeurs et viticulteurs, d'aussi instructives citations.

C'est ainsi que M. Prosper Gervais écrivait, dans son rapport au Congrès de Lyon, en 1901, ces lignes qui, pourtant, ne laissent place à aucune ambiguïté :

« A mesure qu'on est entré plus avant dans l'étude de nos nouvelles vignes greffées et des conditions qui, réglant leurs rapports avec leurs porte-greffes, président à leurs modes de végétation et de fructification, on s'est aperçu que pour un seul et même cépage greffon, la fertilité varie d'après le porte-greffe et que le porte-greffe exerce une influence sur la constitution, le développement, la croissance, la beauté du fruit et sur la maturité des raisins, qu'il augmente ou diminue la teneur en sucre et que par conséquent il a un effet sur le produit final, c'est-à-dire sur la qualité du vin. »

La qualité du fruit n'est pas seule modifiée par le greffage de la Vigne, et les Américanistes en ont vu des exemples, même ceux qui ont depuis affirmé le contraire d'une façon formelle, comme on l'a vu par les écrits contradictoires de M. Viala.

M. Prosper Gervais, qui rejette aujourd'hui la variation spécifique, faisait sienne, en 1900, cette « vérité » signalée par M. Castel : « Le *Rupestris du Lot* modifie quelque peu le fruit de l'Aramon : la grappe en devient plus lâche, plus allongée. Pareille observation a été faite en Bourgogne pour le Pinot. »

N'a-t-il pas « remarqué [1] que les *Vinifera* greffés sur 1202 conservent absolument l'aspect des *Vinifera* francs de pied tandis que leur faciès est modifié lorsqu'ils sont nourris par le Rupestris du Lot ? »

N'est-ce pas lui encore qui s'exprimait ainsi dans son même rapport au Congrès de Lyon ? — « Les hybrides de *Berlandieri* ont ceci de remarquable que tous participent plus ou moins des qualités essentielles d'affinité et de fructification qui caractérisent le *Berlandieri*, chez aucun cependant elles ne s'accusent avec plus de netteté que chez les *Berlandieri* × *Riparia*. De nombreux exemples ont établi que *ces porte-greffes communiquent à leurs greffons les qualités dont je parle...* »

Ce fait se retrouverait, d'après lui, mais à un moindre degré chez les hybrides de Cordifolia.

Ne seraient-ce pas là des caractères spécifiques transmis par la greffe [2] ?

« Les *Riparia* × *Rupestris* ont, à l'égal du *Riparia*, la faculté précieuse d'une fructification précoce et abondante, » a-t-il écrit ailleurs [3].

M. Guillon [4] a été plus explicite et plus affirmatif encore : « Le *Riparia*, dit-il, est un des porte-greffes les plus fructifères lorsqu'il est placé dans les terrains qui lui conviennent. C'est aussi un de ceux qui avancent le plus la maturité de leurs fruits. Débourrant de bonne heure et mûrissant hâtivement ses grappes, lorsqu'il est à l'état sauvage, il conserve cette précocité quand il est greffé *et la transmet à ses greffons*. Les exemples ne sont pas difficiles à trouver, et tous les viticulteurs ont remarqué que, lorsque des greffes du même cépage sur *Riparia* et sur *Rupestris* sont placées dans les mêmes conditions, les premières ont leurs raisins mûrs huit ou dix jours avant les secondes.

(1) E. Goutay. — *Les bienfaits et les méfaits du greffage* (*Revue de viticulture*, 1902).

(2) Le verbe *communiquer*, employé par M. P. Gervais, serait-il différent du verbe *transmettre*, dont je me suis servi pour désigner les faits de cette nature ? Ou vaut-il mieux dire *imprimer* comme M. Viala ? Graves et angoissants problèmes pour la science et la viticulture !

(3) P. Gervais. — *Champs d'expérience des Causses* (*Revue de viticulture*, 1898).

(4) Guillon. — *Influence du porte-greffe sur la qualité des vins* (*Revue de viticulture*, 1904).

» Le *Rupestris du Lot* est également plus tardif que le *Riparia*. A l'état franc de pied, il débourre plus tard, il *aoûte moins ses bois* et perd ses feuilles plus tard que le *Riparia*. Greffé, ce retard dans la végétation se manifeste par une richesse alcoolique moindre et une acidité plus grande des fruits. »

Cependant M. Guillon, en bon disciple de Malbranche, conclut que « la variation spécifique n'existe pas et qu'il semble démontré que le greffage n'amène aucune modification profonde. »

Or M. Bord [1] affirmait exactement le contraire au Congrès d'Angers : « Le greffage, disait-il, c'est-à-dire l'insertion d'un sarment de vigne sur un autre, provoque chez les bourgeons issus de la bouture qui a joué le rôle de greffon, des modifications parfois profondes. »

Et M. Prosper Gervais écrivait, il y a une dizaine d'années [2] :

« La tenue d'un cépage américain est tout autre, *dans le même sol*, suivant qu'il est greffé ou franc de pied. Le greffage est toujours la cause, l'origine d'un *trouble profond*, surtout en terrain défavorable ; si le cépage greffon n'est pas judicieusement choisi, ce trouble s'aggrave dans une mesure telle que l'existence de la Vigne peut être compromise. Supprimez le greffon ; le porte-greffe, redevenu libre, recouvrera le plus souvent la santé et la vigueur. Ce fait est aujourd'hui si universellement connu qu'il ne saurait soulever de contestation. »

D'autre part, M. Guillon a cité le cas du *Berlandieri* qui est un cépage tardif et cependant rend les greffons plus précoces, ce qui serait, selon lui, en opposition formelle avec mes théories. Cet argument m'a été opposé également au Congrès d'Angers par M. Capus [3] et a été repris par M. Viala.

Réfutons de suite cette objection pour ne pas avoir à y revenir.

Le cas du *Berlandieri* n'est nullement embarrassant pour celui qui a *compris* mes théories. J'ai comparé l'hybridation asexuelle au croisement sexuel. L'on sait que le résultat du croisement sexuel est très variable au point de vue de la transmission des caractères parentaux et qu'il y a six catégories d'hybrides, parmi lesquelles on range les *hybrides intermédiaires* et les *hybrides renforcés*. Personne ne s'avisera de nier le croisement sexuel si un hybride A × B est intermédiaire entre les parents A et B quand un hybride A × C présente le caractère renforcé de A au lieu de posséder des caractères intermédiaires entre A et C, comme l'hybride de A × B.

L'hybridation par la greffe présente aussi plusieurs catégories d'hybrides, comme je l'ai indiqué, plus ou moins parallèles à celles de l'hybridation sexuelle.

Dans les greffes de *Riparia* et de *Vinifera*, comme dans celles de *Rupestris* et de *Vinifera*, l'hybride de greffe est *intermédiaire* plus ou moins sous le rapport de la précocité relative. Il est *renforcé* dans le cas du *Berlandieri*, où le parent le plus précoce voit sa maturité avancée par le greffage. Ainsi s'explique tout naturellement cette prétendue contradiction, qui n'a rien d'extraordinaire [4].

On me dira encore qu'il y a des cas de greffe où les transmissions ou renforcements de précocité, qui viennent d'être décrits ci-dessus, ne se manifestent pas ou se manifestent même en sens inverse. Cela n'a rien d'extraordinaire. Est-ce que les mêmes croisements sexuels A × B aboutissent toujours aux mêmes résultats? Dans un même semis provenant d'un même croisement initial, ne trouve-t-on pas des hybrides inverses sous le rapport de la précocité et d'autres carac-

(1) Bord. — *Le greffage et la qualité des vins* (*C. R. du Congrès d'Angers*, 1907, p. 46).
(2) P. Gervais. — *Le dépérissement des Vignes greffées* (*Revue de viticulture*, 1897, p. 412).
(3) Capus. — *L'influence du greffage sur la qualité des vins* (*C. R. du Congrès d'Angers*, 1907).
(4) On comprendrait l'objection si, comme on me l'a fait dire, j'avais présenté les hybrides de greffe comme étant toujours exactement intermédiaires entre leurs parents. Ce n'est pas le cas.

tères? Pourquoi n'en pourrait-il être de même dans la greffe où les conditions biologiques sont plus complexes que chez les plantes autonomes?

Dans le même ordre d'idées, je citerai un dernier travail de M. Griffon, paru en 1910 dans la *Revue de viticulture*, en même temps que ceux de M. Viala et de M. Ravaz, ce qui est une coïncidence bien significative.

M. Griffon n'admettait aucune variation au début de ses recherches. Maintenant, il veut bien admettre des modifications *quantitatives*, mais elles ne correspondent nullement à une fusion de plasmas spécifiques. En lisant son travail, on pensera fatalement que j'ai confondu variations de nutrition et variations spécifiques et que toutes mes recherches sur les hybrides de greffe reposent sur la coalescence des plasmas. C'est ainsi pourtant que, suivant ses propres expressions, « on expose le lecteur non averti à commettre des confusions étranges et à se faire une opinion inexacte des travaux entrepris et de leurs conséquences pratiques. » A quoi m'a donc servi de définir avec le plus grand soin les termes que j'ai employés?

Déjà les modifications quantitatives ne se comprennent pas avec l'autonomie des plantes greffées. M. Griffon ignore les variations *qualitatives* dont M. Javillier, opérant sur des matériaux fournis par le professeur de Grignon, a établi la matérialité après MM. Laurent, Ernst Schmidt et Meyer. Et il s'exprime ainsi, passant des plantes herbacées à la Vigne qu'il n'a pas étudiée :

« Ces variations, dites de nutrition, personne au fond (¹) ne les nie. Seulement il ne s'ensuit pas de ce qu'on les a constatées çà et là (²) pour affirmer qu'elles se manifesteront souvent, sinon toujours, qu'on ne pourra les combattre ni surtout qu'elles seront assez importantes pour altérer les caractères essentiels des variétés et de leurs produits (³); pour amener, par exemple, dans la Vigne française greffée sur Vigne américaine, un abâtardissement des cépages, une détérioration des vins notables. Sous ce dernier rapport, il est établi par une « *expérience colossale* », qui se poursuit depuis trente ans en divers points du monde, qu'avec des porte-greffes convenant bien au sol, au climat, à la variété indigène propagée, avec une taille appropriée et une bonne culture, il n'est pas rare d'observer le contraire. »

A ces affirmations il a déjà été longuement répondu et je ne les cite que pour mémoire, puisqu'en fait d'expériences M. Griffon n'apporte aucune contribution personnelle relative à la Vigne. Ce sont des impressions et c'est tout. Le moindre fait précis, scientifiquement observé, ferait mieux notre affaire.

Il sépare les hybrides de greffe « de ces prétendues variations spécifiques, de ces accidents ou sports, de ces variations de nutrition », qui sont pour lui sans importance. A l'imitation de Strasburger, il ne voulait, il y a peu de temps encore, admettre les hybrides de greffe qu'à la condition de les pouvoir reproduire à volonté; il veut bien aujourd'hui *convenir* qu'ils existent. « C'est, dit-il, un cas fort intéressant qui se réalise rarement, il est vrai, et, par conséquent, n'a qu'un mince intérêt pratique. » Aurait-il, sans le dire, reproduit les Néfliers de Bronvaux et de Saujon et le *Solanum tubingense*?

Quoi qu'il en soit, s'il se montre ainsi accueillant pour « les trois ou quatre soi-disant hybrides de greffe » dont il parlait autrefois avec dédain, pour ceux qui ont été « décrits par MM. Le Monnier et Hans Winkler », ceux qui ont été obtenus soit par moi, soit par mes collaborateurs, sont sans valeur probablement, car il se garde d'en tenir compte. Est-ce parce que j'ai osé porter une main

(¹) Pourquoi ne pas mettre d'accord le fond avec la surface?
(²) C'est un aveu qu'il m'est agréable d'enregistrer.
(³) De nombreux faits contredisent les affirmations de M. Griffon et l'on a vu le cas que l'on doit faire des conclusions basées sur la colossale expérience, et en particulier sur les études de MM. Viala, Ravaz, etc.

sacrilège sur l'arche sainte de la reconstitution? On comprendra difficilement comment le Poirier-Cognassier de Rennes et mes hybrides de Solanées sont ainsi rejetés sans examen. Si l'on m'objectait que j'ai opéré sur des plantes cultivées en état de variation potentielle et donnant pour cette raison des résultats moins probants, il me serait facile de répondre. Le *Cytisus Adami*, le Néflier de Bronvaux, le *Solanum tubingense* de Heuer étudié par Hans Winkler, ne sont-ils pas les produits de plantes cultivées? Mes Aubergines et mes Piments modifiés par la Tomate (¹) sont-ils à rejeter parce que la variation est moindre que dans le *Solanum tubingense?* On ne devrait pas oublier que le *Solanum tubingense* n'était pas le seul hybride de greffe obtenu par Heuer à l'aide de la méthode que j'ai le premier appliquée, mais que l'expérimentateur allemand avait observé sur d'autres rejets du sujet des caractères externes ou internes du greffon, transmis à des degrés divers.

On me dira encore que si M. Griffon n'accorde pas droit de cité à mes créations, c'est qu'il n'a pu reproduire mes hybrides de greffes chez les Solanées. Mais il en a été de même pour le *Solanum tubingense*, et l'on ne peut guère s'expliquer, dans les deux cas, pourquoi il admet les hybrides de greffe allemands et rejette les miens. Ou plutôt cela se conçoit trop bien.

D'après la plus récente opinion de M. Griffon, toute influence morphogène ne peut se rencontrer chez les plantes greffées en dehors des rares hybrides de greffe qui ont trouvé grâce devant lui. Il trouve ainsi tout naturel que des plantes en symbiose antagonistique et mutualistique ne subissent du fait de la vie en commun aucun changement dans leur morphologie et leur biologie. S'il en était ainsi, ce serait une exception bien extraordinaire d'après ce que l'on connaît aujourd'hui sur les symbioses naturelles et les commensaux, comme sur l'adaptation au milieu.

D'après Chodat (²), la morphologie des Lichens dépend de la nature des associés. Dans les galles, la morphologie des hyperplasies produites dépend aussi d'une part de la nature de la plante attaquée, mais tout autant de la qualité de la piqûre.

« On ne saurait, dit-il, prétendre que la manière d'être des Champignons des Lichens dépend uniquement de la nature des déterminants mycéliens; la morphologie de ces plantes ne serait pas ce qu'elle est sans l'*influence directrice* qu'exerce la présence des commensaux, les Algues. Autrement dit, *c'est faire fausse route que de ramener chaque manière d'être du végétal à un ou plusieurs déterminants protoplasmiques.* »

Ceux qui suivent de près les questions de greffe et les problèmes que j'ai soulevés dès le début de mes études reconnaîtront combien ces lignes, en contradiction formelle avec la thèse de M. Griffon et des Américanistes, sont au contraire conformes aux idées que j'ai exposées depuis longtemps sur l'influence réciproque du sujet et du greffon.

Le résultat de l'union de cellules végétatives, comme de la transmission de substances morphogènes de l'un à l'autre conjoint, c'est l'apparition de caractères morphogéniques qui ne se seraient pas montrés sans cela. N'ai-je pas fait voir que, dans ces cas rares en somme, il y avait parfois une « *influence directrice* » fort

(¹) Si mes greffes sont mal choisies et non démonstratives, pourquoi M. Griffon, qui est occupé par ailleurs à tant de travaux différents et n'a par conséquent pas de temps à perdre, a-t-il pris la peine de refaire toutes mes expériences, du moins d'après ce qu'il dit dans ses publications? Pourquoi les a-t-on reprises aussi en Allemagne et ailleurs? Cela m'empêcherait-il, quoi qu'en disent d'autres auteurs, d'avoir le premier réalisé expérimentalement des hybrides de greffe par divers procédés, dont celui de la décapitation du greffon dont s'est servi Heuer pour obtenir le *Solanum tubingense*?

(²) CHODAT. — 2e édition, 1910, p. 382 et suivantes.

nette que j'ai désignée sous le nom d'« *orientation* », quand un ou plusieurs caractères du sujet apparaissaient chez le greffon ou réciproquement? N'ai-je pas le premier montré que la greffe pouvait amener chez les hybrides sexuels des phénomènes de *disjonction*, de *dédoublement* des caractères parentaux, dans lesquels on observait aussi assez souvent une *orientation* provoquée par le sujet chez le greffon et *vice versa?* J'ai, d'autre part, montré que cette influence pouvait se manifester dans des *sens divers*, sans que en apparence du moins et dans l'état actuel de la science, il fût possible de démêler d'une façon sûre une orientation, comme cela se passe aussi pour certaines anomalies consécutives au croisement sexuel.

Au point de vue purement scientifique, et même à celui de la pratique, il n'y a donc pas lieu de faire état des négations de M. Griffon pas plus que de celles des autres Américanistes.

Enfin, je relèverai, comme je l'ai déjà fait, la plus remarquable des contradictions de certains dirigeants de la reconstitution et qui, à elle seule, suffirait à montrer la fragilité de l'œuvre.

Tandis que M. Viala est resté fidèle à la trinité Riparia, Rupestris et Berlandieri, même dans le malheur, d'autres se sont montrés bien ingrats envers elle. Tout en célébrant *urbi et orbi* les avantages de la greffe de la Vigne, la panacée universelle, MM. Prosper Gervais, Ravaz, Roy-Chevrier, Guillon, etc., n'ont-ils pas cultivé, depuis plus de dix ans déjà, les producteurs directs destinés à suppléer aux défaillances des Vignes greffées?

« On avouera, disais-je en 1904 (¹), qu'il ne viendrait à l'idée de personne, au moins de toute personne de bon sens, de remplacer une culture qui donne toute satisfaction, et surtout de la remplacer par une culture notoirement inférieure. » Alors pourquoi s'occuper des hybrides?

De même, réclamer des études sur l'action amélioratrice de certains sujets, comme l'a fait M. Viala en 1910, « chercher le porte-greffe améliorant (²), n'est-ce pas admettre du même coup mes théories que l'on feint de ne pas accepter, puisque c'est admettre qu'il y a des sujets capables de transmettre certaines qualités aux greffons qu'ils hébergent? » C'est peut-être très habile, mais combien cela est édifiant sur la sincérité de certains auteurs!

A ces coups droits portés aux adversaires de mes théories, ceux-ci n'ont jamais répondu, pas plus qu'ils ne pouvaient répondre à nombre d'objections embarrassantes que j'ai faites dans cet ouvrage. Ou plutôt ils ont répondu en réclamant des « sanctions sévères » contre celui qui les avait formulées, ce qui est plus significatif encore.

Le lecteur, qui n'est pas au courant des faits et qui ne connaît souvent que la littérature américaniste récente, se dira peut-être que j'exagère.

Voici des documents qui suffiront à l'éclairer.

M. Roy-Chevrier, dont j'ai souligné le manque de mémoire à propos de l'Isabelle de Poligny, et qui professe aujourd'hui pour le greffage une admiration sans bornes, a autrefois rompu des lances en faveur des directs (³).

(¹) Lucien Daniel. — *Premières notes sur la reconstitution du vignoble français par le greffage* (*Revue de viticulture*, 1904).

(²) Lucien Daniel. — *Loc. cit.*

(³) Les variations de M. Roy-Chevrier sont bien connues du monde viticole. Après avoir autrefois comparé les Riparia, Solonis et Viala à de vieux fusils à pierre, il déclarait plus tard que le Riparia portait des greffes magnifiques. A propos du black-root qui venait d'être rebaptisé *Guignardia* par M. Viala, il chansonnait agréablement celui-ci en faisant dire au blake-root que M. Viala lui devait tout et que sans lui il ne serait rien. Les temps sont bien changés aujourd'hui, et M. Roy-Chevrier a trouvé le chemin de Damas ou de Canossa.

Voici ce qu'il écrivait, en 1905, dans la *Revue de viticulture* :

« La nécessité de salir périodiquement nos vignes, disait-il [1], n'est pas le seul vice de nos plantations nouvelles. Nos vignes étant trop jeunes et trop généreuses, leur produit est exposé à manquer d'alcool, d'acide et de couleur. Ce n'est pas sans raison que les moines de Vougeot, qui étaient profès en l'art des coteaux, traitaient avec un soin jaloux les raisins des provins de l'année et se gardaient bien de laisser aller à la cuvée *ces grappes gonflées et aqueuses*.

» Il faut, pour assurer la perfection de ce nectar qui s'appelle le bon vin de Bourgogne, une élaboration lente de la sève à travers une charpente aérienne ou souterraine assez étendue, et un équilibre parfait entre la vigueur de la plante et sa production fruitière [2].

» Or, nos vignes nouvelles ne sont ni *sages,* ni réglées. Greffées sur Rupestris ou hybrides de Rupestris, elles s'affolent dans leur jeune âge et poussent *tout en bois*. Pour les mettre à fruit, le vigneron leur inflige un allongement de taille mérité, d'où *surproduction* et *mauvaise qualité*. Greffées sur Riparia et sur Berlandieri, elles sont alors *trop fertiles;* leurs raisins, de maturité précoce, demeurent gonflés de plus d'eau que de sucre : *on dirait de perpétuels provins*. L'équilibre qui fait défaut, cette affinité parfaite entre le sujet et le greffon s'établira peut-être un jour, *si toutefois le porte-greffe vit assez longtemps pour le permettre.*

» Nous accusons volontiers les intempéries et les mauvaises années d'avoir porté atteinte à nos grands vins, c'est exact. Mais *un des facteurs principaux de cette diminution de qualité n'en est pas moins le plant lui-même*. Nous avons trop bien sélectionné nos greffons; notre Pinot n'est plus le petit Noirien d'autrefois auquel nos pères demandaient de 15 à 20 hectolitres à l'hectare : c'est le *Pinot productif* dont les rendements atteignent et dépassent parfois 50 hectolitres.

» Les raisins d'hybrides directs qui, vendangés en mélange avec les Pinots, apporteraient à leurs *vins incomplets* les éléments de *fermeté* et de *tenue* dont ils ont besoin pour égaler leurs aînés, les *vins préphylloxériques*, devraient être les bienvenus. »

Tout aussi net il était en 1903 au Congrès international de Rome.

« En France, disait-il [3], la culture des vignes greffées, après avoir traversé une ère de prospérité relative, semble destinée à décroître et peut-être à disparaître, ruinée par sa propre complication. Seuls les crus des grands vins cotés, à marque connue et à bouquet inimitable, pourront, soutenus par leur clientèle de luxe, continuer à greffer, à sulfater, à soufrer. Mais les vins ordinaires, limités dans leurs prix par la concurrence frauduleuse des sucreries viticoles suscitées par la convention de Bruxelles et par les importations croissantes des pays voisins qui étendent chaque année leurs plantations, ne pourront supporter bien longtemps les frais écrasants d'une main-d'œuvre de plus en plus exigeante. Une partie de leur vignoble sera abandonnée à l'inculture; une autre retournera à la grande culture, là où les conditions topographiques le permettront; et le reste, d'une importance difficile à prévoir, vidant à fond son bas de laine, hasardera un nouveau coup de ses derniers capitaux dans une transformation de ses *Vinifera* qu'il surgreffera en hybrides directs. Ces vils plants, bâtards honnis et méprisés pendant nos années dorées, forts comme les enfants de l'amour, deviendront alors les meilleurs soutiens d'*une cause malheureusement*

(1) ROY-CHEVRIER. — *Du rôle des producteurs directs* (*Revue de viticulture*, 1905).

(2) On voit que M. Roy-Chevrier a lu mon traité des *Capacités fonctionnelles* et qu'il était, en 1905, absolument d'accord avec moi sur les principaux effets du greffage de la vigne et sur le changement de qualité des vins consécutif à cette opération.

(3) ROY-CHEVRIER. — *Rapport au Congrès de Rome*, 1903.

bien compromise, et serviront à couvrir, d'une façon héroïque, la retraite de la *viticulture aux abois.* »

Et cette situation lamentable était alors de notoriété publique, car il me serait facile d'en trouver d'autres aveux. Je me bornerai à dire qu'elle a été considérée par un autre Américaniste, M. Jallabert[1], comme le résultat de « vingt-cinq années de luttes, d'efforts inouïs, d'entreprises énormes, d'essais plus ou moins ruineux qui constituent à cette heure (1905) le bilan de la viticulture française et de la viticulture méridionale en particulier. Un quart de siècle employé à quoi? *A faire douter le viticulteur de l'avenir*, car il faut bien faire cette triste constatation. »

Si l'on se rappelle que M. Roy-Chevrier fut chargé d'un rapport au Congrès d'Angers, que M. Jallabert a publié ses observations dans la *Revue de Viticulture* sans soulever de protestations, on ne saurait donc les qualifier d'« observateurs peu circonspects, d'esprits prévenus et partiaux », comme l'a fait M. Viala à l'égard de ceux qui partagent mes opinions. Mais les idées qu'ils ont exprimées ressemblent fort à celles qu'on m'a reproché d'avoir révélées méchamment à l'étranger. Ce que disent les Américanistes est *bon;* ce que disent leurs adversaires est *mauvais;* sans doute il y a la manière que je n'ai pas su saisir, pas plus que je n'ai compris comment, après avoir ainsi sévèrement jugé les résultats du greffage de la vigne, les mêmes viticulteurs conseillent toujours de reconstituer sur vignes américaines.

Les Américanistes savent donc à quoi s'en tenir sur la reconstitution, sur la « colossale expérience » que nous a value le « merveilleux génie de la race méridionale » célébré par M. Prosper Gervais. Leur façon de se conduire vis-à-vis des producteurs directs n'en est pas la seule preuve. On en trouve d'autres dans leurs querelles, car ils n'ont pas toujours été d'accord entre eux sur les faits et sur leur interprétation. Une des discusions les plus édifiantes sous ce rapport est la suivante, qui montre que l'histoire est un perpétuel recommencement et que les méthodes dévoilées par MM. Millardet et de Laffitte sont toujours en honneur dans certains milieux.

En 1897 [2], M. Prosper Gervais rapportait les faits suivants: « On a signalé, au cours de l'été dernier, sur plusieurs points de la région du Sud-Est, — dans l'Hérault, l'Aude, les Pyrénées-Orientales, — des dépérissements subits de vignes greffées sur Riparia [3]. On s'en est ému, surtout parce qu'on en ignorait la cause. M. Pierre Viala, qui a eu l'occasion, comme moi, d'observer un certain nombre de souches de *Riparia* greffés complètement rabougries et mourantes, *n'a pas eu de peine à établir* (*Revue de viticulture* du 28 novembre 1896) que le phylloxéra n'était pour rien dans l'affaire et qu'il en fallait simplement chercher l'origine dans une *« mauvaise adaptation »* au sol, aggravée par la sécheresse persistante de l'été. »

Non seulement cette affection portait sur des ceps isolés, mais parfois sur des Vignes entières qui présentaient tous les signes de l'usure prématurée. M. Prosper Gervais montra que le mode d'établissement et la taille de la Vigne n'étaient pour rien dans ces dépérissements inexplicables. Il constata, en outre, que, dans nombre de cas, le greffon mourait seul, que le *Riparia* sujet, débarrassé de son greffon *Vinifera*, émettait des rejets vigoureux et que, franc de pied, il était, dans les mêmes terrains que les greffes, d'une santé absolument parfaite. Pour lui, le greffage était la seule cause de ces accidents, parce qu'il amenait un *vieillissement*

(1) JALLABERT. — *Porte-greffes et producteurs directs* (*Revue de viticulture*, 1904).

(2) Prosper GERVAIS. — *Du vieillissement précoce des Vignes greffées* (*Revue de viticulture*, 1897).

(3) On avait, dit M. Gervais, observé des dépérissements analogues dans des vignobles de Carignane, Mourvèdre et Aramon greffés sur *Rupestris*. Ils étaient tels qu'après avoir parlé du krach du *Riparia*, on a parlé du krach du *Rupestris* (*Revue des hybrides*).

prématuré, lorsqu'il n'y avait pas *affinité*, c'est-à-dire harmonie parfaite entre le sujet et le greffon (1).

M. Coiffard (2) fit ressortir que les faits rapportés par M. Prosper Gervais démontraient nettement que l'adaptation au sol, invoquée par M. Viala, ne pouvait expliquer les dépérissements des greffes sur *Riparia;* puisque les *Riparia* francs de pied réussissaient admirablement dans les terrains où ils périssaient greffés, il fallait chercher ailleurs que dans l'adaptation et la sécheresse la solution du problème.

« Tout cela, disait ce viticulteur, allait jeter l'*inquiétude* et le *découragement* parmi les viticulteurs. » Il se demandait « à quel cépage américain il fallait désormais accorder confiance » et il ajoutait logiquement que, « s'il fallait remplacer les vignes greffées au bout de quinze ans, la reconstitution rappellerait le tonneau des Danaïdes. »

Les Américanistes ne pouvaient manquer de s'émouvoir de semblables critiques. On eut recours au procédé classique qui a réussi si longtemps près des viticulteurs confiants. *On fit une enquête.* M. Houdaille, professeur à l'École d'Agriculture de Montpellier, rédigea un *rapport* (3) dans lequel il constatait que les dépérissements étaient peu étendus et sans importance, que le Riparia n'était pas en cause et que les Vignes mortes avaient été greffées sur des sujets mauvais, appartenant à des espèces défectueuses... Il n'y avait donc pas lieu de s'émouvoir (4).

Enfin, dans une conférence faite à Château-du-Loir, M. Viala se chargea d'exécuter M. Prosper Gervais, coupable d'avoir appelé l'attention sur des faits embarrassants (5) :

« On m'a encore objecté, dit-il, que la durée des vignobles reconstitués par les Vignes américaines est très incertaine. Cette idée a, dans ces derniers mois, fait l'objet de discussions dans le monde viticole. Comme toujours en pareil cas, on a poussé les choses jusqu'à l'exagération et plusieurs viticulteurs, M. Prosper Gervais entre autres, ont laissé entendre que les Vignes américaines pouvaient résister dix à quinze ans à l'action du phylloxéra, mais qu'en fin de compte elles disparaissaient comme les Vignes françaises. »

Piqué par cette interprétation de ses écrits qu'il considérait comme erronée, M. Prosper Gervais fit une réponse dont il faut retenir surtout les lignes suivantes, pleines d'intérêt pour celui qui étudie impartialement l'histoire même de la reconstitution et les mobiles qui ont guidé dans leurs écrits certains auteurs américanistes :

« Je suis donc, ripostait-il à M. Viala, comme vous et avec vous, un Américaniste convaincu. Que le greffage sur Vignes sauvages d'Amérique ne soit pas la formule définitive, immuable de la viticulture, c'est possible; mais c'est *actuellement* la solution la plus raisonnable, la plus sûre, du problème de la reconstitution. *Ce qu'il faut avoir le courage de reconnaître*, c'est que cette solution n'est pas parfaite, qu'elle comporte des améliorations, des transformations même qui sont le secret de l'avenir; c'est que les Vignes greffées ont une *sensibilité*, une *impressionnabilité* qu'on doit ménager; c'est qu'avec le fléau des maladies cryptogamiques qui nous ont assaillis de toutes parts, la nouvelle viticulture présente des diffi-

(1) L'on sait que M. Ravaz, en 1903, a prétendu, toujours à l'aide des mathématiques, qu'il n'y avait pas lieu de se préoccuper des questions d'*affinité*, celle-ci, dans la pratique, étant égale à zéro (*C. R du Congrès de Rome*, 1903).

(2) *Revue de viticulture*, 1897, p. 410.

(3) HOUDAILLE. — *Enquête sur le dépérissement et la production de certaines Vignes greffées sur plantes américaines* (*Revue de viticulture*, 1897, p. 593).

(4) Remarquons l'analogie de ces procédés d'étouffement avec ceux qu'a indiqués M. P. de Lafitte.

(5) P. GERVAIS. — *La durée des Vignobles reconstitués en Vignes américaines* (*Revue de viticulture*, 1898, p. 158).

cultés, exige des soins, nécessite des dépenses *que ne connaissaient pas nos anciennes Vignes indigènes*. Telle est ma *véritable* manière de voir. »

Et il terminait par cette flèche du Parthe : « Je n'aime guère les légendes, du moins quand elles n'ont rien d'héroïque, et je serais désolé que les bons vignerons de la Sarthe et de Château-du-Loir vissent en moi un « rêveur » ou un « simple viticulteur en chambre », comme il en existe, *dit-on*, quelques-uns autour de nous. »

A ce moment, M. Prosper Gervais défendait énergiquement ses observations et il montrait que les faits devaient s'expliquer « *autrement que par un geste vague ou une pirouette* ». En cela, il avait parfaitement raison s'il était sincère et tout le monde sera de son avis.

Or, quelques mois plus tard ([1]), le même M. Prosper Gervais, — *quantum mutatus ab illo*..., — écrivait l'éloge suivant du *Riparia* dont il avait signalé précédemment les défaillances :

« L'emploi du *Riparia* marque le point culminant des essais, des tâtonnements des premières années. Il clôt l'ère des expérimentations hâtives et assoit *définitivement*, sur des *bases solides*, la méthode de reconstitution du vignoble sur les cépages américains. Il démontre victorieusement l'excellence de cette méthode, et combien avaient vu juste ceux qui, dès 1869, la préconisaient comme la *meilleure*, la plus *sûre*, la plus *efficace* et la plus *féconde*.

» Je ne puis oublier, pour ma part, que le département de l'Hérault fut le berceau du *Riparia*, et que, dès son apparition, il y fut considéré comme le *couronnement de l'édifice* si laborieusement élevé, comme le *porte-greffe incomparable* par qui était désormais assurée la reconstitution du vignoble méridional.

» Pratiquement, la question des porte-greffes est close. »

Ainsi, sans donner un fait nouveau justifiant une volte-face aussi complète, une pareille rotation de 180°, M. Prosper Gervais changeait brusquement de « manière de voir » au sujet du Riparia. De ses deux façons diamétralement opposées d'envisager ce cépage, une seule est exacte évidemment, mais laquelle est la bonne, laquelle est la « véritable » pour ce viticulteur ([2]) ?

On se dira qu'il est difficile de se reconnaître au milieu des variations fluctuantes et des incohérences, qui émaillent pour ainsi dire à chaque ligne la littérature américaniste. Il était indispensable, en présence de la nouvelle levée de boucliers faite par les partisans de la greffe, d'en relever quelques-unes, choisies parmi les anciennes et les plus récentes, pour montrer une fois de plus au lecteur impartial quel fonds l'on peut faire sur la valeur des écrits, des expériences et des explications de certains Américanistes et comment l'on a célé et cèle encore au public scientifique et viticole ce qui est de nature à compromettre les dogmes de la reconstitution.

En résumé, les citations que je viens de faire et que chacun peut facilement contrôler, montrent que, dans le concert américaniste et bien qu'il s'agisse d'un même thème, la musique a varié suivant la valeur propre des exécutants et suivant le chef d'orchestre. Celui-ci n'a pas toujours réussi à accorder les violons qui ont parfois émis des notes harmoniques ou discordantes, suivant le moment où l'on faisait résonner leurs cordes ou suivant la façon dont était frotté l'archet.

Peut-être cela paraîtra naturel à ceux qui, en cultivant la Vigne, « n'ont d'autre but que de gagner de l'argent ». Ce serait le cas de tous les viticulteurs,

([1]) Prosper GERVAIS. — *Les Porte-Greffes* (*Revue de viticulture*, 17 septembre 1898, p. 322).

([2]) Qu'importe ? Ce qui avait alors de l'intérêt pour la viticulture, c'est que M. Prosper Gervais, touché par la grâce, abjurait ses erreurs et qu'il était rentré dans le giron américaniste, au risque de passer pour un « rêveur » ou un « viticulteur en chambre »... N'est-ce pas avec de pareils « gestes vagues ou pirouettes » que l'École américaniste a prétendu sauver le vignoble et conjurer la crise viticole ?

d'après M. Prosper Gervais [1]. Que ceux qui se placent sur ce terrain utilisent les « correctifs » de la vendange et qu'ils y réussissent plus ou moins bien, cela leur est permis ; qu'à certains moments, d'accord avec certains professeurs américanistes, ils présentent le greffage comme la source de leurs richesses ou bien qu'ils s'en prennent à lui comme étant la cause de leurs déboires, cela est peu intéressant. Sous ce rapport ils peuvent à loisir *bluffer* ou non, je ne m'en préoccupe en aucune façon. Mais il ne serait pas admissible que les Américanistes puissent en faire autant dans le domaine scientifique, qu'ils accommodent les faits à la « sauce » du jour et qu'ils donnent le *coup de pouce* dans l'intention de justifier une erreur théorique favorable à leurs intérêts.

Serait-ce trop leur demander, à ces Américanistes, que de les prier de rester sur le terrain mercantile où ils se sont volontairement placés ? S'ils ne veulent pas aider les personnes désintéressées qui cherchent la vérité scientifique dans le but de rendre service à leur pays et à la science, au moins qu'ils n'essayent pas de les troubler et de compliquer leur besogne déjà ingrate et ardue par elle-même. C'est pour eux un *devoir ;* c'est même leur intérêt bien compris. J'espère qu'ils finiront bien par s'en apercevoir quelque jour.

C. — La variation spécifique chez les vignes greffées.

Je laisserai pour le moment les Américanistes à leurs contradictions et à leurs négations intéressées. Nier est facile ; prouver, c'est bien différent.

Mais avant de passer à l'étude des faits, je ferai une dernière remarque, s'adressant à ceux qui s'imagineraient *de bonne foi* que, dans les phénomènes morphogéniques d'influence du sujet sur le greffon et *vice versa*, l'on devrait pouvoir les reproduire à volonté pour être certain de leur existence.

Tous ceux qui sont au courant des données de la physiologie végétale actuelle savent que les formes du végétal dépendent de la quantité et de la qualité de l'aliment, choses très variables qui ne peuvent se régler d'une façon absolue, car elles sont en rapport obligé avec l'état biologique de la plante et les conditions de milieu extérieur.

« On peut considérer, dit Pfeffer, tout le développement et la formation de l'organisme comme une chimiomorphose qui *peut être dirigée dans des voies nouvelles*, d'une manière plus ou moins marquée, par des conditions intérieures et extérieures, parmi lesquelles il y a aussi des *conditions chimiques*. C'est ce qui se passe pour la quantité d'aliment ; le *port* d'une plante peut être très différent si l'aliment est insuffisant ou s'il se trouve en excès ; dans les deux cas, la reproduction peut manquer...

» D'autres causes, des poisons par exemple, peuvent rendre la végétation rabougrie ; les choses se passent alors *parfois, mais pas toujours*, comme dans le cas du manque d'aliment. Il n'est pas surprenant que le même agent chimique produise, suivant les circonstances, des réactions très différentes. *Le résultat dépend toujours des propriétés de l'organisme et des conditions du moment.* On ne peut donc guère donner de règle générale sur l'action formative d'un certain corps. Il est seulement certain que des phénomènes de formation peuvent être produits par le *manque* ou l'*excès* d'aliments, soit par des *changements* du mélange nutritif, soit encore par des acides, des alcalis, des poisons, des enzymes et d'autres substances provoquant une excitation.

» Ces divers moyens et leurs combinaisons variées sont utilisés souvent pour

[1] Je ne partage pas cet avis et je connais pas mal de viticulteurs qui planent dans des sphères plus élevées, heureusement d'ailleurs.

constituer des néoformations, en arrêtant et en provoquant une croissance localisée et en particulier pour former les premières assises d'un tissu (1). »

Ces lignes du célèbre physiologiste allemand ne sont pas pour me déplaire, car elles établissent pour les variations morphogéniques, pour les chimiomorphoses, ce que j'ai montré chez les plantes greffées, quand j'ai établi (2) que le bourrelet était une cause d'addition ou de soustraction dans le sujet et le greffon, et qu'il provoquait des variations de quantité (disette ou suralimentation).

Elles sont incompatibles avec les idées émises par MM. Ravaz, Viala, Griffon et autres écrivains agricoles, et expliquent fort bien leur impuissance, au cas où leurs observations seraient vraiment sincères, à reproduire certains phénomènes de greffe: « *le résultat dépend toujours des propriétés de l'organisme et des conditions du moment*, » dirai-je avec Pfeffer, et il faut n'avoir jamais réfléchi à la complication extrême des conditions qui règlent la vie en symbiose de deux plantes greffées pour dire que l'on a répété les expériences d'un observateur en laissant croire que l'on s'est placé dans les mêmes conditions, quoique l'on ait opéré sur d'autres plantes, à des moments différents, et que l'on ait réalisé ainsi des unions non comparables dans l'immense majorité des cas.

Les variations de quantité ne sont plus niées aujourd'hui par les adversaires de mes théories sur la variation des vignes greffées, disait récemment M. Griffon. Il doit donc admettre les modifications morphogènes qui en sont la conséquence. Or, la nutrition *quantitative* est d'ordre *spécifique*, tout aussi bien que la nutrition *qualitative*. Ainsi s'expliquent de nombreuses modifications consécutives au greffage et qui s'observent dans les Vignes greffées, modifications rapportées par les partisans de l'immutabilité des vignes greffées, telles que les variations dans le *port* (3), dans les *dimensions* de l'appareil végétatif ou reproducteur (4).

Quand, pour expliquer que la Vigne française, greffée sur certaines vignes américaines, possède un port buissonnant, des entrenœuds plus longs, des tiges plus vigoureuses, des feuilles plus larges, plus épaisses et plus vertes, à villosité augmentée ou diminuée; que la reproduction est elle-même influencée, comme cela se passe dans les sols riches ou pauvres; quand, pour expliquer ces variations en dehors de la greffe, les écrivains agricoles ont invoqué ce qui se passe dans les sols secs ou humides, dans la culture par la submersion et autres conditions particulières, ils ont oublié un point qui a son importance: c'est que les Vignes greffées, cultivées à côté des francs de pied, dans le même sol, le même climat, et recevant les mêmes soins de culture et de taille, ne devraient présenter aucune différence avec les anciennes Vignes, puisqu'elles en diffèrent seulement par la greffe et non par l'action des facteurs qu'ils invoquent.

Or, ces auteurs reconnaissent, et ils ont fourni de nombreux faits à l'appui, que les vignes greffées ne se comportent pas, dans un point donné, de façon identique aux francs de pied. Donc le greffage est l'agent modificateur et, les modifications produites dépendant du sujet, celui-ci influe sur son greffon par sa nature spécifique. Et cela est si vrai que tous reconnaissent que *le sujet agit à la façon d'un sol nouveau.*

(1) PFEFFER. — *Physiologie végétale*, chapitre: *Influence des conditions extérieures sur l'activité de croissance*, § 32, *Phénomènes de formation produits par des moyens chimiques*, t. II, 1er fascicule, p. 136.

(2) J'ai insisté d'une façon toute spéciale sur ces faits dans la plupart de mes publications, en particulier dans *Recherches anatomiques sur les greffes herbacées et ligneuses*, 1896; dans *La variation dans la greffe et l'hérédité des caractères acquis*, 1898; dans *Les variations spécifiques ou hybridation asexuelle*, 1901; dans *La théorie des capacités fonctionnelles*, 1902, et dans tout le premier fascicule de cet ouvrage, particulièrement p. 32 et suiv.

(3) Voir RAVAZ. *Sur les variations de la Vigne greffée* (*Le Progrès agricole*, 1904); Viala et Ravaz, *les Vignes américaines*, etc., etc.

(4) Voir les modifications dans la morphologie externe, la structure indiquées dans le fascicule I de cet ouvrage, tant pour la Vigne que pour des séries d'autres plantes, ainsi que les observations nouvelles publiées dans la *Revue bretonne de botanique*, de 1906 à 1912.

Les morphoses amenées par la soustraction ou l'addition de substances chimiques sont également indéniables. L'absence d'une substance que recevait le greffon à l'aide de ses propres racines peut empêcher le développement de tel organe reproducteur par exemple, soit directement, soit en empêchant la formation d'une substance nécessaire à l'apparition de cet organe. Inversement, une addition peut amener une série de phénomènes opposés, par action directe de cette substance ajoutée, soit par les corps dont, par réaction chimique, elle a provoqué la naissance.

Qui oserait soutenir aujourd'hui, comme autrefois l'ont fait M. Griffon et autres auteurs, que le greffon et le sujet conservent chacun leur chimisme propre et leur autonomie? Les plantes, préparées par le jardinier de Grignon, à la demande de M. Griffon, dans le but de réfuter mes observations et celles de M. Ch. Laurent, ont été étudiées par M. Javillier, et cette étude, qui devait donner le coup de grâce à mes théories, montre le bien fondé de nos conclusions. Une substance voisine de l'atropine est transmise, *en certains cas,* mais *pas dans tous* (1), du sujet au greffon et *vice versa.* Quoi d'étrange d'obtenir dès lors des actions morphogéniques variables suivant les plantes greffées et dans une même série de greffes, comme je l'ai montré dans les greffes de Belladone sur Tomate et celles de Belladone sur Tabac (2), comme dans les greffes inverses de la Pomme de terre, de la Tomate ou de la Belladone (3)!

Et, en l'espèce, il s'agit d'un produit spécifique d'un des associés, qui peut, *suivant les circonstances,* provoquer dans le conjoint qui n'en possède pas, « des réactions très différentes », dirai-je avec Pfeffer.

L'on ne sera donc pas surpris de voir que certains caractères spécifiques soient atteints et d'autres respectés, que l'influence de la substance chimique introduite s'exerce d'une façon très inégale suivant la valeur des appels de la plante ou la position d'un appel de même ordre sur des organes de situation différente, etc., surtout si l'on tient compte de la définition, au sens large, du mot *spécifique,* définition que M. Griffon lui-même a trouvée logique dans sa communication au Congrès de Génétique de Paris (4).

Je n'aurai pas la cruauté d'insister davantage sur ces points désormais acquis et, en priant le lecteur de se reporter au premier fascicule de cet ouvrage pour les variations morphogéniques de la Vigne déjà étudiées et considérées comme des variations quantitatives ou qualitatives (5), je me bornerai à l'examen des faits, indéniables, puisqu'ils ont été contrôlés.

α) *Monstruosités et dégénérescences provoquées par la greffe chez la Vigne.* — Nous avons vu que les Vignes autonomes sont sujettes à des variations spécifiques provoquées par les divers déséquilibres de nutrition congénitaux ou accidentels et qu'elles présentaient des monstruosités diverses et des dégénérescences.

Le greffage de la Vigne française sur Vignes américaines, avons-nous démontré, a eu pour résultat, tel qu'il a été le plus souvent pratiqué, de placer le

(1) Comparer ces résultats avec la phrase de Pfeffer, rapportée ci-dessus : « les choses se passent alors parfois, mais pas toujours... », et avec les conclusions formulées dès le début de mes études sur l'inconstance des résultats obtenus avec des greffes en apparence identiques.

(2) L. Daniel. — *La théorie des capacités fonctionnelles*, Rennes, 1902, p. 203.

(3) L. Daniel. — *Sur la réussite, le développement, la durée et la production des greffes* (*Revue bretonne de botanique*, 1911).

(4) Griffon. — *L'hybridation asexuelle* (*C. R. du Congrès de Génétique*, Paris, 1911).

(5) Les mots *variations quantitatives* et *variations qualitatives*, employés par moi pour désigner des catégories de variations jusqu'alors non distinguées, sont, comme l'action des blessures (traumatismes), en voie de courir le monde scientifique sous l'égide d'auteurs qui oublient volontiers les questions de priorité et s'attribuent le travail des autres.

greffon dans l'état de déséquilibre $Cv < Ca$, dans un grand nombre de cas, au moins dans les années normales. Il paraît tout naturel dès lors que les anomalies foliaires, les fasciations, les dégénérescences, les monstruosités de la fleur, etc., se soient trouvées accentuées.

Fig. 174.
Grappes de 58o Jurie greffé sur Aramon-Rupestris Ganzin n° 1. On voit que le greffon a considérablement perdu de sa fertilité par rapport au franc de pied.

Il est, en effet, très fréquent, de rencontrer, dans le vignoble greffé, des monstruosités de l'appareil végétatif et de l'appareil reproducteur. Personnellement, j'ai relevé (1904) un assez grand nombre de fasciations de la tige dans le vignoble du Parveau (Charentes), appartenant à M. Millardet, sur des vignes françaises greffées sur 41^{B}. Je n'ai vu également dans les vignes de M. Jurie et dans diverses parties du vignoble. En 1905, M. Ricard m'adressait une grappe monstrueuse de Cabernet Sauvignon greffé, qui montrait que l'appareil reproducteur est atteint lui-même par le déséquilibre de nutrition consécutif à la symbiose.

Fig. 198.
Grappes de 58o Jurie greffé sur 41B. On remarque la beauté des greffages par rapport au 58o franc de pied.

Toutes ces observations sont intéressantes, car elles concordent avec l'expérience des anciens vignerons qui ont été frappés de la fréquence plus grande des anomalies dans leurs vignes reconstituées. Mais elles avaient besoin d'être corroborées par une étude scientifique rigoureusement comparative. Cette étude a pu être faite dans une série curieuse de greffes d'hybrides franco-américains, concurremment avec celle des transmissions de caractères du sujet au greffon et *vice versa*, c'est-à-dire avec ce que j'ai appelé l'hybridation asexuelle ou variation spécifique, car les deux genres de variation se rencontrent souvent ensemble sur une même greffe.

Fig. 175.
Grappe du 58o Jurie franc de pied, au moment de la maturité des raisins.

En 1903, j'avais eu l'occasion d'étudier sur place, chez M. Jurie, à Millery (Rhône), des greffes de l'hybride Jurie 58o sur Aramon-Rupestris Ganzin n° 1, faites dans le même terrain et cultivées comparativement sous tous rapports avec les témoins francs de pied du 58o et de l'Aramon Rupestris Ganzin n° 1.

Les greffons s'étaient comportés d'une façon différente par rapport les uns aux autres. Tandis que la grande majorité ne présentaient pas de différences avec les 580 Jurie témoins, deux greffons s'étaient distingués par un retard dans le débourrement, et ils se rapprochaient de leurs sujets par ce caractère spécifique (¹).

En 1904, je pus constater, avec M. Jurie, que le retard dans le débourrement s'était maintenu, mais que la variation primitive s'était considérablement accentuée. Les greffons, au moment de la floraison, non seulement manifestèrent un retard notable, mais leurs grappes rappelaient l'aspect et le port général de la grappe de l'Aramon-Rupestris Ganzin n° 1. Et, fait très intéressant, les raisins de ces grappes nouèrent mal, en donnant des grappes à grains rares et espacés (*fig. 174*), beaucoup moins belles que celles du 580 Jurie témoin (*fig. 175*), se rapprochant ainsi du sujet qui est normalement infertile.

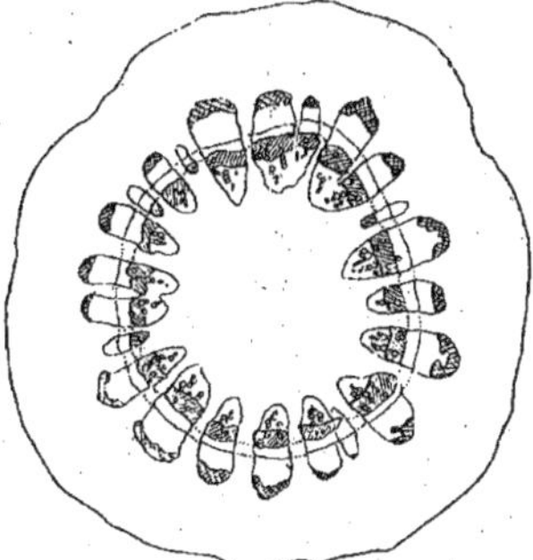

FIG. 176.
Coupe du pédoncule de la grappe du 580 Jurie franc de pied.
Grossissement 34.

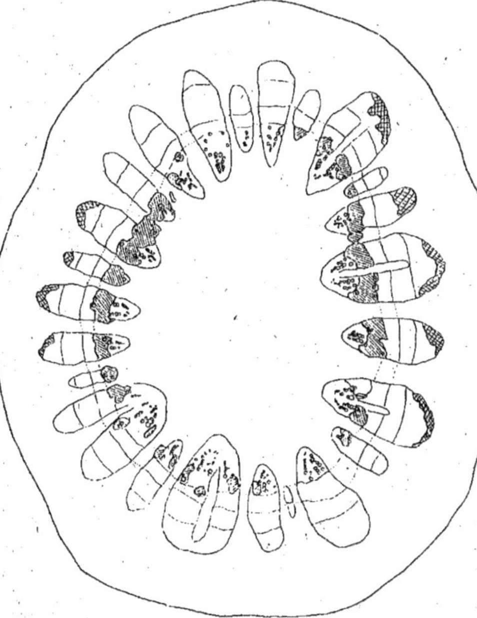

FIG. 177.
Coupe du pédoncule de la grappe de l'Aramon-Rupestris Ganzin n° 1 franc de pied.
Grossissement 34.

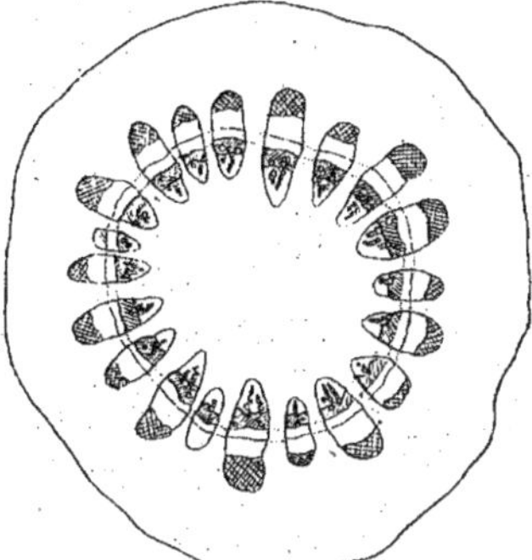

FIG 178.
Coupe du pédoncule de la grappe du 580 Jurie greffé sur Aramon-Rupestris Ganzin n° 1 (variation du printemps 1905).
Grossissement 34.

(¹) Je crois nécessaire de rappeler ici que les caractères tirés de la floraison sont *normalement stables*, d'après la majorité des classificateurs.

« La durée de la floraison, a dit M. Costantin dans son livre sur *les Végétaux et les milieux cosmiques*. l'époque de l'année où elle se produit, son apparition précoce ou tardive relativement à la feuillaison, sont autant de faits qui nous permettent de *définir une espèce*. Ce sont le plus souvent des caractères héréditaires, Ces caractères sont cependant susceptibles de variations qui depuis longtemps ont frappé les observateurs même les plus inattentifs. L'étude de ces variations est devenue une branche de la météorologie qu'on appelle la phénologie. »

Les feuilles étaient différentes de celles du 580 type et elles étaient de couleur plus sombre, plus luisantes et plus épaisses; leur forme se rapprochait de celles du sujet. Les rameaux anticipés ou contre-sarments qui se développèrent sur les rameaux de première végétation, présentèrent les caractères du 580 témoin.

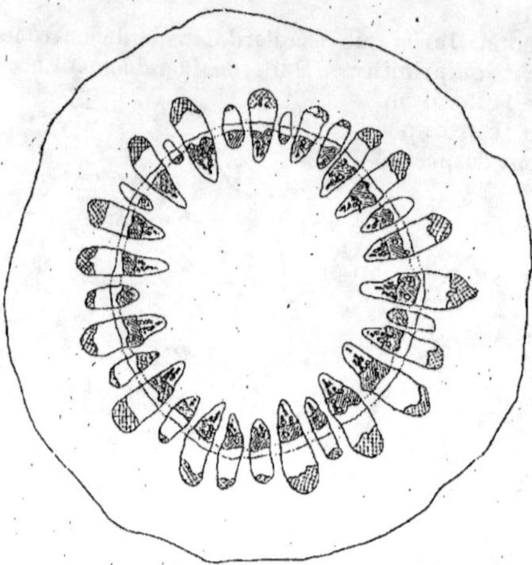

Fig. 179.
Coupe du pédoncule de la grappe de 580 Jurie greffé sur Aramon-Rupestris Ganzin n° 1, variation âgée de 4 ans. Grossissement 34.

Au cours du printemps 1905, non seulement la variation se maintint sur ces deux pieds, mais elle atteignit deux greffons qui n'avaient pas varié jusqu'alors. L'un de ceux-ci était modifié dans son ensemble; l'autre dans une moitié seulement.

La floraison de ceux-ci fut également anormale dans les régions à caractères mélangés du sujet et du greffon, et il était impossible à tout observateur non prévenu de ne pas être frappé par le port des grappes, la grosseur de leur pédoncule et leur ramification, caractères qui se rapprochaient de ceux du sujet tout en conservant en partie ceux du greffon.

Je recueillis moi-même des échantillons de ces grappes, par comparaison avec celles des témoins francs de pied, de façon à pouvoir en faire l'étude anatomique comparative et voir d'une part si des monstruosités de la fleur étaient apparues, de l'autre s'il était possible de retrouver dans les grappes des greffons une combinaison ou un mélange de caractères propres au sujet et au greffon.

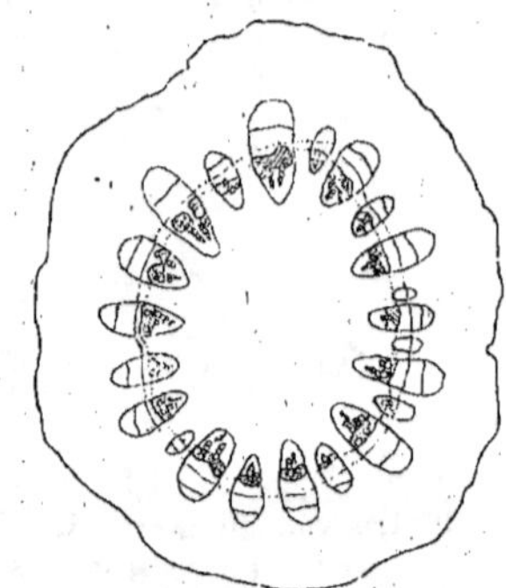

Fig. 180.
Coupe du pédoncule de la grappe du 580 Jurie greffé sur Aramon-Rupestris Ganzin n° 1, mais n'ayant pas donné de variation.
Grossissement 34.

Je confiai cette étude à l'un de mes élèves, M. Ch. Colin, qui la fit en 1905, à mon laboratoire, sous ma direction (1). J'ai donc pu vérifier moi-même les résultats obtenus concernant la structure anatomique du pédoncule de la grappe et en certifier la scrupuleuse exactitude.

a). — *Etude du pédoncule de la grappe.* — Les coupes transversales furent faites à égale distance de l'insertion de la grappe sur le cep et des premières ramifications florales, sur des grappes choisies dans des conditions comparables de situation et de vigueur, sur des rameaux disposés de la même manière par ailleurs, en dehors de la greffe.

Les coupes du pédoncule de la grappe du 580 franc de pied, sont sensiblement circulaires *(fig. 176)*. Celles de l'Aramon-Rupestris Ganzin n° 1 sont

(1) Ch. Colin. — *Etudes de quelques parties de la grappe d'un hybride de greffe de Vigne (Revue bretonne de botanique,* 1906).

au contraire nettement oblongues (*fig. 177*). Si l'on examine les coupes du pédoncule de la grappe du 580 greffé sur Aramon-Rupestris Ganzin ayant varié à la suite du greffage, on constate que la coupe est restée sensiblement circulaire (*fig. 178* et *179*), tandis que dans les types de 580 greffés n'ayant manifesté aucune variation nette dans leurs organes, du moins à l'aspect extérieur, on trouvait quelques types dans lesquels la forme oblongue, caractéristique du sujet, apparaissait plus ou moins nettement (*fig. 180*).

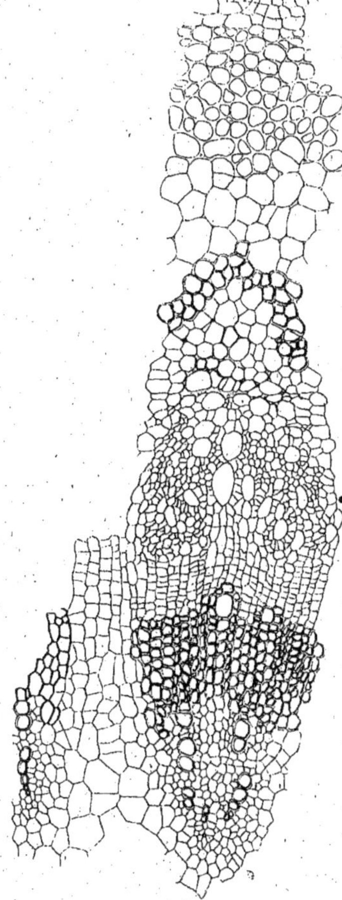

Fig. 181.
Faisceau libéroligneux de l'Aramon-Rupestris Ganzin n° 1 franc de pied.
Grossissement 238.

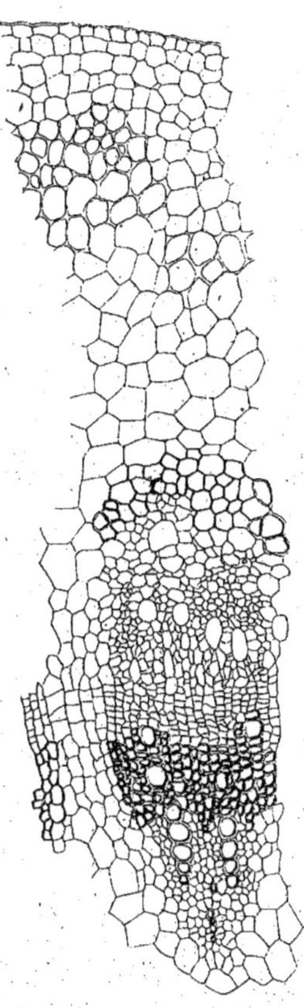

Fig. 182.
Faisceau libéroligneux de 580 Jurie greffé sur Aramon-Rupestris n° 1, ayant varié depuis 4 ans.
Grossissement 238.

Les dimensions de la coupe du 580 (*fig. 176*) étaient toujours inférieures notablement à celles de l'Aramon-Rupestris n° 1 (*fig 177*). Or, on pouvait sur les coupes des pédoncules floraux de 580 greffés, observer une gradation de taille bien nette que révèle l'examen des *figures 180, 178* et *179*. Les diamètres respectifs des coupes représentées par les *figures 176, 180, 178, 179* et *177* sont en effet de 110, 102, 110, 150 et 190 millimètres. Une gradation analogue se retrouve dans les diamètres des circonférences passant par le péricycle qui sont de 80, 75, 80, 110 et 160 millimètres et des circonférences passant par la pointe des faisceaux ligneux (38, 42, 38, 60 et 85 millimètres).

Toutefois, si la taille des coupes est différente, elles ne sont pas identiques et des mesures précises, effectuées sous forme de moyennes, vont nous renseigner d'une façon

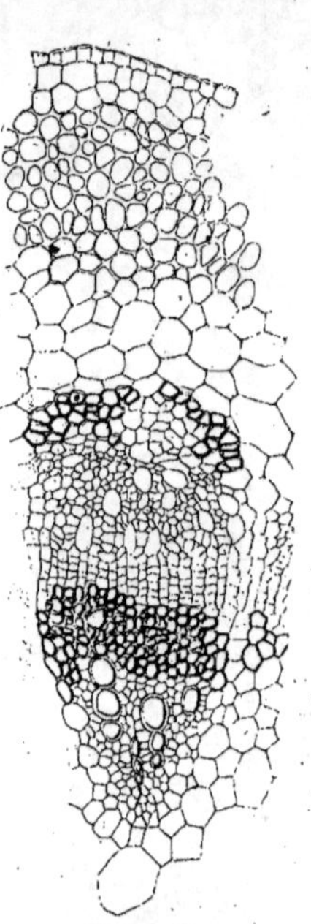

Fig. 183.
Faisceau libéroligneux du 580 Jurie franc de pied.
Grossissement 238.

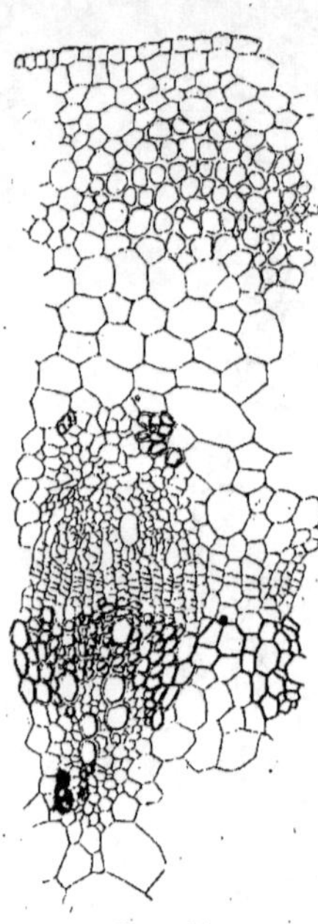

Fig. 184.
Faisceau libéroligneux du 580 Jurie greffé sur Aramon-Rupestris Ganzin n° 1 sans variation.
Grossissement 238.

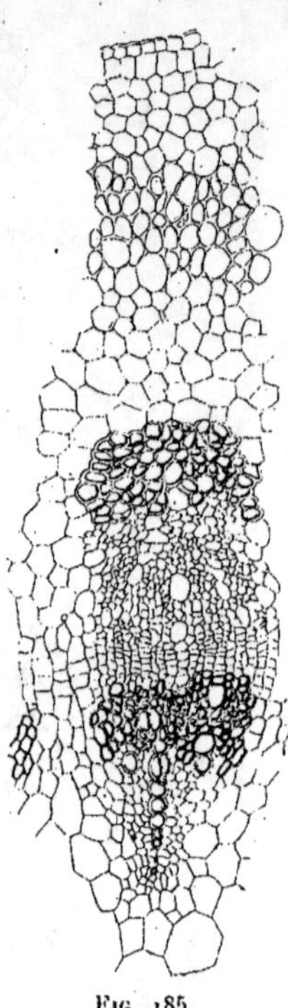

Fig. 185.
Faisceau libéroligneux du 580 Jurie greffé sur Aramon-Rupestris Ganzin n° 1 ayant varié au printemps 1905.
Grossissement 238.

plus complète. C'est ainsi qu'en prenant pour unité la distance du péricycle à l'épiderme, la longueur moyenne des faisceaux libéroligneux (péricycle compris) est représentée par 1 1/2 dans le 580 franc de pied *(fig. 176)*, par 1 dans le 580 greffé sur Aramon-Rupestris Ganzin n° 1 resté sans variation *(fig. 180)*, par 1 1/2 dans le 580 greffé de la *figure 178*, et par 2 1/4 dans le 580 greffé *(fig. 179)*, quand elle est représentée par 2 dans la coupe de l'Aramon-Rupestris Ganzin n° 1 franc de pied *(fig. 177)*.

Quant au diamètre moyen de la moelle, il est donné par les nombres 2 1/2, 3, 2 1/2, 3 et 5, dans l'ordre que nous venons d'indiquer pour la longueur des faisceaux.

Si nous quittons ces données relatives aux proportions respectives des divers tissus entre eux, pour étudier les particularités mêmes de ces tissus, nous trouverons encore des ressemblances et des différences très intéressantes.

Les faisceaux libéroligneux sont bien distincts, étant séparés par de larges rayons médullaires. Ils sont beaucoup plus allongés dans la variation de quatre ans *(fig. 179)* que dans les autres coupes du 580, franc de pied ou greffé, montrant ainsi sous ce rapport un nouveau lien avec le sujet Aramon-Rupestris Ganzin n° 1 *(fig. 178)*.

Dans la coupe de ce dernier *(fig. 177)* et dans la coupe de 580 varié *(fig. 179)*, on trouve un nombre moyen de faisceaux plus élevé; il est de 30 environ au lieu de 22 environ chez les 580 francs de pied *(fig. 176)* ou greffés *(fig. 178* et *180)*.

Etudions maintenant en détail l'un de ces faisceaux dans chaque exemplaire. Nous trouvons partout l'assise génératrice libéroligneuse ou cambium en pleine activité, ce qui est tout naturel puisque les grappes ont été recueillies au moment

Fig. 186.
1, ovaire normal provenant de 580 greffé sans variation; 2, 3, 4, 5 et 6, ovaires anormaux de 580 sur Aramon-Rupestris, variation de 1905; 7, 8, 9 et 10, ovaires anormaux provenant de 580 greffé sur Aramon-Rupestris Ganzin n° 1, variation de 4 ans.

de la floraison. Le liber n'a pas de fibres, le péricycle a des cloisons relativement minces et il est peu développé par rapport à ce qu'il serait plus tard. La pointe interne des faisceaux ligneux est entièrement cellulosique à l'exception des vaisseaux; les rayons médullaires sont formés de cellules à membrane à peine épaissie ou non épaissie encore.

Abstraction faite de ces ressemblances générales, on remarque de notables différences entre le développement du bois et du liber et l'on voit que les coupes de l'Aramon-Rupestris Ganzin franc de pied *(fig. 181)* et du 580 greffé ayant varié au bout de quatre ans en 1905 *(fig. 182)* ont des vaisseaux ligneux et libériens plus développés que le 580 franc de pied *(fig. 183)*, que le 580 greffé sans variation *(fig. 184)* et que le 580 ayant varié au printemps 1905 *(fig. 185)*.

β). *Étude des monstruosités de l'ovaire.* — Pour étudier l'ovaire, on peut prendre les fleurs épanouies ou les fleurs sur le point de s'ouvrir. On sait que ces fleurs du 580 Jurie sont d'un vert jaunâtre; elles sont portées par un pédicelle qui s'étale en formant une partie évasée appelée bourrelet. Sur cette partie étalée sont insérés les verticilles floraux. Le calice forme une petite couronne de cinq pétales à peine indiqués. La corolle comprend cinq pétales un peu allongés, limités par des lignes brillantes quand la corolle n'est pas ouverte. Ces pétales, assez étroits et épais, sont soudés au sommet. Quand la fleur s'ouvre, ils restent intimement soudés par le sommet et se détachent à leur base, progressivement, les uns après les autres. La corolle se détache ainsi sous la forme d'un capuchon et tombe.

Les étamines, au nombre de cinq, ont un filet long et grêle et des anthères jaune orangé.

Le pistil est formé d'un ovaire avec un style très court et un petit stigmate capité pyriforme jaune verdâtre.

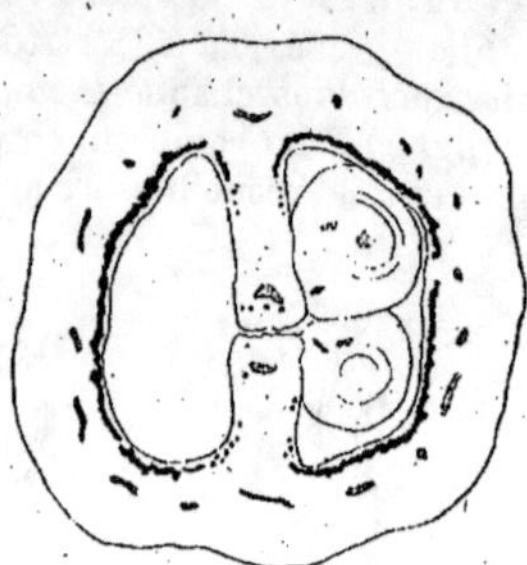

FIG. 187.
Coupe transversale d'un ovaire normal de 580 Jurie, avec deux ovules *ov*.
Grossissement 78

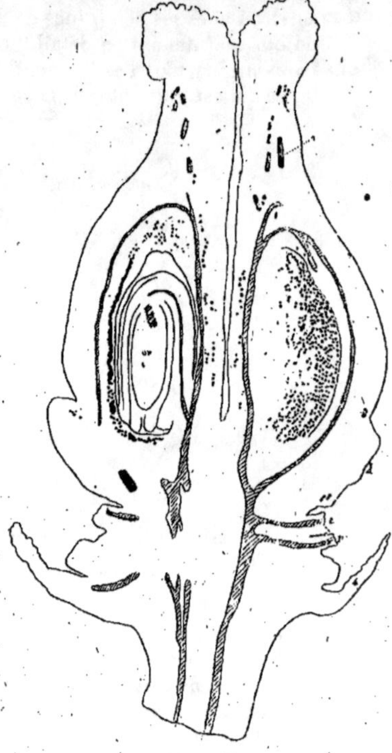

FIG. 188.
Coupe longitudinale de l'ovaire normal de 580 Jurie avec un ovule *ov* coupé en long, le disque *d*, la cupule *s* formée par les sépales, la base des pétales *p* et des étamines *e*, et les raphides *r*.
Grossissement 78.

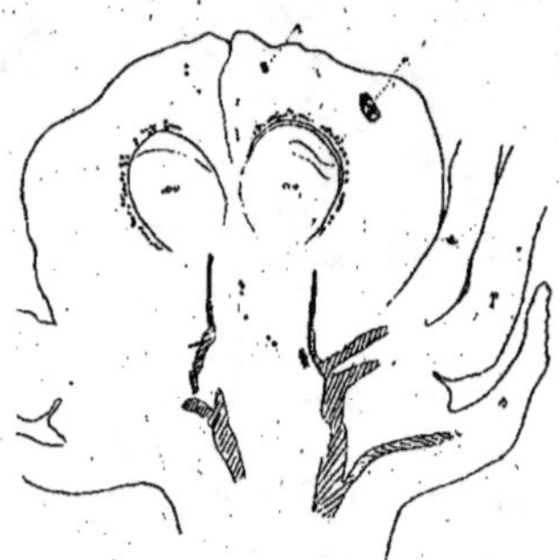

FIG. 189.
Coupe longitudinale de l'ovule de l'Aramon-Rupestris franc de pied, avec deux ovules rudimentaires *ov*, les sépales *s*, les pétales *p*, les filets des étamines *e* et les raphides *r*.
Grossissement 78.

La fleur du 580 Jurie est donc hermaphrodite.

L'Aramon-Rupestris Ganzin est à fleurs mâles, c'est-à-dire que l'organe femelle avorte, mais son pollen est très actif, comme celui de toutes les fleurs mâles, à étamines dont les filets sont très longs et les anthères particulièrement bien développées. La coulure de nombreux grains constatés dans les grappes du 580 Jurie, greffées sur Aramon-Rupestris Ganzin n° 1, peut donc s'expliquer par l'influence d'un sujet mâle sur un greffon hermaphrodite, tout aussi bien que par l'influence d'un sujet spécifiquement riche en eau et irriguant trop son greffon au moment de la fécondation et quelque temps après.

Ceci posé, les fleurs encore encapuchonnées des 580 Jurie ont été ouvertes en enlevant le capuchon avec une pince fine; les étamines ont été ensuite coupées, et l'ovaire est ainsi mis à nu. Il se présente alors (*fig. 186*, n° 1) sous la forme d'une bouteille : la partie terminale du goulot est le stigmate; le goulot, le style; la panse correspond à l'ovaire proprement dit, enfoncé dans le disque *d*, enveloppé d'une sorte de cupule *s*, formée par les cinq sépales. Les restes des filets des étamines se voient en *f* autour de l'ovaire.

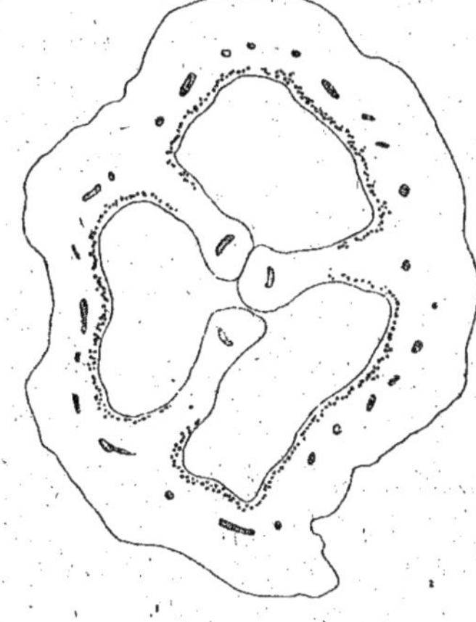

Fig. 190.
Coupe transversale d'un ovaire à 3 loges de 580 Jurie greffé sur Aramon-Rupestris Ganzin n° 1 (variation de 4 ans).
Grossissement 78.

Une coupe transversale (*fig. 187*), faite dans la partie moyenne de la région renflée, nous montre deux carpelles transversaux soudés en un ovaire à deux loges contenant chacune deux ovules *ov*. Sur le contour externe des loges, on voit des cristaux très nombreux d'oxalate de chaux, représentés sur la fig. 187 par de gros points noirs quand ils sont isolés et par des lignes noires épaisses et à contours irréguliers quand ils sont agglomérés. La nutrition de l'ovaire et de ses annexes est assurée par des faisceaux libéroligneux dont le bois est figuré par des hachures.

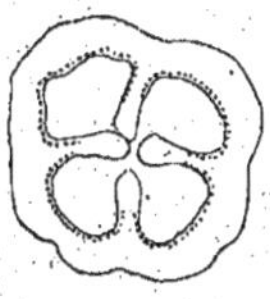

Fig. 191.
Coupe transversale d'un ovaire à 4 loges du 580 Jurie greffé sur Aramon-Rupestris Ganzin n° 1 (variation de 4 ans).
Grossissement 24.

Une coupe longitudinale (*fig. 188*) nous montre les diverses parties indiquées dans l'étude morphologique externe de la fleur. Elle met en outre en évidence : 1° la base des pétales *p* et des étamines *e*; 2° la localisation des cristaux d'oxalate de chaux sur le contour externe des loges; 3° les ovules *ov*, anatropes, ascendants, bitegminés; 4° les raphides *r*, nombreux surtout dans le style; 5° les papilles stigmatiques donnant au stigmate l'aspect d'un petit balai; 6° le système vasculaire de l'ovaire.

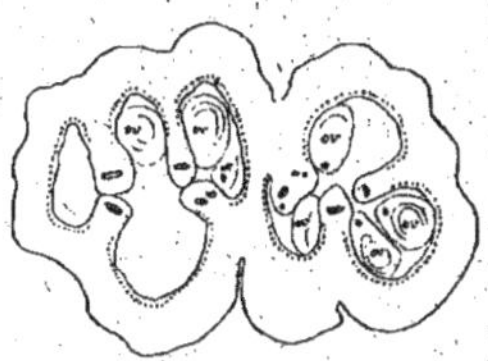

Fig. 193.
Coupe transversale d'un ovaire de 580 Jurie greffé sur Aramon-Rupestris Ganzin n° 1 (variation de 1905).
Grossissement 34.

En examinant avec soin ces deux coupes longitudinale et transversale, on peut se faire une idée fort nette de l'ovaire de la fleur chez le 580 Jurie. Prenons maintenant la forme normale de l'ovaire de l'Aramon-Rupestris Ganzin n° 1 (*fig. 189*). Nous trouvons un organe de forme presque sphérique sans styles ni stigmates apparents. La dégénérescence complète de l'ovaire est facile à constater en comparant la figure 189 à la figure 188.

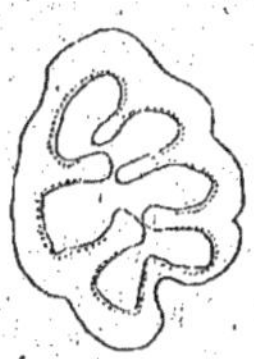

Fig. 192.
Coupe transversale d'un ovaire à 5 loges du 580 Jurie greffé sur Aramon-Rupestris Ganzin n° 1. (variat. de 4 ans).
Grossissement 78.

Cependant si l'on fait des coupes transversales, on trouve dans les ovaires jeunes de l'Aramon-Rupestris Ganzin n° 1 deux ou trois loges contenant chacune deux ovules qui s'atrophient complètement plus tard.

Les ovaires du 580 Jurie n'ont pas tous une structure et une forme rigoureusement identique et semblable à celles qui ont été représentées ici (*fig. 187* et *188*). Cependant il y a une forme type presque constante, au point de vue de la morphologie externe. Il y a des exceptions et l'on trouve un certain nombre d'ovaires monstrueux et que l'on reconnaît comme tels par le seul examen extérieur. Une semblable constatation ne saurait surprendre si l'on se rappelle que le 580 Jurie est un hybride complexe et que l'hybridation, par le déséquilibre congénital de nutrition qui préside à sa formation, engendre forcément des monstruosités diverses, plus ou moins étendues.

Cependant l'examen extérieur comparé des ovaires du 580 franc de pied et des ovaires des 580 greffés sur Aramon-Rupestris Ganzin n° 1 montre que chez ces derniers le nombre des ovaires monstrueux est plus grand (*fig. 186*, n°s 1 et 2).

Mais si l'on se borne au seul examen extérieur, on se ferait une idée incomplète et même fausse de l'étendue du phénomène. En effet, il y a des ovaires, d'apparence extérieure à peu près normale, qui présentent des loges plus nombreuses que deux et qui pourraient être pris pour des ovaires normaux quand ils sont monstrueux.

On trouve assez fréquemment des ovaires à trois loges (*fig. 190*), à quatre loges (*fig. 191*), parfois à cinq loges (*fig. 192*), et même quelquefois à six loges.

Les coupes transversales faites dans 255 ovaires ont permis de dresser le tableau suivant, qui est par lui-même suffisamment instructif pour se passer de commentaires.

Tableau comparatif des monstruosités de l'ovaire existant chez le 580 Jurie franc de pied et greffé sur Aramon-Rupestris Ganzin n° 1, en 1905.

OVAIRES	580 franc de pied	580 greffés sur Aramon-Rupestris Ganzin n° 1.		
		sans variation.	variation de deux ans.	variation de quatre ans.
à 2 loges	50	20	33	20
3 »	14	28	17	43
4 »	1	6	3	10
5 »	0	1	1	7
6 »	0	0	1	0
TOTAUX	65	55	55	80

Il va de soi que ces chiffres, en opposition complète avec les affirmations de M. Viala relatives à la non-influence de la greffe sur la production des monstruosités, se rapportent à l'année 1905, mais cependant s'il est probable qu'ils n'eussent pas été les mêmes d'autres années, il est presque certain que le sens général de la variation eût été le même.

La multiplication des loges n'est pas la seule monstruosité révélée par l'étude microscopique des ovaires du 580 Jurie greffé. On observe aussi des atrophies de certaines loges et des concrescences d'ovaires qui réalisent de véritables fasciations.

Ainsi, dans la figure 193, l'ovaire est formé par la soudure de deux ovaires, l'un à quatre loges, l'autre à trois loges.

Dans les ovaires représentés par les coupes transversales des figures 194, 195 et 196, nous trouvons trois et cinq loges dont l'une est isolée et presque atrophiée. De plus, à l'intérieur de l'ovaire, précisément au voisinage de la loge isolée (*fig. 196*), une partie *m n* de l'assise interne a tous les caractères de l'épiderme externe. La figure 197 nous révèle encore un cas plus compliqué. Le centre de l'ovaire est occupé par une colonne de tissu contre laquelle s'appuient les

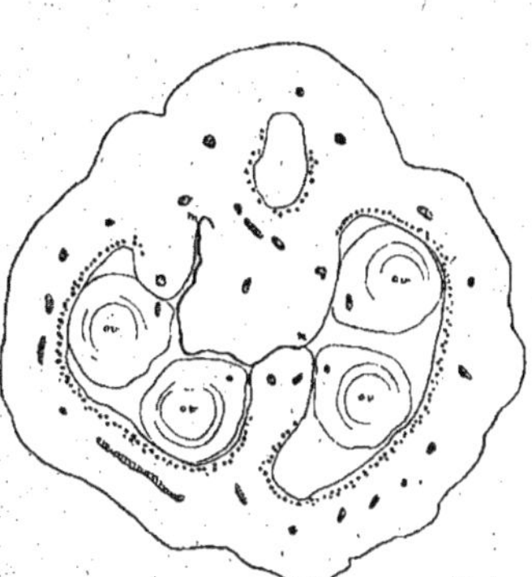

Fig. 194.
Coupe transversale d'un ovaire anormal de 580 Jurie greffé sur Aramon-Rupestris Ganzin n° 1 et dont le greffon était resté sans variation apparente.
Grossissement 78.

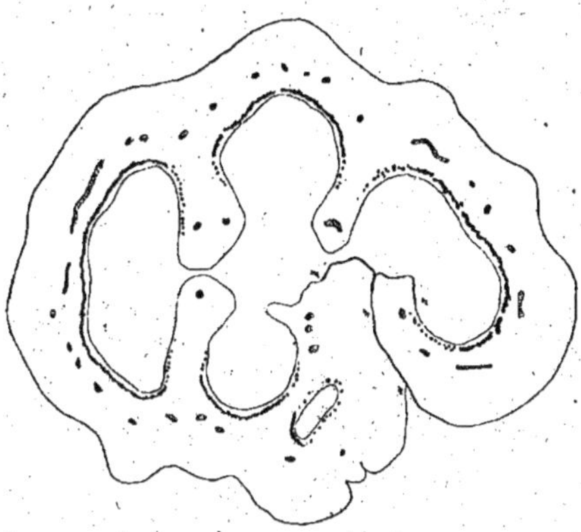

Fig. 195.
Coupe transversale d'un ovaire anormal de 580 Jurie greffé sur Aramon-Rupestris Ganzin n° 1 (variation de 4 ans).
Grossissement 78.

cloisons latérales. De plus la cavité de l'ovaire n'est pas entièrement close.

L'ovaire le plus compliqué de tous ceux qui ont été examinés ici, c'est celui que représente la figure 198. L'assise interne présente en deux endroits *m n*, les caractères de l'épiderme externe. Des fasciations analogues ont été signalées dans d'autres plantes, en particulier dans le *Digitalis purpurea*.

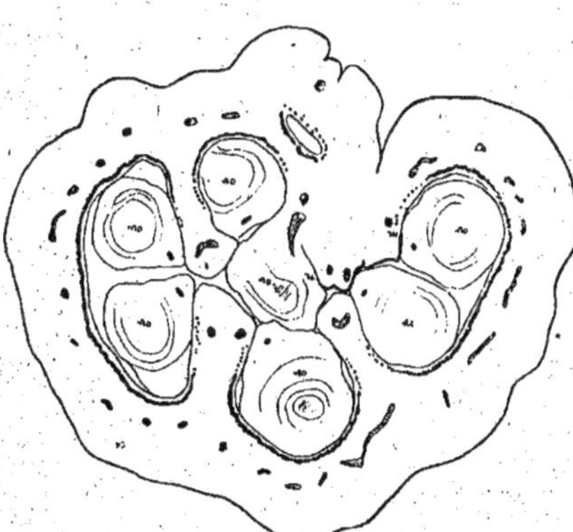

Fig. 196.
Coupe transversale d'un ovaire anormal de 580 Jurie greffé sur Aramon-Rupestris Ganzin n° 1 (variation de 4 ans).
Grossissement 78.

Fig. 197.
Coupe transvers. d'un ovaire anorm. de 580 Jurie greffé sur Aramon-Rupestris Ganzin n° 1 (variation de 4 ans).
Grossissement 34.

En somme, l'étude de l'ovaire nous révèle chez les 580 Jurie greffés sur Aramon-Rupestris Ganzin n° 1 une gradation analogue à celle qui a été observée dans la structure du pédoncule de la grappe.

Dans les deux cas, la variation est telle, chez certains types, que si l'on ne connaissait la filiation de ces diverses formes, on n'oserait les rapprocher du 580 franc de pied ou même du 580 greffé, n'ayant pas varié d'une façon sensible.

L'on trouve, chez les types variés, un mélange de caractères extérieurs et de caractères intérieurs appartenant à la fois au sujet et au greffon. La morphologie interne confirme ce que révèle directement à l'œil la morphologie externe.

Les résultats ci-dessus rapportés sont très importants, car ils montrent que, conformément à ce que l'on sait aujourd'hui sur l'origine de diverses monstruosités, la greffe a une influence marquée sur la production de celles-ci. Puisque le croisement sexuel augmente le nombre des monstruosités par l'introduction d'un déséquilibre congénital, il est tout naturel que la symbiose, source d'un déséquilibre artificiel de nutrition, modifie le premier. Suivant le sens de ces deux déséquilibres qui peuvent être concordants ou discordants, on conçoit qu'il y ait aggravation ou atténuation, c'est-à-dire qu'il y ait augmentation ou diminution des monstruosités provoquées par l'hybridation.

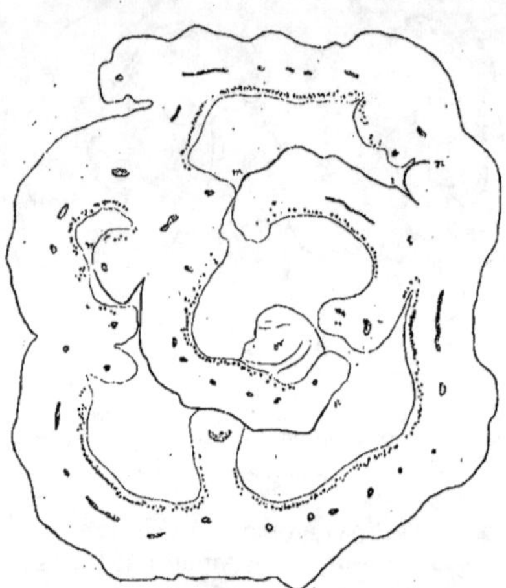

FIG. 198.
Coupe transversale d'un ovaire anormal de 580 Jurie greffé sur Aramon-Rupestris Ganzin n° 1 (variation de 4 ans).
Grossissement 58.

Dans le cas particulier du 580 Jurie, qui est un hybride d'assez grande complexité, l'aggravation s'est montrée considérable à la suite de sa greffe sur l'Aramon-Rupestris Ganzin n° 1.

L'on saisit ainsi sur le vif l'une des causes de la coulure observée si souvent sur certaines Vignes greffées sur *Vitis Rupestris* et signalée même par de nombreux Américanistes chez des hybrides à sang prédominant de *V. Rupestris*. Et l'on ne peut dès lors l'attribuer qu'à une *propriété spécifique* que le sujet *V. Rupestris* transmet, à des degrés divers, aux greffons qu'il nourrit.

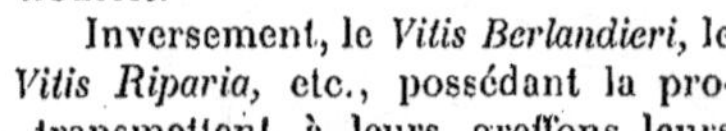

Inversement, le *Vitis Berlandieri*, le *Vitis Riparia*, etc., possédant la propriétés pécifique contraire, antagoniste, transmettent à leurs greffons leurs qualités de fructification.

Il en est de même de certains de leurs hybrides. C'est ainsi que M. Jurie avait pu améliorer son hybride n° 580 par sa greffe sur 41[B] Millardet (Chasselas × Berlandieri). On peut se rendre compte de ces différences spécifiques en comparant au 580 franc de pied *(fig. 175)* le même 580 greffé sur Aramon-Rupestris Ganzin n° 1 devenu presque infertile *(fig. 174)* et le 580 greffé sur 41[B] remarquable par la beauté de ses grappes et sa grosse production *(fig. 198)*.

B. Hybridation asexuelle dans les vignes greffées.

Je fais rentrer sous ce titre les variations de la couleur, bien qu'il soit quelquefois difficile de discerner ce qui est produit par les changements de nutrition et l'influence spécifique.

1. *Variations de la couleur chez les vignes greffées.*

Les variations de couleur des raisins ou du feuillage ont été maintes fois observées dans le vignoble reconstitué. Tantôt ces variations sont nettement intermédiaires entre le sujet et le greffon, à des degrés divers; tantôt le caractère

FIG. 199.

Pinot gris greffé sur *Rupestris du Lot,* portant 3 sortes de raisins : noirs, blancs et gris.

de la couleur est renforcé; tantôt la couleur du sujet est transmise à son greffon pendant une période plus ou moins longue de son développement.

M. Jurie[1] a figuré un Muscat rosé de Grèce, greffé par lui depuis une douzaine d'années sur Riparia × Rupestris 101^{14}, puis regreffé huit ans plus tard sur un Rupestris du Lot qui perdit sa couleur en même temps que diminuait le volume de ses grains et que sa maturité était grandement retardée sous l'influence d'un sujet à petits grains et tardif. Seules, de petites stries rosées rappelaient la couleur rosée uniforme des grains du Muscat.

Cette rétrogradation de la couleur sous l'influence d'un sujet à raisins blancs se serait expliquée naturellement; mais les raisins du Rupestris du Lot sont noirs et l'on ne voit pas au premier abord qu'il ait pu y avoir une action du sujet sur la couleur du Muscat. M. Jurie a prétendu que le Rupestris employé dans les hybridations comme père donne toujours des raisins blancs et que le sujet, dans la circonstance, a agí vis-à-vis du Muscat comme le père dans l'hybridation sexuelle.

Et il citait à l'appui de sa manière de voir le cas observé par lui d'un Sémillon greffé sur un Rupestris? inconnu qui, après avoir été recépé, fournit des grains roses. Cette variation fut greffée sur Rupestris du Lot, mais, contrairement à l'attente de M. Jurie, elle ne se maintint pas, et les raisins devinrent petits, de maturité tardive et entièrement blancs.

Je dois à l'aimable obligeance de M. A. Prieur, instituteur à Montgesoye (Doubs), la connaissance du fait suivant, qui est des plus intéressants :

Sur un même sarment de Pinot, taillé en courgée, se trouvaient, à la fin de septembre 1906 :

1° Des rameaux portant des grappes à raisins noirs;

2° D'autres rameaux ayant chacun deux grappes à raisins blancs;

3° Enfin des rameaux portant quelques grapillons à raisins gris rose, le tout bien mûr et d'excellent goût. Cette branche curieuse, cueillie dans une vigne appartenant à M. Viénot, viticulteur à Vuillafans, me fut adressée par M. Prieur et dessinée d'après nature (*fig. 199*, planche ci-contre).

Le cep de Pinot qui présentait cette variation était greffé sur Rupestris du Lot et âgé de sept à huit ans. « Jamais, dans notre région, m'écrivait en 1906 M. Prieur, on n'avait remarqué de variations de couleur analogues. »

Les raisins contenaient des pépins bien formés; ces pépins étaient bien colorés dans les raisins noirs, exactement comme dans le Pinot normal. Chez les raisins dont la couleur rouge avait faibli ou disparu, les téguments de la graine étaient plus pâles ou presque blancs. La rétrogradation de la couleur du raisin était donc accompagnée d'une rétrogradation de la couleur de la graine.

Mais si l'affaiblissement de la couleur est le fait le plus fréquemment observé chez les vignes greffées sur Rupestris, ce n'est pas cependant un cas général. Voici une observation qui prouve que parfois il se produit une accentuation de la couleur à la suite du greffage sur cette vigne américaine[2] :

« Une vigne de Groslot, greffée sur Rupestris du Lot, présenta, il y a quelques années, un sarment portant une grappe presque noire, alors que les autres étaient vertes ou n'avaient que quelques grains rosés. Dans un autre vignoble du même cépage, greffé sur Rupestris du Lot, se trouvaient plusieurs pieds de Groslot dont les feuilles étaient devenues rougeâtres et dont les fruits mûrissaient bien avant ceux des autres ceps. »

Cette observation montre que le Rupestris du Lot n'agit pas toujours confor-

(1) A. Jurie. — *Sur la couleur et le goût des raisins de vignes greffées* (*L'Œnophile*, décembre 1904, avec deux planches en couleurs).

(2) *Revue des Hybrides*, 1905.

mément à l'hypothèse de M. Jurie. Il ne faut pas s'en étonner, car on a vu bien d'autres exceptions à certaines lois concernant la reproduction sexuelle à laquelle j'ai comparé depuis longtemps l'hybridation asexuelle.

M. de Malafosse (et divers auteurs avant lui) a rapporté(¹) que « pour la vigne, l'on a vu des terrains rendre blancs des raisins noirs, quand l'inverse ne s'est jamais vu ». On serait tenté de se servir de cet argument pour voir dans l'accentuation de la couleur un phénomène d'hybridation asexuelle analogue à celui qu'a signalé M. Ravaz(²) à propos de l'Aramon panaché. Mais comme ce phénomène a été observé chez des Pinots non greffés qui sont devenus moures, d'après M. Rouget(³), on ne saurait affirmer que la greffe soit bien, dans ce cas, le seul facteur de la morphose.

J'ai, dans le même ordre d'idées, observé personnellement dans le vignoble de M. Jamain, près Dijon, deux pieds de Gamay-Fréau qui portaient à la fois des grappes noires et des grappes blanches. L'appareil végétatif des branches à grappes noires était de couleur foncée; celui des branches à grappes blanches était de couleur beaucoup plus pâle en 1902. L'année suivante, ces ceps devinrent complètement de couleur pâle et portèrent seulement des grappes à raisins blancs. Ces ceps étaient greffés, d'après le vigneron, sur 554^5 *(Œstivalis × Calcicola) × (Riparia × Rupestris).* La variation n'a donc pas été brusque, mais progressive.

Le Rupestris du Lot (ou ses hybrides) n'est pas le seul sujet capable de faire rétrograder la couleur par son action spécifique ou par les variations de nutrition consécutives à son greffage. Il y a de nombreux exemples de variations de couleur à la suite du greffage des vignes françaises ou hybrides sur des Riparias, etc. Parmi ceux-ci, je citerai d'abord ceux observés par M. Renevey et publiés dans la *Revue de viticulture*(⁴), il y a une dizaine d'années :

« Depuis plusieurs années, dit M. Renevey(⁴), nous remarquons par-ci par-là des grappes de différentes variétés de vignes n'ayant ni la forme ni la couleur des autres sur un même pied; il en est de même des feuilles. C'est ainsi que nous avons observé chez M. Louis Trapet, à Chevrey, hameau d'Arcenant :

» 1° Un cep de Teinturier de Chaudenay, greffé sur Riparia, portant un sarment de petit Gamay, à jus blanc, et dont les feuilles sont restées vertes toute l'année.

» 2° Un cep de Teinturier-Fréau, portant un sarment de petit Gamay, à jus blanc et dont les feuilles sont restées vertes également toute l'année, chez M. Colon, à Chevrey.

» 3° Chez M. Alphonse Marcillet, à Arcenant, un cep de Teinturier-Castille, greffé sur Riparia, portant un sarment de petit Gamay, à jus blanc et à feuilles vertes.

» 4° J'ai remarqué dans une de mes vignes, à Arcenant, un cep de Teinturier supérieur, greffé sur Jacquez × Riparia, qui est toujours resté Teinturier pendant quatre ans; j'ai laissé cette année deux coursons sur le pied. L'un a donné des rameaux de Teinturier et l'autre a apparu, dès le début de la végétation, avec des feuilles vertes et a continué à pousser ainsi.

» Sur ces quatre variétés les grains sont verts toute l'année et sont noirs actuellement avec jus blanc. Quant à la forme, elle est la même dans les trois premiers cas, et, dans le dernier, la plupart des grappes portent des ailerons

(¹) *Revue des Hybrides*, février 1904.
(²) Voir p. 412.
(³) Voir p. 413.
(⁴) A. Renevey. — *Variations de vignes greffées* (*Revue de viticulture*, 1902).

comme le Gamay d'Arcenant et sont généralement plus allongées que dans les variétés citées plus haut; comme le Teinturier supérieur donne de fortes grappes allongées et souvent ailées, on pourrait croire que c'est un hybride accidentel entre un Teinturier et un Gamay d'Arcenant et que cet exemple serait un cas d'atavisme par bouture ou greffage.

» 5° Chez M. Renevey (Jean-Baptiste), un cep de Gamay d'Arcenant, greffé sur Aramon × Rupestris, présentait des grappes dont les grains étaient d'un blanc cire à partir d'une quinzaine de jours après la floraison pour continuer jusqu'à la vendange. La section et la sélection des sarments n'ayant pas été faite, ce cas ne s'est plus présenté depuis trois ans, le courson ayant été probablement supprimé, ce qui est infiniment regrettable, car le plant d'Arcenant, reproduit en blanc, donnerait une variété fort intéressante au point de vue de la fertilité.

» 6° Chez M. Trapet-Rodier, on remarque depuis trois ans, sur une jeune treille de Chasselas blanc greffé sur Riparia, un courson donnant dès le départ de la végétation des feuilles d'un blanc jaunâtre; puis, après la fleur, les grains sont à peu près de la même teinte et restent dorés jusqu'à la récolte sans pourrir; ils sont précoces, plus sucrés et plus fins que les autres. M. Trapet a eu l'ingénieuse et très louable idée de greffer les sarments dès la première année, afin de sélectionner et de propager cette variété.

» 7° Je remarquai, en 1893, un Gamay d'Arcenant, greffé sur Riparia, dont une taille inférieure portait des grappes de Gamay d'Arcenant ainsi que les grains qui cependant étaient entremêlées, par grappillons, de grains de Riparia. Toutes les feuilles ressemblaient à celles du Riparia. N'ayant trouvé aucun avantage à le garder, je l'ai arraché quelques années après.

» 8° Un autre cas, plus ou tout aussi frappant, c'est un Riparia × Chardonnay × Rupestris à fleurs mâles ayant une marcotte donnant des grappes mâles et une grappe fructifère à petits grains noirs très sucrés.

» Pour tous ces faits, j'insisterai moins sur la question de curiosité que sur les avantages que l'on pourrait quelquefois en tirer.

» Dans certains cas de variations, on constate la tardivité; dans d'autres, dégénérescence, manque de vigueur ou mauvaise fructification; tandis que, dans quelques-uns, on trouve certains avantages importants tels que la précocité dans la maturité, la qualité, la fertilité et surtout la résistance aux maladies telles que le Botrytis cinerea, devenues trop fréquentes aujourd'hui, et dont le traitement contre toutes devient impossible.

» Les meilleures sélections de ces vignes pourraient être de précieux éléments d'hybridation pour les hybrideurs vigilants en train de chercher le producteur direct résistant à toutes les maladies et produisant un bon vin. Si Pierre Joignault vivait encore, il dirait probablement que l'avenir est plutôt de ce côté-là que dans les traitements et la culture forcée. Les variations se présenteront plutôt sur une marcotte ou sur un provin que sur la souche et plutôt dans une vigne jeune que dans une vieille. »

M. Brun, capitaine des douanes en retraite à Saujon (Charente-Inférieure), qui a trouvé le Néflier de Saujon hybride de greffe, ayant greffé le 2003 Seibel sur Riparia Gloire, constata que son greffon, pris sur un pied de Seibel 2003 déjà greffé sur Riparia Gloire, donna, après avoir eu ses bourgeons gelés, trois rameaux peu vigoureux, ayant une grappe par sarment. Le 15 août, M. Brun fut surpris de trouver trois petites grappes dorées et parfaitement mûres. Les grains, légèrement allongés, étaient très sucrés et avaient perdu leur goût de fox, tout en conservant un goût spécial. Non seulement la maturité de la grappe était avancée, mais la feuille du greffon était plus petite que dans le franc de pied;

les bois ne s'étaient pas modifiés dans le greffon, mais ceux du sujet étaient plus jaunes que ceux du Riparia Gloire témoin et ils semblaient vouloir prendre la nuance des sarments du greffon.

J'ai constaté anatomiquement dans les feuilles et les sarments du greffon varié une structure plus ou moins intermédiaire entre le sujet et le greffon.

M. Perbos, l'hybrideur connu, écrivait le 20 octobre 1904 la lettre suivante à M. Jurie(1) :

« Je suis depuis longtemps et avec le plus vif intérêt vos si intéressants travaux sur l'hybridation asexuelle de la vigne, ainsi que ceux de M. Daniel (2). Je ne vous cacherai point que jusqu'ici j'étais assez sceptique en ce qui concerne les transformations ou améliorations que l'on peut obtenir par un greffage judicieux et raisonné. J'aurais presque nié l'influence réciproque du sujet et du greffon que vous avez pourtant si bien démontrée.

» Mais un fait tout au moins curieux qui s'est produit chez moi a changé du tout au tout ma manière de voir.

» En 1900, je greffai six pieds de Riparia avec *une seule et même bouture* de Seibel 2033; j'eus trois reprises et trois manquants. L'hiver suivant, je replantai les trois pieds manquants avec des boutures prises sur les pieds de Seibel 2033 qui avaient réussi au greffage et cela afin de ne pas avoir de numéros en mélange. J'ai d'ailleurs toujours procédé ainsi.

» Les trois boutures reprirent très bien et végétèrent au point de dépasser aujourd'hui en vigueur, sinon en fructification, les souches greffées. Mais quel ne fut pas mon étonnement de constater qu'un des trois pieds replantés mûrissait en blanc et en effet, à la maturité, qui fut précoce et même très précoce, il présentait quelques jolies grappes moyennes à gros grains qui paraissaient sujets à se fendiller.

» J'ai eu l'idée de vous faire part de cette curiosité, qui n'est peut-être en effet qu'une curiosité, heureux si je puis par là apporter un faible tribut aux études que vous poursuivez avec tant de zèle sur la plante qui nous est chère. »

M. Seux, horticulteur à Valence, possédait un cep de Seibel n° 1 âgé de quatre ans qui, greffé sur Riparia Gloire, lui donna des grappes dont les grains étaient noirs pour la moitié et blancs dans l'autre moitié. Ceux-ci avaient le goût du Chasselas au lieu de présenter le goût normal du raisin du Seibel n° 1 (3).

On a signalé, à la même époque (1904), dans le Puy-de-Dôme, l'existence d'un cep de Gamay greffé sur Rupestris et qui avait aussi fourni des grappes panachées portant des grains noirs et des grains blancs.

M. Chazalon (4) a trouvé en 1903, sur un pied de Muscat noir greffé sur un vieux Clinton, un raisin blanc identique, sauf la couleur, aux autres raisins.

On pourrait objecter, comme l'a fait M. Viala, que ces changements de couleur existent sur des vignes non greffées (j'en ai d'ailleurs rapporté précédemment des exemples) et que, par conséquence, la greffe n'y est pour rien. M. Viala est même allé jusqu'à dire que ces variations de couleur ne sont ni plus ni moins nombreuses qu'autrefois. Cette affirmation est en contradiction avec les observations de nombreux viticulteurs; et la preuve en est donnée par les lignes suivantes, dues à un Américaniste méridional dont on ne suspectera pas, par conséquent, l'impartialité :

« La sélection des variétés de raisins blancs, a écrit M. Coste-Fleuret (5), n'est

(1) *Revue des Hybrides*, 1904.
(2) L. Daniel. — *Questions de greffe* (*Revue de viticulture*, 1903).
(3) *Raisins à grains blancs et à grains noirs sur la même grappe* (*Lyon horticole*, 30 septembre 1904).
(4) *Revue des Hybrides*, novembre 1903.
(5) P. Coste-Fleuret. — *Préparation des vins blancs dans le Midi* (*Feuille vinicole de la Gironde*, 14 juin 1906).

jamais parfaite, et d'ailleurs, *depuis le greffage,* dans toutes les vignes blanches, on observe des cas d'atavisme ramenant à la coloration noire un certain nombre de ceps, si bien qu'on trouve aujourd'hui disséminés dans les vignes des crus à vins blancs, au milieu des cépages blancs, des cépages gris ou noirs. »

Non moins précis et probant est l'article suivant de M. L. Joly [1] :

« Si, dit-il, ce que rapporte l'auteur bourguignon Clerc (1829) sous ce titre : *Greffe qui produit un raisin curieux*, est bien exact, il faut croire que les idées de Daniel et de Jurie sur les variations dues à la greffe sont depuis longtemps connues et utilisées en viticulture.

» Je cite textuellement à l'usage des amateurs :

» Il y a une manière de greffer qui produit un raisin curieux ; chaque grain de la grappe a une partie blanche et une partie noire ; le blanc et le noir sont coupés, séparés et non confus.

» On coupe en bec de flûte un plant de raisin blanc au collet de la racine. On coupe de même un plant de raisin noir. Un troisième plant de raisin blanc se taille au collet de la racine en forme de coin à fendre. Ce dernier plant est la greffe longue d'environ un pied.

» La greffe qui est en coin se pose entre les deux becs de flûte ; par une bonne ligature on réunit les trois pièces et l'on plante.

» L'auteur se montre dans le reste de l'ouvrage savant praticien et observateur consciencieux. Je ne doute pas de la véracité de ce qui précède [2].

» En Bourgogne, d'ailleurs, où la greffe était depuis bien longtemps utilisée pour modifier l'encépagement et remplacer, comme le dit le docteur Laval à propos du clos Vougeot, les cépages noirs par des cépages blancs et *vice-versa*, les cas de ce genre étaient fréquents dans les vignobles avant la reconstitution. Il semble même probable que la gamme continue de coloration des Pinots, qui va du Pinot blanc vrai au Pinot tête de nègre, reconnaît la greffe pour origine ; il s'est produit dans ce brassage continu de cépages noirs et de cépages blancs des alliages à proportions variables.

» Ce qui semble appuyer cette vue de l'esprit, c'est que l'on n'a pas encore pu retrouver dans les Gamays, où la greffe était beaucoup moins pratiquée, une gamme de coloration comparable à celle des Pinots. »

Si l'influence du greffage sur la fréquence des variations de couleur est absolument indéniable dans le vignoble reconstitué, il serait difficile de préciser, d'une façon absolue et dans chaque cas, s'il s'agit de retours ataviques, d'un dédoublement de caractères parentaux [3], de variations progressives ou régressives provoquées par la greffe ou d'une hybridation asexuelle dans laquelle le sujet imprime partiellement au greffon quelques-uns de ses caractères spécifiques à la façon dont il le ferait dans un croisement sexuel ou à la suite d'un passage de substances morphogènes agissant sur la couleur [4] en plus ou en moins.

Ce qui semble donner à cette dernière hypothèse une certaine consistance, ce sont les faits suivants concernant la chlorose des vignes greffées, affection proche parente de la panachure et où l'action réciproque du sujet et du greffon est fort nette.

MM. Viala et Ravaz [5] ont constaté qu'il ne suffit pas qu'une vigne américaine

[1] L. Joly. — *Greffe qui produit un raisin curieux* (*Revue viticole de la Franche-Comté*, 1903).

[2] Ce procédé, signalé par les anciens agronomes latins et grecs, a été bien des fois répété depuis sans qu'on sache vraiment ce qu'il offre de sérieux.

[3] Beaucoup d'ampélographes voient des hybrides dans la plupart des variétés de *Vitis Vinifera* cultivées en Europe. Les hypothèses du dédoublement des caractères parentaux et d'un retour atavique seraient ainsi très plausibles ici.

[4] On sait qu'il peut y avoir atténuation ou renforcement de la couleur, comme chez les hybrides sexuels.

[5] Viala et Ravaz. — *Les vignes américaines*, p. 247.

croisse vigoureusement, non greffée, dans les terres crayeuses, pour qu'elle constitue un bon porte-greffe. Beaucoup d'entre elles, franches de pied, ont un beau développement dans ces terres. Mais vient-on à les greffer, *tout cela change*, elles jaunissent ou se rabougrissent.

Puis ils ajoutent plus loin (1) : « On sait que le *Vitis Rupestris* craint beaucoup la chlorose. Ses hybrides, en raison du sang de *Vitis Vinifera* qu'ils contiennent jaunissent beaucoup moins, et, non greffés, dans les plus mauvaises terres crayeuses des Charentes, ils ont une végétation luxuriante quoique parfois, au moins à la deuxième et à la troisième année de plantation, un peu teintée de jaune par endroits. Mais greffés, ils jaunissent davantage dans ces terres et s'y montrent nettement insuffisants comme porte-greffes...

» La Clairette, greffée sur Herbemont, a *atténué* la chlorose de cette vigne.

» L'Espar vient mal greffé, surtout sur Riparia; il est meilleur sur Rupestris. Il est très sensible à la chlorose dans les sols calcaires et dans les Charentes, où il est très répandu; on a dû renoncer à le cultiver partout où l'on redoute la chlorose... Le Merlot souffre peu de la chlorose; on pourrait même dire qu'il *améliore* la végétation du sujet si ce fait avait été suffisamment contrôlé. Greffé sur Viala, il reste vert greffé là où le sujet franc de pied était chlorosé (2).

» La Folle blanche greffée, placée à côté du Merlot, jaunit là où ce cépage reste vert. Il en est de même pour le Jurançon et le Saint-Emilion.

» Nous avons insisté, disent encore ces auteurs (3), sur le fait qu'un certain nombre de vignes américaines restaient parfois vertes dans les terrains crayeux, mais qu'elles jaunissaient rapidement dès qu'elles étaient greffées. » Et ce phénomène est bien dû au sujet, non au bourrelet, car MM. Viala et Ravaz en donnent la preuve : « Dans les terrains très calcaires, rapportent-ils, la Folle blanche greffée sur elle-même ne jaunit pas plus que franche de pied, tandis que, greffée sur Riparia, Viala, Solonis, Rupestris, etc., elle se rabougrit et meurt bientôt (4)... »

D'autres auteurs ont cité des faits analogues, en particulier M. Ponsart (5), M. Sagourin et MM. Durand et Guicherd (6) : « On peut toujours observer, disent ces derniers auteurs, qu'un Gamay égaré au milieu d'une plantation de Pinots, en terrain chlorosant, est moins chlorosé qu'eux. De même les Aligotés restent verts au milieu de Chardonnays et de Melons chlorosés, *le porte-greffe restant le même*.

« En Côte-d'Or, d'après nos observations, les cépages qui restent les plus verts sont les Gamays, puis l'Aligoté; viennent ensuite le Chardonnay et le Pinot; enfin le Melon, qui jaunit le plus facilement. »

Le sujet agit donc d'une façon différente suivant la variété de vigne qu'il porte.

Peut-on trouver de meilleurs exemples pour montrer que greffon et sujet perdent leur chimisme propre et leur autonomie et varient quant à leurs résistances? *Ces transmissions* de résistance à la chlorose, avec les variations de couleur qui en sont la conséquence, ne sont-elles pas la justification de mes théories relatives aux variations spécifiques provoquées par la greffe?

Les phénomènes que les viticulteurs ont rangés sous le vocable de *l'affinité* ne rentrent-ils pas aussi dans le cadre de l'hybridation asexuelle, au sens que j'ai donné à ce mot? Et personne ne conteste que les phénomènes de l'adaptation entre le sujet et le greffon sont très variables et d'ordre tantôt générique, tantôt

(1) Viala et Ravaz. — *Les vignes américaines*, p. 249.
(2) *Ibid.*, p. 300.
(3) *Ibid.*, p. 86.
(4) *Ibid.*, p. 41.
(5) Voir pages 119 à 124 (1er fascicule de cet ouvrage).
(6) Durand et Guicherd. — *Culture de la vigne en Côte-d'Or*. Beaune, 1897.

spécifique, tantôt individuel (¹), absolument comme ceux de l'adaptation au sol.

Plus probants encore sont les faits que j'ai observés dans le champ d'expériences du Haut-Gardère, établi par M. Ricard, de Léognan (Gironde).

En 1904, le Cabernet-Sauvignon greffé sur Noah présentait une différence de couleur frappante avec le même cépage franc de pied, à la fin de septembre. Mais ces différences n'étaient rien en comparaison de celles que présentaient, au mois de mai de la même année, le Cabernet-Sauvignon greffé sur 1202. On constatait à ce moment une ressemblance frappante entre la teinte du greffon et celle du sujet, en un mot le Cabernet-Sauvignon greffé rappelait, dans tous les ceps, l'aspect et la teinte du 1202 sujet. De loin on eût pensé avoir affaire à un Franco-Américain.

Le Précoce de Malingre greffé sur Franco-Américain avait à tel point revêtu à la pousse l'aspect d'un hybride que, à première vue, M. Marcel Ricard et moi, nous le prîmes pour un producteur direct, erreur d'autant plus excusable que le champ d'expériences contient quelques rangées de ceux-ci. Mais les étiquettes et l'observation ultérieure en septembre de la même année ne laissèrent aucun doute. C'était bien le Précoce de Malingre qui, par greffe, avait pris l'allure d'un hybride, au moment de la pousse.

Le Fer était représenté par cinq greffes sur Riparia-Rupestris 3309. L'un des greffons avait un facies absolument américain, avec des tiges plus dressées, plus rapprochées et plus nombreuses que dans les francs de pied. Il en était de même de la disposition et de la forme des inflorescences.

A mon passage à Haut-Gardère, en septembre 1904, je constatai que ces variations si remarquables avaient disparu et que le facies américain et la couleur particulière si frappante des feuilles et des pousses avaient fait place à la couleur habituelle des vignes françaises correspondantes. Il s'agissait donc d'une variation temporaire (variation fluctuante).

Des faits du même ordre, quant à la transmission de la couleur, furent rapportés en 1905, par M. Girerd, professeur départemental d'agriculture de la Côte-d'Or, lors de la discussion qui suivit ma conférence sur *Les Hybrides dans leurs relations avec le greffage et les vins*, faite sous les auspices de la Société régionale de viticulture de Lyon.

Mais, bien que la durée relative de cette influence soit courte et que la variation ait été transitoire, il est impossible de ne pas trouver dans ces faits des exemples d'une *hybridation asexuelle* au sens que j'ai donné à ce terme au Congrès de Lyon (variation fluctuante et mutation).

Il en sera de même pour les faits qui vont être rapportés dans ce qui va suivre, et dans lesquels l'influence du sujet sur les caractères spécifiques du greffon se manifeste au moins par la transmission d'un caractère spécifique du sujet à son greffon.

2. *Transmissions spécifiques chez les Vignes greffées.*

A. Recherches de M. Jurie.

Les premières recherches expérimentales concernant l'hybridation asexuelle de la vigne sont dues à M. Jurie. Frappé par les faits d'ordre plus général que j'avais exposés dans mon ouvrage sur *La variation dans la greffe et l'hérédité des caractères acquis*, désireux de savoir si par la greffe il pourrait améliorer systé-

(¹) Sagourin. — *De la reconstitution du vignoble dans l'Auxois*. Dijon, 1879.

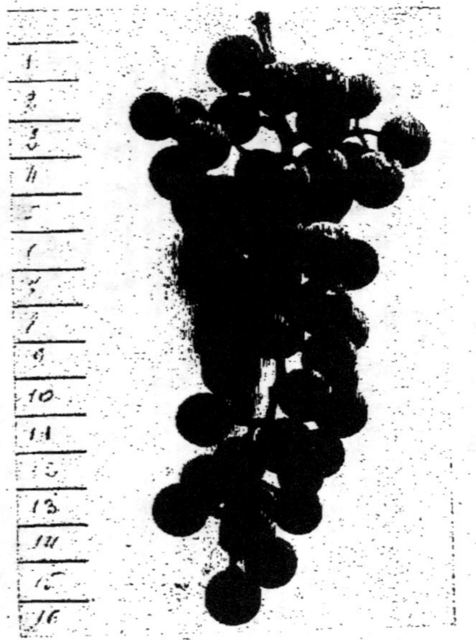

FIG. 200.

Grappe de 1375^{1} Jurie (franc de pied).

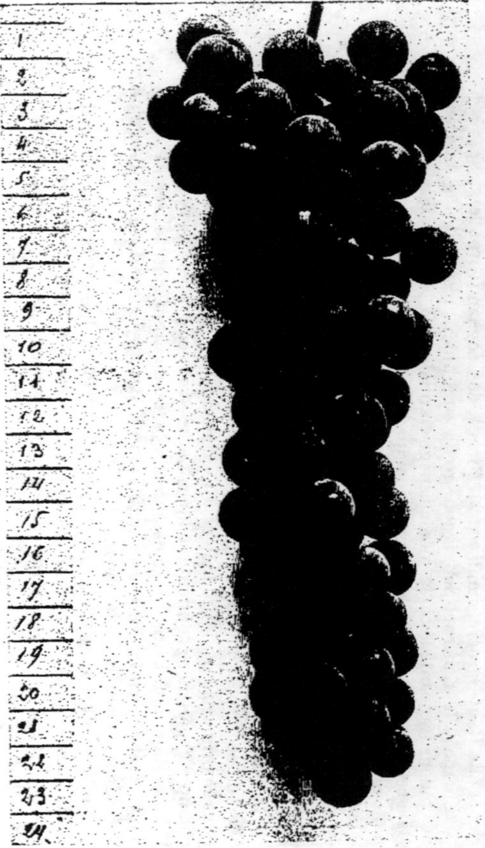

FIG. 201.

Grappe de 1375^{1} Jurie provenant d'un cep greffé sur Berlandieri.

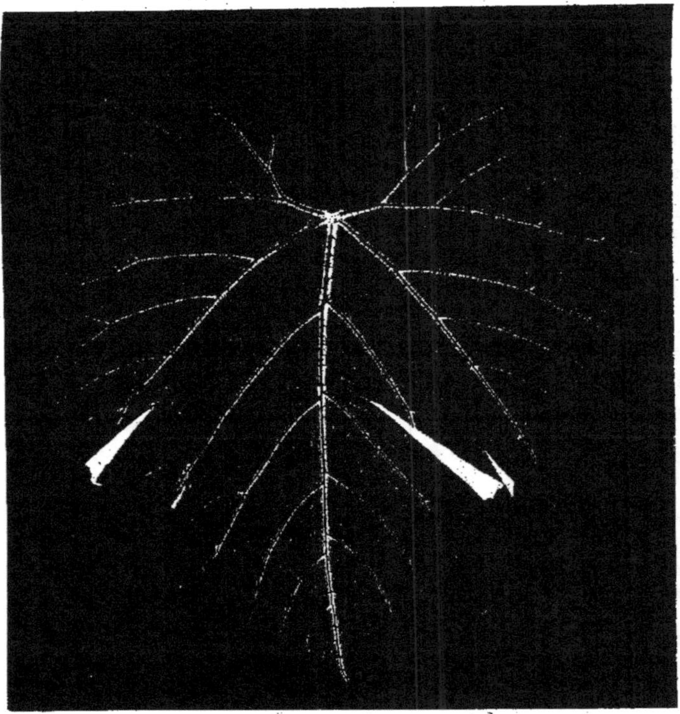

Fig. 202.
Feuille de *V. Berlandieri.*

Fig. 203.
Feuille de 1375[1] Jurie greffé sur *V. Berlandieri.*

matiquement ses vignes à la façon dont j'avais pu améliorer systématiquement diverses plantes herbacées ou ligneuses, M. Jurie me demanda de lui servir de guide dans une branche de la science nouvelle pour lui et à laquelle il devait avec ardeur consacrer les dernières années de sa vie.

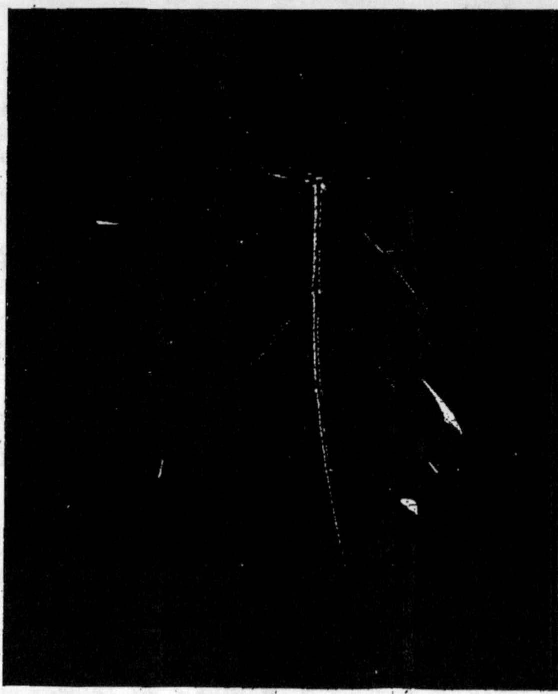

Fig. 204.
Feuille de 1375[1] Jurie (pied mère).

Je puis affirmer, parce que c'est vrai, que toutes les expériences qu'il entreprit sur la vigne et les plantes herbacées le furent sous ma direction, que je les ai contrôlées sur place et que les variations obtenues ont été étudiées dans mon laboratoire à l'aide de matériaux recueillis par moi-même à Millery. Les faits ont été vus par quiconque a voulu les voir, car M. Jurie, pas plus que moi, ne craignait de faire voir et contrôler ses résultats, tant à ses amis et partisans qu'aux plus acharnés de ses adversaires. Malheureusement, parmi ces derniers, il en rencontra qui, à son grand regret, ne voulurent point visiter son clos d'expériences, malgré la courtoise insistance qu'il mit à les inviter chaque année et qui ont nié cependant les résultats signalés par lui.

Ses lettres en font foi, mais à quoi bon citer des noms? Mieux vaut rapporter des faits.

Ses hybrides francs de pied existaient tous dans son enclos, à l'état de pied mère; par conséquent, il pouvait choisir sur eux des greffons vierges de tout greffage, absolument authentiques. A la suite de leur greffe, il obtint, dans certaines greffes, mais non dans toutes, des variations spécifiques remarquables concernant l'appareil végétatif et l'appareil reproducteur.

Comme on a objecté que les variations observées par lui et par moi-même

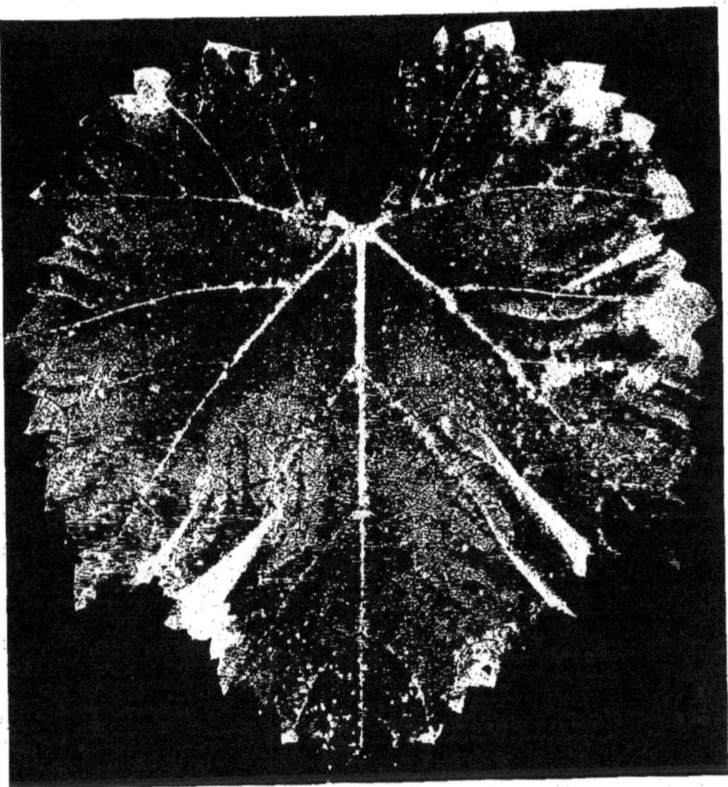

Fig. 205.

Face supérieure de la feuille du 1375[2] Jurie (pied mère).

ont porté quelquefois sur des caractères de peu d'importance ou variant sous l'influence du milieu extérieur, il est bon de rappeler que ces caractères sont utilisés même par les Américanistes pour la détermination des variétés de vignes ainsi que je l'ai montré au début de ce troisième fascicule (1).

Ainsi Pulliat, un de nos meilleurs ampélographes, celui que M. Guillon (2) appelait en 1897 le *maître de l'ampélographie*, s'est exprimé ainsi (3) :

« Pour arriver à recueillir les caractères qui doivent se rapporter à la variété

(1) D'après le comte Odart (*Ampélographie*, Paris, 1862, p. 34), « plusieurs caractères sont persistants dans tous les sols, comme la présence ou l'absence de coton sous les feuilles, la couleur et la forme des grains de raisin, presque toujours la disposition de la grappe, la distance plus ou moins rapprochée des yeux ou boutons sur le bourgeon ou sarment, etc. »

(2) Guillon, *in* Pulliat. — *Les raisins précoces*. Paris, 1897.

(3) Pulliat. — *Mille variétés de vignes*, Introduction. Paris, 1888.

que l'on veut étudier, il faut procéder par ordre et s'attacher surtout à ceux qui sont les plus importants, les plus déterminants. Pour nous ces caractères sont, par ordre d'importance :

1° L'époque de la *maturité;*

FIG. 206.
1375² sur *Berlandieri.*

2° La forme et la grosseur de la *grappe;*
3° La forme, la couleur, la saveur et la qualité du *grain;*
4° Le *bourgeonnement* ou pousse rudimentaire;
5° Les principaux caractères de la *feuille* ».

Il faut ajouter à cela :

6° Les caractères tirés de la *graine,* qui, d'après M. Viala, sont des caractères absolument *fixes.* Rappelons que M. Millardet n'a jamais vu les pépins modifiés dans leurs caractères à la suite du croisement sexuel;

7° La *résistance phylloxérique,* qui est *immuable,* d'après MM. Viala et Ravaz.

L'on verra que tous ces caractères, et d'autres, sont susceptibles de variations assez étendues soit dans le sens du sujet chez le greffon et *vice versa*, soit dans un sens quelconque.

Cette façon de se comporter de la vigne est conforme à ce que l'on sait aujourd'hui sur la manière dont il faut considérer l'espèce.

« Il n'est plus question aujourd'hui, dit Vialleton (1), de la fixité de l'espèce et de son immutabilité, et tout le monde paraît convaincu que d'une manière ou de l'autre (variation lente ou variation brusque) et plus probablement suivant les deux procédés à la fois, l'espèce change et se transforme. Mais ce qu'il importe de préciser, semble-t-il, c'est la portée et l'étendue de ces transformations. Certaines espèces sont stables pendant de longues années, d'autres sont au contraire variables. »

Il faut donc s'attendre à voir les caractères spécifiques de la vigne (au sens d'espèce et de variété) varier d'une façon plus ou moins étendue et plus ou moins durable sous l'influence de l'agent morphogénique qu'est le greffage (2) et donner lieu à des variations fluctuantes (ou variations temporaires comme je les ai désignées en 1901) et à des mutations (ou variations permanentes héréditaires par greffes ou par semis).

Ceci posé, passons à l'examen des faits. Parmi les hybrides de M. Jurie dont j'ai déjà parlé figure le 1375^1 qui est un Rupestris-Lincecomii × Mondeuse. La grappe est allongée, assez petite, à grains petits et peu serrés (*fig.* 200). Greffé en mixte sur Berlandieri, la grappe est devenue de taille beaucoup plus considérable, 25 cm. de long; les grains égaux, plus gros et plus serrés (*fig.* 201). Leur goût était plus agréable. On peut donc dire que, au point de vue utilitaire, le greffage du 1375^1 était nettement améliorant.

La couleur du feuillage était elle-même modifiée et avait pris le vernissé de la feuille du Berlandieri. La figure 202, qui représente la face inférieure de la feuille du Berlandieri franc de pied; la figure 203, qui représente la face inférieure de la feuille du 1375^1 Jurie, greffé sur Berlandieri, et la figure 204, qui représente la face inférieure de la feuille du 1375^1 Jurie (pied mère) permettent de saisir les modifications subies par la feuille du greffon.

On les peut apprécier également sur les figures 205 et 206, qui correspondent à la face supérieure de la feuille du 1375^2 Jurie franc de pied et greffé sur *V. Berlandieri*. Il était intéressant de savoir si, à ces modifications du feuillage, de la grappe et du raisin correspondaient des variations dans la qualité du vin.

M. Jurie fit les vins : 1° de son hybride 1375^1 franc de pied; 2° de cet hybride greffé sur Berlandieri; 3° du 1375^1 greffé sur Rupestris-Cordifolia et enfin de ce même hybride greffé sur 420^A (Riparia × Berlandieri).

Ces vins furent, tous les quatre, soumis à la dégustation de M. Curtel, directeur de l'Institut œnologique de Dijon; du Dr Chanut, président du Syndicat viticole de Nuits-Saint-Georges et de M. Savot, président du Syndicat de la côte dijonnaise. A l'unanimité, ces experts apprécièrent ainsi ces vins :

« *Pied mère.* — Beaucoup de fruité, de la finesse et du corps. Bouquet et goût de sauvage de raisin un peu figué.

(1) Vialleton. — *Éléments de morphologie des Vertébrés.* Paris, 1911.

(2) Les viticulteurs, quoi qu'on en dise, connaissent l'existence des variations imprimées spécifiquement à leur greffon par tel ou tel sujet.

« Nous constaterions (par des essais convenables), a dit M. Sagourin *(loc. cit.)*, que le Gamay placé sur tel porte-greffe, dans tel sol, porte beaucoup de raisin, mais que la qualité de celui-ci diminue; que sur tel autre porte-greffe, c'est au contraire la qualité qui s'accroît aux dépens de la quantité; que sur tel autre encore quantité et qualité sont accrues, mais qu'alors la vigne dépérit rapidement; que, sur un dernier enfin, le maximum d'effets utiles est obtenu et qu'il sera avantageux de le propager. »

Malheureusement, il faut bien en convenir, c'est surtout le premier cas qui se réalise chez nos Viniféras sur les Vignes américaines.

» *Variation par greffage sur Berlandieri.* — Beaucoup plus de finesse au nez et à la bouche; un peu moins de corps que le précédent; moins de couleur. Vin très remarquable, le plus distingué des quatre types.

» *Greffage sur Rupestris-Cordifolia.* — C'est le plus plein, le plus gros et le moins fruité.

» *Greffage sur 420 A.* — Beaucoup moins de finesse et de bouquet que les autres. A ranger au dernier rang. »

L'analyse comparative des quatre vins de 1375[1] donna les intéressants résultats suivants, qui montrent très nettement les *diminutions* de la *couleur* et de la *résistance* amenées par le greffage :

ANALYSES DE M. CURTEL,
Directeur de la Station œnologique de Bourgogne.

NATURE DES ÉLÉMENTS	1375[1] FRANC DE PIED	1375[1] GREFFÉ SUR BERLANDIERI	1375[1] GREFFÉ SUR RUPESTRIS-CORDIFOLIA	1375[1] GREFFÉ SUR 420A (RIPARIA-BERLANDIERI)
Alcool	8°5	8°2	8°2	8°6
Acidité (en SO^4H^2)	8	8,6	9,4	9 2
Acidité volatile	0,35	0,47	0,47	0 65
Bitartrate de potasse	0.48	0,64	0,60	0,87
Tanin	1,46	1,04	1,20	1,11
Extrait à 100°	27,76	29,16	29,92	30,20
Cendres	2,32	1,12	3,32	2,04
Colorimétrie (¹)	130,8	100	120	102
Résistance à l'étuve	Très bonne.	Bonne.	Bonne.	Assez bonne.

Aucun de ces vins ne présentait de casse oxydasique, de casse ferrique ou de maladies bactériennes.

L'examen microscopique était bon pour chacun d'eux (²).

Dans le même ordre d'idées, M. Jurie choisit son hybride sexuel, le 2850, provenant du croisement du 580 Jurie, pris comme mère, et du 560 Jurie, pris comme père. Le 560 provient d'un (Mondeuse × Rupestris) × (Lincecumii × Rupestris-Monticola) × (Riparia × Rupestris gigantesque de Jæger). Le 2850 est donc un hybride combiné très complexe *(fig. 207)*.

M. Jurie le greffa comparativement sur son père, le 560; sur 212, hybride d'York Madeira × Aramon-Rupestris Ganzin 1; sur 125, qui est un Rupestris × Cordifolia; sur 202, qui a pour parents le (Riparia × Rupestris) × Candicans; sur 215, qui contient 1/4 de Riparia, 1/2 de Rupestris et 1/4 d'Œstivalis; enfin sur 227, qui contient 1/2 de Riparia, 1/4 de Rupestris et 1/4 d'Œstivalis.

Il put faire comparativement, en 1905, les vins fournis par les greffons qui avaient alors un bel aspect *(fig. 208)*, et qui avaient donné des raisins modifiés à des degrés divers *(fig. 209 et 210)*.

Les analyses de ces vins comparatifs furent faites par M. Révol, professeur de chimie à l'École d'agriculture d'Écully (Rhône).

(¹) On a pris pour unité de comparaison le vin le moins coloré = 100.

(²) Voir CURTEL et JURIE, *De l'influence de la greffe sur la qualité du raisin et du vin et de son emploi à l'amélioration des hybrides sexuels* (*C. R. de l'Acad. des Sciences*, 19 février 1906).

En voici les résultats, d'après M. Jurie (1) :

NATURE DES ÉLÉMENTS	2850 PIED MÈRE	2850 SUR 560	2850 SUR 212	2850 SUR 125	2850 SUR 202	2850 SUR 215	2850 SUR 227
Alcool	7°6	7°2	7°7	8°	7°9	8°2	8°1
Extrait sec à 100° ..	25,50	24,60	26,74	25,30	25,46	24,60	24,40
Acidité en SO^4H^2...	7,05	7,30	7,20	7,30	7,50	7,35	7
Tanin	2,05	1,55	2,23	1,33	1,60	1,70	1,90

Ces analyses montraient, selon M. Jurie *(in litteris)*, qu'*un élément d'hybridation, devenant prépondérant par suite de l'influence du sujet ou cessant d'être latent, amène de suite une variation dans le vin.*

Ainsi le greffage sur 560 augmente la sève de Lincecumii. Et comme ce cépage donne des vins pauvres en alcool, la teneur en alcool du vin tombe de 7°6 à 7°2.

Sur 212, l'York-Madeira, grâce à ses sèves Œstivalis et Labrusca, donnant des vins riches en alcool et en tanin, on voit le vin du 2850 augmenter sa teneur en alcool en passant de 7°6 à 7°7 et en tanin en passant de 2,05 à 2,23.

L'augmentation de l'alcool est assez constante, et c'est un fait bien connu en pratique viticole, toutes les fois que le Cordifolia ou le Riparia interviennent comme sujets. Or l'un de ces deux éléments se trouve dans les sujets 125 (Cordifolia), 202, 215 et 227 (Riparia) et on peut leur attribuer séparément les teneurs élevées en alcool (8°, 7°9, 8°2 et 8°1) du 2850, qui leur servait de greffon.

L'on peut remarquer en outre que le 215 et le 227, qui ont une origine et une composition assez voisines, ont agi sensiblement de la même manière au point de vue de la composition des vins de 2850, qui sont très voisins pour certains éléments.

Les variations observées par M. Jurie sur les changements de la composition des vins suivant la nature spécifique des sujets employés n'étaient pas les seules. Il en avait obtenu un grand nombre qui portaient sur la forme des grappes de raisin, sur les inflorescences, sur la forme des feuilles, sur leur villosité relative, sur les résistances des racines au phylloxéra, à la chlorose, sur les caractères des pépins, etc., tant chez les hybrides, que chez les Viniféras.

Ayant greffé un de ses hybrides, le 1975 Jurie, à inflorescences *(fig. 213)* et grappes *(fig. 211)* presque cylindriques, sur le 34^{EM} dont l'inflorescence est plutôt ramifiée *(fig. 214)*, il obtint sur son greffon diverses grappes ramifiées plus ou moins comme celles du sujet *(fig. 215)* et un peu plus tardives que chez le 1975 franc de pied.

Cette transmission du caractère de la forme du sujet à celle du greffon était très nette. Elle se maintint par la suite, et l'on peut s'en rendre compte en comparant la figure 212, qui représente la grappe du 1975 Jurie greffon au moment de la maturité du raisin et la figure 211, qui représente la grappe normale mûre de ce même hybride franc de pied.

En 1904, M. Jurie me communiqua les variations de la grappe chez son hybride, le 1230[1] (Lincecumii-Rupestris × Argant).

Le pied mère donne une petite grappe avec de petits grains *(fig. 216)* et ne coule pas. Greffé sur Cordifolia-Rupestris fertile, le raisin devient plus gros ; la

(1) A. Jurie, *in litteris*.

Fig. 207.
Deux grappes de 2850 Jurie, pied mère.

Fig. 208.
Le 2850 Jurie, hybride de greffe, photographié par M. Jurie le 27 août 1905.

Fig. 210.
Une grappe de 2850 Jurie greffé sur 212.

FIG. 209.
Deux grappes de 2850 Jurie greffé sur 560 Jurie, cueillies sur le cep de la figure 208.

Fig. 214.

Deux grappes cylindriques de 1975 Jurie pied mère.

Fig. 212

Grappe de 1975 Juric greffé sur 34EM, au moment de la maturité. La grappe a changé de forme et est devenue conique, sous l'influence de son sujet, le 34EM.

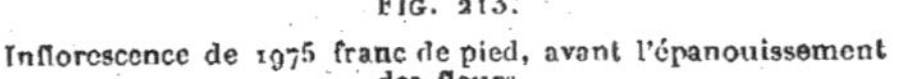

FIG. 213.

Inflorescence de 1975 franc de pied, avant l'épanouissement des fleurs.

FIG. 214.

Inflorescence de 34EM franc de pied, avant l'épanouissement des fleurs.

FIG. 215.

Inflorescence de 1975 Jurie greffé sur 34^{EM}, avant l'épanouissement des fleurs.

FIG. 216.
Grappe et feuille de 1230[1] Jurie pied mère (Lincecumii-Rupestris × Argant).

FIG. 217
Grappe et feuille de 1230[1] Jurie greffé sur Cordifolia Rupestris fertile.

FIG. 218.
Grappe et feuille de 1230[1] Jurie greffé sur 106[8] Millardet (Cordifolia × Riparia-Rupestris)

FIG. 219.
Grappe de Limberger franc de pied.

grappe devient plus courte et se rapproche ainsi de la petite grappe du Cordifolia-Rupestris sujet *(fig. 217)*. Il ne coule pas plus que le franc de pied.

Greffé sur 106[8] Millardet (Cordifolia × Riparia-Rupestris), la grappe s'allonge et devient rameuse *(fig. 218)*. En même temps la coulure se manifeste sous l'influence du Rupestris, qui rend dominant son caractère resté latent jusqu'alors dans l'hybride sexuel. Peut-être aussi est-ce le résultat du manque d'harmonie existant entre les caractères spécifiques de floraison des parents de l'hybride qui ne fleurissent pas en même temps, et qui sont atteints d'une façon différente par les conditions anormales où la greffe met le greffon.

L'examen des feuilles qui accompagnent les raisins dans les photographies montre que ces organes n'ont pas varié d'une façon sensible, et que la modification de la grappe n'entraîne pas obligatoirement celle de la feuille.

Non moins remarquables sont les variations d'un Vinifèra, le Limberger, qui est un cépage de Hongrie, dont la grappe, venue sur un franc de pied, est représentée par la figure 219.

Greffé sur Colorado (Riparia-Rupestris × Monticola), il donne une grappe plus allongée, plus rameuse et plus lâche *(fig. 220)*.

Greffé sur 101[14] Millardet (Riparia × Rupestris), la grappe est à peine modifiée comme forme, mais elle est devenue sujette à la coulure *(fig. 221)*.

Au contraire, greffé sur Aramon-Rupestris Ganzin n° 1, la coulure ne s'est pas manifestée; les raisins, plus serrés, étaient plus beaux en général que chez le franc de pied. La grappe était un peu plus courte *(fig. 222)*.

Ces modifications de la grappe étaient accompagnées de changements curieux dans les feuilles. Ainsi des feuilles du Limberger greffé sur Colorado avaient un sinus en forme de V *(fig. 223)*. Chez le Limberger greffé sur Aramon-Rupestris, des feuilles correspondantes avaient un sinus en U *(fig. 224)* et dans le Limberger greffé sur 101[14] Millardet, le sinus était, non plus ouvert comme dans les feuilles précédentes, mais au contraire nettement fermé *(fig. 221)*.

La somme des angles des feuilles du Colorado utilisé par M. Jurie comme sujet était de 90°; celle des angles des feuilles du Limberger utilisé comme greffon était de 108°. La somme des angles des feuilles du Limberger greffé sur Colorado a été trouvée par M. Jurie de 92°, c'est-à-dire presque semblable à celle du sujet.

La forme de la feuille du Limberger avait parfois pris à la suite de la greffe sur 101[14] des lobes plus pointus que chez le franc de pied, dont les feuilles sont du type général des Vinifèras. Il suffit de comparer entre elles les trois feuilles représentées par les figures 221, 223 et 224 pour être édifié et pour se rendre compte qu'elles ne se ressemblent pas comme forme; l'action du sujet s'est effectuée d'une façon spéciale à chaque hybride.

M. Jurie me confia l'étude anatomique des feuilles de Limberger sur 101[14] par comparaison avec celles de Limberger et de 101[14] francs de pied.

Non seulement les feuilles du greffon présentaient dans l'anatomie des faisceaux libéro-ligneux des caractères du sujet, mais on observait de curieuses transmissions de caractères du sujet dans la villosité.

Le 101[14] porte des poils rares, courts, pointus ou plus ou moins recourbés en faux. Tantôt ces poils sont unicellulaires, tantôt ils sont formés de deux ou trois cellules dont la dernière est recourbée en pointe.

Le Limberger franc de pied, cultivé chez M. Jurie, portait un grand nombre de poils, assez longs, droits et pointus, mais formés d'une douzaine de cellules assez égales. Ces poils avaient un aspect très différent de ceux du 101[14] sujet.

En examinant les coupes de la feuille du Limberger greffé sur 101[14], je constatai des poils plus nombreux que dans le sujet, mais moins nombreux que dans

Fig. 220.

Grappe de Limberger greffé sur Colorado (Riparia-Rupestris × Monticola).

Fig. 221.

Grappe et feuille de Limberger greffé sur 101[14]. La feuille a un sinus fermé.

le Limberger franc de pied. En outre, ils étaient formés pour la plupart de deux à cinq cellules inégales, dont la dernière falciforme. A ces poils rappelant ceux du sujet étaient mélangés des poils normaux du Limberger.

Ainsi, aux variations externes de la feuille et du raisin correspondaient des changements anatomiques profonds et très caractéristiques, rappelant ce qui se passe dans l'hybridation sexuelle. L'hybridation asexuelle chez la Vigne greffée se produit donc comme chez les autres végétaux et ses effets se manifestent, à des degrés divers, par l'apparition dans les organes du greffon (forme extérieure et structure) de caractères appartenant au sujet et de caractères particuliers ne se trouvant ni dans le franc de pied où a été pris le greffon ni dans la plante ayant fourni le sujet.

Nous retrouverons, dans ce qui va suivre, de nombreux exemples du parallélisme existant entre l'hybridation asexuelle et l'hybridation sexuelle chez la Vigne.

Parmi les greffes les plus intéressantes que j'ai moi-même étudiées anatomiquement, je citerai celles de Furmint, cépage hongrois à feuilles velues que M. Jurie cultivait dans son clos depuis assez longtemps, greffé sur Rupestris Martin et franc de pied.

En faisant passer des coupes transversales par le milieu du pétiole chez le franc de pied, le greffon et le sujet, on constatait chez diverses feuilles que les faisceaux libéro-ligneux du pétiole de la feuille du greffon formaient un anneau complet absolument comme cela se passait chez le sujet, quand, chez le Furmint franc de pied, le pétiole de la feuille, au même niveau et choisie en un point comparable de la tige, présentait des faisceaux libéro-ligneux nettement séparés.

La méthode histologique, appliquée à la détermination de l'origine des hybrides sexuels par M. Millardet, puis par M. Gard, donne donc ici, chez l'hybride asexuel, des résultats comparables.

Une expérience de M. Jurie sur son 58o, dont j'ai déjà donné la composition et la genèse, est plus complète et plus démonstrative encore que les précédentes.

Désireux de comparer simultanément les effets de l'hybridation sexuelle et ceux de l'hybridation asexuelle, il féconda le 58o Jurie par le 34^EM et cultiva comparativement, côte à côte, dans son clos de Millery le 58o franc de pied, le 34^EM franc de pied, le 58o greffé sur 34^EM (hybride asexuel dont j'ai déjà parlé à propos des monstruosités) et enfin l'hybride sexuel 58o × 34^EM, qu'il avait obtenu de semis à la suite du croisement.

M. Jurie me confia l'étude anatomique des feuilles de ces quatre types que je choisis moi-même à un même niveau, sur des pousses de vigueur égale et situées de la même manière par rapport à la verticale, à l'éclairement, et sur un nœud de même ordre par rapport à l'origine de la pousse. En un mot, j'éliminai avec soin toutes les influences externes ou internes qui auraient pu, en s'exerçant à mon insu, provoquer des morphoses en dehors de la greffe.

Le 58o franc de pied a des feuilles dont la figure 225, qui représente l'organe conservé en herbier, peut donner une idée très nette. La figure 226 représente la feuille du 34^EM franc de pied. Elle se distingue nettement de la précédente par son sinus moins évasé et par les pointes plus allongées de ses lobes.

Si l'on compare entre elles la feuille de l'hybride asexuel 58o Jurie greffé sur 34^EM *(fig. 227)* et celle de l'hybride sexuel 58o × 34^EM *(fig. 228)*, on est frappé immédiatement par l'air de parenté que présentent ces feuilles, tout en observant cependant des différences entre elles. Et si on les compare aux deux générateurs *(fig. 225 et 226)*, on trouve dans l'une et dans l'autre des caractères communs aux deux parents, le 58o et le 34^EM.

Prenons par exemple le pétiole, les nervures et la couleur.

Fig. 222

Grappe de Limberger greffé sur Aramon-Rupestris Ganzin n° 1.

Fig. 223.

Feuille de Limberger greffé sur Colorado, avec son sinus en V.

Fig. 224.

Feuille de Limberger greffé sur Aramon-Rupestris Ganzin I, avec son sinus en U.

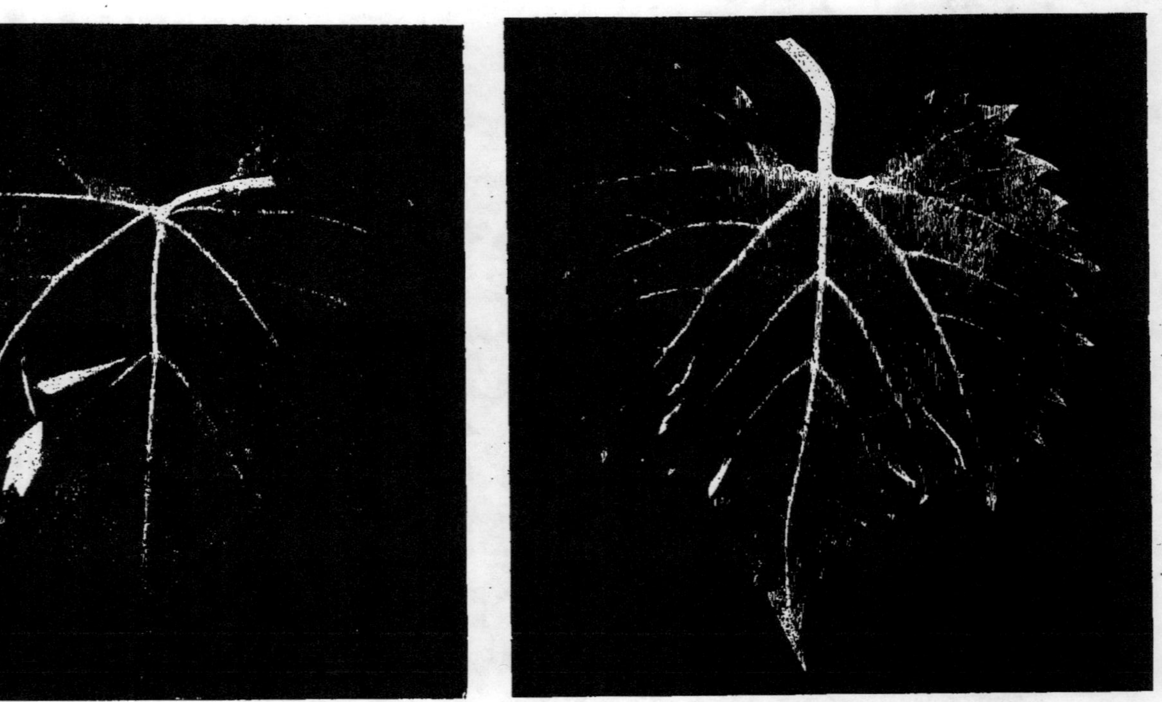

Fig. 225.

Feuille de 580 Jurie franc de pied. Les stries noirâtres situées sur la feuille proviennent de la pression des diverses feuilles placées les unes sur les autres au moment de la dessiccation dans le papier buvard.

Fig. 226.

Feuille de 34EM franc de pied.

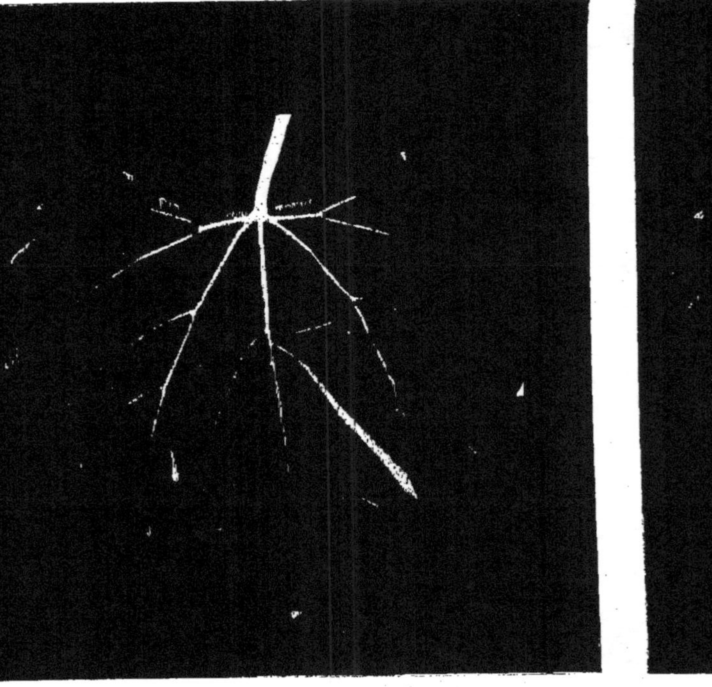

FIG. 227.

Feuille de 580 Jurie greffé sur 34EM.

FIG. 228.

Feuille de l'hybride sexuel provenant du croisement entre le 580 et le 34EM.

Le 580 Jurie a un pétiole moins gros que le 34^EM, ainsi qu'on peut le constater par l'examen des figures 225 et 226.

Dans l'hybride de greffe entre le 34^EM et le 580 Jurie, le pétiole devient plus gros *(fig. 227)* et se rapproche comme épaisseur du 34^EM *(fig. 226)*.

Les nervures sont peu saillantes sur les feuilles du 580 franc de pied, et beaucoup plus saillantes sur le 34^EM. L'hybride de greffe présentait des nervures saillantes à la façon des feuilles du sujet.

FIG. 229.
Feuille de 580 Jurie greffé sur 34^EM (hybride de greffe).

Les différences des teintes accompagnaient les différences de forme extérieure.

L'histologie de ces quatre feuilles m'a fourni les résultats suivants:

La feuille du 580 franc de pied présentait un épiderme supérieur beaucoup plus grand que l'inférieur; le parenchyme est hétérogène, c'est-à-dire comprend un parenchyme palissadique allongé formé d'une seule couche et un parenchyme lacuneux à cellules un peu rameuses, laissant entre elles des méats assez prononcés en général.

Le 34^EM possédait des épidermes supérieur et inférieur plus semblables que chez le 580, comme dimensions. Le parenchyme, bien que toujours hétérogène, a un aspect très différent du précédent; ses cellules palissadiques étaient plus courtes et disposées sur deux rangs; le parenchyme lacuneux était formé de cellules plus régulières, à méats plus petits. La feuille était en outre moins épaisse.

Le 580 Jurie hybride de greffe *(fig. 227 et 229)* avait pris anatomiquement une bonne partie des caractères du 34^{EM}, et c'était frappant en certains points où

Fig. 230.
Feuille de 580 Jurie greffé sur 41^{B} Millardet.

l'on trouvait une véritable mosaïque de caractères du sujet et de caractères du greffon avec des régions où ces caractères étaient plus ou moins fusionnés. Pour fixer cette structure par un exemple, certains points présentaient l'épaisseur du 34^{EM}, l'épiderme et la disposition sur deux rangs de cet hybride, mais l'épiderme et le parenchyme lacuneux étaient ceux du 580 Jurie, etc.

L'hybride sexuel 580 × 34^{EM} *(fig. 228)* présentait une structure de la feuille plus voisine du 580 que du 34^{EM}. Le père semble donc avoir été prédominant sur les caractères anatomiques du limbe de la feuille.

Par le greffage de son même hybride 580 sur 41^{B} Millardet, M. Jurie avait obtenu une amélioration sensible de la grappe et du raisin, dont j'ai déjà parlé page 168 du premier fascicule de cet ouvrage. A ces variations de la qualité du fruit, de la grappe et de la taille des raisins, de la couleur du vin, correspondaient des variations dans la forme des feuilles, ainsi qu'on peut le constater par la figure 230 qui représente la feuille du 580 Jurie greffé sur 41[B] Millardet et en la comparant aux figures 227 et 229 qui représentent deux feuilles du même hybride greffé sur 34[EM] et à la figure 225 qui représente la feuille normale du 580 Jurie franc de pied. L'on remarquera de notables différences dans les sinus pétiolaires, les angles des nervures, la forme des dents et la forme générale de la feuille.

Dans une autre série d'expériences, M. Jurie(1) avait greffé le Sémillon, cépage bordelais, sur le Rupestris du Lot. Dans le Sémillon franc de pied, le sinus pétiolaire est étroit, presque fermé et la somme des angles est de 110° *(fig. 231)*. La feuille est velue.

Chez le Rupestris du Lot, le sinus pétiolaire est très ouvert; la somme des angles est de 71° *(fig. 232)*. La feuille est glabre.

Dans les feuilles *comparables* du Sémillon franc de pied et du Sémillon greffé sur Rupestris du Lot, on constatait de nombreux passages entre les feuilles du sujet et celles du Sémillon franc de pied. Le sinus pétiolaire était intermédiaire plus ou moins et la somme des angles variait elle-même à des degrés divers *(fig. 233)*. En outre la villosité était beaucoup moindre.

Des modifications de villosité ont été obtenues par M. Jurie dans le Furmint greffé sur Rupestris Martin; la feuille du Furmint était très velue dans tous les exemplaires que j'ai vus chez M. Jurie, particulièrement dans les feuilles du cep qui avait fourni les greffons. Sur la plupart de ceux-ci, les feuilles avaient perdu en partie leur villosité habituelle et quelques-unes étaient devenues presque glabres. La différence d'aspect était absolument frappante.

Aux variations morphologiques des feuilles correspondaient des variations anatomiques intéressantes tant dans le pétiole que dans le limbe(2). Ainsi le Limberger greffé sur 101[14] Millardet, dont j'ai déjà indiqué les curieuses transformations de certains poils dans le sens du sujet, montrait, dans les échantillons étudiés, une disposition des faisceaux libéroligneux de la nervure médiane nettement intermédiaire entre celles du sujet et du greffon considérés au niveau correspondant du limbe de leur feuille.

Le Furmint greffé sur Rupestris Martin présentait dans des coupes transversales effectuées vers le milieu du pétiole, des faisceaux libéroligneux formant un anneau complet comme dans le Rupestris Martin franc de pied, tandis que le Furmint cultivé franc de pied dans le clos de M. Jurie possédait des faisceaux nettement distincts les uns des autres. J'ai remarqué que toutes les feuilles du greffon ne présentaient pas cette modification et que, quand elle existait, elle n'existait pas toujours au même degré : « Cela n'a rien de surprenant, disais-je en 1904(3), puisque, d'une part, les modifications extérieures sont inégales aussi, et que, d'autre part, j'ai fait voir, dans mon étude sur les *Capacités fonctionnelles* des végétaux et de leurs organes, que chaque feuille (comme chaque bourgeon) reçoit des quantités de sève variables avec la position de l'organe sur le rameau et avec la direction de celui-ci par rapport avec la verticale. »

Il en était de même pour les modifications du Sémillon. Ce cépage franc de pied présente un pétiole dont la coupe transversale, à un niveau déterminé, est arrondie et ne possède pas de sinus pétiolaire bien net. Au contraire, le Rupestris du Lot possède, à un niveau comparable, un sinus pétiolaire bien prononcé. Dans

(1) A. Jurie. — *Variations morphologiques des feuilles à la suite du greffage* (*C. R. de l'Ac. des Sciences*, 28 septembre 1903).

(2) L. Daniel. — *Premières notes sur la reconstitution du vignoble français par le greffage* (*Revue de viticulture*, 1904).

(3) L. Daniel. — *Loc. cit*, 1904.

Fig. 231.
Feuille de Sémillon franc de pied.

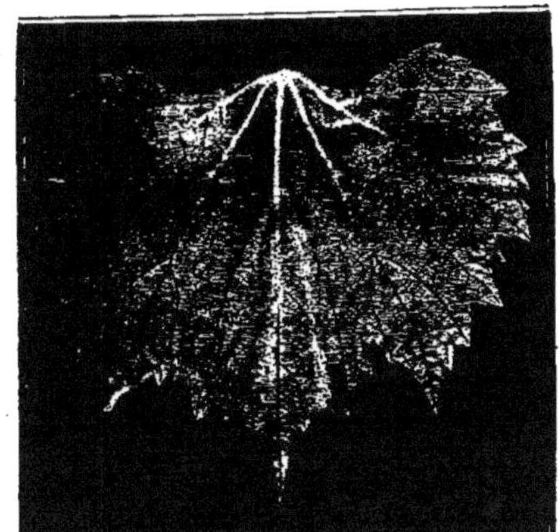

Fig. 232.
Feuille de Rupestris du Lot franc de pied.

Fig. 233.
Feuille de Sémillon greffé sur Rupestris du Lot.

le Sémillon greffé sur Rupestris du Lot, quelques feuilles possédaient un sinus pétiolaire marqué et la disposition des faisceaux était en quelque sorte intermédiaire, à des degrés divers, entre celles du sujet et du greffon.

Pour tous ces phénomènes, j'ai fait remarquer, à diverses reprises, qu'il s'agit de cas exceptionnels, comme dans la généralité des cas d'hybridation asexuelle. L'anatomie, comme la morphologie externe, montre bien la variabilité extrême des effets du greffage dans des séries de plantes d'espèces différentes comme dans les exemplaires d'une même série et même dans les divers organes d'un même greffon, car celles-ci ne sont pas au même état biologique et le greffage accentue ou rapproche leurs différences congénitales.

En même temps que j'étudiais ainsi la structure comparée des feuilles, j'examinais la disposition anatomique du pédoncule de la grappe et des tiges dont j'avais remarqué les variations de forme et quelquefois de couleur, au cours de mes voyages dans le vignoble.

Aux changements extérieurs des vignes du Dr Chanut, en Bourgogne, aux variations de celles des environs de Montpellier, comme aussi des types du champ d'expériences de Haut-Gardère, etc., dont je décrirai plus loin les modifications remarquables, correspondaient également des perturbations anatomiques plus ou moins profondes. C'est ainsi que la disposition des pigments, chez certains greffons, rappelait nettement celle du sujet, comme, par exemple dans certains Pinots de Vosne-Romanée greffés sur Gamay-Couderc.

Parfois, des variations dans les stomates ont accompagné les modifications précédentes. Dans le Limberger greffé sur 101^{14} par M. Jurie, on pouvait observer des stomates affleurant l'épiderme et des stomates enfoncés plus ou moins profondément. Or, le Limberger franc de pied avait seulement des stomates plans ou légèrement saillants quand le 101^{14} avait ses stomates enfoncés au fond d'une sorte de cuvette assez profonde.

L'on doit à M. Jurie d'autres observations très remarquables concernant le déterminisme sexuel, la coulure, le goût des raisins, les variations de résistance aux parasites ou au calcaire, etc.

Dès 1900, il avait cherché à utiliser le greffage mixte dans divers buts et à appliquer à la vigne les curieux résultats (¹) que j'avais signalés dans les Solanées et dans les Haricots (transmissions de caractères, atténuation ou accentuation de la saveur, cas de cryptomérie, etc.).

« J'avais fait, m'écrivait-il en 1900, affluer, par une forte ligature de fil de fer en dessous, la sève élaborée sur un écusson de l'hybride 580 Jurie placé sur 41^{B} (Chasselas × Berlandieri). Je taillai le courson à un œil du sujet en dessus de l'écusson, réalisant ainsi une greffe mixte. Le sujet étant maintenu pincé, le greffon donna des raisins. Or, le Berlandieri est très tardif et aujourd'hui (18 août) ce caractère est visible sur le greffon. En effet, tandis que le 580 pied mère et les 580 greffés sur Rupestris du Lot ont des raisins très avancés dans leur véraison, ceux de la greffe sur 41^{B} s'éclaircissent à peine malgré qu'ils soient exposés en plein midi contre un mur. A côté de ce caractère sûrement transmis j'en perçois un autre plus intéressant en viticulture. Le grain a pris la forme du Chasselas; l'opacité est moins grande que dans les grains du pied mère et j'ai tout lieu de croire que j'aurai une baie moins pulpeuse, à jus plus fluide, et se rapprochant du Vinifera. Je désire ardemment que ma perspicacité ne soit pas mise en défaut, car alors se trouverait résolu un problème immense pour la viticulture. »

(¹) L. Daniel. — *Variations des races de Haricots sous l'influence du greffage* (*Comptes rendus de l'Académie des Sciences*, 5 mars 1900).

C'est ce qui se produisit à maturité, et se continua par la suite. Les vins donnés par le 580 Jurie sur 41^{B} furent bien supérieurs à ceux du franc de pied et à ceux de 580 greffé sur Rupestris du Lot; ainsi, chez la vigne, comme je le fis remarquer en 1903 à la suite des analyses faites par M. Ch. Laurent, *il existe des greffages améliorants* et des *greffages détériorants* exactement comme je l'avais indiqué depuis longtemps pour les greffes des végétaux herbacés.

Les modifications anatomiques imprimées par le sujet ne s'étaient pas seulement portées sur les caractères extérieurs de la feuille. L'examen anatomique des pétioles de certaines feuilles de Sémillon était sous ce rapport des plus démonstratifs.

Le Sémillon franc de pied présentait, dans des feuilles comparables et choisies normales à un niveau donné, toujours le même dans tous les exemplaires moyens, une coupe transversale arrondie dans son pétiole, et il n'y avait pas de sinus pétiolaire bien net. C'était le contraire pour le Rupestris du Lot franc de pied. En outre la disposition des faisceaux libéroligneux présente des différences marquées dans les deux espèces de vignes.

Chez le Sémillon greffé sur Rupestris du Lot, un certain nombre de feuilles avaient acquis un sinus pétiolaire très net et la disposition anatomique des faisceaux était en quelque sorte intermédiaire, à des degrés très divers, entre le sujet et le greffon.

L'examen anatomique des greffons ayant manifesté chez M. Jurie, en 1903, des variations spécifiques externes concordait donc avec l'examen morphologique extérieur(1). Et, comme je l'ai fait remarquer à diverses reprises, cette concordance est d'autant plus démonstrative que les caractères anatomiques servent, chez les hybrides sexuels, à déceler les caractères parentaux. Cette méthode a d'ailleurs été appliquée avec succès à la recherche de la parenté de certains hybrides par M. Millardet et M. Gard.

Je rappellerai en outre que ces vignes, étant cultivées côte à côte, recevant les mêmes soins et les mêmes tailles, en un mot étant venues dans des conditions essentiellement comparables en dehors du greffage, il est logique d'attribuer à la greffe les modifications spécifiques observées.

M. Jurie, sur mes conseils, avait, en vue d'obtenir des variations spécifiques, utilisé surtout le greffage mixte (2), c'est-à-dire qu'il laissait au sujet quelques pousses feuillées, quand celles-ci apparaissaient naturellement, ou bien il en provoquait au besoin l'apparition par le ravalement ou décapitation du greffon à des hauteurs variables au-dessus du bourrelet (3). En outre, il avait soin de laisser à une seule des plantes associées ses appareils fructifères comme je l'avais recommandé pour ce genre de recherches.

« Veut-on, disais-je en 1901, essayer d'influencer la reproduction du sujet, il suffira de supprimer tous les points d'appel fructifères du greffon, c'est-à-dire les grappes florales au moment de leur apparition, en laissant celles du sujet suivre leur développement. Celles-ci appelleront la sève élaborée du sujet et celle du greffon et *il y aura des chances* que ces deux sèves réagissent l'une sur l'autre pour amener des modifications dans les plantes futures. De même si l'on veut

(1) Voir, à l'appui de ces faits, ce qui a été dit et figuré au sujet des greffes de 580 Jurie sur Aramon-Rupestris Ganzin n° 1, pages 474 et suivantes de ce travail, et dans la *Revue bretonne de Botanique*, 1906. En dehors des variations tératologiques, l'anatomie a permis de constater des transmissions très nettes de caractères anatomiques du sujet au greffon.

(2) L. Daniel. — *La greffe mixte* (*C. R. de l'Acad. des Sciences*, 1897); et *Le greffage mixte dans le greffage de la vigne française sur la vigne américaine* (*Revue des hybrides franco-américains*, février 1901).

(3) M. Jurie, comme on va le voir, fut plus heureux que M. Ravaz qui, lui, ayant employé la méthode que j'avais conseillée au Congrès de Lyon, c'est-à-dire la décapitation du sujet qui me fournit l'année suivante le poirier Coignassier de Rennes, décapita 300 vignes greffées sans obtenir, ou mieux, sans *observer* la moindre variation (Voir ce travail, pages 198-201 et 439).

influencer la reproduction du greffon, on supprimera les grappes du sujet de façon à ne laisser que les points d'appel du greffon, car sans cette suppression, dans le premier comme dans le deuxième cas, chaque grappe appellerait à elle les produits fabriqués par la plante à laquelle elle appartient et l'on aurait moins de chance de produire la variation cherchée. »

Et en recommandant ce procédé à ceux qui cherchent des plantes nouvelles par greffe suivie de semis, j'ajoutais qu'il pouvait rendre des services « soit qu'on l'emploie isolément, soit qu'on l'emploie simultanément avec l'hybridation sexuelle ».

Dès 1901, M. Jurie avait réalisé par ce procédé du greffage mixte un cas remarquable de déterminisme sexuel.

« Je possède depuis une dizaine d'années, écrivait-il (¹), deux plants d'un hybride 160 Millardet (Gros Colman × Rupestris). D'une très grande vigueur, cet hybride ne m'a jamais donné que des inflorescences à fleurs mâles, sans jamais avoir eu de fleurs pistillées; son pollen, très actif, me sert à féconder artificiellement des variétés à étamines recourbées telles que Madeleine Angevine, etc. Il y a quatre ans, je greffai un de ces pieds avec un des hybrides que j'ai obtenus contenant 5/8 de sève *Vinifera* et 3/8 de sève américaine.

» L'an dernier poussa un rejet sur le porte-greffe. J'observai immédiatement une différence entre le feuillage de ce rejet et le feuillage de l'autre pied de Colman × Rupestris resté intact, qui était placé tout à côté: la feuille était plus gaufrée, d'un vert plus foncé; les nervures étaient plus rouges ainsi que les bois. Toutes ces différences indiquaient l'influence du greffon dont les feuilles sont gaufrées, d'un vert noir et dont le bois est d'un rouge très foncé.

» Cette année, j'ai taillé ce rejet à deux yeux; les entrenœuds étant très longs, l'œil du haut surpassait les yeux du greffon; cet œil donna une branche vigoureuse et au troisième nœud de celle-ci sortit une longue inflorescence qui, à ma très grande surprise, noua assez de grains pour former une grappe. Les grains formés grossirent normalement. Tel est le fait matériel très exactement observé.

» Par la pousse du rejet se trouvait réalisée, avec la partie greffée, une greffe mixte; l'influence de la sève élaborée du greffon, en conformité avec la théorie de M. Daniel, a donc amené, sur le rejet, une inflorescence à fleurs en partie hermaphrodites. Il est à observer que le greffon contient 5/8 de sève *Vinifera* provenant de cépages à fleurs hermaphrodites très bien conformées; le sujet étant lui-même de 1/2 sève *Vinifera* et de 1/2 sève américaine, la somme des sèves *Vinifera* est prédominante et a pu déterminer la formation de fleurs hermaphrodites par une véritable hybridation asexuelle. Telle est l'explication que je trouve de ce fait insolite (³). »

A ce moment-là, M. Jurie avait déjà obtenu des variations de saveur dans ses raisins, et il ajoutait qu'il avait « transformé, par la greffe, un hybride foxé et tardif en un cépage absolument droit de goût et de première maturité. »

Cette variation fut décrite par M. Jurie, dans une nouvelle note parue un mois environ après le Congrès de l'hybridation de Lyon (15-17 novembre 1901):

« J'ai pris pour sujet d'études, disait-il (²), un de mes hybrides le 340^A : c'est

(¹) A. Jurie. — *Sur un cas de déterminisme sexuel produit par la greffe mixte* (*C. R. de l'Acad. des Sciences*, 2 septembre 1901).

(²) L'on pourrait ici prétendre que l'apparition de l'état hermaphrodite est due à une variation de nutrition amenée par le greffage d'un greffon vigoureux sur un sujet moins vigoureux. Ce n'est pas le cas ici.

On possède d'autres cas de déterminisme sexuel chez les vignes greffées; il serait difficile de voir dans tous ces cas un effet de nutrition, car tantôt il s'agit de greffons ou de sujets vigoureux, tantôt de greffons ou de sujets souffrant de disette. La transmission d'un caractère spécifique d'un conjoint à son associé paraît plus compréhensible, comme je l'ai déjà montré au Congrès de Lyon (15-17 novembre 1901).

(³) A. Jurie. — *Un nouveau cas de variation de la vigne à la suite du greffage mixte* (*C. R. de l'Acad. des Sciences*, 23 décembre 1901).

un (Othello × Mondeuse) × (Rupestris × Monticola), d'une faible résistance au phylloxéra. Son raisin est *tardif* et *foxé*, à grains serrés, ne fendant pas et ne pourrissant pas. J'ai greffé cet hybride, en 1898, sur dix pieds de Cordifolia × Rupestris de Grasset, que j'avais sous la main à ce moment. Or, cette dernière plante fournit un *raisin précoce;* elle est d'une *haute résistance au phylloxéra* et *calcifuge*. En 1899, je fus surpris de voir tous mes raisins *dorés* et absolument *sans goût de fox*, mûrs au 15 août, quand ceux du pied mère étaient encore à l'état de verjus. Les dix pieds présentaient à la fois la même variation [1], qui était bien le résultat de la greffe; on ne pouvait guère, en effet, invoquer ici une variation de bourgeons, puisqu'il s'agit de dix greffes ayant varié dans le même sens et que les parents de l'hybride greffon ainsi modifiés sont tous tardifs.

» Au printemps 1900, je fis trente boutures de ces dix pieds atteints par la variation. Tous ces pieds nouveaux ont conservé intégralement leur caractère de précocité acquis à la suite du greffage, et, cette année, au 15 août 1901, j'ai pu montrer aux membres de la Commission d'enquête de la Société des Agriculteurs de France sur les producteurs directs, ces boutures ayant à la deuxième feuille [2] des raisins mûrs dorés absolument *droits de goût* et en tous points pareils à ceux des pieds sur lesquels elles avaient été prises.

» Ces mêmes boutures m'ont révélé un autre fait intéressant. Cette année, au printemps, elles ont été atteintes de *chlorose*. Or, d'après les études de M. Millardet, l'hybride 340^A est des plus résistants à cette maladie et possède une résistance égale à celle du Rupestris du Lot.

» La diminution de sa résistance à la suite de son greffage sur plante calcifuge est donc encore un caractère du sujet transmis au greffon.

» Enfin, cette année aussi, j'ai constaté, sur ce même 340^A, un phénomène nouveau, concernant la résistance au phylloxéra.

» Désireux de voir si le sujet avait transmis au greffon sa résistance phylloxérique, j'ai fait les expériences suivantes. Dans deux pots d'assez grande taille, je bouturai à la fois le 340^A provenant du pied mère et le 340^A provenant des greffons placés sur le Cordifolia × Rupestris. Je plaçai plus tard entre ces boutures des racines couvertes de phylloxéras. Le 8 novembre, je levai des boutures de l'un des pots : la bouture venant du pied mère portait dix nodosités phylloxériques quand la bouture du pied greffé n'en portait pas. Ces boutures ont été adressées à M. Millardet qui a vérifié le fait.

» Le 14 novembre 1901, des boutures furent levées en présence de M. Daniel, qui se rendait au Congrès de Lyon. L'expérience fut tout aussi concluante : seule la bouture du pied greffé était indemne; l'autre portait de nombreuses nodosités. Ces quatre boutures ont été montrées en nature au Congrès de l'Hybridation de Lyon le 16 novembre dernier et chacun a pu se convaincre de la réalité du fait. »

M. Jurie en concluait alors que « la variation spécifique observée par M. Daniel dans les plantes herbacées et certaines plantes ligneuses existe aussi dans certaines greffes de vigne, contrairement à l'opinion dominante actuelle; cette variation porte sur les sexes, la résistance aux agents extérieurs qui peut être augmentée ou diminuée suivant la prédominance de telle ou telle sève ».

Pour lui, les faits qu'il signalait à cette époque réalisaient « *la première application à la vigne de la méthode de perfectionnement systématique des végétaux, qui est appelée à rendre les plus grands services à la viticulture* ».

(1) Cette uniformité est un cas remarquable qui se réalise très rarement, car le caractère presque général de l'hybridation asexuelle est son irrégularité d'action suivant les exemplaires d'une même série de greffes. Et j'ai tout particulièrement insisté sur ce point dès le début de mes recherches.

(2) Cette production rapide est encore un héritage de la greffe. Les boutures de francs de pied produisent moins vite du fruit.

Nous verrons plus loin que ces prévisions de M. Jurie ont été confirmées par d'autres recherches, faites non seulement par lui, mais par divers viticulteurs tels que MM. Castel, Baco, etc.

Laissant de côté le déterminisme sexuel qui ne présentait qu'un intérêt théorique, M. Jurie essaya de reproduire *systématiquement* le défoxage de quelques-uns de ses hybrides.

Prenant son 330^A^ (Noah × Mondeuse-Rupestris) qui était foxé comme son père, il le greffa sur le 41^B^ Millardet (Chasselas × Berlandieri). Ce premier greffage modifia le raisin quant au goût; le fox avait disparu, remplacé par le goût musqué, et le grain de raisin avait conservé sa forme.

Un nouveau greffage effectué sur 41^B^ avec des greffons pris sur la première greffe provoqua la disparition du goût musqué et le raisin devint franc de goût. Mais le Berlandieri manifesta son action par une réduction de la grosseur du grain.

Avec l'hybride 340^B^ (Othello × Mondeuse-Rupestris), frère du 340^A^ et très foxé aussi, M. Jurie obtint des résultats fort curieux. Cet hybride fut greffé par lui sur divers sujets : Rupestris du Lot, Cordifolia-Rupestris, Aramon-Rupestris Ganzin n° 1, Colorado, etc., c'est-à-dire sur une série de sujets ayant, à des degrés divers, de la sève de Rupestris que le greffon possédait lui-même pour un quart.

Sur les trois premiers sujets, il obtint des raisins de trois sortes : les uns francs de goût; d'autres, foxés; les troisièmes, plus ou moins intermédiaires aux précédents. En somme, il y avait là un phénomène très comparable à ce que j'avais signalé dans les greffes de Tomate jaune ronde sur la Tomate à fruit côtelé, quant à la forme des fruits. Cela prouvait une fois de plus que l'analogie entre les effets de l'hybridation asexuelle et ceux de l'hybridation sexuelle existait bien comme je l'avais fait remarquer pour les plantes herbacées.

Quand il me fit part de ces résultats intéressants, je l'engageai à recueillir et à étudier les pépins par comparaison avec le franc de pied, ainsi que leur descendance. Cette étude avait pour moi d'autant plus d'importance que M. Millardet n'avait jamais constaté de différences dans les pépins des raisins hybridés, tous conservant les caractères de la mère. D'autre part, les plus ardents greffeurs eux-mêmes ont écrit que les caractères des pépins sont de tous les caractères spécifiques du genre *Vitis* ceux qui sont les plus fixes (1).

M. Jurie fut immédiatement frappé des différences que présentaient les pépins et il les figura dans diverses publications. Le 12 mai 1904, il publiait, dans la *Revue de Viticulture*, un article montrant que la disjonction des caractères se faisait parfois dans les hybrides asexuels comme dans les hybrides sexuels, conformément à mes recherches sur les plantes herbacées (Solanées, Haricots, etc.) et que l'on retrouvait alors dans les pépins des vignes greffées certaines formes combinées des pépins des types associés.

A l'appui de ces conceptions et comme vérification, M. Jurie m'adressa toutes les séries des pépins recueillis par lui et je fis photographier à Rennes les plus caractéristiques, au nombre de trois pour chaque série. Ce sont eux qui parurent dans l'*Œnophile* de juillet 1904 (1), et que je reproduis ici, vu leur intérêt documentaire et leur valeur démonstrative.

Premier exemple : 330^A^ greffé sur 41^B^.

L'hybride 330^A^ Jurie (Noah × Mondeuse-Rupestris), *franc de pied*, possède le goût de fox du Noah son père. Le Vinifera est à peine sensible. Ses pépins sont

(1) A. Jurie. *Variation par la greffe. — Hybridation asexuelle.* (*Œnophile*, juillet 1904, p. 193.)

aussi *Labrusca* (¹) par leur grosseur et par l'absence de raphé dans l'échancrure, raphé remplacé par une rainure qui contourne la base bilobée du pépin. La chalaze est rudimentaire. La couleur est gris brun pâle *(fig. 234)*.

L'hybride 41^B Millardet (Chasselas × Berlandieri), *franc de pied*, a des graines violacées, rondes, ramassées, à bec très court et obtus ; la chalaze est arrondie, bien marquée et elle s'allonge en un raphé peu proéminent. Le *Berlandieri* est dominant dans le pépin (²) *(fig. 235)*.

L'hybride 330[A] Jurie greffé sur 41[B] Millardet donne un certain nombre de pépins nettement intermédiaires, mais à des degrés divers entre les pépins du greffon et ceux du sujet. Ils avaient pris la couleur violacée des pépins de 41[B]; le bec était plus pointu et la forme plus allongée, la base moins arrondie et plus bilobée, plus *Vinifera*.

La chalaze arrondie et parfois nettement visible, indiquait l'influence du *Berlandieri*, ainsi que la présence, chez certains pépins, d'un raphé dans l'échancrure *(fig. 236)*.

Ainsi, le greffage avait accentué les caractères *Vinifera* et diminué ceux du Labrusca (Noah); l'influence exercée sur le raisin devenu musqué au lieu de rester foxé avait donc été accompagnée d'une modification en quelque sorte parallèle dans les pépins de ces raisins.

DEUXIÈME EXEMPLE : 340[B] GREFFÉ SUR CORDIFOLIA-RUPESTRIS.

L'hybride 340[B] (Othello × Mondeuse-Rupestris), comme le 340[A], porte des raisins foxés, contenant des pépins rappelant le Labrusca par la grosseur et la forme recourbée de la base ou sillon dans lequel est enfoncé le raphé ; ils ont en outre la forme du Rupestris et le bec pointu du Vinifera. Ils ont donc, bien reconnaissables, les caractères mélangés des trois espèces de vignes ayant entré dans les hybridations successives.

Le Cordifolia-Rupestris (³) dérive du Cordifolia qui a pour caractère spécifique la dépression de la chalaze au bec.

Dans le 340[B] greffé sur Cordifolia-Rupestris, il y avait des grains foxés comme chez le franc de pied, des grains non foxés et tous les intermédiaires. Les pépins extraits des grains foxés du 340[B] greffé avaient les caractères des pépins du 340[B] franc de pied *(fig. 237)*. Les pépins du 340[B] greffé extraits des grains de raisin francs de goût, présentaient au contraire des caractères nouveaux plus ou moins prononcés et où l'on pouvait discerner facilement l'influence du sujet particulièrement de l'espèce Cordifolia. Ils avaient une forme plus trapue, plus renflée, plus globuleuse, comme le Rupestris qui était ainsi accentué; le caractère de la dépression de la chalaze au bec, du Cordifolia, était nettement marqué ; enfin le *Vinifera* était resté indiqué par le bec pointu et un peu aussi par la position de la chalaze *(fig. 236)*.

(¹) Voir, pour les caractères spécifiques des pépins de *Labrusca*, la description de la page 389 : « grosses, ramassées, à bec court ; chalaze et raphé nuls et remplacés par une dépression circulaire très marquée » (Viala et Ravaz).

(²) Voir, p. 390 de ce travail, les caractères du Berlandieri : « graines moyennes, ramassées, à bec fort et court ; chalaze arrondie, peu saillante et s'amincissant en un raphé peu proéminent » (Viala et Ravaz).

(³) Voir page 391, les caractères spécifiques des pépins de Cordifolia et de Rupestris. Le Cordifolia a des graines moyennes, ramassées, à bec gros et court ; la chalaze est ronde ; le raphé, un mince cordon brusquement délimité. — Le Rupestris a des graines petites, globuleuses, à bec gros et court, à chalaze allongée et peu saillante ; le raphé rudimentaire se confond avec la chalaze (Viala et Ravaz).

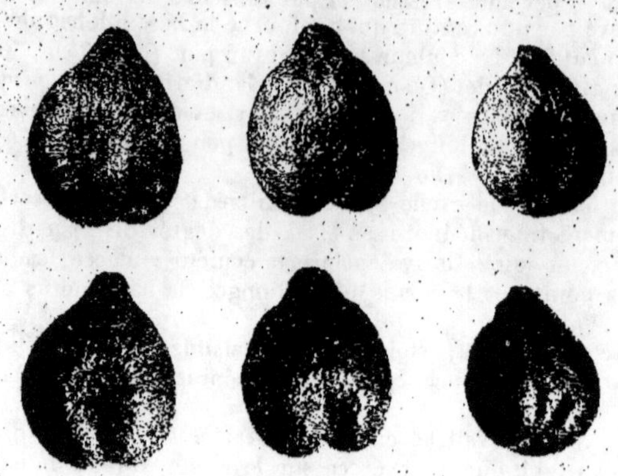

Fig. 234.

Hybride Jurie 330[A] = Noah × Mondeuse Rupestris.

Les pépins de cet hybride sont Labrusca par leur grosseur, leur forme ramassée. La forme globuleuse du Rupestris se combine avec la petite graine du Riparia que contient le Noah. Le Vinifera est indiqué par les lobes de la base et la chalaze peu saillante qui s'y trouve.

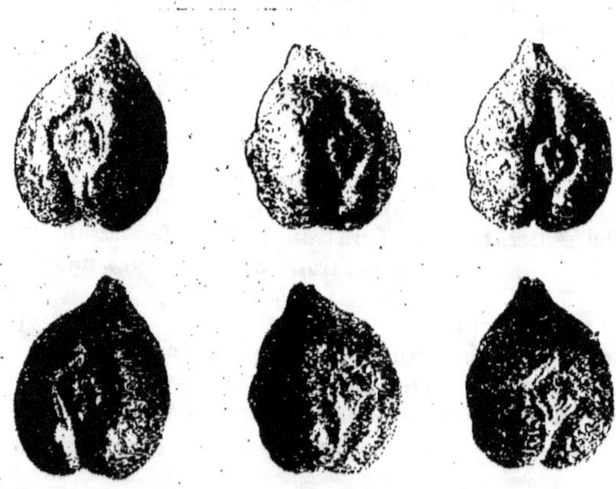

Fig. 235.

41[B] Millardet = Chasselas × Berlandieri.

Graine ronde à bec très court et obtus du Berlandieri, chalaze arrondie, raphé rudimentaire; Vinifera bilobant la base de la graine.

Fig. 236.

330^A greffé sur 41^B.

La forme ramassée du Labrusca est amoindrie, le pépin s'est allongé dans une forme plus Vinifera. La chalaze arrondie avec raphé parfois visible du Berlandieri est très nettement accusée. A cette accentuation d'une forme moins Labrusca et plus Vinifera correspond une modification du goût. Le raisin de l'hybride pied-mère est fortement foxé sur 41^B, le raisin est devenu simplement musqué.

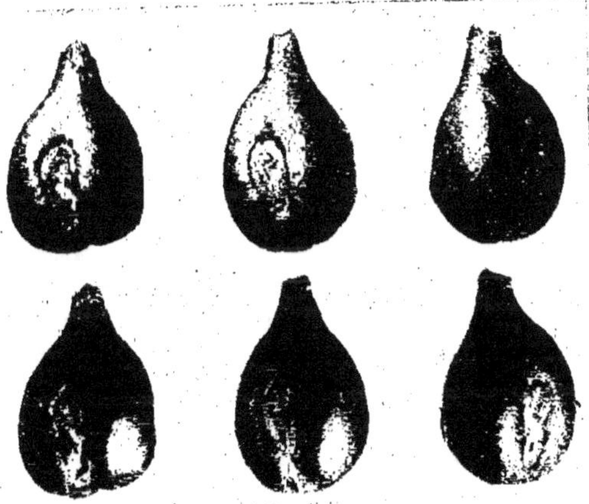

Fig. 237.

340^B greffé sur Cordifolia Rupestris a grains foxés.

Les pépins de 340^B (Othello × Mondeuse Rupestris) sont très Labrusca par leur grosseur, Rupestris par leur forme et Vinifera par leur bec pointu. Les pépins de ce numéro ont été choisis d'après leur goût de fox, que présentent irrégulièrement les grains d'une même grappe dans laquelle il s'en trouve d'absolument francs de goût.

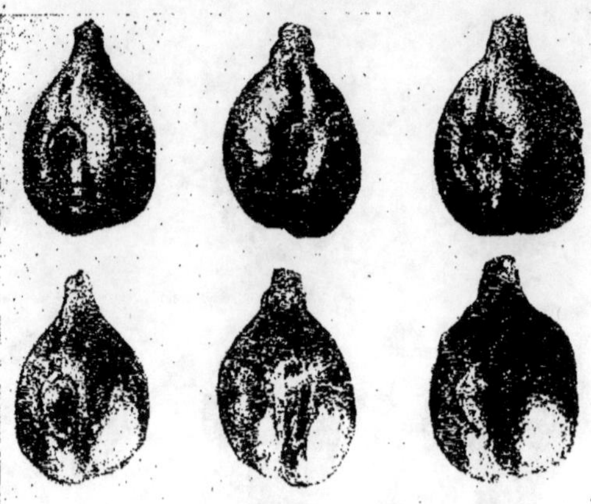

Fig. 238.

Ces pépins de 340^{B} sont ceux qui proviennent de grains francs de goût; on remarquera leur forme plus renflée, plus globuleuse du Rupestris, et la dépression de la chalaze au bec, caractère spécifique du Cordifolia, beaucoup plus accentué que dans les pépins du n° 7, le caractère Vinifera restant comme toujours dans le bec pointu et la position de la chalaze et du pépin.

Les pépins des nos 237 et 238 ont été semés; le n° 237 a levé, et ses jeunes plants avaient tous les caractères du Labrusca, ainsi que M. Castel l'a constaté.; les pépins du n° 238 n'ont pas levé.

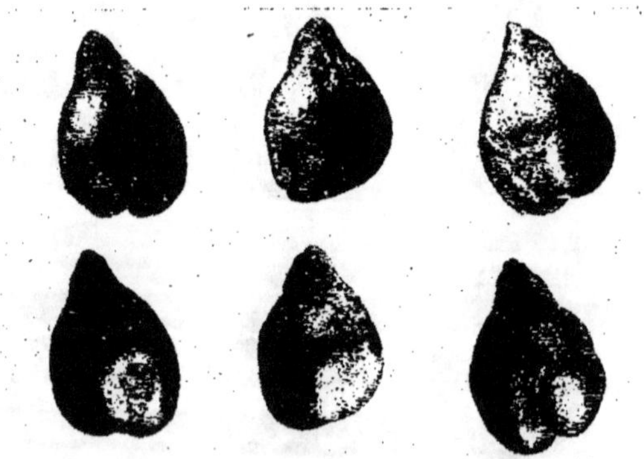

Fig. 239.

580 Jurie = (Mondeuse et Rupestris) × (Riparia Rupestris Jager) × (Mondeuse Rupestris).

Les trois espèces composantes de cet hybride se retrouvent dans la forme combinée du pépin que la prédominance du Rupestris a rendue globuleuse associée à la petite graine du Riparia; le Vinifera est très visible dans le bec pointu et la chalaze descendue.

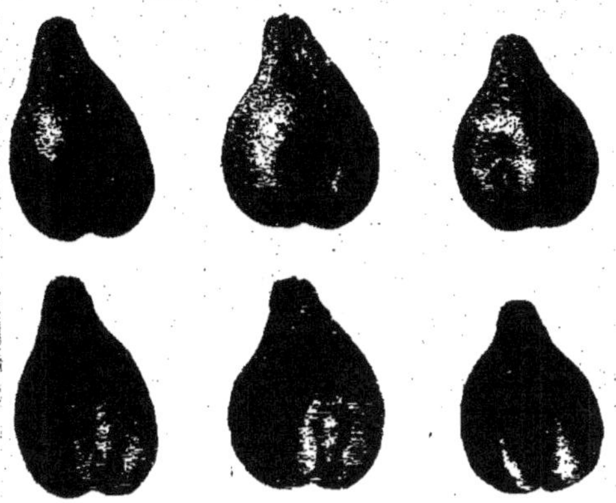

Fig. 240.

580 greffé sur 41^{B}.

La demi-sève Vinifera de 41^{B} vient modifier d'une manière remarquable le pépin de 580 pied-mère. L'aspect tout entier est plus Vinifera, avec la forme arrondie de la chalaze du Berlandieri et son raphé rudimentaire.

A cette différence des caractères extérieurs a correspondu une différence dans les éléments constitutifs du vin. Cette différence a fait l'objet d'une communication à l'Académie des Sciences de la part de MM. L. Daniel et Ch. Laurent (*C. R.*, 23 février 1903).

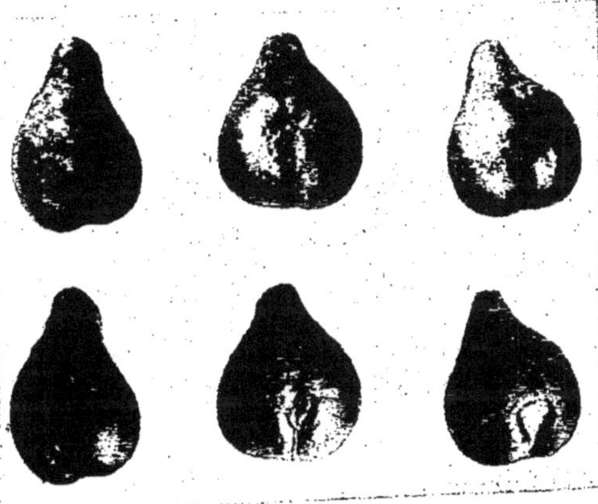

Fig. 241.

580 greffé sur 34^{EM}.

La sève Riparia du 34^{EM} s'ajoutant à celle de 580 vient contre-balancer la prédominance du Rupestris. Le Riparia prédomine, tout en conservant la chalaze arrondie du Berlandieri.

Fig. 242.

580 greffé sur 1202

1202 (Vinifera-Rupestris) accentue dans le pépin de 580 le Rupestris et le Vinifera. Le pépin est absolument globuleux comme un Rupestris pur; le Vinifera se reconnaît dans la base bilobée et le bec pointu.

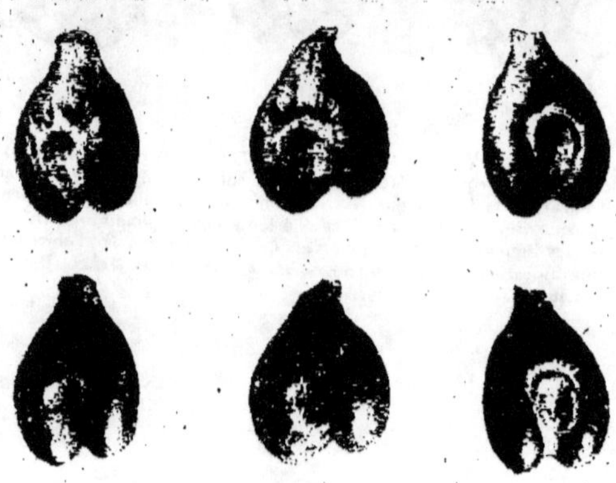

Fig. 243.

Limberger sur Aramon Rupestris.

Si l'on retrouve le Rupestris dans sa forme fruste, le Vinifera est devenu très prédominant dans la base bilobée et le bec moins obtus que dans le Rupestris.

Fig. 246.

Jeunes plants issus de pépins offrant les caractères de Rupestris; leur faible développement indique qu'ils ont été longs à lever, leurs feuilles, en forme de gouttière, ont bien le caractère du Rupestris.

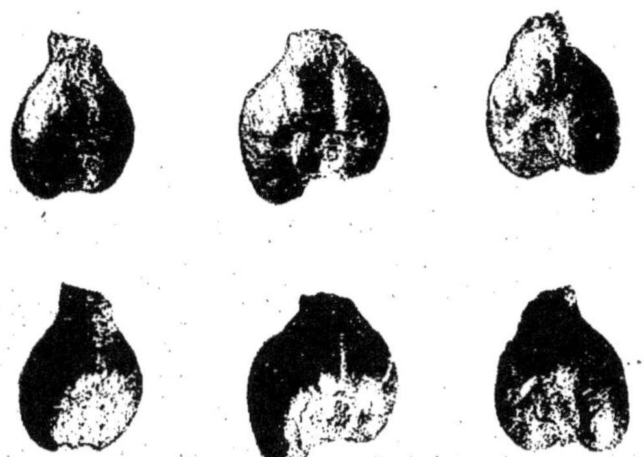

Fig. 244.

Limberger sur Colorado.

Le Riparia, le Rupestris et peut-être le Monticola donnent des formes à bec obtus avec disparition des lobes de la base.

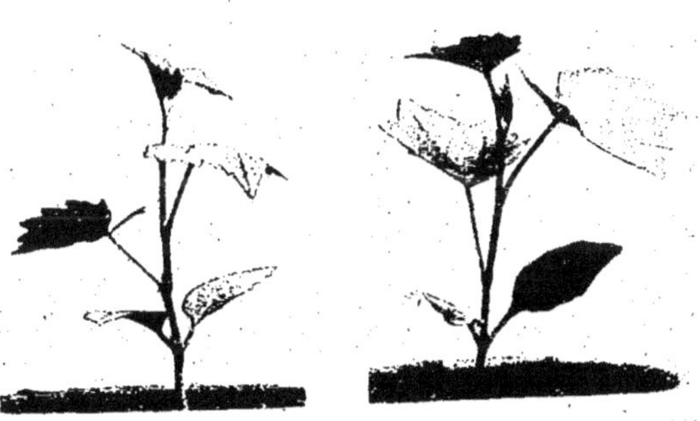

Fig. 245.

Plants de pépins à caractères de Vinifera, semés le même jour. Ils ont eu un développement plus rapide, avec de larges cotylédons; leurs feuilles se sont étalées de suite et ont pris tous les caractères du Vinifera.

Troisième exemple : 580 greffé sur 41[B], sur 34[EM], sur 1202, sur Limberger et sur Cabernet-Sauvignon.

Le 580 Jurie est, avons-nous déjà dit, un hybride complexe (Mondeuse-Rupestris) × (Riparia-Rupestris) × (Mondeuse-Rupestris), qui contient trois espèces composantes : un cépage français, la Mondeuse; deux cépages américains, le Riparia et le Rupestris. Dans les pépins, le Rupestris est dominant et se manifeste par le caractère globuleux; le Riparia par la petitesse du pépin et le *Vinifera* par un bec assez pointu et par la chalaze descendante *(fig. 239)*.

Les pépins du 580 Jurie greffés sur 41[B] Millardet (Chasselas × Berlandieri) étaient de forme bien différente et présentaient entre eux des différences sensibles, montrant bien l'inégalité de l'action exercée par le sujet suivant la valeur relative des points d'appel. L'influence de l'élément nouveau (Berlandieri) apporté par le sujet était très manifeste; la forme ronde de la graine du Berlandieri se combinait très visiblement avec la forme ordinaire du pépin de 580. L'aspect du pépin était plus Vinifera et l'on pouvait voir nettement sur certains pépins la forme arrondie de la chalaze du Berlandieri avec son raphé rudimentaire *(fig. 240)*.

Dans les pépins de 580 Jurie greffés sur 34[EM], hybride de Riparia et de Berlandieri, la sève Riparia du sujet augmentant la sève Riparia du greffon, on voyait prédominer la forme Riparia pendant que se conservait la chalaze arrondie du Berlandieri *(fig. 241)*.

Ces pépins étaient presque semblables à de petits pépins de Riparia. Dans certains d'entre eux, le Berlandieri était peu visible et les formes intermédiaires abondaient.

Sur 1202 (Vinifera-Rupestris), le Vinifera (Mourvèdre) s'était fait sentir par la base légèrement bilobée et par le bec pointu *(fig. 242)*. Mais la forme était très rapprochée de celle des pépins de Rupestris, cette espèce étant très prépondérante tant sexuellement qu'asexuellement.

Enfin, les pépins du 580 Jurie greffé sur Limberger comme ceux du 580 sur Cabernet-Sauvignon, reproduisaient la forme générale des pépins de Vinifera et possédaient également comme chez celui-ci une chalaze plus rapprochée de la base, des lobes plus accentués et enfin le bec pointu caractéristique du Vinifera.

Quatrième exemple : Limberger greffé sur Aramon-Rupestris Ganzin 1 et sur Colorado.

Cette fois il s'agit d'un même Vinifera greffé sur deux hybrides différents. Les pépins sont très remarquables, dans les deux cas, chez certains raisins.

Dans la greffe sur Aramon-Rupestris, le Vinifera est resté très prépondérant et se manifeste par la base bilobée et le bec pointu, beaucoup plus que dans les pépins du Rupestris. Toutefois ce dernier manifeste son action en imprimant au pépin une forme beaucoup plus fruste et un aspect mitigé d'américain *(fig. 243)*.

Le Colorado est un hybride de trois vignes américaines (Riparia-Rupestris × Monticola). Les pépins de Limberger prennent, dans certains cas, la forme combinée du Riparia et du Rupestris à bec obtus, avec disparition des lobes à la base *(fig. 244)*. Le Monticola est peut-être visible dans le bec obtus, mais il n'y a pas de caractère bien net pour cette dernière espèce ainsi unie au Riparia.

Voulant s'assurer que cette indication extérieure des caractères s'étendait aussi à l'embryon, M. Jurie choisit dans les pépins de 580 ceux qui avaient les caractère Vinifera les plus marqués et ceux qui avaient le caractère Rupestris le plus saillant. Il les sema le même jour, dans les mêmes conditions, dans son enclos. La levée des graines à caractères de Vinifera fut plus hâtive; les jeunes plantes apparurent avec de larges cotylédons et des feuilles arrondies, étalées comme le font les pépins de Vinifera pur *(fig. 245)*. Les pépins à caractères de Rupestris furent plus longs à germer, le caractère tardif se manifestant dès le début de l'évolution ; les feuilles étaient repliées en gouttière au lieu d'être étalées. En un mot, il y avait des différences de précocité, de taille et de port très accusées *(fig. 246)*.

Et M. Jurie ajoutait, après avoir décrit ces faits, les lignes suivantes qui frapperont par leur sincérité quiconque examine la question avec impartialité :

« Je crois qu'avec des documents semblables établissant que la disjonction des caractères a lieu dans les hybrides de greffe comme dans les hybrides sexuels avec la constance d'une loi générale (¹), il n'y a pas lieu de tenir compte des négations de l'existence de la variation spécifique.

» A ces négations j'oppose la brutalité du fait, indifférent aux mobiles de ceux qui ont cherché à obscurcir la vérité, à arrêter la marche du progrès par la créance que leurs paroles devaient tirer de leur situation.

» J'étais à écrire cette note, lorsque M. Castel m'annonça sa visite. Avant de la terminer, j'ai attendu la venue de mon distingué collègue et ami ; outre l'agrément de cette visite, j'en attendais de précieuses indications ; *peu de personnes ont étudié les vignes américaines avec autant de soins dans leurs caractères et dans leurs aptitudes, que le grand hybrideur de Paretlongue*. C'était un interlocuteur *indépendant*, apte à contrôler mes observations, à rectifier mes appréciations. J'ai eu, et je le dis très sincèrement, une très grande satisfaction, celle de me trouver en parfaite communauté d'idées avec M. Castel, qui a bien voulu m'autoriser à invoquer son témoignage sur ce qu'il a vu et la manière dont j'ai interprété les faits.

» Ainsi les caractères des semis de pépins foxés, ceux des pépins choisis avec caractères de Vinifera ou de Rupestris, lui ont sauté aux yeux et son attestation a plus de valeur encore que les photographies un peu nébuleuses de ces jeunes plantules. »

M. Castel put en même temps contrôler la transmission de résistance phylloxérique signalée par M. Jurie. Mais au lieu de l'attribuer au Rupestris, il l'attribua au Cordifolia contenu dans le sujet, vu l'amélioration du goût du raisin ayant accompagné l'augmentation de la résistance.

J'ajouterai que M. Jurie avait remarqué la variété parfois considérable des pépins d'une même grappe, variété beaucoup plus grande que chez le franc de pied correspondant. Tous les pépins n'étaient pas influencés au même degré et leur mosaïque dépendait non seulement de l'action spécifique du sujet, mais encore de leur situation sur la grappe, l'appel de sève exercé par chacun d'eux dépendant de leur capacité fonctionnelle propre. Et il faisait ressortir combien ces résultats étaient conformes aux théories que j'avais exposées à propos des plantes herbacées.

Pour terminer ce rapide exposé des recherches de M. Jurie, je rapporterai ici un des cas les plus remarquables observés par lui et qu'il communiqua à

(¹) M. Jurie croyait alors à la généralité de la loi de Mendel, avec la plupart des viticulteurs. Cette loi est plutôt une exception.

l'Académie des Sciences, en collaboration avec M. Curtel [2], professeur à l'Université de Dijon.

« Un curieux phénomène de végétation nous a permis, disent ces auteurs, d'étudier l'influence modificatrice de la greffe, en éliminant les nombreuses causes étrangères de variation qui interviennent en dehors d'elle pour modifier la structure et la composition du fruit.

» Nous avons pu observer, *sur un même pied*, Gamay d'Arcenant greffé sur Aramon-Rupestris, deux récoltes provenant l'une de la greffe, l'autre d'un rameau fructifère âgé de 4 ans, né à 6 centimètres environ au-dessous de la greffe [1] et par conséquent affranchi de l'influence modificatrice du bourrelet. Ce rameau, au lieu d'avoir les caractères d'un rameau d'Aramon-Rupestris, comme on devait s'y attendre, porte un feuillage de Vinifera trilobé, différant à la fois de celui du greffon et de celui du sujet, tout en ayant des caractères communs l'un à l'autre. Il porte de nombreux raisins ayant la forme et les dimensions de ceux du Gamay, mais plus précoces, à grains plus gros, parfaitement sains, alors que ceux de la greffe sont fortement envahis par la pourriture grise.

STRUCTURE COMPARATIVE DES FRUITS

	Poids de 10 raisins	Nombre total des graines	Nombre de graines		Poids des rafles	Poids de 100 graines	Nombre des pépins	Poids des pépins	Nature des peaux
			raisins	pourries					
Greffe.	1k300	1,000	630	370	30	216	134	5,2	fines
Rejet non greffé. . .	1k170	659	629	301	31	249	152	5,9	pl. épais.

» Les moûts ont une densité, une teneur en sucre peu différente et une acidité un peu supérieure dans le fruit greffé. Ces moûts, ensemencés avec une même levure de vin, ont donné des vins très différents dans leurs propriétés organoleptiques, couleur et richesse en tanin.

	Alcool	Acidité en SO^3	Acidité volatile en SO^3	Extrait à 100°	Cendres	Tartre	Tanin	Colorimétrie
Vin de la greffe	905	6,8	0,47	25,12	2,8	4,8	0,27	100
Vin de rejet non greffé .	100	6,7	0,42	24,16	2,8	4,7	0,44	905

» L'action de la greffe, nettement isolée de toute autre cause modificatrice dans le phénomène observé ici, peut se résumer dans les conclusions suivantes : augmentation de la fertilité, moindre dimension des grains, plus nombreux, à peau plus fine, très sujette aux maladies cryptogamiques, avec des pépins moins nombreux, plus gros, moins tanniques, de poids total moindre. Dans les vins,

(2) CURTEL et JURIE. — *De l'influence de la greffe sur la qualité du raisin et du vin, et de son emploi à l'amélioration systématique des hybrides sexuels (C. R. de l'Académie des Sciences,* 19 février 1906).

(1) Ce sont des hybrides de greffe par entraînement, par *glissement*, comme on en a signalé d'autres exemples depuis longtemps.

cette action s'est manifestée par une diminution notable de la couleur et du tanin, une moindre résistance à l'action de l'air, une atténuation de la rudesse et de l'âpreté, enfin par des modifications notables de la saveur et du bouquet.

» Ce cep montre en outre l'influence réciproque du greffon sur le sujet, en même temps que le déséquilibre produit par le greffage dans les capacités fonctionnelles des plantes associées. »

Cette communication fut appréciée d'une façon peu bienveillante (1) par M. Viala, qui mit en doute l'existence même de l'hybride de greffe. M. Viala aurait pu, avant de nier le phénomène, se donner la peine d'aller le voir; il eût constaté ce qu'avaient pu voir de nombreux observateurs tels que MM. Ray (2), professeur à la Faculté de Lyon; Durand, Viviand-Morel, Gouy (3), etc., et moi-même.

Pour M. Jurie, les variations observées par lui à la suite de la greffe reposaient toutes sur le principe de la somme des sèves qu'il formulait ainsi :

« Lorsqu'on associe par la greffe deux plantes ayant une sève commune, si cette sève représente une somme supérieure à celle des autres, sa prédominance *peut* amener des variations avec des caractères appartenant à son espèce. »

Sans nier l'intérêt de cette conception, je crois qu'il serait imprudent de la généraliser.

L'hybridation asexuelle a souvent des rapports avec l'hybridation sexuelle et, dans certains cas, elle se comporte de la même manière; je l'ai indiqué depuis longtemps pour des Haricots et pour des Solanées diverses où le greffage a ramené une sorte de variation désordonnée (4).

Dans les faits observés par M. Jurie, comme pour beaucoup d'autres qui seront décrits ultérieurement dans ce travail, il y a plusieurs causes de variation qui ont pu agir ensemble ou séparément: substances morphogènes, troubles de nutrition provoquant un dédoublement des caractères parentaux des hybrides ou la formation d'une nouvelle mosaïque, comme aussi soudure intime de cellules du sujet et du greffon avec apparition d'un véritable hybride de greffe.

Il ne faut pas oublier qu'en greffant des hybrides sexuels, de formation récente, on agit sur des êtres plus ou moins instables, en état de variation potentielle. Chez certains d'entre eux, il y a des caractères dominants et des caractères latents et l'on conçoit qu'il suffise de peu de chose pour amener le caractère latent à apparaître (hybrides unilatéraux ou alternants), à se renforcer (hybrides renforcés), à changer de catégorie ou encore à changer de mosaïque (hybrides mosaïques).

Quelle que soit d'ailleurs l'origine vraie de ces variations, elles n'en existent pas moins et elles ont une portée pratique considérable pour la viticulture.

Variations spécifiques observées par M. Castel et divers viticulteurs.

M. Castel fut un des hybrideurs qui, après m'avoir demandé de le documenter sur mes méthodes au Congrès de Lyon, les essaya en grand dans son beau domaine de Paretlongue. Ingénieur des arts et manufactures, c'était un

(1) Voir la *Revue de Viticulture*, 1906.

(2) RAY. — *Le champ d'expériences de Millery* (La vigne américaine, p. 310, Mâcon, octobre 1904). « Nous ne pouvons, dit-il, que déclarer très impartialement *avoir vu*. »

(3) *Revue des Hybrides*, 1903. — Voir aussi *Lyon-Horticole*, 1903.

(4) L. DANIEL. — *Variation des races de Haricots sous l'influence du greffage* (*C. R. de l'Acad. des Sciences*, 1900).

esprit très cultivé, positif et prudent à la fois, ne s'en rapportant qu'à l'expérience.

C'est lui qui avait le premier osé parler de l'influence exercée par le sujet sur son greffon chez les Viniféras du Midi et ses observations étaient, au Congrès de Paris en 1900, corroborées par celles de M. Prosper Gervais, qui ne veut plus s'en souvenir aujourd'hui et nie complètement toute variation spécifique chez les vignes greffées.

L'on pourra juger par des documents irréfutables de l'importance de ses travaux. Peu de temps après la publication de ma méthode, il avait planté en 1894, dans les alluvions du Fresquel à Parctlongue, un vignoble entier d'Aramon greffé sur un grand nombre de porte-greffes : Riparia-Gloire, Riparia grand glabre, Rupestris du Lot, 3306, 3309, 101^{14}, 101^{16}, Cordifolia-Rupestris, 1202, Gamay-Couderc, Aramon, Rupestris-Ganzin n° 1, 33 A, Solonis, Jacquez, etc.

« La manière de porter les fruits, disait-il en 1903 [1], n'est pas la même sur ces divers porte-greffes. Sur les Riparias, ils se montrent à la base des sarments et se groupent au centre de la souche, et si leur charpente a été établie à une trentaine de centimètres au-dessus du sol, le tuteur qui maintient la souche droite empêche les raisins de traîner à terre.

« Il n'en est plus de même avec 3306 et 3309, Rupestris du Lot, Aramon-Rupestris Ganzin n° 1, 1202 et d'une façon générale avec les franco-américains dont les souches sont plus étalées et qui portent leurs fruits au tiers de la longueur de leurs sarments à partir de la base. Sur ces dernières greffes, pour empêcher les raisins de traîner sur le sol, le viticulteur est obligé de soutenir les pampres avec de petites fourches de bois ou de les attacher à des lignes de fil de fer. »

Et dans le même travail, M. Castel rappelait ce qu'il avait déjà signalé en 1900, c'est-à-dire que « dans le même sol, avec le même cépage employé comme greffon, il existe de très grands écarts de production d'après la nature de ses porte-greffes. »

Avant de publier le résultat de ses recherches dans la voie nouvelle, M. Castel voulut être sûr de ne pas se tromper et éviter de donner des conclusions prématurées. Ce fut au Congrès de Toulouse que M. Castel, en 1904, fit une conférence très documentée sur l'amélioration des producteurs directs par la greffe. Les faits l'avaient convaincu et, comme le doit faire tout honnête homme, il s'empressait de le dire.

Il avait pris pour sujet d'études l'un de ses hybrides, le n° 10709. C'est un Rupestris-Vinifera × Castelet, produit d'un croisement entre le 1203 Couderc, cépage à raisins blancs et le Castelet, Viniféra noir à gros grains et à grosses grappes cultivé dans le Midi (Pyrénées-Orientales) comme raisin de table. Le 10709 est un cépage fertile, blanc, à grosse grappe et à gros grains, à saveur fraîche et sucrée, mais sujet à la pourriture et très peu résistant au phylloxéra.

M. Castel greffa cet hybride sur Riparia, Riparia-Rupestris, 1202 Couderc, Aramon-Rupestris Ganzin n°s 1 et 2, Rupestris du Lot et Cordifolia-Rupestris.

Quelques années plus tard, il prit des sarments sur le pied-mère, de semis, et sur les divers greffons ci-dessus énumérés et planta ces boutures en plein champ, sur un assez grand espace.

Il remarqua qu'un certain nombre de souches présentaient une plus grande vigueur et une résistance beaucoup plus élevée au phylloxéra. Or, ces souches provenaient toutes de sarments coupés sur les greffes de 10709 placé sur Cordi-

(1) P. Castel. — *Les hybrides porte-greffes* (Congrès de Rome, 1903).

folia-Rupestris. M. Castel en conclut que ce dernier cépage était la cause de ce supplément de vigueur et de résistance au phylloxéra, puisque la résistance phylloxérique était restée la même dans les ceps issus du franc de pied ou récoltés sur les autres porte-greffes.

Comme, dans les autres greffes, le Rupestris isolé ou associé à d'autres cépages n'avait pas modifié la résistance phylloxérique, c'était à l'action du Cordifolia qu'il fallait attribuer le résultat.

M. Castel ayant, pendant quatre années consécutives, constaté que l'amélioration se maintenait intégrale, mit au commerce son hybride asexuellement amélioré sous son numéro d'ordre en le faisant suivre des lettres C. R., pour montrer qu'il était dû à l'action du sujet Cordifolia-Rupestris.

Dans sa conférence à Toulouse, M. Castel rapportait, en dehors des variations qu'il avait vues chez M. Jurie, divers faits qu'il avait contrôlés ailleurs et dont il m'avait parlé lors de ma visite à Paretlongue en 1903.

Chez M. P. Douysset, à Saint-André-de-Sagonis, il avait observé des Aramons greffés sur une variété de Berlandieri, le Mountain Surrett, qui avaient leurs feuilles minces, luisantes et parcheminées sur les deux faces comme le sujet, tandis que les autres greffes d'Aramon sur Riparia, Rupestris et Jacquez avaient conservé leurs feuilles au tissu lâche, épais et duveteux.

Le même fait s'était produit chez M. Castel, à Paretlongue, et je pus le vérifier sur place.

L'hybrideur de Carcassonne me communiqua divers autres exemples de variations spécifiques consécutives au greffage siamois. Chez M. Duez (Seine-et-Oise), un Pinot Meunier greffé avec un Précoce de Malingre donna des fruits en avance de sept à huit jours comme maturité par rapport aux francs de pied. Le greffon s'étant séparé accidentellement, la variation de précocité persista ; elle se maintint aussi après bouturage.

Une pareille avance, plus prononcée encore, fut constatée dans un jardin de Versailles chez M. Duriez.

M. Castel demandait alors de choisir les greffons d'après leur coefficient de réceptivité par rapport à tel ou tel sujet améliorant. Parmi ces derniers, il indiquait le Cordifolia-Rupestris comme pouvant donner un notable supplément de résistance phylloxérique ; le Noah comme pouvant préserver les producteurs directs de la coulure, augmenter la teneur des raisins en sucre et donner de plus belles grappes ; le Berlandieri comme un cépage améliorateur de la qualité.

Et, constatant que certaines améliorations ainsi obtenues étaient franchement héréditaires, il concluait en ces termes bien nets :

« Avec le concours combiné des hybridations sexuelle et asexuelle dans un but précis à atteindre, nous devrons, dans un avenir prochain, pouvoir reconstituer nos vignes par de simples boutures en plein champ, tout en assurant aux vins des grands crus l'intégralité de leurs caractères [1]. »

Il est encore intéressant de noter ici que M. Castel ne craignait pas de confirmer, à propos de la qualité des vins de vignes greffées, les conclusions que M. Ch. Laurent et moi avions formulées en février 1904 :

« Les viticulteurs, disait-il, doivent se préoccuper de l'influence des divers porte-greffes sur la qualité de leur vin. Les viticulteurs du Midi qui vendent leur vin au degré considèrent comme les meilleurs les porte-greffes qui leur donnent la production maxima de degrés à l'hectare. Mais pour les propriétaires de

[1] P. Castel. — *De l'amélioration des producteurs directs par la greffe* (*Congrès agricole de Toulouse*, juin 1904).

vignobles produisant des vins de grands crus, les mêmes considérations ne sauraient les guider. En plus de la résistance du porte-greffe au phylloxéra et à la chlorose, ces viticulteurs ne doivent utiliser que les porte-greffes assurant le maintien de la qualité de leur vin en modifiant le moins possible les conditions de végétation et de fructification de leurs cépages fins. *De même que le vin de coteau est meilleur que le vin de plaine, de même en greffant un cépage sur un porte-greffe peu vigoureux ou très vigoureux, le greffon recevra sa nourriture en petite quantité ou en excès, comme s'il se trouvait dans le coteau ou en plaine. Dans l'un et l'autre cas son vin ne saurait présenter les mêmes caractères. Ainsi des porte-greffes améliorent tandis que d'autres déprécient la qualité du vin.* »

En 1905, au Congrès agricole de Toulouse, où M. Jurie exposait une si remarquable et si complète collection comparative de ses hybrides francs de pied et de leurs variations par greffages systématiques (1) M. Castel prit à nouveau la parole et il montra (2) la réalité de l'hybridation asexuelle chez la vigne, en demandant encore quelques années pour juger ce qu'on pourrait pratiquement en tirer, mais en « signalant les hautes espérances qu'elle faisait concevoir dès à présent ».

Ajoutons enfin que M. Roy-Chevrier, rapportant l'opinion de la Commission d'enquête sur les producteurs directs qui, après avoir visité ses 90 hectares de vignes d'expériences et « entendu l'exposé de ses travaux, de ses peines et de ses espérances », concluait ainsi (3) :

« **Le domaine de Paretlongue est le triomphe de l'hybridation sous toutes ses formes, aussi bien par la greffe que par les directs... Les membres de la Commission admirent la rigueur scientifique de M. Castel et sa prudente réserve.** »

Ces lignes ne manquent pas de piquant, étant donné que la Commission en question comprenait MM. Gervais, Ravaz et Roy-Chevrier, c'est-à-dire les plus ardents adversaires de l'hybridation asexuelle de la vigne.

De nombreux hybrideurs ou viticulteurs ont, en même temps que MM. Jurie et Castel ou avant eux, signalé des transmissions spécifiques de caractères du sujet au greffon ou inversement. J'en citerai ici quelques exemples, choisis parmi les plus caractéristiques, rapportés par mes adversaires.

Il est toujours piquant d'en trouver dans les écrits des Américanistes qui ont nié l'existence des variations spécifiques. M. Prosper Gervais qui a observé la

(1) Voici la liste des hybrides sexuels, exposés par M. Jurie le 17 septembre 1905, avec leurs variations par greffe :

580 Pied-mère avec sa variation obtenue par greffage sur 41 B.

1975 Pied-mère et ses deux variations : 1° par greffage mixte avec le 34 EM portant sur la forme de la grappe et la couleur du feuillage devenue plus foncée (voir fig. 211-215) ; 2° par greffage mixte avec l'hybride Jurie 1090 (Mondeuse-Rupestris) × (Bilwil-Aramon-Rupestris Ganzin), ayant donné un gros raisin à grosses graines, avec un feuillage très clair.

2850 Pied-mère avec ses variations sur 212 et sur 560.

1375-1 Pied-mère et ses variations sur 420 A, avec longs raisins et feuillage clair ; sur Berlandieri n° 2 à nombreux raisins de 30 centimètres de long et à feuillage vernissé de Berlandieri ; sur Rupestris-Cordifolia de Grasset, avec long raisin plus tardif et se chlorosant.

1375-6 Pied-mère avec sa variation sur Limberger, à raisins plus allongés, à grains plus gros, à feuillage très ample.

Enfin Grec rosé franc de pied et sa variation devenue blanche par son greffage sur Rupestris (*Revue des hybrides*, novembre 1905).

(2) P. Gouy. — *Exposition des raisins d'hybrides producteurs directs à Toulouse* (*Revue des hybrides*, novembre 1905).

(3) Roy-Chevrier. — *Enquête sur les hybrides producteurs directs* (Rapport à la Société des Agriculteurs de France, p. 29, 1904).

modification de la grappe de l'Aramon qui devient plus lâche et plus allongée sous l'influence du sujet Rupestris, comme le fait le Pinot en Bourgogne (Castel), a aussi observé de grandes variations de précocité pour un même cépage suivant les sujets employés et des variations de teinte très prononcées. Ainsi l'Aramon greffé sur 157" Couderc, à Lattes (Hérault), était moins luxuriant que sur 1202, mais il était plus fruité et présentait une teinte générale d'un vert plus sombre qui faisait nettement détacher les greffes sur 157" des greffes voisines sur 1202 et 3309 (1).

« Les qualités du 157", qu'il tient du Berlandieri, résident principalement dans la régularité de sa fructification, dans la beauté de ses fruits, dans la précocité de maturation qu'il leur *imprime* » (c'est-à-dire à ses greffons).

« M. Prosper Gervais, dit M. Goutay (2), a remarqué que les Viniféras greffés sur 1202 conservent absolument l'aspect des Viniféras francs de pied tandis que leur facies est modifié lorsqu'ils sont nourris par le Rupestris du Lot. »

M. Guillon est non moins catégorique et a rapporté des faits non moins connus de tous les viticulteurs (3):

« Le Riparia, dit-il, est un des porte-greffes les plus fructifères dans les terrains qui lui conviennent; c'est aussi l'un de ceux qui avancent le plus la maturité de leurs fruits. Débourrant de bonne heure et mûrissant hâtivement ses grappes, il conserve cette précocité quand il est greffé et *la transmet à ses greffons*. Les exemples ne sont pas difficiles à trouver et tous les viticulteurs ont remarqué que, lorsque les greffes du même cépage sur Riparia et sur Rupestris sont placées dans les mêmes conditions, les premières ont leurs raisins mûrs huit ou dix jours au moins avant les secondes...

» Le Rupestris du Lot est également plus tardif que le Riparia. A l'état franc de pied, il débourre plus tard, il aoûte moins ses bois et perd ses feuilles plus tard que le Riparia. Greffé, ce retard dans la végétation se manifeste par une richesse alcoolique moindre et une acidité plus grande des fruits...

» Les Viniferas-Rupestris sont des porte-greffes en général très vigoureux. Comme pour le Rupestris, la fructification des greffons qu'ils portent est irrégulière, il est utile de leur appliquer une taille généreuse... »

Bien des fois MM. Guillon et Prosper Gervais ont vanté les qualités du Berlandieri et de ses hybrides qui « communiquent leurs qualités à leurs greffons », et cette opinion est corroborée par l'observation des vignobles étrangers.

« Le Berlandieri imprime à ses hybrides des caractères de résistance à la chlorose, de fructification, de rusticité, on peut dire constants (4).

» Les Berlandieri ou leurs hybrides, a dit M. Viala (5), sont des porte-greffes qui *impriment* aux produits de leurs greffons le maximum de qualité. »

M. Chappaz (6) a fait des constatations analogues à celles de MM. Gervais, Guillon et Viala.

« Le Berlandieri et ses hybrides, dit M. H. Faës (7), sont des porte-greffes

(1) Prosper Gervais. — *Berlandieri × Riparia n° 157" Couderc (Revue de viticulture*, 2 novembre 1901).
(2) E. Goutay. — *Les bienfaits et les méfaits du greffage (Revue de viticulture*, 1902).
(3) Guillon. — *Influence des porte-greffes sur la qualité des vins (Revue de viticulture*, 1904).
(4) Guillon. — *La reconstitution des terrains calcaires (Revue de viticulture*, 1903).
(5) Viala. — *La viticulture dans le monde (Revue de viticulture*, p. 128, 1903).
(6) Chappaz. — *Les Berlandieri × Riparia dans l'Yonne*, 1902.
(7) H. Faes. — *Chronique agricole du canton de Vaud*, 1907.

nettement *améliorants*, provoquant chez leurs greffons une fructification abondante et régulière, tout en hâtant la maturité du fruit. »

La connaissance de ces faits n'a pas empêché MM. Gervais, Guillon, Viala, Ravaz de conclure que la variation spécifique n'existe pas. Pourtant le caractère de la précocité, celui de l'aoûtement, comme celui de la fructification (¹) sont bien des caractères spécifiques utilisés par eux pour distinguer les variétés de vignes!

Citons encore, pour les variations de précocité, sans y insister davantage tellement ces faits sont connus, la remarque suivante (²), faite dans le vignoble nantais :

« Nous vendangeons nos Muscadets vers le 20 septembre, le Gros Plant peu après, le greffage ayant fortement rapproché la maturité de ces deux plants autrefois éloignée d'une quinzaine de jours au moins. »

Les variations de la résistance phylloxérique, avons-nous déjà vu, ne sauraient faire de doute à la suite du greffage. En voici différents exemples bien caractéristiques où se révèlent une influence fort nette d'un greffon résistant sur un sujet non résistant ou inversement d'un sujet résistant sur un greffon non résistant.

Au Congrès de Nîmes, en 1879, fut rapporté le fait suivant qui avait été constaté par de nombreux viticulteurs et dont l'authenticité n'a jamais été contestée (³). Dans le domaine de Campaget se trouvaient quelques pieds de Muscat, conduits en treille; atteints par le phylloxéra, ils ne donnaient plus que des pousses grêles de 0m30 à 0m40 de longueur.

En 1878, le jardinier eut l'idée de greffer sur l'un d'eux du Jacquez, à un mètre au-dessus du sol. La greffe réussit fort bien et donna une pousse de 2m50 de long. L'année suivante, ses pousses atteignirent 5 à 6 mètres. Pendant ce temps, tous les autres ceps étaient morts, tués par le phylloxéra. Le pied greffé avait seul résisté, parce qu'il était nourri par un greffon résistant suffisamment à l'insecte dans les conditions de l'expérience.

(¹) Je donnerai ici, à propos de procédés de discussion et de négation des faits les plus notoires, l'extrait suivant d'un article de M. Guichord, professeur départemental de la Côte-d'Or; le lecteur en appréciera, une fois de plus, la courtoisie et la façon dont mes recherches et mes idées ont été travesties vis-à-vis du public viticole qui ne lit pas les travaux originaux :

« Il était intéressant pour nous, dit-il, de parcourir les vignes et de rechercher comment s'étaient comportées les diverses sélections du Pinot noir dans une année de faible production et comment elles se comportaient suivant les porte-greffes. Et cela d'autant plus qu'un professeur de la Faculté de Rennes, *voulant prouver* que tout ce qui a été dit et vu sur le rôle de la greffe a été dit et vu par des *ignorants* et des *aveugles*, *avait annoncé récemment qu'il découvrait* la nature des divers porte-greffes employés dans la reconstitution des vignes de Pinot *par l'examen des feuilles du greffon* qui, selon lui, se modifient si complètement qu'elles prendraient les caractères du porte-greffe. Dix ans de vie passés à travers les vignes de la Côte ne nous avaient jamais rien fait voir de semblable; nous avons voulu revoir de près. Nous n'avons pu remarquer de feuilles plus lisses sur les Pinots greffés sur Gamay-Couderc que sur ceux greffés sur Riparia tomenteux et sur les Pinots francs de pied, *mais nous avons constaté la persistance remarquable des caractères individuels des différentes sélections d'un même cépage après le greffage sur les sujets les plus variés.* »

Et l'auteur insiste aussi sur « la persistance des caractères de fertilité » et pour lui « *le greffage de la vigne est un moyen extrêmement sûr de conserver entièrement les caractères de fertilité, de forme, de saveur, de qualité des grappes de nos anciens cépages.* » (Jean Guicherd, *Les bonnes sélections de Pinot noir; — La Bourgogne rurale*, p. 147, 20 octobre 1903.)

Les variations du Pinot que j'ai pu observer chez le docteur Chanut l'ont été en son aimable compagnie. Propriétaire de grands crus et viticulteur émérite, il était au moins aussi bon observateur que M. Guicherd, au point de vue viticole. Il m'avait, à plusieurs reprises, autorisé à invoquer au besoin son témoignage. D'ailleurs, des modifications du fruit du Pinot greffé, en Bourgogne, ont été indiquées bien avant moi par M. Castel. M. Prosper Gervais raconte que M. Castel « les a signalées au Congrès international de viticulture de Paris en 1900, et qu'elles n'ont point soulevé de contradiction. » (Prosper Gervais, *Rapport au Congrès international de Lyon*, 1901, p. 106.)

Ainsi s'écrit l'histoire, quand il s'agit de la reconstitution. N'est-ce pas édifiant?

(²) *Revue de viticulture*, p. 281, 8 septembre 1904.

(³) Voir P. de Laffitte, *loc. cit.*

» Au cours de mes promenades, dit M. Labergerie[1], j'ai été amené à entendre rapporter le fait suivant qui me paraît de nature à intéresser les botanistes et les chercheurs.

» Un propriétaire des environs de Lencloître a planté, il y a quelques années, des boutures provenant de souches de Folle blanche greffées sur Riparia et, côte à côte, des boutures provenant de souches de Folle blanche non greffées et non encore détruites par le phylloxéra. Le terrain où a été effectuée la plantation est très homogène comme composition. Les boutures provenant de souches non greffées végètent mal ou disparaissent rapidement sous les atteintes de l'insecte destructeur qui est en permanence dans le sol. Au contraire, les boutures provenant de souches greffées sur américains végètent bien et se conforment presque aussi vigoureusement que les vignes greffées qui les entourent. L'expérience a déjà plusieurs années d'âge.

» Je serais très reconnaissant aux lecteurs de la *Revue* qui pourraient expliquer le *fait* ou apporter d'autres renseignements confirmant ou infirmant cette expérience. Le fait cause dans toute la région une grosse curiosité et une émotion fort légitimes ; et plusieurs vignerons ne sont pas éloignés de voir là le début d'une révolution dans les procédés de reconstitution du vignoble. »

La *Revue de viticulture*, après avoir inséré cet article, le faisait suivre des lignes suivantes :

« Ce sont là des faits intéressants sans doute, mais les différences de *persistance*, et non de résistance, d'une vigne française tiennent à tant de causes que nous ne pouvons pour notre part accepter comme acquis un aussi grave phénomène, sans contrôle répété. L'autorité d'un observateur tel que M. Labergerie nous oblige cependant à insérer sa note, en faisant les plus expresses réserves sur la matérialité du fait, et en appelant sur lui l'attention de M. L. Daniel, car si l'observation était reconnue exacte, et non le résultat d'un accident, ce serait la preuve la plus précise qui ait jamais été donnée sur la variation spécifique de résistance due à l'influence du porte-greffe sur le greffon. »

Comme bien l'on pense, je m'empressai de déférer à l'invitation de M. Viala et je me rendis à Lencloître pour vérifier sur place le fait en question qui était parfaitement exact. Le propriétaire du vignoble, M. de Cursay, mit à ma disposition tout le nécessaire pour étudier les racines des ceps de Folle blanche de chaque provenance. Je constatai que les racines des boutures issues des souches non greffées étaient couvertes de nodosités phylloxériques, quand celles des boutures prises sur les Folles greffées n'en portaient pas ou en portaient à peine.

En outre l'examen des racines me permit d'observer un fait très curieux. Tandis que les racines des Folles issues des ceps francs de pied étaient déjà au repos de la végétation lors de mon passage en fin septembre 1905, les racines des ceps provenant des boutures prélevées sur les greffes étaient en pleine végétation comme celles du Riparia franc de pied et les radicelles remontaient vers le sol.

L'expérience durait depuis neuf ans ; le caractère acquis à la suite du greffage s'était ainsi conservé intact pendant un temps assez considérable. Je ne sais ce qu'est devenue cette vigne, ayant dû restreindre mes voyages et mes études sur place quand ma mission me fut supprimée à la suite de l'odieuse *affaire du Times*.

De cette transmission de résistance phylloxérique, venant corroborer les

[1] Labergerie. — *Un cas de résistance au phylloxéra* (*Revue de viticulture*, 1904).

expériences systématiques faites par MM. Jurie et Castel que j'ai précédemment rapportées, se rapproche le fait intéressant suivant qui me fut communiqué par M. Rastoing, de Villenave-d'Ornon, et que j'ai pu également vérifier sur place, fin septembre 1904.

Un de ses vignerons avait planté trois cents boutures de Cabernet-Sauvignon prises sur des ceps francs de pied. N'ayant plus de boutures de cette nature à sa disposition, il employa trois cents autres boutures qu'il prit sur du Cabernet-Sauvignon greffé sur Riparia.

Tandis que les premières donnaient un racinage normal et n'avaient pas encore fructifié à la quatrième feuille, en 1904, au moment où je les vis, les secondes donnaient un racinage traçant comme dans le Riparia. Malgré la suppression de ces racines horizontales, il en revient chaque année, montrant que le caractère acquis à la suite du greffage sur Riparia est héréditaire par bouturage.

Chose également très remarquable et très démonstrative que j'ai pu constater sur divers pieds, les racines n'étaient pas seulement horizontales et à chevelu remontant vers la surface du sol, mais elles étaient encore, à la fin de septembre, en végétation ainsi qu'en témoignait leur extrémité blanchâtre, quand les racines des boutures provenant des francs de pied étaient déjà à l'état de vie ralentie.

Enfin ces boutures à racine américaine ont donné du fruit à la deuxième ou à la troisième feuille, comme cela se passe pour les vignes greffées. Cette précocité dans l'apparition de la fructification est donc encore un caractère acquis, transmissible par bouturage.

En 1903, la *Revue de viticulture* rapportait un exemple bien curieux de variation à la suite du greffage.

« Il ne s'agit point ici de reconstitution, écrivait l'auteur (1), mais de ceps de nos variétés françaises greffées l'une sur l'autre. Les ceps dont il s'agit sont placés au pignon d'une habitation et disposés en treilles de façon à tapisser harmonieusement la muraille. Les plantations furent faites en 1894. Tous ces ceps devaient être parfaits Chasselas de Fontainebleau, mais dans le nombre il se trouva deux gros Colman et un Pinot à grappes cylindriques.

» Ces trois plants ne pouvaient me donner satisfaction, le Gros Colman ne mûrissant jamais et le Pinot n'étant pas à sa place. En 1897, je résolus de le transformer; à ce moment j'étudiais la greffe en écusson sous ses différentes formes. C'est l'écusson en vert avec l'éducation du bois greffon comme nous l'avons décrit qui nous donna cette heureuse transformation. Sur chacun des pieds nous avions réservé une portion de tige de la variété type, de sorte que sur le même cep nous possédions chaque année des fruits du sujet et des fruits du greffon (2). Les écussons furent levés sur un beau pied de Chasselas de Fontainebleau et sur le même courson : l'origine du greffon est donc identique. La première année, la végétation fut parfaite. Pinot et Gros Colman donnèrent au greffon une vigueur extraordinaire en 1899, et, en 1900, la végétation se maintint toujours belle.

» Cependant, en 1900, je constatai que le greffon du Gros Colman portait un feuillage plus foncé que le greffon placé sur le Pinot; la végétation n'en était pas moins belle sur celui-ci. En 1901, toujours même vigueur de part et d'autre, mais la couleur claire du Chasselas sur Pinot tranchait nettement sur celle du Chasselas porté par le Gros Colman.

» Cette même année (1901), je faisais une remarque qui m'avait échappé

(1) L. B. — *Influence de la greffe sur la forme des grappes* (*Revue de viticulture*, 26 mars 1903).
(2) C'est, en somme, le greffage mixte.

l'année précédente sur la forme des grappes. Elles me semblaient en général d'une forme plus arrondie sur le Chasselas porté par le Pinot que ne l'étaient celles portées par le Gros Colman.

« En 1902, *avec la même végétation de part et d'autre* (1), le Gros Colman a nourri des grappes de Chasselas d'une longueur et d'une grosseur démesurées, supérieures à celles du pied-type, tandis que le Chasselas sur Pinot, avec son feuillage toujours vert clair, portait cette fois des grappes franchement rondes ou cylindriques comme le Pinot.

» Je n'ai pas constaté de qualité différente entre ces deux raisins. »

Personnellement j'ai vu chez M. Bouscasse, professeur à l'Ecole nationale d'Agriculture de Rennes, des greffes de Gros Colman sur Zabalkanskoï, faites en serres dans le but de remplacer ce dernier cépage qui ne mûrit pas à Rennes en serre froide, quand le Gros Colman y mûrit en général assez bien. Tous les ceps de Gros Colman ainsi greffés ne mûrirent plus désormais quand les témoins continuaient chaque année à donner de bons fruits.

Le sujet avait ainsi transmis son caractère spécifique de maturation très tardive à un greffon moins tardif que lui.

Un propriétaire sicilien, le docteur Turrisi, ayant greffé le 13317 Castel sur un Moscatellone ou Muscat d'Alexandrie, cet hybride donna dès la première année de très grosses grappes de raisins noirs, pesant de 400 à 800 grammes chacune. La seconde année, il fut plus fertile encore et donna un vin titrant 12°7 d'alcool. Le raisin était à saveur douce et fine, légèrement musquée.

« Le raisin de ce plant de Castel 13317, a écrit le docteur Turrisi (2), est des plus exquis et très fin de goût. Je crois fermement que le porte-greffe Moscatellone a exercé sur lui une influence des plus heureuses qui constitue un cas fortuit et probant d'hybridation asexuelle à la suite d'un greffage mixte; puisque je sais qu'avec ce plant Castel je n'ai greffé qu'une seule bouture sur le dit Moscatellone et que deux boutures de ce même cépage laissées franches de pied donnent des fruits à goût neutre. Je déclare, à l'appui de mon affirmation, que toutes les personnes qui ont dégusté les raisins de cette greffe de 13317 Castel ont perçu un léger, agréable et exquis parfum de Moscatellone. C'est pourquoi j'en conclus que l'hybridation asexuelle est très évidente. »

Le docteur Turrisi a multiplié cette variété nouvelle obtenue par greffe et elle a conservé ses caractères.

A Angers, une vigne de Groslot (3), greffée sur Rupestris du Lot, présenta vers 1900 un sarment portant une grappe presque noire, alors que les autres étaient vertes ou n'avaient que quelques grains rosés. Dans un autre vignoble du même cépage greffé, on voyait plusieurs ceps de Groslot dont les feuilles étaient devenues rougeâtres et dont les fruits mûrissaient bien avant ceux des autres ceps.

La variation dans l'époque de maturité est d'autant plus intéressante que le Rupestris est un cépage tardif, qui transmet souvent à ses greffons sa tardiveté. Si l'on voit dans ces phénomènes une hybridation par la greffe, il s'agirait d'un hybride renforcé. Et ces variations de précocité sous l'influence du greffage ont une valeur d'autant plus grande qu'elles constituent de bons caractères spécifiques, au sens général que j'ai donné à ce mot.

(1) Cela montre bien que les variations de nutrition ordinaires ne sauraient ici être invoquées comme causes des modifications observées.

(2) *Revue des hybrides*, janvier 1904.

(3) *Revue des hybrides*, février 1904.

En 1903, le même viticulteur avait fait une greffe de Frankenthal sur un cep de Chasselas. Dans la suite, il remarqua une jeune pousse dont le bourgeonnement avait la teinte rougeâtre spéciale du Chasselas. Il voulut l'enlever comme appartenant au sujet et il s'aperçut alors qu'elle avait pris naissance sur le greffon de Frankenthal et était sortie de l'œil inférieur engagé dans la fente de la greffe. Lorsque les feuilles furent développées, elles furent cependant semblables à celles du Frankenthal.

Ce fait montre que s'il y a des variations spécifiques permanentes, il en existe aussi qui sont temporaires.

M. Martial Ombras, de Montbazin (Hérault), trouvait en 1901, dans une vigne de dix ans, formée d'Aramon greffé sur Riparia, un drageon de Riparia de 2m50 de haut portant à son extrémité deux grappes ayant des caractères d'Aramon. M. Jurie put étudier cette variation et comparer les feuilles et les raisins du type normal et du rameau modifié. Les feuilles de celui-ci étaient du Riparia pur; ses grappes étaient ailées, longues de dix centimètres en moyenne; les grains étaient ronds et serrés, de 8 à 10 millimètres de diamètre, à pulpe très blanche. Ils contenaient un à deux petits pépins à caractères à la fois Riparia et Vinifera.

Un viticulteur des environs de Cahors [1] a signalé un fait non moins curieux. En 1900, il coupa en deux une bouture de Seibel et il en greffa la première moitié sur Herbemont et l'autre moitié sur Rupestris du Lot. Les deux greffes réussirent. Or, le greffon placé sur Herbemont donna par la suite de grosses grappes à petits grains, quand le greffon mis sur Rupestris du Lot donna de petites grappes à gros grains.

Des écrivains américanistes ont rapporté eux-mêmes de nombreux cas de variations spécifiques à la suite de greffes déterminées.

La *Revue de viticulture* [2], en 1905, publiait le fait suivant: « Il résulte d'expériences nouvelles, dues pour la plupart à M. Lucien Daniel, professeur à la Faculté des Sciences de Rennes, que le maintien des caractères de la plante greffée est loin d'être absolu.

» En voici une preuve. A la dernière réunion de la Société royale d'Horticulture d'Angleterre, M. Crooks, de Fort-Abbey, présentait quelques grappes de Gros Colman, obtenues de greffes de cette variété sur des pieds très vigoureux de West-Saint-Peters. C'est du moins ce que disait la pancarte qui accompagnait cette présentation. Cette notice était absolument nécessaire, car les grappes exposées ressemblaient à s'y méprendre à celles que produit le Saint-Peters.

» Devant la nouveauté du fait et malgré l'honorabilité du présentateur, les membres du Comité fruitier décidèrent d'envoyer une délégation s'assurer sur place qu'aucun rejet n'avait été émis par le porte-greffe et que les raisins exhibés provenaient bien d'une greffe de Colman.

» M. Crooks, avisé de cette décision, écrivit qu'il avait été tellement lui-même étonné de la nouveauté du fait qu'il avait envoyé ces grappes à seule fin que ses collègues de la Société royale d'Horticulture arrachent plutôt que de greffer le West-Saint-Peters s'ils en possédaient et que, du reste, il avait laissé quelques grappes à chaque pied.

» Les membres de la délégation se sont rendus alors à Fort-Abbey, ont constaté le greffage du Colman qu'ils ont parfaitement reconnu à tous ses caractères ampélographiques, ont coupé eux-mêmes à fin de dégustation quelques grappes subsistantes, absolument identiques comme aspect et comme forme à celles du West-Saint-Peters, et n'ont eu qu'à s'incliner devant la constatation du fait.

(1) *Revue des hybrides*, août 1903.
(2) René Salomon. — *Variation par le greffage* (*Revue de viticulture*, 21 décembre 1905).

» La greffe a pour but général, nous a-t-on enseigné, de maintenir les caractères des variétés. C'était là un axiome que les expériences de M. Daniel ont détruit, car il a obtenu lui-même par greffe de cas de plus en plus nombreux en opposition formelle avec le principe même du greffage. Et celui que nous citons ne fait que corroborer ses dires ».

MM. Desmoulins et Villard (¹) ont observé le fait suivant, qui a son intérêt :

« A signaler, disent-ils, la particularité suivante : le 28-112 nous paraît varier très facilement par bourgeon (probablement à cause de son origine) (²). L'un de nous ayant placé en juillet 1901 des écussons sur différents sujets, nous avons remarqué en 1902 des différences de végétation très sensibles au point de vue du débourrement dont l'époque a été différente pour chacun des sujets. Mais les différences les plus grandes portaient sur le feuillage et l'aspect général de la plante qui, presque toujours, rappelait le sujet. Les différences les plus accentuées se sont montrées sur des écussons placés sur un Riparia à larges feuilles : le 28-112 ainsi obtenu ressemblait à s'y méprendre au sujet.

» Un autre écusson, placé en 1900 sur Pinot fin de Bourgogne, montrait absolument le gaufrage de la feuille du Pinot. Tous ces faits n'ont rien de surprenant si l'on considère tout d'abord l'origine du 28-112 et si l'on considère également que l'on s'est placé dans les meilleures conditions de variations étudiées par M. Daniel au Congrès de Lyon.

» Ces diverses variations, obtenues accidentellement en remplaçant diverses variétés que l'on voulait supprimer, se conserveront très probablement d'une façon définitive. Quant à ces variations, auront-elles également eu une répercussion sur les grappes? C'est ce que nous étudierons cette année. »

Je ne sais si le professeur d'agriculture Desmoulins a constaté ou non par la suite des variations de la grappe ou du raisin analogues à celles qui ont déjà été rapportées précédemment. Mais j'ai pu souvent constater personnellement qu'aux variations de l'appareil assimilateur des vignes greffées correspondaient des variations de l'appareil reproducteur. Parmi ces observations, je citerai la suivante, que j'ai publiée dans mon étude sur la reconstitution (³) :

« En Bourgogne, un habile viticulteur bien connu, le Dr Chanut, m'a permis de visiter ses vignobles et de faire plus ample connaissance avec le fameux Pinot qui fournit les crus si renommés de Chambertin, Vosne-Romanée, Nuits, Vougeot, etc. Cette variété de vigne présente un faciès bien caractéristique, tant par son port érigé que par sa taille relativement faible; ses feuilles sont assez peu profondément dentées et l'on sait que les dents profondes et très marquées sont l'apanage des plants de mauvaise qualité.

» Il m'a été facile de comparer les vignes greffées et les vignes non greffées, car le Dr Chanut, avec une persévérance digne d'éloges, a su conserver une partie de ses vieilles vignes, ce dont il se félicite. En effet, cette année, malgré le phylloxéra, elles se sont comportées au moins aussi bien, comme santé générale, que les vignes greffées.

» Un certain nombre de pieds de Pinot, greffés sur Gamay Couderc, ont présenté une particularité intéressante. Tandis que le Pinot franc de pied possède un port érigé sans cottereaux, le même Pinot greffé sur Gamay Couderc a donné

(¹) A. Desmoulins et V. Villard. — *A propos du 28-112 Couderc* (*Revue des hybrides*, novembre 1903).

(²) On admet généralement aujourd'hui que le 28-112 est un hybride de greffe obtenu accidentellement par M. Couderc.

(³) Daniel. — *Questions de greffe* (*Revue de viticulture*, 24 septembre 1903), et *Premières notes sur la reconstitution du vignoble français par le greffage* (*Revue de viticulture*, 1904).

un certain nombre de pieds avec rameaux rampants et cottereaux à l'aisselle des feuilles, absolument comme dans le sujet. Même variation a été observée avec d'autres sujets hybrides à sang de Rupestris; elle s'observe dans la plaine ou sur la côte.

» Il peut arriver aussi que la forme des grappes et celle de la feuille subissent des modifications profondes, portant sur les caractères spécifiques de la variété. Le Pinot normal n'a qu'une seule catégorie de grappes à raisins serrés. Le Gamay Couderc a deux sortes de grappes, de grosses grappes et des *grappillons*. Or le Pinot greffé présente souvent aussi deux catégories de grappes, c'est-à-dire de grappes normales et de petits grappillons. M. Roy-Chevrier, dans sa *Mustimétrie ampélographique* (1904), confirme ces faits et va plus loin que moi sous ce rapport, et pourtant « il ne partage pas mes idées ». Pour lui, le Gamay Couderc est arrivé à exagérer si bien la petitesse des grappes qu'il a fini par n'en plus donner du tout. Et il reconnaît que sa grande végétation favorise singulièrement les maladies cryptogamiques. Mais alors que dirait-il s'il partageait mes idées? Je ferai remarquer en outre que dans cette variation, que j'ai signalée l'année dernière sur les indications du Dr Chanut à qui revient le mérite de l'observation, il n'est question que de la forme de la grappe et non de la grosseur des grains de raisin. Bien que semblable confusion ne paraisse pas possible, elle a cependant été faite, avec beaucoup d'autres d'ailleurs qu'il me paraît inutile de relever tellement elles frappent tout esprit dépourvu de parti pris.

» La feuille du Pinot greffé a une tendance à devenir plus profondément dentée, ce qui indique, paraît-il, une dégénérescence de la qualité. J'ai observé sur quelques pieds des feuilles moins velues, et qui, par leur aspect plus vernissé, présentaient une certaine analogie avec les feuilles du sujet. Bien entendu, ce phénomène est loin d'être général; il en est de même pour beaucoup de phénomènes d'influence spécifique. C'est ce que je répète dans toutes mes publications, et il y a toujours des gens qui me font *généraliser* malgré moi. Le public jugera.

» Les variations que je viens de décrire se retrouvaient à Nuits-Saint-Georges, à Chagny, etc. Les vignerons désignent, sous le nom de *plants verts,* les plantes qui changent ainsi à la suite du greffage, qui *dégénèrent,* suivant leur expression. Ils les suppriment avec soin, car ils ont remarqué que si quelques-uns reviennent parfois au type normal, la plupart *conservent les caractères acquis* à la suite de la greffe et ne redeviennent jamais productifs. »

Voici comment M. Ravaz(¹) s'exprimait au sujet de cette variation du Pinot, que je n'avais, disait-il, connue que par *ouï-dire*, et qu'il prétendait *controuvée*.

« En Bourgogne, dit M. Daniel, chez M. le Dr Chanut, le Gamay Couderc donne de petites grappes rappelant celles du sujet concurremment avec des grappes normales. » De petites grappes! Mais où donc M. Daniel a-t-il vu que le Gamay Couderc a de plus petites grappes que le Pinot? Je viens de les mesurer. Les grappes de Gamay Couderc ont régulièrement 3, 4 et 5 centimètres de plus que celles du Pinot. Si donc on représente par une ligne AC la différence spécifique des grappes du Gamay Couderc et du Pinot franc, la grappe du Pinot greffé, si la théorie de M. Daniel est exacte, doit être entre A et C, en B par exemple. Or, non seulement elle n'est pas plus grande que la grappe du Pinot franc, mais elle est plus petite; elle n'est pas comprise entre A et C, elle est au delà de C. Le Gamay Couderc sujet, au lieu d'attirer son greffon, le repousse; il le rend plus Pinot qu'avant la greffe!

» Voilà ce qui se dégage des faits cités par M. Daniel quand on les soumet

(¹) L. Ravaz. — *Sur les effets de la greffe* (*Progrès agricole et viticole*, Montpellier, 11 octobre 1903).

à une analyse rigoureuse. Si donc on admet que ces faits sont exacts, qu'aucune autre explication ne peut en être donnée, qu'ils sont bien dus à la mystérieuse influence spécifique réciproque, on est aussi obligé de convenir que cette influence, au lieu d'être *positive* comme le prétend M. Daniel ou même *nulle* comme il ressort de mon expérience, est *négative*. La greffe, au lieu de tendre à *fondre* sujet et greffon en un hybride intermédiaire, les éloigne l'un de l'autre. La greffe sur sujet américain fait d'un greffon hybride peut-être un Viniféra; d'un gros Pinot, elle fait un petit Pinot, qui est le meilleur des Pinots, la quintessence des Viniféras. Et ainsi, au lieu d'étendre les limites de la variation de la vigne-greffon, elle les resserre; au lieu de rendre celle-ci plus variable, elle la rend plus stable, et, en conséquence, au lieu de détruire nos crus comme le veut M. Daniel, elle les consolide sans cesse. Vignerons, dormez donc tranquilles et remerciez M. le Ministre de l'Agriculture de vous constituer ce mol oreiller sur lequel certainement vous ne comptiez pas. »

Je ne relèverai pas ce qu'il peut y avoir de désobligeant dans cet article pour le Ministre de l'Agriculture et pour moi, étant depuis longtemps habitué à ce que M. Viala appelait « des attaques injustes et même méchantes ». De telles dénaturations ne se discutent pas, mais je devais les rapporter ici pour mettre le lecteur au courant des méthodes qui furent, dès le début de mes études sur la vigne, employées pour combattre mes théories et mes conclusions.

M. Ravaz, ai-je dit, a d'ailleurs apporté des faits en faveur de ma thèse et cité des transmissions de caractères du sujet au greffon et *vice versa*, tel l'Aramon panaché, par exemple. Mais il n'est pas le seul, même parmi les Américanistes notoires.

Au Congrès de Lyon, en 1901, M. Leenhardt, président de la Société d'Agriculture de l'Hérault (¹), me communiqua verbalement, puis par lettre, le cas d'un Aramon greffé sur Riparia qui, dans son vignoble, présentait à la fois des rameaux d'Aramon pur et des rameaux dégénérés possédant à la fois certains caractères de l'Aramon mêlés à ceux du Riparia sujet. Grâce à l'envoi de quelques-uns de ces rameaux, je pus me convaincre *de visu* de la réalité du fait.

A ce même Congrès, M. Buchet-Desforges, de Châlet, près Cosne (Nièvre), me cita les faits suivants, qu'il avait observés chez lui (²) :

Un Chasselas fut, dans un même terrain, d'une part greffé sur Rupestris du Lot, d'autre part sur Aramon-Rupestris Ganzin n° 1. Le premier donna des grappes moyennes, jamais aileronnées, cylindriques, à grains moyens sphériques, quelquefois légèrement ovoïdes, assez réguliers, sauf à la pointe et largement espacés. Le second donna des grappes plutôt surmoyennes, coniques, assez souvent aileronnées, à grains surmoyens, toujours sphériques, presque toujours réguliers et fort rapprochés.

En 1897, M. Buchet-Desforges fit une plantation de près de deux hectares de Chasselas greffés sur Aramon-Rupestris Ganzin n° 1. Au printemps 1898, les pieds manquants furent remplacés et il employa encore comme sujet le même Aramon-Rupestris. Mais au lieu de prendre des greffons sur des francs de pied, il les choisit sur des Chasselas provenant des greffes précédemment effectuées sur le Rupestris du Lot. Or, en 1901, à la récolte, les raisins de ces dernières greffes présentaient en grande partie et très nettement les caractères du Chasselas greffé sur Rupestris du Lot. Les raisins des Chasselas plantés en 1897 avaient conservé

(¹) M. Leenhardt fut, en 1908, un de ceux qui demandèrent contre moi des sanctions sévères lors de l'*affaire du « Times »*, et qui affirmèrent que mes documents étaient « erronés ».

(²) L. Daniel. — *La variation spécifique et le greffage dans la vigne* (*Revue de viticulture*, 1902).

les caractères du Chasselas greffé sur Aramon-Rupestris Ganzin n° 1. Or, le terrain et le sujet étaient les mêmes; seul le greffon avait varié.

Ainsi, l'hérédité de caractères acquis sur Rupestris du Lot s'était montrée fort nette par greffe sur un autre sujet. Il y avait eu changement de la mosaïque du greffon et cette nouvelle mosaïque était devenue désormais stable pendant un temps plus ou moins long.

M. de Bouttes a obtenu une variété d'un hybride, le 209, par greffage : « J'avais, dit-il (1), remarqué qu'une greffe au mastic sur courson que j'avais faite il y cinq ans portait des raisins infiniment plus beaux, plus pesants et plus compacts que ses voisines. Le même fait s'étant renouvelé régulièrement et sans défaillance dans la production considérable de la souche, je résolus de propager cette sélection présumée en utilisant tous les bois de cette souche. Je pus faire, il y a deux ans, un certain nombre de greffes qui se sont mises à fruit dès cette année et m'ont paru conserver les caractères de la souche mère.

» J'ai donné à cette sélection le nom de *Flammarens* pour la différencier du 209 ordinaire. »

M. Perbos a signalé un fait intéressant concernant le 2033 Seibel, dans une lettre adressée à M. Jurie et publiée dans la *Revue des Hybrides*.

« Je suis depuis longtemps et avec le plus vif intérêt, écrivait-il (2), vos intéressants travaux sur l'hybridation de la Vigne, ainsi que ceux de M. Daniel. Je ne vous cacherai point que jusqu'ici j'étais assez sceptique en ce qui concerne les transformations ou améliorations que l'on peut obtenir par un greffage judicieux ou raisonné. J'aurais presque nié l'influence réciproque du sujet et du greffon que vous avez pourtant bien démontrée. Mais un fait tout au moins curieux qui s'est produit chez moi, a changé du tout au tout ma manière de voir.

» En 1900, je greffai six pieds de Riparia avec une seule et même bouture de Seibel 2033. J'eus trois reprises et trois manquants; l'hiver suivant, je replantai les trois pieds manquants avec des boutures prises sur les pieds de Seibel 2033 qui avaient réussi au greffage, et cela afin de ne pas avoir de numéros de mélange. J'ai d'ailleurs toujours procédé ainsi.

» Les trois boutures reprirent très bien et végètent au point de dépasser aujourd'hui en vigueur, même en fructification, les souches greffées. Mais quel ne fut point mon étonnement de constater qu'un de ces trois pieds mûrissait en blanc, et, en effet, à la maturité, qui fut *précoce,* et même très précoce, il portait quelques jolies grappes moyennes à gros grains, qui paraissent sujets à se fendiller. »

Cette variation du raisin était accompagnée d'une notable différence dans la couleur des bois; les rameaux, rougeâtres dans le 2033 franc de pied, étaient de couleur noisette dans le pied qui avait varié comme couleur du grain, saveur et résistance de la peau à l'éclatement. M. Perbos ayant lui-même fait ses greffes et ses boutures, il ne saurait y avoir d'erreur d'observation de sa part.

De cette curieuse transformation peut se rapprocher celle qu'a obtenue le capitaine Brun, à Saujon (Charente-Inférieure), avec le Seibel 2003, regreffé sur Riparia, qui est devenu blanc, extra-précoce et dont les feuilles s'étaient modifiées dans le sens du sujet.

Voici le fait, tel qu'il me fut rapporté par l'obtenteur et que j'ai pu vérifier à plusieurs reprises sur place, lors de divers voyages dans le vignoble (3).

(1) J. DE BOUTTES. — *Les hybrides à Flammarèns* (*Revue des hybrides*, 1903).
(2) *Revue des hybrides*, 1904.
(3) Voir *Revue de viticulture*, 1903.

« Ayant suivi avec beaucoup d'attention, m'écrivait-il en 1903, la théorie que vous avez préconisée à différentes reprises au sujet de la greffe mixte de la Vigne, je me suis mis à l'œuvre et, par la présente, je me permets de vous mettre au courant du résultat obtenu.

» Au printemps de l'année dernière, j'ai greffé sur Riparia Gloire un œil de Seibel 2003, pris à un pied également greffé sur Riparia l'année précédente. Comme vous le savez, le 2003 Seibel est un Rupestris-Lincecomii × Herbemont d'Aurelles (raisin noir à gros grains et à jus rouge), maturité 2ᵉ époque.

» Dans le courant de 1902, le greffon s'est développé d'une façon normale; en même temps, je laissai pousser le long du greffon un rejet de Riparia. A la taille dernière, sujet et greffon ont été rognés de la même longueur et liés ensemble. Le porte-greffe, bien que n'ayant porté aucune fleur, a été pincé en 1902 et en 1903.

» Les gelées d'avril dernier ont brûlé les bourgeons du greffon; cependant trois contre-boutons sont sortis, mais ont poussé avec peu de vigueur et n'ont donné qu'une manne par sarment.

» Le 15 août courant, en relevant les feuilles enlacées de ma grappe mixte, j'ai été on ne peut plus surpris de voir trois petites grappes presque dorées et parfaitement mûres. Les grains, légèrement allongés, sont très sucrés et ont une saveur spéciale, sans fox.

» Tout à côté, des pieds de Madeleine blanche, cépage pourtant des plus précoces, n'étaient pas si avancés en maturité. Des chasselas dorés de Fontainebleau, à même exposition, présentaient un retard d'environ trois semaines sur mon greffon de 2003. Enfin, le pied qui m'a fourni mon greffon était encore à l'état de verjus.

» En résumé, avec un gros raisin noir à jus rouge et de 2ᵉ époque, j'obtiens par votre procédé un *petit* raisin blanc, excessivement *précoce*, puisqu'il devance la Madeleine, qui est le raisin le plus précoce du pays.

» J'oubliais de vous dire que la *feuille* de cette greffe est bien plus petite que la feuille de 2003 franc de pied; les deux bois ont la même teinte. Quant au bois du sujet, il est bien plus jaune que celui du Riparia franc de pied et semblerait vouloir prendre la nuance des sarments de son greffon. Puisque c'est un résultat dû à votre inspiration, j'ai tenu à vous le signaler. »

Ainsi, dans cette greffe, à côté de caractères nouveaux inattendus, comme la couleur blanche du raisin, se trouvaient des caractères nettement transmis par le sujet au greffon (précocité, petite grappe, petits grains) ou par le greffon au sujet (couleur du bois).

Que de variations de cet ordre ont pu échapper aux viticulteurs non avertis ou n'ont pas été signalées par eux!

Voici un autre exemple observé par hasard, et qui a été rapporté récemment par M. Perbos (¹):

« En 1896, M. Saint-Pé, propriétaire du beau domaine de Péchieu, près Muret (Haute-Garonne), viticulteur émérite, membre du Bureau de la Société Centrale d'Agriculture de la Haute-Garonne, plantait une parcelle de vigne comprenant 16,000 pieds environ en Rupestris du Lot (²). L'année suivante, cette vigne fut greffée en Gamay Fréau. Malheureusement, ou plutôt heureusement pour le nouveau venu, il y eut de nombreux manquants qui furent regreffés en 1898. C'était l'époque des premiers hybrides. L'Auxerrois-Rupestris était alors à l'apogée de sa

(¹) A. Perbos. — *Le Saint-Pé* (*Revue du Vignoble*, octobre 1912).

(²) M. Perbos fait erreur. M. Saint-Pé, ainsi qu'on le verra plus loin, avait planté, non du Rupestris, mais du Riparia Gloire de Montpellier.

gloire; on ne parlait que de lui. M. Saint-Pé se laissa séduire et ces milliers de porte-greffes furent regreffés en Auxerrois-Rupestris.

» La reprise fut bonne et la parcelle de vigne fut dès lors livrée à la culture ordinaire. A partir de ce jour exista, perdu parmi ces 16,000 pieds, un cépage nouveau, un seul et unique cep, à l'aspect particulier et sur lequel il est impossible de mettre un numéro ni un nom, et dont l'appareil foliacé n'a aucun rapport avec les hybrides connus. Comment s'est-il trouvé là? Comment a-t-il été créé? Pour M. Saint-Pé, — et nous partageons entièrement son avis, — c'est un hybride de hasard, issu d'un Riparia avec lequel il a un certain air de famille par son port et par son feuillage. Mais d'où tient-il surtout ce goût au parfum si agréable, cette saveur étrange qui déroute nos palais habitués à plus de platitude, au point de faire prendre parfois pour du fox ce qui n'est qu'un bouquet prononcé de Cabernet ou de Merlot?... »

L'article de M. Perbos fut rectifié par M. Saint-Pé. Celui-ci précisa sa manière de penser d'une façon très intéressante pour ma thèse, et son opinion était fort différente de celle que lui prêtait M. Perbos :

« La vigne où le cépage a pris naissance, écrivit M. Saint-Pé (1), était complantée de 16,000 pieds de *Riparia Gloire de Montpellier* et non pas de *Rupestris*. Point très important, car je crois qu'il y a eu **un cas à la Daniel** de reproduction asexuelle par bourgeonnement sur le greffon aux abords de la soudure. Comment expliquer cette ressemblance du plant avec le Riparia Gloire si le porte-greffe avait été un Rupestris? »

Au Congrès de Lyon, M. Rougel (2) constatait « que les raisins de greffe étaient plus sucrés et moins acides qu'autrefois; ceci est attribué à *l'influence* de la sève américaine, moins acide que la sève française ».

M. Armand Gautier, de l'Institut (3), a entendu dire que les palais un peu délicats ont reconnu que certains plants français greffés sur plants américains ont un goût un peu plus foxé, ce qui viendrait à l'appui de la théorie de M. Daniel. »

Le Dr Grandclément (4) s'exprimait ainsi au même Congrès, à la suite de ma conférence :

« Je voudrais vous citer un fait qui m'a surpris cette année et sur lequel l'exposé de M. Daniel va peut-être nous donner des éclaircissements.

» Il y a trois ans, j'avais une certaine confiance dans l'Auxerrois-Rupestris; j'ai greffé en écusson quelques centaines de pieds de Jacquez, de Terras, de 4401, etc.; je n'ai obtenu que des Auxerrois-Rupestris toujours coulards.

» L'an dernier (1900), j'avais continué à greffer sur des Noah. J'avais placé quelques écussons, au nombre d'une centaine; une vingtaine se sont montrés d'une fécondité et d'une beauté remarquables, sans aucune espèce de coulure et ont porté des grappes splendides mûres quinze jours avant les autres.

» En présence de ces faits, qui ne se sont produits que sur des Noah (je n'ai jamais trouvé un Auxerrois-Rupestris qui ne soit pas coulard), j'ai convoqué MM. Gaillard et Jurie, de vieux expérimentateurs; je les ai amenés chez moi pour me donner l'explication du fait.

» Ces messieurs m'ont dit que c'était la greffe en écusson qui avait produit

(1) Z. Saint-Pé. — *Au sujet du Saint-Pé n° 1* (*Revue du Vignoble*, novembre 1912).
(2) *C. R. du Congrès de Lyon*, 1901, page 364.
(3) *C. R. du Congrès de Lyon*, 1901, page 362.
(4) *C. R. du Congrès de Lyon*, 1901, page 352.

l'effet de l'incision annulaire. Pourquoi cet écussonnage, pratiqué sur d'autres pieds, ne m'a-t-il pas donné des Auxerrois-Rupestris non coulards?

» Ce que vient de dire M. Daniel m'explique peut-être ces faits. Dans quelques écussons d'Auxerrois il a peut-être passé quelques parties de Noah. J'ai fait marquer tous ces pieds, j'ai fait recueillir des boutures et je verrai si ces caractères vont se reproduire et dans quelques années nous pourrons voir, avec M. Castel, si nous sommes dans le vrai. »

Je n'ai pas suivi personnellement la variation signalée par le Dr Grandclément, mais sans doute qu'elle s'est maintenue par bouturage, car M. Castel, dans son Rapport au Congrès de Toulouse, en 1904, signalait, parmi les sujets améliorants, le Noah comme susceptible de diminuer la coulure tout en augmentant le sucre dans les raisins.

M. Millardet, professeur à la Faculté des sciences de Bordeaux[1], me communiqua, quelque temps avant le Congrès de Lyon, en 1901, des cas de variation très remarquables, observés par lui dans la vigne. Dans une de ses lettres, il me disait qu'il « connaissait mieux que personne la variation des vignes à la suite du greffage, qui n'était, malheureusement pour les viticulteurs, pas contestable ». Mais il me reprochait d'avoir employé le terme d'hybridation asexuelle qui représentait pour lui une idée fausse, l'union de deux cellules végétatives ne pouvant se faire à la façon de la soudure des cellules sexuelles. En un mot, M. Millardet connaissait les faits, mais nous différions sur une question d'interprétation des hybrides de greffe véritables, mais non sur l'existence de la variation spécifique qui ne pouvait pour lui faire de doute[2].

« Le cas où le greffage détermine, dans les fleurs mâles, le développement de l'ovaire ne sont pas rares, écrivait-il le 17 août 1901. J'en connais trois exemples :

« M. de Grasset greffa un jour sur une souche vigoureuse un *Vitis flexuosa* (*Vitis Thunbergi* Planchon) du Jardin botanique de Bordeaux qui, depuis vingt-cinq ans que je l'observais, n'avait jamais produit un fruit. L'année suivante, il y avait des raisins présentant 40 à 50 grains chacun sur le greffon.

» Il y a une douzaine d'années, M. Bouisset greffa 400 à 500 Rupestris du Lot sur des Riparias de cinq à six ans d'âge. Au mois de septembre de la même année, il nous montra sur une de ces vignes trois à quatre grappillons de trois à quatre grains chacun. Les grains étaient noirs, normaux pour un Rupestris et contenaient des graines de Rupestris. J'en semai une demi-douzaine et obtins trois plants identiques au Rupestris du Lot.

(1) La notoriété de M. Millardet était universelle. Cependant M. de Malafosse l'a traité de *rêveur*, san doute parce qu'il n'avait pas « systématiquement » combattu mes idées.

(2) M. Jurie tenait M Millardet au courant des expériences qu'il avait entreprises sous ma direction. Et l'on pourra juger de ses sentiments par les extraits suivants de ses lettres à M. Jurie, publiées par M. Gouy dans la *Revue des hybrides:*

« Tout ce que vous me dites est fort intéressant, mais craignez l'autosuggestion et faites contrôler. Au lieu d'hybridation asexuelle, employez de préférence l'expression variations produites par le greffage (analogues si vous le voulez à celles produites par l'hybridation) et vous ne courrez plus le danger d'être contredit. Que mes remarques ne vous découragent pas ; continuez vos recherches, elles sont très intéressantes et il peut en résulter quelque chose d'Important. »

Après avoir reproduit ces lignes, M. Paul Gouy ajoutait:

« La mort est arrivée alors et a empêché M. Millardet de porter un jugement définitif sur la valeur des faits et des théories que M. Jurie lui soumettait. Mais il faut reconnaître que son attitude a été celle d'un véritable savant, « ne repoussant point de parti pris une idée nouvelle qu'il considérait comme en dehors des théories admises, en appelant aux faits rigoureusement contrôlés, prêt à les admettre si l'expérience est comparative. « Ce langage de M. Millardet contraste heureusement avec celui d'autres personnalités qui, sans consentir à examiner les faits et à les discuter, les rejettent *à priori* comme impossibles parce qu'ils vont à l'encontre de théories antérieurement professées. » (P. Gouy. — *M. Millardet et les variations par greffage, Revue des hybrides*, 1904.)

» Le pied mère de Cordifolia-Rupestris de Grasset est stérile habituellement. De temps en temps cependant, les grappes ne tombent pas toutes après la floraison et, au mois de septembre, on trouve sur quelques-unes jusqu'à une douzaine environ de grains normaux, noirs, à graines normales. Un de mes amis voulut un jour multiplier ce porte-greffe et le greffa sur des souches européennes âgées et vigoureuses. L'année suivante, il fut très étonné de voir sur ces greffes beaucoup de grappes, coulardes encore, mais tout de même à grains relativement très nombreux.

» Cette fécondité par suite du greffage me semble ne s'être présentée que l'année qui a suivi le greffage et avoir disparu ensuite. Cependant je ne puis l'affirmer. »

Ce cas est d'autant plus intéressant que la transmission de la fécondité du sujet à son greffon était contrariée par la suralimentation de celui-ci. On ne saurait expliquer le fait par la variation de nutrition générale résultant du greffage, la capacité fonctionnelle du sujet étant très élevée par rapport à celle du greffon, très réduit.

Pour en finir avec le Congrès de Lyon, je citerai encore le Rapport de M. Prosper Gervais(1) qui indique comme faits indiscutables que, dans certains cas du moins, divers sujets *communiquent à leurs greffons*, soit des facultés précieuses (précocité, fructification abondante et soutenue, perfection dans le développement et la maturation des fruits), soit des défauts (fructification irrégulière, moins précoce, etc.). Ce rapport contient des documents d'autant plus précieux que M Prosper Gervais devait, par la suite, comme d'autres Américanistes, nier les faits les mieux établis et brûler, au Congrès d'Angers, ce qu'il avait adoré au Congrès de Lyon.

Le Congrès d'Angers fut une manifestation bien différente du Congrès de Lyon. Celui-ci fut fait en vue de solutionner des questions que des esprits distingués considéraient alors comme devant être élucidées dans l'intérêt supérieur de la Viticulture, engagée imprudemment dans une voie suspecte. Le Congrès d'Angers fut une œuvre de réaction aveugle et aurait pu être appelé à juste titre « le Congrès de l'Éteignoir » (2).

Cependant les comptes rendus officiels, s'ils sont très instructifs quant à la méthode suivie pour induire le public scientifique et viticole en erreur, renferment de nombreux faits qui montrent l'existence de la variation spécifique chez certaines vignes greffées et qu'il est indispensable de relever ici.

Dans le rapport de M. de Dreux-Brézé, résultant de nombreuses observations faites par les « viticulteurs les plus compétents et les plus dévoués de l'Anjou », on trouve ces lignes bien nettes :

« Les porte-greffes augmentent d'une façon remarquable la végétation et les produits des cépages qui leur sont confiés, mais en revanche les pousses sont plus tendres, les pulpes plus minces, ce qui les rend plus délicates et plus sensibles aux maladies et aux attaques des insectes.

» D'une façon générale, la maturité est avancée, mais elle l'est plus ou moins suivant les porte-greffes... Sur les vignes greffées, la maturité se produit plus brusquement que sur les francs de pied et, pour les Chenins blancs, depuis la maturité jusqu'à l'envahissement complet de la pourriture noble, la transition est beaucoup moins lente et beaucoup moins progressive qu'autrefois...

(1) Prosper Gervais. — *Rôle de l'hybridation dans la reconstitution des vignobles* (*C. R. du Congrès de Lyon*, 1901, p. 93 et suiv).

(2) Voir précédemment, pages 446 et suivantes.

» Les raisins varient de bouquet, de saveur, de finesse et de douceur suivant les porte-greffes, toutes conditions égales d'autre part. Déjà, en 1899, je l'avais fait remarquer à M. Bacon, professeur d'agriculture de Saumur, en parcourant avec lui mes vignes et champs d'expériences de Brézé. Il en avait été frappé et l'avait même signalé dans la *Revue de viticulture*. Il avait constaté que le 603, 1616, 3308, ainsi que le Berlandieri n° 1 et quelques hybrides de Berlandieri, donnaient aux raisins de Chenin blanc plus de douceur, et que le 601 et le 101[14] augmentaient le bouquet et l'agrément du raisin de Cabernet-Sauvignon. L'expérience de dégustation recommencée cette année 1906, au moment de la vendange, a confirmé nos anciennes impressions...

» Les porte-greffes ont une très grande action sur les qualités du vin et leur choix doit être fait avec d'autant plus de discernement que les uns élèvent la note des produits, les autres la maintiennent et quelques-uns la modifient (¹).

» Les greffes de Chenin blanc donnent la première année de production un vin de bonne qualité, mais cette qualité est inférieure pendant trois ans environ pour reprendre bien vite son niveau. Pendant ces trois années d'infériorité, le *vin possède un goût spécial*, très connu en Anjou, qui disparaît la cinquième ou sixième année de production (²).

» Puis, dans les bonnes années, les vins de bonne qualité prennent après la fermentation *une certaine amertume* qui inquiète quelquefois les étrangers. Les amateurs vous diraient que cette amertume spéciale aux vins de qualité se convertit en douceur, prouve le mérite du vin et dans le vieux temps était particulièrement recherchée.

» Nous avons remarqué que le Riparia augmente la qualité et la douceur des vins blancs ordinaires, donne dans les vins de crus et de courts bois plus de douceur, mais aussi *une mollesse et une lourdeur spéciales*, qui rendent le vin beaucoup plus commun (³).

» Ceci semble fort logique, s'il est admis que le Riparia exagère les qualités du vin. Je puis citer, à propos de l'influence des porte-greffes sur les bouquets et qualités des vins un fait assez curieux dont j'ai été témoin chez M. Daignère. J'ai goûté chez lui deux vins de 1900, très bons et *complètement dissemblables;* ils provenaient d'un *même coin* de son clos greffé en Chenin. Toutes les conditions d'âge, de taille, de terrain, de maturité étaient identiques; seuls, les porte-greffes différaient. L'un de ses vins était remarquable par son bouquet et sa liqueur; l'autre, au contraire, préféré par plusieurs, était fort, corsé, parfumé, mais sans liqueur. Le même porte-greffe, qui enlevait la liqueur du Chenin, développait ailleurs le bouquet des cépages rouges... »

Plus instructif et plus précis encore est le rapport de M. Lepage, professeur à la station viticole de Saumur (⁴).

« Le greffage, dit-il, a-t-il modifié les raisins?

» Sans hésiter, je déclare oui, en ce qui est de leur développement général et celui particulier de leurs organes, grains, pépins, rafles. Sur les vignes greffées, les raisins sont plus volumineux dans leur ensemble comme dans chacune de

(¹) Comme on le voit, en Maine-et-Loire, l'on a constaté l'existence de greffages améliorants, de greffages neutres et de greffages détériorants, comme je l'ai indiqué d'une façon générale. Voir plus loin les citations du rapport de M. Lepage.

(²) Je signale ce fait à M. Prosper Gervais, qui prétendait que, pour avoir parlé d'un goût particulier, désagréable, des vins de greffes, j'avais montré que j'étais d'une ignorance complète en viticulture. J'étais, comme on le voit, en bonne compagnie, et j'en citerai plus loin d'autres exemples.

(³) Comparer ces observations avec celles de M. le professeur d'agriculture Bouchard, p. 461.

(⁴) LEPAGE. — *Le greffage et la qualité des vins en Anjou* (*C. R. du Congrès d'Angers*, 1907, p. 140).

leurs parties; la pulpe des grains est surtout plus développée, la maturité est plus hâtive...

» Le greffage peut-il modifier le goût des vins?

» Oui, avec certains porte-greffes que le Congrès peut mettre ici en lumière de la façon la plus heureuse, plusieurs Viniferas exhalent de ce fait un bouquet que l'on aime à trouver dans ces vins.

» Que chacun fasse ses observations et *dise toute la vérité;* nous commençons à avoir une expérience suffisante pour nous garder au moins de quelques sujets qui doivent nous inspirer une légitime défiance.

» Mais avant tout, comme nous tenons à parler net, nous déclarons que *certains porte-greffes communiquent un goût particulier aux vins*, goût qui se manifeste d'une façon évidente dans les premières années de la récolte [1].

» Maintenant le proverbe : « Comme la vertu, le vice a ses degrés, » s'applique merveilleusement aux circonstances et nous déclarons croire qu'il y a des porte-greffes *détériorants,* d'autres *neutres* et d'autres *améliorants*... L'on peut croire que le greffage sur certains sujets améliore les produits par suite de l'hybridation asexuelle des éléments latents qui, suivant la proportion dans laquelle ils se combinent, peuvent améliorer ou dégénérer la nature du fruit... »

Voilà ce qu'on trouve dans les rapports de MM. Dreux-Brezé et Lepage; cependant ces viticulteurs durent probablement les atténuer sous la pression des Américanistes, membres du Bureau du Congrès. Tels qu'ils sont, ils n'en restent pas moins très instructifs. Ce ne sont pas d'ailleurs les seuls rapports qui contiennent des faits en opposition avec les idées des Américanistes, ainsi qu'on va pouvoir en juger par les extraits suivants.

M. Salas y Amat [2] appelait l'attention des congressistes sur deux cas curieux montrant « l'influence particulière de la greffe ».

» Il s'agit d'abord du Muscat d'Alexandrie, cultivé à Malaga pour la production des raisins secs. Ce cépage ne se développe pas de la même manière une fois greffé sur tous les porte-greffes connus. Lorsqu'il est franc de pied, il est assez coulard; s'il est greffé sur des Berlandieri, ses grappes plus abondantes coulent peu ou pas, malgré la taille très courte; pendant la première période de végétation, il produit de nombreux grappillons qui grossissent remarquablement la récolte. La maturité plus parfaite du fruit et sa richesse en sucre pourraient déterminer une certaine influence dans le moût si le Muscat était destiné à la fabrication du vin. Au contraire, les greffes de Muscat sur Rupestris du Lot, quelle que soit la fertilité du sol où cette variété est plantée, se développent d'une autre façon; les grappes sont beaucoup plus coulardes que celles des souches franches de pied; le fruit est plus petit, la maturation est moins parfaite et, indépendamment de la vigueur, les grappillons qui, sur le Berlandieri et ses hybrides, constituent la règle générale, deviennent une rare exception sur le Rupestris du Lot.

» On remarque un autre phénomène plus curieux encore, dans le splendide vignoble de Xérès, avec la variété Palomino qui est la plus généralement cultivée. Le système de vinification *sui generis* pratiqué à Xérès pour l'obtention de ce vin si renommé exige une certaine qualité dans les moûts destinés à sa fabrication. Cette qualité ne se rencontrait jamais autrefois si le vignoble n'avait pas au moins dix années d'existence; les moûts provenant de vignes plus jeunes

(1) Ce sont surtout les *Vitis Labrusca* qui, selon M. Lepage et aussi selon M. Daignère, donnent aux vins blancs le goût particulier dont il parle ici.

(2) SALAS Y AMAT. — *Le greffage et la qualité des vins dans l'Andalousie.* (*C. R. du Congrès d'Angers*, p. 150-151.)

étaient considérés par une expérience séculaire comme incapables de devenir de bons vins; ils étaient brûlés pour la production de l'eau-de-vie. Qu'est-il advenu du Xérès greffé à Xerez de la Frontera? Tout à fait le contraire de ce que l'on avait constaté sur les vignes franches de pied; car les jeunes vignes greffées produisent des moûts d'une qualité identique à celle que produisaient les vieilles vignes avant le phylloxéra (1).

Je pourrais insister sur ces questions, dire avec M. Adrien Berget (2) que « le greffage n'a fait qu'ajouter aux causes des variations (accidents de fertilité, de tomentation du feuillage, de décoloration ou de coloration des fruits, de précocité, etc.) », et par suite à la production de variétés nouvelles; montrer, avec M. Duarte d'Oliveira (3), « combien les porte-greffes jouent un premier rôle sur la qualité et la quantité des vins » et rappeler avec lui la modification subie par le Porto « malgré toutes les corrections œnologiques ».

Mais cela suffit pour montrer que ceux qui dirigèrent le Congrès d'Angers savaient aussi bien que moi que, en niant l'existence des variations spécifiques causées par le greffage, ils niaient l'évidence. Si la variation spécifique n'existait pas chez les vignes greffées, il n'y aurait que des greffages neutres et MM. Viala, Gervais et autres n'auraient pas constaté des caractères du sujet Berlandieri et autres *communiqués* (Prosper Gervais) ou *imprimés* (Viala) aux greffons qu'ils supportent.

Et je ne puis m'empêcher de conclure, avec M. Nerco Maggioni (4), que l'influence du sujet sur le greffon concernant les transmissions de caractères « *existe et se répète souvent* sans que son importance soit admise par la plupart des écrivains viticoles, parmi lesquels beaucoup — c'est triste à dire — persistent à professer à l'endroit du greffage les idées qui avaient cours au début de l'invasion phylloxérique en Europe... Si l'illustre Champin, le grand viticulteur français, pouvait ressusciter pour un moment dans le monde viticole, quelle désillusion n'éprouverait-il pas en voyant ainsi *ruinée sa théorie sur l'immutabilité et l'indépendance réciproque des deux variétés en présence dans la greffe!* »

Recherches personnelles.

Au cours des missions qui me furent confiées par le Ministre de l'Agriculture et depuis, dans divers voyages effectués par moi dans le vignoble, j'ai eu l'occasion de relever quelques cas bien intéressants de variations spécifiques, au sens large du mot (espèce, race ou variété). Quelques-unes de mes observations ont été déjà publiées en partie; d'autres sont encores inédites et je les décrirai ici en détail.

Les unes concernent les raisins et les pépins; les autres ont trait à l'appareil végétatif.

(1) Ainsi les vignes greffées sont, au point de vue de la qualité du vin, des vignes vieillies prématurément. C'est une preuve de plus, donnée par un Américaniste, de l'inanité de l'argument invoqué relativement à la jeunesse des vignes greffées pour expliquer la diminution de la qualité de certains vins de vignes reconstituées. N'est-ce pas bien conforme à ce que disait, au Congrès de Lyon, M. Prosper Gervais, d'après M. Couderc : « Le vin des anciennes vignes s'améliorait de plus en plus avec l'âge de celles-ci; celui des greffes sur américo-américains a tout de suite sa qualité, *bien médiocre d'ailleurs*, et le vignoble greffé passe sans transition de la jeunesse à la décrépitude, si de fortes fumures n'interviennent pas. » (*C. R. du Congrès de Lyon*, p. 109.)

(2) *C. R. du Congrès d'Angers*, p. 310.

(3) *C. R. du Congrès d'Angers*, p. 154-155.

(4) NERCO MAGGIONI. — *L'influence de la greffe sur l'adaptation des vignes américaines* (*La Viticoltura moderna* de Palerme, août 1902.)

Raisins et pépins.

J'ai, en septembre 1904, étudié longuement sur place, pendant une dizaine de jours, les vignes d'expériences cultivées au Haut-Gardère, à Léognan (Gironde), dans la propriété de M. Marcel Ricard. Je ne me suis pas contenté d'apprécier par moi-même ces raisins quant au goût, à l'épaisseur de la peau, à la nature des pépins, mais je les ai fait en même temps déguster par le chef des cultures de M. Ricard, qui constata comme moi les différences que je décris ici.

Goût des raisins. — Le goût du raisin d'un cépage greffé, à un moment donné, est fonction :

1° Du régime de l'eau, c'est-à-dire du bourrelet de la greffe et des différences du moment entre les capacités fonctionnelles du sujet et du greffon ;

2° De la composition du sol, naturelle ou artificielle, qui permet au sujet d'y puiser une sève brute déterminée par la nature osmotique de ses poils absorbants fonctionnant dans des conditions normales d'humidité.

3° De la nature du sujet qui peut, en certains cas, par une action de mélange ou de combinaison de certains éléments propres aux associés, amener dans la constitution du raisin une composition spéciale, à la façon dont s'effectue *grosso modo* un coupage des moûts.

4° De la nature des levures qui sont à sa surface.

Il importe, pour saisir les différences de cet ordre, d'avoir des papilles gustatives délicates et de ne pas fumer pour ne pas émousser leur sensibilité. En outre, il faut déguster les raisins par un temps sec et de préférence l'après midi, lorsque le soleil a rendu plus sensibles au goût les différences que l'on cherche à constater. En opérant le matin à la rosée ou par un temps humide, surtout après une pluie, l'eau a dissous les huiles essentielles qui existent à la surface du grain en quantité plus ou moins prononcée et les résultats sont beaucoup moins nets.

Dans le champ d'expériences de Haut-Gardère, la présence d'une rangée de témoins cultivés côte à côte avec le même cépage greffé sur sept sujets différents rendait les comparaisons faciles.

J'ai toujours choisi les grappes bien mûres, placées à la même exposition sur des rameaux de vigueur sensiblement égale. Et dans ces grappes, j'ai pris les grains les plus mûrs. Par conséquent les comparaisons étaient faites dans les meilleures conditions possible.

1er GROUPE

Un premier groupe comprend vingt-cinq ceps par rangée appartenant au Cabernet-Sauvignon, au Chasselas, à la Carmenère, au Merlot, au Malbec, au Sauvignon, etc.

Dans la série des Cabernet-Sauvignon, le goût était légèrement modifié suivant les sujets. Le Vialla était celui de tous les sujets qui avait le plus modifié le goût du raisin de son greffon. Cette observation, comme on l'a vu, a été faite depuis en Anjou, le Vialla étant du groupe du *Vitis Labrusca*, vigne qui transmet facilement ses caractères botaniques et culturaux [1].

J'ai remarqué alors des différences sensibles dans les épaisseurs de la peau

[1] Voir page 389 de ce mémoire.

des raisins. Ces épaisseurs variaient suivant les sujets et tantôt la peau des greffes était plus épaisse, tantôt plus mince que celle des raisins franc de pied.

Chez la série du Chasselas de Fontainebleau, les variations étaient plus nettes et plus accentuées. Les greffes sur Riparia portaient des raisins d'assez bon goût; sur Rupestris, la peau était plus épaisse et le goût moins agréable; sur Vialla, le raisin était amer et presque foxé, la peau épaisse. Ici encore, c'est le Vialla qui avait donné la modification la plus importante. Elle était si sensible que Mme Ricard recommandait toujours de n'apporter pour la table que les raisins du franc de pied, au témoignage de M. Marcel Ricard et de son chef de culture.

Ces changements de goût étaient accompagnés de modifications dans la grosseur des grains, la forme de la grappe, etc. (1).

Les raisins du Merlot, du Malbec et du Cabernet franc étaient aussi un peu modifiés dans leur goût, mais le fait était surtout sensible pour les ceps greffés sur Vialla.

La Carmenère avait pris un goût à la fois amer et âcre sur Aramon-Rupestris Ganzin n° 1 et sur Rupestris du Lot. Cette fois, le Vialla n'avait que peu modifié le raisin de son greffon.

Le Sémillon ne présentait que de légères modifications; la Muscadelle avait conservé son goût normal sur les Riparias, mais non sur Vialla, sur Aramon-Rupestris Ganzin n° 1 et sur Rupestris du Lot.

Avec le Sauvignon, dont le goût spécial est si caractéristique, les changements étaient plus prononcés et bien nets. Sur Vialla, ce goût spécial était à peine sensible et l'on trouvait à sa place de l'âpreté et de l'amertume. Sur 101[14], sur Aramon-Rupestris Ganzin n° 1, sur Taylor Narbonne, l'on pouvait observer des résultats de même ordre, mais moins accentués.

Avec le Rupestris du Lot, l'atténuation était moindre quoiqu'elle fût encore très sensible.

IIe GROUPE

Dans ce même champ d'expériences, existent de nombreuses combinaisons qui sont établies par groupes de cinq pour un même Vinifera: Sauvignon, Cabernet-Sauvignon, Merlot, Malbec, Fer, Précoce de Malingre.

Série du Sauvignon.

J'ai surtout étudié les combinaisons du Sauvignon, cépage qui m'intéressait tout spécialement par la saveur si particulière et si facilement reconnaissable de ses raisins. Voici les résultats tels que je les retrouve aujourd'hui, sur mon carnet de voyage, après bientôt dix ans :

1. — Sauvignon greffé sur Riparia géant et Riparia grand glabre. — Bon goût, rappelant presque le raisin du franc de pied.

2. — Sauvignon sur Rupestris-Martin, R. Ganzin, R. Mission, Vialla, Rupestris

(1) De ces faits, on peut rapprocher ceux qui m'ont été cette année communiqués par M. A. Perbos, à propos de raisins de sa région (Lot-et-Garonne): « Le Chasselas, qu'on fait beaucoup dans nos coteaux pour la vente, donnait autrefois, *où qu'il fût placé*, une grappe régulièrement constituée, ni trop lâche, ni trop serrée, c'est-à-dire telle qu'on l'exige pour un raisin de table. Or aujourd'hui, selon le terrain et par suite selon le porte-greffe employé, il donne une grappe tantôt trop lâche, trop maigre, tantôt trop serrée et parfois si compacte qu'elle nécessite un ciselage long et dispendieux et dans certains cas il a été impossible de les expédier. »

« Le Côt, qui a par lui-même une tendance à la coulure et qui malgré cela donnait autrefois de très beaux résultats, coule régulièrement tous les ans et on l'abandonne pour ce motif. Certains cépages à grande végétation et faible production comme les Sauvignons blanc et gris ne donnent plus rien. La végétation emporte tout. »

métallique. — Le goût spécial du raisin a presque entièrement disparu, malgré que la maturité soit plus avancée en général pour cette année 1904 que chez le franc de pied.

3. — Sauvignon sur Jacquez. — Le goût spécial se retrouve bien net, mais atténué.

4. — Sauvignon sur Herbemont. — Le goût normal du raisin a disparu presque totalement et est remplacé par un *arrière-goût de fox assez prononcé*. L'impression ressentie est la même que si l'on mastiquait ensemble un raisin de Sauvignon franc de pied et un raisin foxé américain.

5. — Sauvignon sur Solonis. — Goût non modifié d'une façon sensible.

6. — Sauvignon sur 3306 (Riparia-Rupestris). — Goût spécial assez net, moins bien conservé que sur Riparia, mieux que sur les Rupestris.

7 — Sauvignon sur 3309 (Riparia-Rupestris). — Le raisin n'a plus son cachet particulier, mais est plutôt désagréable.

8. Sauvignon sur 101^{14} (Riparia-Rupestris). — Atténuation marquée du goût du raisin par rapport au franc de pied.

9. — Sauvignon sur 1615 et 1616 (Solonis-Riparia). — Le raisin est à peine modifié comme goût.

10. — Sauvignon sur 1305 (Pinot × Rupestris). — Le goût est assez bien conservé, mais on observe un peu d'amertume en arrière-goût.

11. — Sauvignon sur 33^A (Cabernet-Rupestris Ganzin). — Le goût spécial a disparu pour faire place à une saveur sensiblement neutre.

12. — Sauvignon sur 1202 (Mourvèdre-Rupestris). — Le goût spécial persiste, mais très atténué. Le raisin est plutôt fade et légèrement désagréable.

13. — Sauvignon sur 1203 (Mourvèdre-Rupestris). — Le goût particulier est presque entièrement conservé. Cependant, la forme de la grappe est changée dans le sens américain.

14. — Sauvignon sur Gamay-Couderc. — Le goût est modifié. Beaucoup de grappillons, comme du reste dans les Franco-Rupestris précédents.

De même le goût est moins agréable et plus ou moins atténué dans les greffes de Sauvignon sur 603 et 604 (Bourrisquou-Rupestris), sur 1107 (Rupestris × York-Madeira), sur 107 (Cordifolia-Rupestris), sur 108 (Rupestris × Riparia), sur 1103 (Rupestris × Chasselas), sur 901 (Chasselas × Rupestris). Ce dernier présentait dans le champ d'expériences de Haut-Gardère quelques ceps surgreffés : le raisin était plus sucré et différait comme goût du Sauvignon greffé une seule fois sur 901.

15. — Sauvignon sur 106^8 (Riparia-Cordifolia-Rupestris). — Ce groupe portait des raisins à goût spécial bien conservé en général, mais cependant à des degrés divers, suivant les ceps considérés. Ces différences étaient fort nettes et montraient ainsi l'influence particulière du bourrelet.

16. — Sauvignon sur Aramon-Rupestris Ganzin n° 2. — Le goût était nettement mauvais.

17. — Sauvignon sur 84^3 Couderc (3/4 Vinifera + 1/4 américain). — Goût de fox spécial, mauvais et fort prononcé, masquant entièrement la saveur spéciale du Sauvignon.

18. — Sauvignon sur 142^B (Alicante Bouschet × Cordifolia). — Perte complète de la saveur caractéristique de Sauvignon. Fox prononcé et saveur très désagréable[1].

19. — Sauvignon sur 125 (Cordifolia-Riparia), sur Noah, sur Clinton, sur York-Madeira. — Pas de goût spécial prononcé. Raisins un peu fades, cependant.

[1] Des résultats analogues ont été observés chez les Sémillons greffés sur 84^3 et 142^B.

20. — Sauvignon sur 420 (Berlandieri-Riparia) et sur 333 (Cabernet-Berlandieri). — Le goût spécial du Sauvignon est très atténué, mais les raisins ont quand même un goût excellent.

Dans un autre carré d'expériences, j'ai noté d'autres différences qui montrent bien l'influence du sol et du bourrelet quant à la qualité du raisin et l'inégalité de la réaction des sujets sur leur greffon, chaque greffe étant une association différant de la voisine par quelque point.

21. — Sauvignon sur 3309 (comparer au n° 7 précédent). — Raisin de bon goût, ayant en partie seulement perdu son cachet particulier.

22. — Sauvignon sur 1305 (comparer au n° 10 précédent). — Le goût spécial du Sauvignon a disparu totalement.

Il en était de même pour le raisin du Sauvignon greffé sur Taylor-Narbonne.

23. — Sauvignon greffé sur Rupestris du Lot et sur Riparia-Glabre (comparer aux nos 1 et 2 précédents). — Goût de Sauvignon remplacé par un goût final âpre, rappelant assez certains goûts de fox de franco-américains.

Le même champ d'expériences contenait un carré de Sauvignons francs de pied âgés de vingt-cinq ans au moins. En dégustant les raisins de ces divers ceps, on était frappé du goût beaucoup plus uniforme des raisins pris sur des ceps différents et de leur remarquable finesse. Ils étaient aussi plus sucrés.

Série des Cabernet-Sauvignon, Merlot, Malbec, Fer et Précoce de Malingre.

1. — Cabernet-Sauvignon sur 604 (Bourrisquou-Rupestris). — On constate le goût piquant qui existe sur les francs de pied.

2. — Cabernet-Sauvignon sur Aramon-Rupestris Ganzin n° 2. — Le goût du Cabernet-Sauvignon a complètement disparu.

3. — Cabernet-Sauvignon sur 142^B (Alicante-Bouschet × Cordifolia) et 84^3. — Sensation fort nette de coupage d'un moût français et d'un moût américain.

4. — Merlot sur les mêmes sujets que le Cabernet-Sauvignon précédent. — On observe des changements de même ordre, mais moins accentués.

5. — Malbec sur les mêmes sujets. — On trouve un goût particulier rappelant le fox sur 142^B et 84^3. C'est le plus influencé de tous les cépages rouges en 1904, à Haut-Gardère [1].

6. — Fer sur Riparia Gloire. — A peine modifié au goût.

7. — Fer sur 1305. — Possède une âpreté caractéristique.

8. — Fer sur 3309. — Trois ceps ont des raisins francs de goût et agréables; le quatrième et le cinquième ont une saveur piquante.

9. — Précoce de Malingre sur divers sujets. Les raisins sont devenus très fades, mais inégalement suivant les sujets.

De ces constatations comparatives, on peut tirer les conclusions suivantes, qui concernent simplement ce qui s'est passé à Haut-Gardère, en 1904, pour les vignes greffées considérées :

1° L'influence du sujet était, dans certains cas, très sensible sur les raisins du greffon et pouvait se constater à la dégustation, par un palais un peu exercé à ce genre d'opérations. Dans quelques cas, la transmission du goût de fox atténué, ou de quelque chose d'approchant, était bien nette.

[1] Cela n'a rien de surprenant, car d'après le célèbre viticulteur girondin M. d'Armailhac, le Malbec prend un goût de terroir dans les terres grasses et argileuses. Il doit donc être facilement modifié par certains sujets, puisque ceux-ci, d'après M. Ravez lui-même, agissent à la façon des sols nouveaux.

2° C'étaient les hybrides à sang de Labrusca, les Rupestris et les hybrides à sang de Rupestris qui avaient donné aux raisins le goût le plus désagréable; en un mot, ils étaient nettement détériorants à ce point de vue spécial. Parmi les plus détériorants vis-à-vis des divers Viniferas : Sauvignon, Sémillon, Cabernet-Sauvignon, Malbec, etc., se rangent, avec les Rupestris et l'Herbemont, le 84^3 et le 142^B (1), qui avaient agi aussi bien sur les cépages blancs que sur les cépages rouges; vis-à-vis du Chasselas et du Cabernet-Sauvignon, le Vialla, etc.

3° L'intensité de l'action exercée par un même sujet variait suivant les exemplaires d'une même série de greffes, toutes conditions égales d'ailleurs en dehors de la vie symbiotique. Ce résultat s'explique par la nature différente des bourrelets.

4° Certains sujets n'avaient que peu d'action sur leurs greffons et méritaient presque le qualificatif de sujets neutres : parmi eux, il faut citer le Riparia par rapport au Fer; 1615, 1616 et divers Riparia par rapport au Sauvignon, etc. Mais ces sujets ne sont pas neutres au sens absolu pour des cépages différents ou pour un même cépage; une variation due à la nature du sol, de certains bourrelets ou à des changements climatologiques peut les rendre plus ou moins détériorants vis-à-vis d'un raisin que ces sujets nourrissent alors dans des conditions différentes.

Il est donc nécessaire, si l'on veut connaître si un sujet sera *améliorant*, *neutre* ou *détériorant*, non seulement de l'essayer pour un cépage donné, mais encore de l'essayer dans des terrains variés et de le suivre pendant un nombre d'années suffisant pour constater les réactions du fruit vis-à-vis les changements climatologiques obligatoires durant cette période.

5° Comme on le voit, le goût a permis, à Haut-Gardère, de déceler des variations dans les raisins, de même ordre que celles autrefois constatées dans l'Anjou par le professeur d'agriculture Bouchard, qui connaissait à merveille les vins de sa région (2). Seulement, le Riparia, à Haut-Gardère, ne s'est montré qu'exceptionnellement détériorant, et non à un haut degré comme parfois dans l'Anjou.

6° La présence, dans certains raisins, d'un goût de fox plus ou moins sensible permet de comprendre que certains vins aient acquis dans l'Anjou des goûts jusqu'alors inconnus des viticulteurs (de Dreux-Brézé, Lepage, *Congrès d'Angers*).

Le même fait m'a été rapporté à Bordeaux qu'à Segonzac on a constaté à plusieurs reprises dans les raisins et dans les vins le goût de fox. M. Thuillier, maître de chai des vins blancs de la maison Calvet et Cie, de Bordeaux, m'a dit que dans le Sauternois l'on avait, les premières années de greffe, noté une transmission nette du goût de fox aux vins blancs provenant des greffes sur certaines vignes américaines. Mais cette saveur foxée semblait aller en diminuant avec l'âge des greffes. A ce sujet, il ne put préciser davantage, ayant depuis huit ans quitté la région (3).

7° Remarquons encore que, à Haut-Gardère, les épaisseurs des peaux du raisin variaient suivant les sujets et les greffons.

(1) Ce sont deux franco-américains; le premier a trois quarts de Vinifera et un facies de Vinifera presque pur; le second est un demi-sang Vinifera et Américain. On voit qu'ici ces sujets se montrent inférieurs à certains américains purs ou à des américo-américains. On ne peut établir de règle absolue à cet égard comme ont voulu le faire, en sens opposé, MM. Couderc et Prosper Gervais au Congrès de Lyon, le premier en faveur des américo-américains, le second en faveur des franco-américains.

(2) Voir page 461 de ce travail.

(3) Cette transmission du goût de fox est encore corroborée par le fait, rapporté par M. Bellot des Minières, des eaux-de-vie provenant de vignes greffées et dans lesquelles, à la distillation, ce goût est parfaitement sensible. M. Jurie, ayant fait faire des eaux-de-vie en Charente avec un même hybride greffé et franc de pied obtint deux eaux-de-vie bien différentes et c'est-là un résultat que j'ai pu contrôler chez lui. Ces résultats se comprennent facilement si l'on accepte mes théories.

Comme pour d'autres caractères, la variation s'était effectuée en *plus* ou en *moins*. La peau n'est donc pas toujours amincie par la greffe, bien que ce soit le cas le plus fréquent.

Pépins. — Les variations des raisins sont en général accompagnées de modifications, soit dans la taille, soit dans la forme spécifique des pépins et je l'avais constaté déjà chez M. Jurie qui faisait, ainsi qu'il a été dit, des recherches sur ce point, sous ma direction.

Je n'ai pas observé, chez les pépins des Viniferas de Haut-Gardère, une influence spécifique aussi nette que chez les hybrides étudiés par M. Jurie. Cependant, on remarquait des variations intéressantes, concernant la taille des pépins qui pouvait être *augmentée* ou *diminuée* suivant les cépages greffons et suivant les sujets.

Les raisins de Malbec portaient des pépins plus petits sur Rupestris du Lot, plus gros sur Riparia tomenteux et Riparia-Gloire.

Dans le Verdot, la différence des pépins du franc de pied et des greffons sur 101 [14] et Vialla était la plus sensible.

Chez le Cabernet franc, les pépins étaient plus petits sur Rupestris du Lot, plus gros légèrement sur Riparia.

Le Sémillon avait des pépins plus petits dans toutes les greffes : c'était le 101 [14] qui avait donné les modifications les plus prononcées sous le rapport de la forme. Les Riparias, surtout le Riparia tomenteux, avaient eux-mêmes, contrairement à l'habitude, donné des graines plus petites que celles du franc de pied. Mais c'étaient les raisins du Sémillon greffé sur Rupestris du Lot qui avaient les plus petits pépins.

Dans la Muscadelle, les variations de la graine étaient peu prononcées chez tous les porte-greffes.

Un fait m'a paru se dégager de ces observations : c'est que si les Riparias augmentent souvent la grosseur de la graine, mais en en diminuant le nombre, les Rupestris semblent en réduire les dimensions. Mais je n'indique ce fait que sous réserves, car pour le généraliser il faudrait faire des recherches plus étendues pendant plusieurs années, en des points différents du vignoble.

Faute de temps, je ne pus étudier, comme je l'aurais voulu, toutes ces modifications qui auraient nécessité une étude biométrique pour en dégager la véritable portée. Cependant ces faits montrent que, pour les caractères de taille des pépins, il ne faudrait pas conclure, comme on l'a fait, que le greffage a toujours pour conséquence le grossissement du pépin, puisque, dans certains cas, on observe le contraire. La variation produite dans la graine par le greffage peut donc s'exercer en *plus* ou en *moins*, comme pour tous les autres caractères de la plante. Et si c'est là un fait qui se comprend fort bien avec mes théories, il ne saurait exister avec l'hypothèse contraire, c'est-à-dire celle de l'immutabilité des vignes greffées, soutenue par les Américanistes. Ceux-ci le savent fort bien, quoiqu'ils disent le contraire.

Appareil végétatif.

A Haut-Gardère, j'ai observé, en mai 1904, des variations spécifiques temporaires très curieuses, portant sur la couleur et le facies général des greffons français placés sur certaines vignes américaines.

Dans une portion assez étendue était cultivé du Sauvignon greffé sur divers sujets : 3309, 1202, Vialla, 1305, etc., comparativement avec des francs de pied.

A première vue la teinte du feuillage et des pousses ne se distinguait pas de celle du franc de pied chez les ceps greffés sur 3309 et 1202. Au contraire, le Sauvignon greffé sur Vialla se distinguait nettement par une teinte spéciale jaunâtre et une disposition des pousses rappelant absolument un franco-américain. C'était frappant. Il paraît que cet aspect américain de cépages français s'observe quelquefois dans le vignoble greffé et, à Lyon, lors de ma conférence de 1905, faite à la Société régionale de Viticulture, M. Guicherd, professeur départemental d'agriculture de la Côte-d'Or, signala un cas semblable, à l'appui de celui que je viens de rapporter ici.

De même le Sauvignon greffé sur 1305 se distinguait par un vert intense bien particulier.

Le Fer était, dans la partie du Haut-Gardère spécialement consacrée à l'étude, représenté par cinq greffes sur 3309. A ce moment la couleur de l'appareil végétatif, la disposition des pousses plus érigées, celle des inflorescences également plus érigées, plus rapprochées et plus nombreuses, rappelaient à s'y méprendre l'aspect d'un franco-américain. C'était à tel point que M. Ricard à qui je faisais remarquer, à distance, ce cépage si distinct au milieu des autres, me dit que c'était un franco-américain dont quelques pieds avaient été placés là comme sujet d'études. Pourtant les étiquettes et l'examen ultérieur ne nous laissèrent aucun doute : il s'agissait bien du Fer, cépage français, ayant pris la livrée américaine.

Je dois dire qu'au moment de la maturation du raisin, Sauvignon et Fer, à facies américain en mai, avaient repris les caractères du Vinifera et perdu leur allure franco-américaine. Il s'agissait donc d'une variation spécifique transitoire, comme j'en ai signalé divers exemples.

En septembre cependant, j'ai constaté, sur certaines séries de greffes, des différences sensibles dans la couleur des bois et des feuilles, dans les pédoncules de la grappe et les pédicelles des raisins. Comme il en sera rapporté plus loin des exemples très précis, je me borne à les indiquer en passant, sans y insister.

Je ne me suis pas borné à examiner le champ d'expériences de Haut-Gardère, dans la Gironde. J'ai visité et longuement étudié divers vignobles de la Bourgogne, du Beaujolais, du Midi, des Charentes et de l'Anjou. J'ai pu y observer d'assez nombreuses variations portant sur le feuillage particulièrement.

Chez un propriétaire bourguignon, toujours de ce monde et qui peut témoigner de l'exactitude de mes observations, j'ai vu des Pinots greffés sur Rupestris dont les feuilles, déformées et persillées, attestaient la dégénérescence profonde. Ces ceps étaient devenus stériles. Multipliées, quelques rares boutures sont redevenues productives; les autres, de beaucoup les plus nombreuses, sont restées infertiles définitivement, manifestant ainsi l'hérédité complète de la détérioration amenée par un greffage mal assorti.

D'une façon générale, dans ce vignoble, les rejets du sujet étaient plus influencés par le greffon que celui-ci ne l'était par son porte-greffe.

Les variations de l'appareil végétatif étaient accompagnées de variations du raisin. Le Rupestris et ses hybrides donnaient des raisins plus lâches et à grains moins gros que le Riparia. Le Rupestris Monticola portait un petit raisin particulier, ne ressemblant à aucun des raisins venus sur d'autres sujets et distinct aussi des raisins du même Vinifera franc de pied.

Dans un vignoble voisin, des Pinots, greffés sur Gamay-Couderc, manifestaient, dans certains ceps et sur quelques rameaux, des variations spécifiques très nettes. Non seulement la teinte des bois, celle de certaines vrilles et le port avaient des rapports avec les parties correspondantes du greffon, mais les feuilles s'en rapprochaient par la nature du sinus pétiolaire, la diminution de la pubescence, l'aspect lisse, moins gaufré, plus brillant, plus vernissé de leur surface.

J'ai surtout remarqué chez un cep de Melon (Gamay blanc) un passage très net et très prononcé de la feuille au Rupestris sur lequel ce Vinifera était greffé.

Dans ce même vignoble, le Mourvèdre-Rupestris avait imprimé à certains Pinots un aspect buissonnant caractéristique, rappelant le phénomène que j'avais déjà vu chez le Dr Chanut, et que j'ai décrit précédemment.

Les vignerons que j'ai interrogés sur l'action des greffes répétées m'ont tous affirmé que les greffages successifs avec greffons pris sur des Vignes déjà greffées avaient accentué les dégénérescences des Viniféras bourguignons.

A Chagny, les plants dégénérés sont désignés sous le nom de *plants verts;* ils sont aujourd'hui beaucoup plus fréquents qu'avant la reconstitution.

J'ai trouvé, dans cette localité, un Pinot greffé sur Berlandieri Rességuier dont certaines feuilles avaient une forme et un aspect intermédiaires entre celles du greffon et du sujet, mais beaucoup plus voisins du Berlandieri que du Viniféra.

La même année 1904, j'ai visité des champs d'expériences établis à Las Sorres et à Fangouse près Montpellier, par M. Viala ou sous sa direction, ainsi que les vignes de l'École d'agriculture de Montpellier. Çà et là quelques vieux ceps francs de pied pouvaient, à Las Sorres, servir de types de comparaison, ainsi que des sujets cultivés francs de pied.

Ce qui me frappa d'abord, ce fut l'irrégularité de la maturité des grappes sur les mêmes ceps et sur des ceps différents, greffés sur certains sujets qui avaient transformé plus ou moins la floraison euchrone de la variété en floraison plus ou moins polychrone.

Puis ce fut la grande variabilité du feuillage. Ainsi l'Aramon greffé sur Riparia avait perdu presque tous ses poils et avait pris un aspect plus lisse, moins gaufré, chez certains ceps. Sur Franklin (sorte de Clinton), les feuilles étaient bien velues, mais par places elles offraient des masses de poils isolées disposées en une sorte de mosaïque comme dans les feuilles du sujet. Mais cette modification, d'ailleurs rare et particulière à quelques ceps seulement, était moins prononcée que celle constatée dans l'Aramon greffé sur Riparia.

La forme de la feuille de l'Aramon était plus arrondie dans les greffes d'Aramon sur Black-July et sur Cunningham et le même fait existait dans les greffes de certains ceps de Carignane.

L'Aramon greffé sur *Vitis Cinerea* portait des feuilles très différentes du franc de pied, mais le même sujet n'avait pas modifié sensiblement la Carignane. Ce dernier cépage, greffé sur 901 Couderc, donnait des feuilles bien différentes du franc de pied comme forme, beaucoup moins découpée, et, comme couleur, devenue plus ou moins intermédiaire entre le sujet et le greffon. D'une façon presque générale, les variations de la feuille me parurent, cette année-là, plus fréquentes et plus sensibles pour les vignes greffées sur hybrides que sur les espèces pures de vignes américaines.

A Fangouse, chez M. Martin-Bonnet, je pus également constater des transmissions de caractères des feuilles du sujet ou greffon, dans des champs d'expériences établis par lui sur les conseils de M. Viala.

Quand j'arrivai dans le domaine de Fangouse, M. Martin-Bonnet ne me cacha pas qu'il était hostile à mes idées, que pour lui les vignes greffées ne variaient pas et que je perdrais mon temps à chercher des variations chez lui. Cependant, vu la mission dont j'étais chargé, je pus avec lui visiter deux séries de Viniféras greffés sur divers sujets, greffes âgées d'un an et greffes âgées d'une dizaine d'années environ. Sur les premières, je lui fis voir des caractères indéniables du sujet transmis à quelques greffons dans deux ou trois rangées. « Cela ne doit pas vous surprendre, me dit-il; cela arrive quelquefois, mais ces caractères disparaissent bien vite et quand le greffon produit, il est redevenu totalement Vinifera. »

Quand nous fûmes arrivés aux greffes âgées, j'eus la chance de trouver sur Aramon greffé des feuilles très modifiées dans le sens du sujet. Cueillant une feuille de l'Aramon franc de pied et une feuille du sujet, je les plaçai côte à côte de la feuille du greffon, et je demandai à M. Martin-Bonnet ce qu'il pensait de cette variation. « Mon Dieu, me dit-il, nous sommes du Midi et nous exagérons toujours un peu; je vous dirai donc que la feuille du greffon est identique à celle du sujet. Et vous, qu'en pensez-vous? — Pour moi, lui répondis-je, je n'irai pas jusque-là; je considère la feuille du greffon comme intermédiaire entre la feuille du franc de pied et celle du sujet. — Je vois, Monsieur, s'écria-t-il en riant et avec l'accent du Midi que je ne puis traduire, que vous aussi, gens du Nord, vous exagérez; mais tandis que nous exagérons en plus, vous autres exagérez en moins! »

Il va de soi, comme je l'ai toujours fait remarquer, que chez les francs de pied on peut observer parfois des variations de caractères spécifiques sous l'influence des procédés de culture. Mais ces changements sont beaucoup plus fréquents dans le vignoble reconstitué et tandis que les variations du franc de pied sont d'orientation quelconque, celles qui sont dues à l'influence du sujet s'orientent dans le sens de celui-ci et rendent ainsi très sensible son action particulière.

En 1905, je fus invité par la Société régionale de Viticulture de Lyon à faire une conférence sur les hybrides dans leurs relations avec le greffage et les vins [1]. Le vice-président de cette Société, M. Durand [2], s'exprimait ainsi :

» On nous a, en effet, à tous enseigné que le greffage est un procédé employé pour *fixer* les accidents, ou multiplier les variétés obtenues par le semis, et si vous voulez me permettre de résumer l'idée qui nous est restée de ce qui nous a été enseigné, ce qui est écrit dans tous les livres, *c'est que le semis fait varier l'espèce*, tandis que la greffe permet de la multiplier en conservant tous ses caractères.

» Tel est du moins le lait que nous avons tous sucé dans notre prime jeunesse. Il paraît que ce lait n'est pas très pur, que nous n'avons pas su voir, que ce que nous appelons de la fixité n'en est pas, et que si nous avions regardé de plus près, nous aurions vu que, dans cette association à bénéfices réciproques que constitue tout greffage, le greffon est influencé par le porte-greffe au point d'être modifié, non seulement dans sa nutrition — c'est un fait généralement admis, le porte-greffe jouant le rôle de sol pour le greffon, — mais jusque dans sa forme, sa structure, ses caractères spécifiques; en un mot le greffage ne serait pas toujours une association dans laquelle les deux co-associés conserveraient leur autonomie; il serait parfois, souvent même, une pénétration des deux être accolés, assez profonde, pour qu'il en résulte une fusion de leurs caractères; le greffage produirait ainsi des hybrides, des métis sans le rapprochement sexuel.

» Ces hybrides et ces métis sont-ils des monstruosités se produisant d'une façon accidentelle? et dans cette hypothèse ils intéressent surtout la science pure. Sont-ils au contraire le produit de causes normales résultant du greffage, et capables de se manifester souvent? dans ce cas ils intéressent la pratique agricole et viticole au plus haut degré,

» Quoique d'origine récente, la question n'est pas nouvelle pour les habitués de la Société régionale de viticulture de Lyon. Déjà au Congrès de 1901, M. Daniel

[1] Cette conférence, sur la demande de M. Viala, parut *in extenso* dans la *Revue de viticulture* du 27 juillet 1905.

[2] *Les Conférences de Lyon (La Vigne américaine*, juin 1905).

avait bien voulu, dans une étude des plus intéressantes, nous montrer ce qui était connu sur ce sujet dans le domaine de l'horticulture principalement; les faits jusque-là signalés dans le domaine de la viticulture étaient peu nombreux; mais depuis ce moment des faits nouveaux sont venus s'ajouter aux précédents; la question a été étudiée plus profondément. Avec son ardeur infatigable, son amour profond pour la recherche de la vérité, M. Daniel a soumis à l'étude microscopique des milliers de tissus influencés par le greffage; M. le Ministre de l'agriculture lui a confié, d'autre part, la mission d'étudier, dans les vignobles français, l'influence que le greffage a eue sur la vigne; et c'est de tous les faits nouveaux observés depuis 1901 que M. Daniel veut bien nous entretenir aujourd'hui.

» Comme toutes les questions neuves, celle-ci a ses partisans et ses détracteurs. Mais bien que tout le monde ne soit pas encore convaincu, que la nouvelle église qui se forme compte plus d'hérétiques que de croyants, M. Daniel peut être assuré qu'il n'a devant lui que des amis toujours heureux de le voir au milieu d'eux, et qui viennent lui demander d'éclairer leur foi; au nom de la Société régionale de Viticulture de Lyon, je le prie de recevoir l'expression de notre vive gratitude. » *(Applaudissements.)*

Dans ma conférence, je m'exprimais ainsi :

« Avant d'entrer dans le vif de mon sujet, je dois faire une brève déclaration de principes. Un vieux proverbe dit qu'on ne prête qu'aux riches. Je dois être fort riche, car on m'a beaucoup prêté en viticulture, et pourtant je n'ai pas sollicité cette faveur... L'on m'a fait *généraliser* ce que j'ai toujours présenté comme de *rares exceptions* et l'on m'a représenté comme un *farouche ennemi du greffage* : je tiens à détruire cette dernière légende. Je pense du greffage, en général, ce que le vieux fabuliste Esope pensait de la langue : ce peut être la meilleure ou la pire des choses, suivant la manière dont on vient à s'en servir.

» Utiliser ce qui est bon, rejeter ce qui est mauvais, n'est-ce pas là ce qui doit toujours nous guider quand il s'agit de résoudre un problème utilitaire? C'est cette méthode dont je me suis toujours servi quand il s'est agi d'étudier le greffage en général, et les *effets du greffage de la vigne* en particulier. N'ayant jamais eu, de près ni de loin, le moindre intérêt personnel dans ces questions, il m'était plus facile de les aborder avec calme et de tirer de leur étude des conclusions, avec cette impartialité absolue qui doit être la règle de quiconque accepte une mission d'intérêt général. »

Comme, à ce moment déjà, j'avais été violemment attaqué déjà par M. Ravaz, dans des journaux scientifiques et dans des journaux agricoles, que des journaux politiques s'étaient mis de la partie, je ne voulais pas répondre et commencer une polémique à laquelle j'ai dû plus tard me résoudre et j'ajoutais simplement :

« Je ne viens pas ici exposer des théories. Je veux cependant rester exclusivement sur le terrain scientifique, et je ne répondrai pas aux objections d'un autre ordre, je le déclare par avance. J'examinerai simplement des faits nouveaux qui ont été observés depuis le Congrès de Lyon, en 1901, et je me bornerai à en tirer les quelques conclusions qui paraissent s'en dégager. »

Ces conclusions étaient les suivantes; je les reproduis ici intégralement, à titre de document :

« 1° Il y a variation à la suite du greffage de la vigne, et cette variation peut être *utile* ou *nuisible* suivant le cas, suivant même les années, et suivant le point de vue utilitaire auquel on veut se placer. Il y a lieu de classer les sujets et les greffons d'après les résultats qu'ils fournissent à un point de vue déterminé, et d'utiliser seulement ceux qui donnent une amélioration.

» 2° La vigne française, dans ses variétés les plus parfaites, ne peut être améliorée au point de vue du fruit par le greffage, mais elle peut l'être, dans certains cas, pour les résistances.

» Pour les hybrides, le champ de l'amélioration par la greffe est beaucoup plus étendu, puisque non seulement on peut augmenter la résistance phylloxérique, mais aussi améliorer l'appareil reproducteur, etc.

» 3° Les variations produites par la greffe paraissent être souvent héréditaires dans la vigne. On a donc beaucoup de chances de modifier, de suite ou à la longue, nos vieux cépages, comme je le disais en 1901, et pour la raison que je viens d'indiquer, cette modification sera plutôt défavorable relativement à la qualité du fruit. Or il peut arriver que l'on retourne un jour à la culture directe de ces vignes, si l'on arrive à supprimer le phylloxéra ou à le rendre négligeable. Il sera à ce moment de la plus haute importance de retrouver en chaque région, sans modifications, les cépages qu'avaient, depuis des siècles, sélectionnés nos pères avec un soin jaloux.

» Pour cette raison, je considère comme un devoir de réclamer la création par les particuliers ou par l'État, dans les champs d'expériences déjà existants, *de champs de conservation des vieilles vignes françaises* que l'on protégerait contre le phylloxéra, les maladies cryptogamiques et les variations par greffe. »

Toujours à titre de document, je reproduis ici les lignes suivantes qui résument ce qui se passa à l'issue de ma conférence, d'après les comptes rendus officiels de la Société régionale de Viticulture de Lyon, publiés par la *Vigne américaine*, juillet 1905.

« Dès qu'eurent cessé les applaudissements nombreux provoqués par cette conférence si bourrée de faits et d'aperçus nouveaux et originaux, *M. Durand* remercie en termes chaleureux M. Daniel d'avoir consenti à venir de Rennes pour apporter à la Société de Viticulture le fruit de ses recherches et de ses travaux.

» Ainsi qu'il l'a observé au début, si la nouvelle foi dont M. Daniel est animé a suscité déjà des apôtres convaincus, elle ne compte peut-être pas encore beaucoup de fidèles, tout au moins se heurte-t-elle à bien des oppositions; ce sera par la continuation de ses études que le distingué professeur, aidé de ceux qu'il a su entraîner avec lui, mettra les choses au point.

» Quoi qu'il en soit, la Société régionale de viticulture de Lyon, dont les portes sont largement ouvertes à tous ceux qui cherchent la vérité, est reconnaissante à M. Daniel de son apport et elle espère qu'il voudra bien continuer à la tenir au courant des résultats qu'il obtiendra. » *(Applaudissements.)*

Trois ans plus tard, la Société régionale de viticulture de Lyon, présidée par le même M. Durand, adoptait un vœu dirigé contre moi qui avais commis le crime d'écrire dans le *Times* un article contenant les mêmes idées, vœu dans lequel on m'attribuait une phrase que je n'avais pas écrite! Et ce vœu était signé par MM. Durand, Roy-Chevrier, Grandclément....

Chose plus curieuse encore: M. Durand avait observé un cas intéressant d'hybridation par la greffe qu'il m'avait communiqué verbalement, puis par lettre et qu'il me fit voir ensuite en nature.

« Voici l'observation que j'ai faite il y a deux ans, sur laquelle je vous ai déjà dit un mot, m'écrivait-il le 23 novembre 1906.

» A la fin de l'année 1903, après la chute des feuilles, comme je recherchais, dans mes collections, des souches portant des rejets nés au voisinage du point de greffage, mon attention fut appelée sur un cep de Gamay Teinturier de Bouze qui portait un sarment né près du point de greffage, ayant un aspect si différent des sarments nés sur les coursons que *je le regardai tout de suite comme une émanation du porte-greffe*. Comme il avait porté une grappe assez grosse (la rafle seule restait), mon intérêt fut augmenté. Je n'avais pas mon catalogue à la main et ne savais pas le nom du porte-greffe spécial à cette souche (mes collections ont les porte-greffes les plus variés); mais, d'après les *caractères extérieurs* du sarment, couleur principalement, aspect de l'écorce, je l'identifiai au Riparia. Rentré à mon cabinet, je constatai que le Riparia était bien le porte-greffe de la souche. *La variation de couleur et de l'écorce était donc bien établie.*

» Le rameau qui présentait ces caractères était inséré au-dessus du point de greffage. Je le taillai à deux yeux et me livrai à l'examen de toutes ses parties. Malgré toutes mes recherches, je ne pus lui trouver aucun caractère anatomique me permettant de le rapprocher du Riparia; par toute sa structure, je le rapprochai du Vinifera; la variation était superficielle.

» Au printemps suivant, les deux yeux laissés sur la souche donnèrent des pousses de Gamay, avec des feuilles un peu plus découpées comme en présentent les rameaux qui naissent sur le vieux bois.

» Le cep existe toujours dans mes collections; si je lui trouve quelque intérêt, je vous enverrai des fragments pendant le courant de l'année. »

Dans cette même lettre, il me disait, en qualité d'exécuteur testamentaire scientifique de M. Jurie :

« Suivant la volonté de M. Jurie, j'ai transporté à Ecully une partie de sa collection et des plants sur lesquels il fondait ses espérances. La plantation a été faite au printemps dernier, en boutures pour la plupart des types; c'est donc vous dire qu'avec la sécheresse de l'année j'ai obtenu des pousses assez maigres, anormales par conséquent, et sur lesquelles je n'ai pas cru devoir faire d'observations. Mais je pense que dans le courant de 1907, j'aurai quelques résultats à enregistrer.

» *Vous pouvez être assuré que je ne négligerai rien* pour aider à éclaircir la question si pleine d'intérêt et de conséquences pratiques à laquelle vous avez attaché votre nom. Je suis d'autre part trop indépendan et amoureux de la vérité pour ne pas m'attacher à la rechercher, sans me soucier des intérêts de chapelles. Comptez donc *absolument* sur moi pour vous fournir tous les renseignements que je pourrai recueillir. »

M. Durand avait vu et contrôlé les expériences de M. Jurie et avait par lui-même obtenu une variation spécifique; pourtant, en 1908, il brûla ce qu'il avait adoré et renia même tout ce qui touchait à l'hybridation asexuelle. Quelque temps après, il quittait l'École d'Ecully et devenait inspecteur de la viticulture. Je ne sais ce que sont devenues, après sa mort prématurée, les collections que lui avait léguées M. Jurie. Il est regrettable que des documents aussi intéressants pour la science et la viticulture aient ainsi été sacrifiés par un fâcheux concours de circonstances.

La même année 1905 et un peu plus tard, j'eus l'occasion de visiter d'importantes cultures de raisins de table, greffés sur vignes américaines pures ou hybrides. Je sais bien que MM. Viala et Pacottet (1) ont affirmé, au Congrès

(1) VIALA ET RAVAZ. — *Les influences réciproques du porte-greffe et du greffon* (*C. R. du Congrès d'Angers*, 1907). — Dans ce travail se trouve la curieuse affirmation suivante : « *Il peut circuler et se former dans les végé-*

d'Angers, que « le greffage n'augmente en aucune façon les variations, les anomalies des greffons.... sans nier de petites différences, attendues en vain par nous, nous n'avons pas pu encore les apprécier ni les évaluer. »

Fig. 246.
Feuille de 24-23 pied mère (1/2 grandeur naturelle).

Pour le goût des raisins de table, ils n'ont trouvé aucune différence : « La qualité des fruits n'est pas changée. Nous n'avons pu, à notre regret, observer aucune variation due au greffage à Nanterre. »

J'ai été plus heureux que ces auteurs. J'ai observé diverses tranformations chez des Chasselas greffés soit sur des vignes américaines pures, soit sur des

taux des corps inertes, aussi inactifs sur une orientation protoplasmique spécifique que l'est la sève ascendante avec tous les matériaux nombreux qu'elle renferme. » — MM. Viala et Pacottet ignorent l'existence des substances morphogènes dont un certain nombre sont précisément contenues dans la sève brute.

hybrides. Ces variations portaient sur la nature de la pousse, la forme des feuilles et leur villosité, leur gaufrage relatif, leur disposition plus ou moins plane ou enroulée, la forme et le nombre des dents, la couleur et la longueur relative des entrenœuds, les résistances aux maladies cryptogamiques ou aux variations excessives du milieu, etc.

Quant à l'appareil reproducteur, j'ai souvent constaté que la grappe pouvait changer plus ou moins de forme et porter des grains plus ou moins serrés suivant la nature spécifique du porte-greffe. De même les grains de raisin avaient parfois une forme et un aspect différents du Chasselas type; la peau était tantôt plus fine, tantôt plus épaisse. Des changements de goût fort nets et des variations de résistance à la pourriture grise se constataient en certains cas.

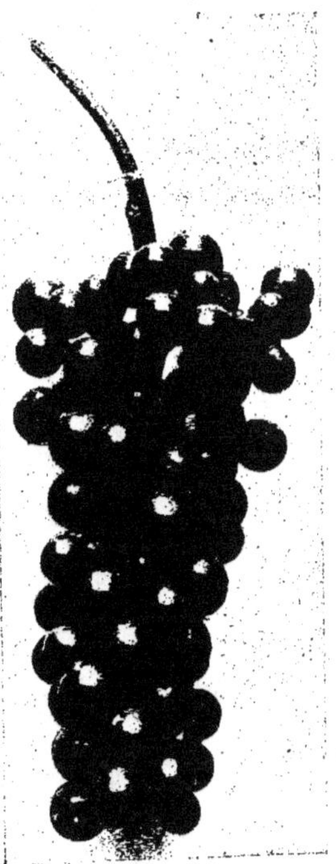

Fig. 247.
Grappe de 24-23 pied-mère (aux 3/4 de la grandeur naturelle).

Ce sont là des faits que connaissent bien tous les viticulteurs qui cultivent les raisins de table, et il est surprenant qu'ils ne soient pas parvenus aux oreilles de MM. Viala et Pacottet. Si l'on doutait de l'exactitude des faits que j'ai constatés, il suffirait de se reporter aux lignes suivantes dues à un spécialiste bien connu, M. Charmeux, de Thomery, et qui concernent le Chasselas de Fontainebleau :

« V. Pulliat, dit M. Charmeux [1], le décrit ainsi : bourgeonnement de couleur grenat, glabre ou presque glabre. Feuille moyenne un peu plus longue que large, glabre supérieurement, légèrement garnie inférieurement sur les nervures d'un duvet pileux hérissé; sinus supérieurs assez profonds, sinus pétiolaire presque fermé ou étroit; denture large peu profonde, pétiole assez long et fort. Grappe moyenne ou surmoyenne, cylindro-conique, un peu ailée, lâche ou un peu serrée suivant la nature du sol; grains globuleux, pédicelles un peu courts et un peu grêles; peau fine, bien résistante, d'abord d'un vert clair qui passe au blanc verdâtre teinté de jaune et souvent frappé de roux du côté du soleil lors de la maturité qui est de première époque; chair bien juteuse, tantôt ferme, tantôt un peu molle, suivant les sols, relevée et à saveur simple.

« *Cette fiche, remarquablement établie par M. V. Pulliat, serait certainement discutée par de nombreux viticulteurs de Thomery qui se livrèrent, avec les plants américains trop aveuglément introduits dans leurs espaliers, à des arlequinades qu'ils payent cruellement aujourd'hui.* Ils pourraient nous montrer des Chasselas présentant comme bourgeonnement, feuillage, sarments, grappes et maturation, des divergences sur lesquelles il serait pénible d'insister, alors que Thomery passe depuis cinq ans par les rudes épreuves qui compromettent son avenir. Leurs pauvres grappes ne sont pas « enrobées de sulfate de cuivre et autres ingrédients nocifs » [2] pour la triste raison que l'Eudémis achève de dévorer tout ce

(1) F. Charmeux. — *Autour des Chasselas de Montauban* (*Le Jardin*, 5 octobre 1913).

(2) M. René Salomon a écrit un article sur « l'infériorité notoire des Chasselas de Montauban et leur dangereuse nocivité », où se trouvent les lignes en question. C'est à cet article que fait allusion M. Charmeux.

Fig. 248.

24-23 greffé sur son père (Riparia) : hybride sexuel-asexuel désigné sous le nom de Baco 24-23 nº 1.

Fig. 249.
Autre cep de Baco 24-23 n° 1 (hybride sexuel-asexuel).

qui fut sauvé de l'oïdium et du mildew et que les deux tiers des fruitiers de Thomery seront encore vides cette année ».

Voilà ce que les faits et les praticiens répondent à MM. Viala et Pacottet. Le greffage des Chasselas a fait faillite et l'avenir de la culture des raisins de table est compromis déjà, au moins à Thomery. Après avoir modifié ou détruit nos cépages fins, fournissant les raisins de cuve, les Américanistes viendront à bout de nos meilleurs cépages donnant les raisins de table. Ce sera le désastre final, car s'il a fallu à peine un demi-siècle pour détruire, il a fallu de longs siè-

Fig. 250.
Grappes de 24-23 greffé sur Riparia (aux 2]5 de la grandeur naturelle).

cles pour édifier, pour sélectionner ces variétés qui faisaient l'orgueil de nos pères et qu'on n'a pas voulu conserver comme je le demandais, à Lyon, dans ma conférence de 1905.

Recherches de M. Baco, dans les Landes.

A la mort de MM. Jurie et Castel, je cherchai un hybrideur capable de continuer leur œuvre féconde. Ayant lu un article intéressant de M. Baco, instituteur à Bélus (Landes), dans la *Revue des hybrides*, sur la création d'hybrides franco-américains réalisés par lui, je lui écrivis pour lui demander de faire des expériences sur les effets du greffage tant chez les Viniféras de sa région que chez ses hybrides.

M. Baco voulut bien faire les expériences comparatives que je lui demandais, mais il ne me cacha nullement, avec une loyauté qui ne s'est jamais démentie, qu'il était loin de partager mes idées, mais il ajoutait que les faits suffiraient à le faire changer d'avis s'ils venaient à me donner raison.

Fig. 251.
Grappe de 24-23 greffé sur son père (Riparia grand glabre) aux 3/4 de la grandeur naturelle.

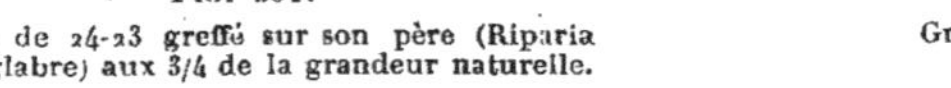

Fig. 252.
Grappe de 24-23 greffé sur Riparia ordinaire (aux 3/4 de la grandeur naturelle).

Fig. 253.

24-23 greffé sur Riparia ordinaire (aux 4/9 de la grandeur naturelle) ou Baco 24-24 n° 1.
La feuille a gardé le facies américain.

FIG. 254.

24-23 greffé sur Noah ou 24-23 n° 3 de M. Baco.

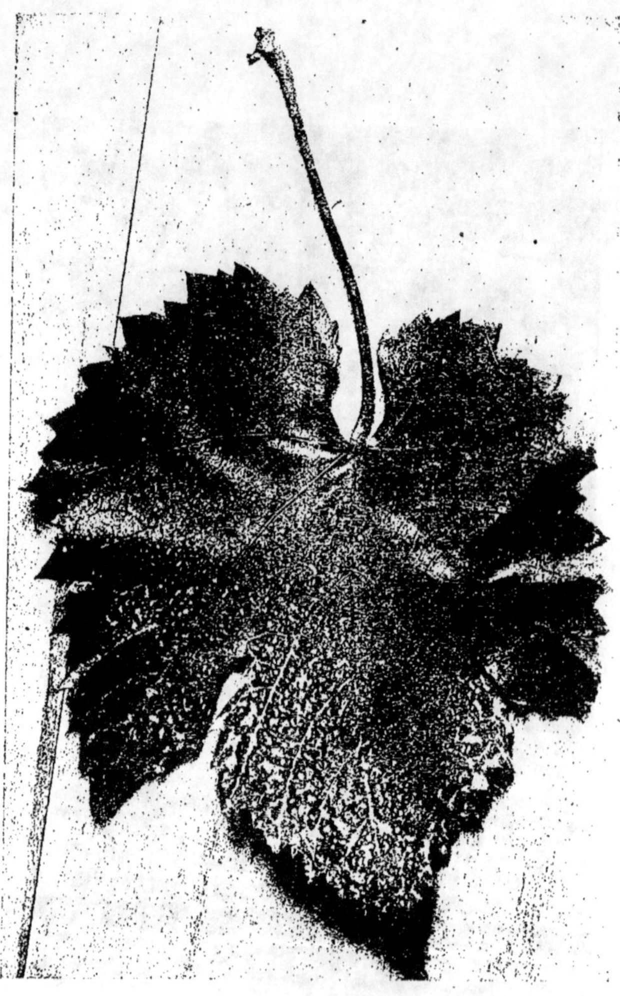

Fig. 255.

Feuille de 24-23 greffé sur Noah (1/2 grandeur naturelle), offrant une découpure profonde et à pointes moins aiguës que le pied de semis.

Fig. 256.

Feuille adulte de 24-23 greffé sur 15A (Noah × Folle blanche) (1/2 grandeur naturelle), sulfatée.

Fig. 257.
Grappe du 24-23 greffé sur Noah (aux 9/10 de la grandeur naturelle).

Or les faits furent conformes à ce que j'avais prévu. M. Baco obtint des variations de plus en plus nombreuses et n'hésita pas, en en consignant un certain nombre dans une brochure récente, à me dédier cette brochure avec « *hommage d'un converti* ».

Les résultats obtenus par M. Baco offrent un intérêt de premier ordre, au point de vue de la science pure comme à celui de la pratique viticole. Ils confirment, en les étendant considérablement, les observations de MM. Jurie et Castel et sont la démonstration définitive de la possibilité de *l'amélioration systématique de la Vigne* par des greffages appropriés, comme aussi du danger considérable que présentent pour les Viniféras et les hybrides l'emploi inconsidéré des greffages détériorants.

Je rapporterai ici les expériences de M. Baco dans leur ordre chronologique, car le plus souvent une même observation porte à la fois sur un ensemble de caractères et de résultats difficilement séparables.

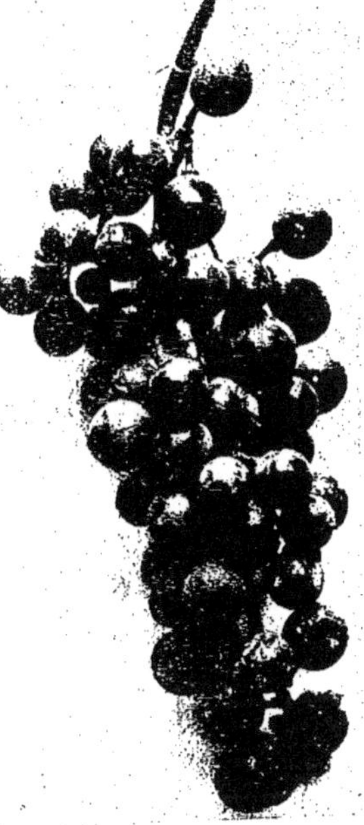

FIG. 258.
Grappe moyenne de 24-23 greffé sur 15A (aux 2/3 de la grandeur naturelle). Cette grappe a été becquetée par les oiseaux.

A. Variations chez des hybrides Baco greffés.

M. Baco a créé, comme il a été déjà dit, d'intéressants hybrides sexuels en prenant pour bases d'hybridation le Riparia qui lui a donné son 24-23 (Riparia grand glabre × Folle blanche) *(fig. 170)*, le 22 A (Folle blanche × Noah) *(fig. 171)* (¹), le 7 A (Chasselas doré × Noah), le 60-20 (Muscadelle × 4401 Couderc), le 44 A (Baroque × Noah), le 45-S (Seibel 1 × Folle blanche × Noah), etc.

L'action de greffages raisonnés a été étudiée par lui :

1° Sur ses hybrides par comparaison avec les pieds-mères soigneusement conservés purs de tout greffage ;

2° Sur les vignes françaises de sa région.

Ses expériences, toujours comparatives, ont été faites avec un soin extrême, car l'hybrideur landais, travailleur aussi zélé que prudent et précis, n'avance rien qu'il n'ait constaté d'une façon certaine.

Les variations observées par M. Baco sur ses hybrides ont été particulièrement nombreuses. Cela ne peut nous surprendre puisqu'il s'agit d'êtres présentant, par suite de leur origine même, un déséquilibre initial, congénital, résultant de l'union de deux gamètes d'inégales capacités fonctionnelles et amenant entre les caractères associés une lutte qui rend la combinaison formée plus ou moins instable sous l'influence des milieux où l'hybride se trouve placé.

α) — VARIATIONS DU BACO 24-23.

Cet hybride provient d'un croisement, fait scientifiquement, à Bélus, à la vigne de Moncault, le 4 juin 1901, entre la Folle blanche prise comme mère et un Riparia glabre gigantesque, relativement fertile, pris comme père et qui

(¹) Voir page 432.

Fig. 259.

Feuille adulte de 24-23 greffé sur 1[B] (Baroque × Noah)
(1/2 grandeur naturelle). Cette feuille a été sulfatée.

croissait dans une pépinière de variétés porte-greffes de la propriété de Nassy, à Bélus (Landes).

Comme ce Riparia, ainsi que ses congénères, fleurit un mois et plus avant la Folle, le pollen nécessaire à la fécondation artificielle fut récolté à maturité et conservé jusqu'au moment de l'utilisation, c'est-à-dire quand fut mûr le stigmate de la Folle.

FIG. 260.

1. Feuille adulte de 6e étage, de 24-23 de F. Baco greffé sur Grosse Chalosse en avril 1908 avec greffon provenant de 24-23 pied mère.
1/2 de grandeur réelle.
Nota. — A cet étage et au-dessus, toutes les feuilles de 24-23 pied-mère sont pleines, entières et glabres, identiques à celles de Riparia-Gloire ,Celles de 24-23 sur Grosse-Chalosse sont découpées et toujours assez pubescentes tenant de celles du sujet.

2. Feuille adulte de 6e étage de Grosse Chalosse franche de pied, prélevée sur une souche très voisine de 24-23 greffé sur Folle blanche.
1/2 grandeur naturelle.
Nota. — Sur Folle blanche 24-23 maintient les mêmes facies et état glabre originels, mais avec des dimensions réduites de moitié au moins, quant aux limbes et aux entre-nœuds, tenant aussi de le Folle, sans préjudice à la vigueur et moins encore à la production

Vigne démonstrative de Tauzia.

Or le cépage hybride obtenu possède une souche extrêmement vigoureuse, grossissant vite, à port d'abord érigé puis rampant, à sarments très longs, couverts d'une épaisse couche de liège, à bourgeonnement et à feuilles voisines du Riparia *(fig. 246)*. Ce cépage est très résistant aux maladies cryptogamiques et à la gelée. Il semble peu craindre le phylloxéra, la cochylis et l'eudémis.

Malheureusement, après quatre années de culture, ce 24-23 de semis parut trop peu fertile pour entrer de plain-pied en grande culture. Sa récolte était au plus de un kilogramme de raisins par cep ; les raisins, petits, étaient entremêlés de grains verts comme chez beaucoup d'hybrides, ce qui est, comme on sait, un défaut sérieux *(fig. 247)*.

M. Baco jugea qu'il fallait perfectionner systématiquement cet hybride sexuel par des greffes dans les conditions les plus favorables et raisonnées sur divers sujets parmi lesquels il supposait devoir trouver le porte-greffe améliorateur.

Connaissant l'action particulière du Riparia qui, d'après les Américanistes eux-mêmes (Guillon, P. Gervais, Viala, etc.), *transmet* ou *imprime* ses caractères de précocité et de *fertilité* à ses greffons, il greffa le 24-23 sur son père, c'est-à-dire sur le Riparia et il obtint ainsi le Baco 24-23 n° 1, c'est-à-dire un hybride sexuel amélioré asexuellement par greffe, ce qu'il désigna sous le nom d'*hybride sexuel-asexuel* pour indiquer sa double origine.

Or ce nouveau cépage, provenant d'une modification provoquée chez le greffon

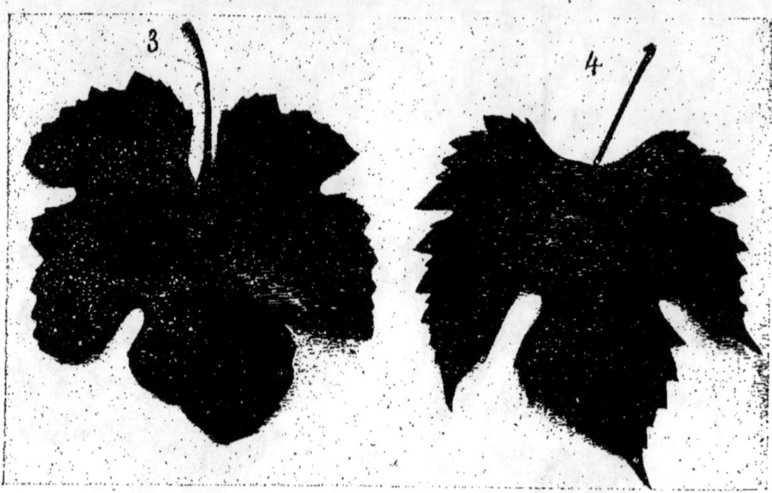

Fig. 261.

3. Feuille de rejet ou entrecœur de Grosse Chalosse franche de pied. 6/10e de grandeur réelle.

4. Feuille de rejet ou entrecœur de 24-23 pied-mère greffé sur Grosse Chalosse. 6/10e de grandeur réelle.

Champ d'expériences de Tauzia.

Mêmes observations que celles portées à la figure 260, nos 1 et 2.

par un arrangement nouveau de la mosaïque sous l'influence du Riparia sujet, est beaucoup plus fertile puisqu'il donne en moyenne, dans des conditions de culture identiques, 3 kilogrammes de raisins au moins par cep *(fig. 248, 249, 250)*. Le nombre des grappes par pampre est de 3 et 4 chez l'hybride sexuel-asexuel au lieu de 2 et 3 chez le type de semis; le volume des grappes et des grains a singulièrement augmenté en même temps *(fig. 251)*. Les raisins étaient beaucoup plus beaux que les plus beaux du pied-mère *(fig. 252)*.

Les feuilles de l'hybride sexuel-asexuel avaient conservé en grande partie les caractères du type: leurs dimensions sont élevées et certaines atteignent jusqu'à 28 centimètres de longueur; elles sont *pleines entières*, aussi larges que longues avec dentures aiguës et trois acumens bien prononcés; le pétiole est couleur vieux rose sur la face supérieure exposée au soleil, vert clair sur l'autre face; le limbe est lisse et sans tomentum sauf quelques poils courts sur certaines nervures. Le parenchyme est assez épais *(fig. 253)*.

Le goût du raisin est franc, non foxé, mais un peu spécial, se rapprochant un peu du Cabernet-Sauvignon peut-être. Sa constitution chimique, en 1908, comparée à celle du Cabernet-Sauvignon, présentait une certaine analogie. J'ajouterai que ce cépage, précoce, a mûri à Rennes et n'a pas présenté trace de maladies, quand d'autres vignes, en plein air et côte à côte avec lui, étaient atteintes par l'oïdium, etc., avec une grande intensité.

Le 24-23 de semis fut greffé par M. Baco sur 15 A Baco (Noah ×Folle) et sur Noah. Dans ces deux greffes, il obtint des variations assez voisines, montrant que le Noah chez le 15 A s'était montré asexuellement prédominant.

Ainsi furent obtenus le 24-23 n° 2 et le 24-23 n° 3. Dans ces deux cas, l'hybride sexuel-asexuel *(fig. 254)* possède des feuilles moins glabres, moins entières, à découpures plus profondes, se rapprochant quelque peu du Viniféra, particu-

Fig. 262.

5. Extrémité de jeune pousse venue sur vieux bois de 24-23 de F. Baco greffé sur Grosse Chalosse en avril 1908.
12 grandeur réelle.

6. Extrémité de jeune pousse venue sur vieux bois de 24-23 franc de pied provenant de 24 23 pied-mère.
1/2 grandeur réelle.

Mêmes observations que celles portées aux planches 1 et 2
Champ d'expériences de Tauzia.

lièrement à la face inférieure des rameaux *(fig. 255 et 256)*. Ces feuilles sont beaucoup moins souples que chez le 24-23 de semis.

La fertilité de ces deux formes rappelle celle du 24-23 n° 1, c'est-à-dire qu'elle est de beaucoup supérieure à celle du franc de pied. Mais les grappes sont moins compactes; elles ont des grains un peu plus gros dans l'hybride provenant de greffe sur Noah *(fig. 257)*; moins gros que chez le 24-23 n° 1, mais plus gros que chez le 24-23 type de semis dans l'hybride provenant de greffe sur 15^A *(fig. 258.)*

Plus accentuée était encore la variation de la feuille du 24-23 Baco greffé sur 1 B (Baroque × Noah) dans laquelle la division en lobes était très nette, très voisine de certains Viniféras *(fig. 259)*.

Le greffage du 24-23 sur Viniféra fut également tenté par M. Baco en vue de produire des améliorations. Les variations, moins marquées que les précédentes, furent cependant sensibles sur quelques pieds greffés, particulièrement chez des greffes faites sur Grosse Chalosse, ainsi qu'on peut s'en rendre compte en examinant les figures 260, 261 et 262.

La feuille n° 2 *(fig. 260)* représente une feuille adulte normale de 6e étage de Grosse Chalosse franche de pied, demi-grandeur naturelle; elle a l'aspect des feuilles de *Vitis Vinifera*, avec ses cinq cavités habituelles et son gaufrage particulier. La feuille n° 1 correspond à une feuille adulte de 6e étage du même Vinifèra greffé sur 24-23 Baco, à la même échelle que le n° 1. Les feuilles du 24-23 qui, à cet étage, sont pleines, entières et glabres, semblables au Riparia, un des parents de l'hybride, sont devenues découpées, pubescentes et ont pris d'une façon marquée le facies des feuilles du sujet.

Des différences analogues ont été relevées sur des feuilles adultes des entrecœurs ou pousses anticipées n°s 3 et 4 *(fig. 261)*.

Et même ces variations existaient parfois dans les jeunes pousses venues sur vieux bois, ainsi qu'on peut s'en rendre compte par l'examen des n°s 5 et 6 *(fig. 262)*.

Pour permettre de faire plus facilement les comparaisons, les feuilles de 24-23 et de Grosse-Chalosse francs de pied et greffés ont été groupées à la même échelle sur la même photograghie *(fig. 263)*.

On voit ainsi non seulement les différences de forme qui sont très frappantes, mais encore la réduction des dimensions de la large feuille de 24-23 qui finit par prendre presque la taille de la feuille de Grosse-Chalosse.

D'autres greffes de 24-23 Baco et de 22^A Baco furent faites sur un cépage bordelais renommé, le Cabernet-Sauvignon, et donnèrent lieu à quelques observations analogues aux précédentes.

Les numéros 1 et 1' de la figure 264 donnent la forme et la disposition de deux jeunes pousses de 24-23 franches de pied. Les feuilles, au début de la végétation, étaient d'un beau vert, à divisions assez pointues, sans cavités, comme le sont les feuilles de cet hybride. La base des jeunes pousses était rougeâtre, mais leur sommet ne présentait pas de teinte rouge, ainsi que j'ai pu le constater personnellement.

Le n° 2 de la même figure correspond à une pousse de Cabernet-Sauvignon cultivé à côté du 24-23 Baco dans des conditions comparables. Les feuilles et les tiges étaient vertes à la base; les feuilles présentaient cinq cavités, la forme palmée, la villosité et le gaufrage habituel de ce Vinifèra; le sommet des pousses était nettement rougeâtre.

Le n° 3 de la figure 264 correspond à un rejet de Cabernet-Sauvignon servant de sujet au 22^A Baco *(fig. 171)*. Les bases des pousses étaient rougeâtres comme dans le greffon; les feuilles étaient restées par ailleurs presque semblables à celles du franc de pied.

Enfin le n° 4 de la même figure donne l'aspect d'une pousse de 24-23 Baco greffé sur Cabernet-Sauvignon dans laquelle la forme des feuilles, la disposition des entre-nœuds et la couleur étaient très voisines du Cabernet-Sauvignon, modifié lui-même par son greffage avec le 22^A.

Il y a lieu de remarquer que ces modifications intéressantes ont été observées le 1er mai 1909 sur des ceps greffés le 11 mai 1908, c'est-à-dire sur des greffons à leur deuxième année de développement.

J'ai relevé en outre de nombreuses variations dans les sarments du 24-23 Baco franc de pied et greffé sur dix sujets différents *(fig. 265)*. Elles portaient sur la longueur moyenne relative des entre-nœuds, leur couleur, leurs ponctuations et les rayures de la tige. A ces différences correspondaient des changements anatomiques portant sur la valeur respective des tissus et l'aoûtement au sens général du mot (dureté du bois et contenu en réserves). Il en sera décrit plus loin d'analogues chez le 22^A, 7^A et 44^A Baco. Ces observations confirment et complètent celles que j'ai faites en Bourgogne, en Gironde, etc., et que j'ai décrites en 1904.

Fig. 263.

N° 1, feuille adulte de 24-23 franc de pied; n° 2, feuille adulte de Grosse-Chalosse; n° 3, feuille d'entrecœur de Grosse-Chalosse; n° 4, feuille adulte de 24-23 greffé sur Grosse-Chalosse; n° 5, feuille d'entrecœur de 24-23 greffé sur Grosse-Chalosse.

Fig. 264

1 et 1', pousses jeunes de 24-23 franc de pied ; 2, jeunes pousses de Cabernet-Sauvignon franc de pied ; 3, rejet de Cabernet-Sauvignon sujet de 22A Baco ; 4, pousse de 24-23 greffé sur Cabernet-Sauvignon, et ayant beaucoup de rapports avec la pousse n° 3 de Cabernet-Sauvignon sujet de 22A.

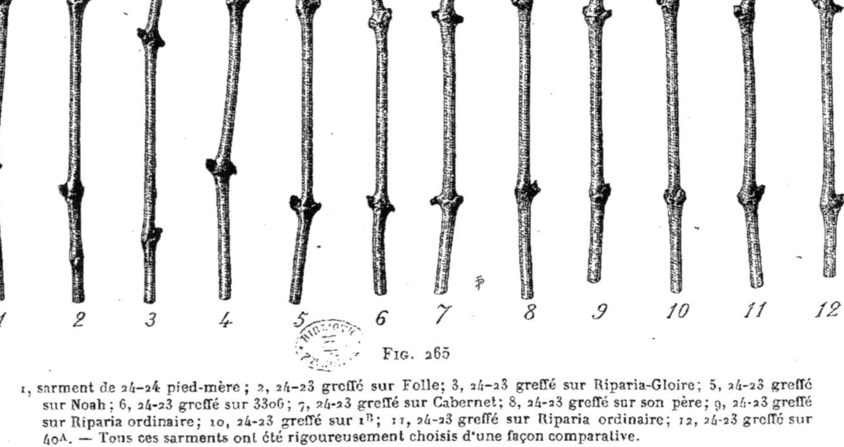

Fig. 265

1, sarment de 24-24 pied-mère ; 2, 24-23 greffé sur Folle; 3, 24-23 greffé sur Riparia-Gloire; 5, 24-23 greffé sur Noah ; 6, 24-23 greffé sur 3306 ; 7, 24-23 greffé sur Cabernet; 8, 24-23 greffé sur son père; 9, 24-23 greffé sur Riparia ordinaire; 10, 24-23 greffé sur 1B; 11, 24-23 greffé sur Riparia ordinaire; 12, 24-23 greffé sur 40A. — Tous ces sarments ont été rigoureusement choisis d'une façon comparative.

Fig. 266.

Feuille adulte de 22A pied mère.

Le 22^A Baco.

Le 22^A Baco (Folle blanche × Noah) est un hybride à raisins blancs obtenu par M. Baco en 1898. C'est sans contredit l'une de ses plus remarquables obtentions. La figure 171 de ce travail représente le pied-mère en 1909, à un moment où il avait été quelque peu atteint par la cochylis.

La feuille adulte *(fig. 266)* est assez grande, lobée et un peu gaufrée, assez résistante à la plupart des maladies cryptogamiques, à la façon du Noah, dont il rappelle la végétation sous une moindre surface.

Ses raisins sont gros, bien attachés au pédicelle et portés par de belles grappes *(fig. 267)*. La fertilité du pied-mère est bonne, et les raisins possèdent un léger goût de fox. La maturité est de 2e époque.

Greffé sur Riparia ordinaire, le 22^A a modifié ses caractères. Sa fertilité a considérablement augmenté, ainsi qu'on peut s'en rendre compte par la figure 268, comparée à la figure 171. La grappe s'est allongée et est devenue plus fournie *(fig. 269)*. La feuille est devenue elle-même plus épaisse; son épiderme s'est légèrement modifié *(fig. 270)*, sans cependant présenter des différences de forme et de taille bien accusées.

Mais l'amélioration relative à la fertilité, devenue plus grande, a été malheureusement accompagnée de détérioration. Resté aussi résistant au mildew et à l'oïdium que le franc de pied, le 22^A greffé sur Riparia ordinaire est devenu sensible à la pourriture grise et à l'échaudage et quelque peu au black-rot.

Sur Riparia-Gloire, le 22^A a donné en 1909 des raisins plus coulards *(fig. 271)*. Les grappes étaient restées sensiblement de même forme et de même longueur, mais les raisins avaient manifesté une diminution marquée des résistances *(fig. 272)*, malgré un sulfatage.

Greffé sur le Riparia × Rupestris 101^14 *(fig. 273)*, le même hybride 22^A Baco est fertile, avec des grappes sous-moyennes, à raisins ne manquant plus de résistance *(fig. 274)*, après avoir reçu un sulfatage.

Mais sur Folle blanche *(fig. 275)*, le 22^A greffé devient à la fois fertile, avec de nombreuses grappes bien faites, à raisins serrés et gros *(fig. 276)*, bien résistants, après avoir reçu comme les précédents un sulfatage préventif.

Les variations de la feuille furent très remarquables chez certains sarments de quelques ceps. Le n° 17 *(fig. 277)* représente une feuille adulte normale du 22^A franc de pied; le n° 20, une feuille adulte de la Folle franche de pied; le n° 18, une feuille prise sur un 22^A greffé une première fois sur Folle blanche, et le n° 19, une feuille d'un cep de 22^A greffé une deuxième fois sur Folle blanche. La forme et le gaufrage du 22^A se rapprochaient de plus en plus de la Folle, plus au 2e greffage qu'au premier.

Les feuilles des ceps greffés n'étaient pas toutes ainsi modifiées : quelques-unes avaient conservé la forme normale; d'autres étaient modifiées à des degrés divers *(fig. 278, n° 9)*.

Sur Cabernet-Sauvignon, le 22^A présentait parfois des feuilles ayant pris les sinuosités profondes et l'aspect de ce Vinifera *(fig. 278, n° 8)*.

Les rameaux anticipés ou entre-cœurs présentaient eux-mêmes parfois des variations intéressantes, ainsi qu'on peut s'en rendre compte à l'examen de la figure 279, dans laquelle le n° 1 est une pousse d'entre-cœur de 22^A franc de pied; le n° 3, un entre-cœur de 22^A greffé sur Riparia, et enfin le n° 4, un entre-cœur de 22^A greffé deux fois sur Folle blanche. Ce dernier a des entre-nœuds plus courts, une forme de feuilles et de sinus offrant des analogies avec la Folle blanche.

FIG. 267.

Grappe moyenne de 22^{A} pied mère.
(Grandeur naturelle.)

FIG. 269.

Grappe moyenne de 22^{A} greffé sur Riparia ordinaire.
(Grandeur naturelle.)

FIG. 268.

Un cep de 22 A Baco greffé sur Riparia ordinaire.

Fig. 270.

Feuille adulte de 22^A greffé sur Riparia ordinaire. (1/2 grandeur naturelle.)

FIG. 271.

A greffé sur Riparia-Gloire.

FIG. 272.

Grappe de 22^{A} greffé sur Riparia.
(Grandeur naturelle.)

FIG. 274.

Grappe sous-moyenne de 22^{A} greffé sur Riparia × Rupestris 101^{14}.
(Grandeur réelle.)

Fig. 273.

22A greffé sur Riparia × Rupestris 101-14.

FIG. 275.

2 A greffé sur Folle blanche.

Fig. 276.

Grappe moyenne de 22^A greffé sur Folle blanche.
(11/10 de la grandeur naturelle.)

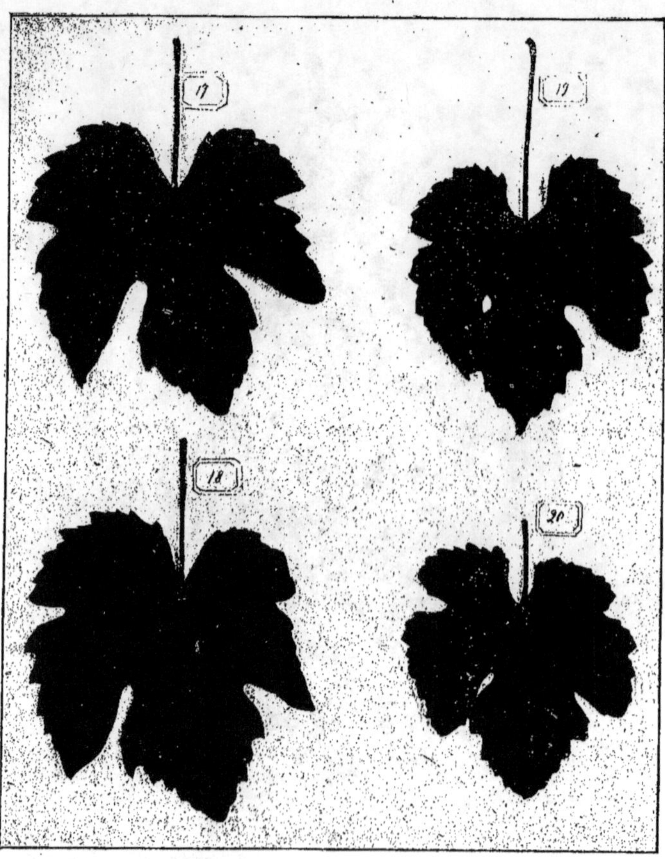

Fig. 277.

N° 17, feuille de 22ᴬ franc de pied; n° 18, feuille de 22ᴬ greffé une fois sur Folle blanche; n° 19, feuille de 22ᴬ deux fois greffé sur Folle; n° 20, feuille de Folle blanche franche de pied.

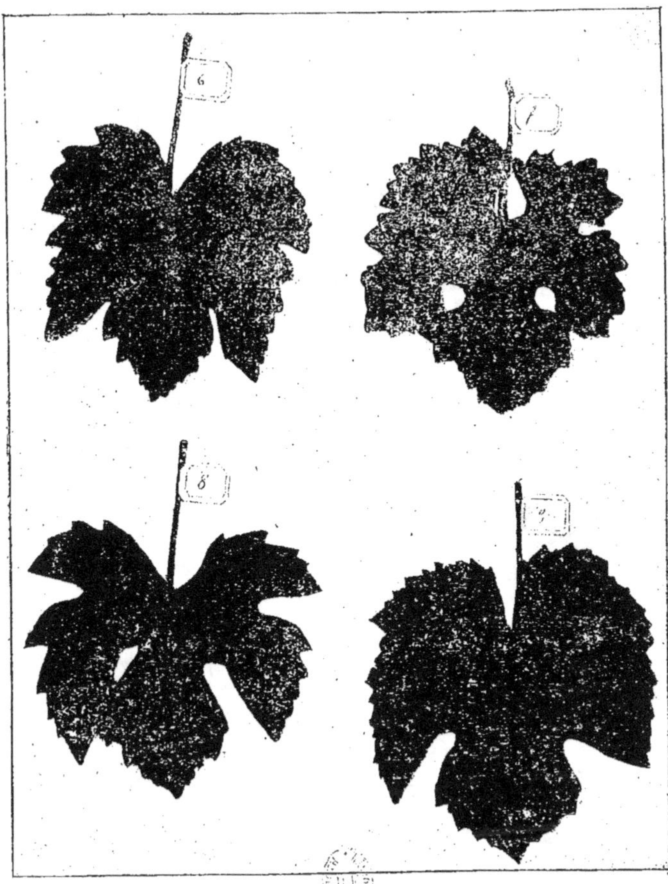

FIG. 278.

N° 6, feuille de 22A franc de pied ; n° 7, feuille de Cabernet-Sauvignon franc de pied ; n° 8, feuille de 22A greffé sur Cabernet-Sauvignon ; n° 9, feuille de 22A greffé sur Folle blanche.

Fig. 279.

N° 1, entre-cœur de Folle blanche franche de pied ; n° 2, entre-cœur de 22A franc de pied ; n° 3, entre-cœur de 22A greffé sur Riparia ; n° 4, entre-cœur de 22A greffé deux fois sur Folle blanche.

Les sarments, choisis en des points essentiellement comparables, de même vigueur proportionnellement à la souche et à une même exposition, présentaient des différences très remarquables (*fig. 280*).

Le n° 1 de cette figure représente un sarment de Folle blanche franche de pied. Les entre-nœuds sont courts; la teinte de l'épiderme était grise, avec de nombreuses ponctuations rouge puce. Les raies étaient grises et peu prononcées. En un mot, la teinte grise était prédominante.

Le n° 2 de la même figure correspond à un sarment de 22^A franc de pied. Les entre-nœuds sont très longs; la teinte était gris rougeâtre, avec des ponctuations peu apparentes, très petites. Les raies étaient bien prononcées, rouge brun dans

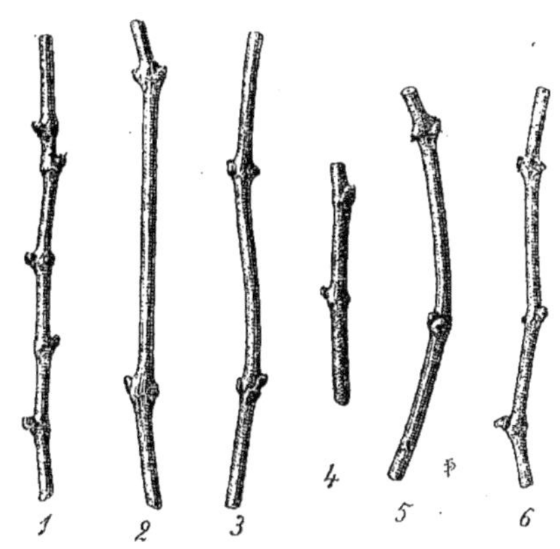

FIG. 280.

Sarments de 22^A et de Folle blanche :

1, Folle blanche; 2, 22^A franc de pied; 3, 22^A greffé une première fois sur Folle blanche; 4, 22^A greffé deux fois sur Folle blanche; 5, 22^A greffé sur Baroque; 6, 22^A greffé sur 3306.

les parties du sarment ayant cette teinte et grisâtres dans les parties non vivement colorées; les ponctuations peu apparentes et très petites.

Le n° 3 de la figure 276 est un sarment de 22^A greffé une première fois sur Folle blanche. Les entre-nœuds sont encore assez longs; la teinte rouge brun avec ponctuations noires peu visibles; les raies brunes très prononcées.

Le n° 4 représente un sarment de 22^A pris sur un cep greffé deux fois sur la Folle blanche. Les entre-nœuds sont courts comme dans ce dernier cépage; la teinte est gris rougeâtre et le gris domine; les ponctuations très nombreuses, mais moins apparentes que dans la Folle, avec raies grisâtres plus prononcées que dans le sujet. Il y avait beaucoup plus de gris que dans le greffon.

J'ai examiné, au même point de vue et au même moment, des sarments de 22^A sur Baroque et sur 3306. Le raccourcissement des entre-nœuds était sensible dans les deux greffons (*fig. 280, n°s 5 et 6*).

Les raies étaient plus nettes et plus larges sur Baroque que dans le 22^A franc de pied; elles étaient au contraire plus fines dans les sarments de 22^A greffé sur 3306 et les ponctuations plus nombreuses et plus apparentes que sur le franc de pied.

La greffe du 22^A sur le Terras 20 (Alicante × Rupestris) a donné en 1911-1913 de très curieux résultats, dont les figures 281 et 282 permettent de se faire une idée.

L'on voit côte à côte les grappes normales *a* et *a'*, à gros grains, du 22 A, si remarquable par sa grosse production et la santé des raisins, venues sur les sarments du franc de pied, et les grappes petites *b* et *b'* à grains sous-moyens, petits et très petits du 22 A greffé sur Terras 20.

Cette variation était accompagnée d'un retard important dans la maturité du raisin *et ne s'était produite que sur quelques pieds.* MM. Charles Laurent et J. Bonhomme ont fait séparément en 1913 les analyses de ces raisins. Voici les résultats, concordants, obtenus par eux.

NATURE DES PRODUITS	22A FRANC DE PIED	22A GREFFÉ SUR TERRAS 20
Poids des graines	Un kilogramme.	Un kilogramme.
Poids des rafles	25 grammes.	42 gr. 5.
Poids de marc sec	68 grammes.	49 grammes.
Quantité de moût	670 centimètres cubes.	645 centimètres cubes.
Densité.	1070,00.	1056,00
Extrait à 100°	168 gr. 2	137 gr. 4 pour 1.000 cm3.
Cendres.	3 gr. »	3 gr. 10 »
Sucre (Fehling)	152,8	129,5 »
Acidité en SO^4H^2	8,04	10,72 »
Tanin	0,435	0,490 »

L'épaisseur des peaux était fort différente chez les deux raisins et beaucoup plus forte chez le 22A greffé que chez le franc de pied. Au contraire, le nombre moyen des pépins était bien plus considérable par grappe chez le franc de pied que chez le 22A greffé pour un même poids de grains et c'est ce qui explique pourquoi, malgré l'augmentation de l'épaisseur des peaux chez le greffé, le poids du marc sec est plus grand chez le franc de pied pour un kilogramme de grains de raisin.

J'ai examiné les raisins du 22A franc de pied et du 22A détérioré par son greffage sur Terras 20, et j'ai constaté que beaucoup des petits grains de raisin du greffé n'avaient pas de pépins ou un pépin avorté à des degrés divers du développement, comme dans certains raisins millerandés. Toutefois les grains étaient beaucoup plus uniformes que dans des grappes millerandées et, ce qui n'est pas le cas chez celles-ci, aucun d'eux n'atteignait la taille normale, même chez les grappes venues sur de très gros sarments, bien placées et qui, par conséquent, eussent dû donner des raisins plus gros qu'à l'ordinaire, avec de beaux pépins.

J'ai mesuré avec beaucoup de soin les pépins de l'hybride franc de pied et de l'hybride détérioré par son greffage sur Terras 20.

Les pépins du 22A franc de pied sont déjà loin de se ressembler exactement entre eux quant aux caractères spécifiques parentaux, c'est-à-dire à la position de la chalaze, la grosseur du bec, la forme du pépin et les dimensions de ses parties principales.

Mais les variations étaient bien plus grandes encore chez les pépins du 22A greffé et détérioré. D'une façon générale, les pépins de celui-ci étaient plus gros, ce qui est, comme nous l'avons déjà dit, fréquent chez de nombreuses vignes greffées, sans être toutefois une règle absolue.

La position de la chalaze est un caractère spécifique très net d'après les auteurs. Celle des pépins de Vinifera se trouve comprise dans le tiers de la longueur du pépin ; celle des vignes américaines se trouve toujours plus haut et occupe presque le centre du pépin.

J'ai pris le rapport existant entre la longueur totale L de 1,000 pépins du 22^A franc de pied choisis au hasard, et la distance l du sommet de la chalaze à la base du pépin. J'ai trouvé le rapport $\frac{l}{L}$ supérieur à $\frac{1}{2}$ dans 560 pépins ; égal à $\frac{1}{2}$ dans 180 pépins et inférieur à $\frac{1}{2}$ dans 260 pépins. Sous ce rapport, le caractère américain de la position de la chalaze est de beaucoup le plus fréquent.

FIG. 281.

a. Grappe moyenne de 22^A (Maurice Baco) franc de pied. Poids 202 grammes.
b. Grappe moyenne de 22^A (Maurice Baco) greffé sur Alicante Terras n° 20. Poids : 55 grammes. — 3/5 de grandeur réelle.

Les mêmes mesures effectuées sur 1,000 pépins de 22^A greffé sur le Terras 20 m'ont donné des résultats bien différents. Le rapport $\frac{l}{L}$ était supérieur à $\frac{1}{2}$ dans 140 pépins ; égal à $\frac{1}{2}$ dans 580 pépins et inférieur dans 280 pépins. Ainsi, le caractère américain était moins prononcé sans qu'il y eût pour cela une augmentation bien nette du caractère Vinifèra, celui-ci n'arrivant dans aucun pépin à donner le rapport $\frac{1}{3}$.

Mais la variation du rapport $\frac{l}{L}$ était plus considérable comme amplitude dans le 22^A greffé que dans le franc de pied, ce qui est un résultat intéressant.

J'ai mesuré les dimensions relatives de la largeur du bec, de sa longueur et celles de la chalaze sur les mêmes pépins, *en opérant avec le même grossissement partout*, grossissement égal à 12.

Pour la largeur du bec, j'ai trouvé chez le 22[A] franc de pied, pour les largeurs et les fréquences, les chiffres suivants :

Largeurs (1)	10	11	12	13	14	15	16	17	18	19	20
Fréquences	20	80	**280**	200	120	80	60	40	40	20	60

FIG. 282.

a^2 Pampre à quatre grappes de 22[A] (Maurice Baco) franc de pied. — b^2 pampre à quatre grappes de 22[A] (Maurice Baco) greffé sur Alicante-Terras n° 20.
28/100e de grandeur réelle (Photographies prises le 10 octobre 1913).

La largeur du bec chez le 22[A] greffé sur Terras 20 donnait des résultats assez différents :

Largeurs	7	8	9	10	11	12	13	14	15	16
Fréquences	19	21	23	57	**180**	110	**210**	180	120	80

La courbe, à un sommet dans le franc de pied, devient à deux sommets dans le greffé. En outre, la variation de la largeur s'est effectuée dans le sens Vinifera d'une façon très nette pour quelques pépins, dont le bec était très pointu et non large comme dans les pépins des vignes américaines.

(1) Exprimées en millimètres, avec grossissement = 12.

La longueur de la chalaze et sa forme étaient très variables chez le 22^{A} franc de pied et chez le 22^{A} greffé. J'ai obtenu chez le franc de pied :

Longueurs de la chalaze. .	6	7	8	9	10	11	12	13	14	15	16	17	18	19	20
Fréquences	»	»	20	40	80	100	**140**	100	160	40	**160**	60	60	»	40

Chez le 22^{A} greffé, ces chiffres étaient les suivants :

Longueurs de la chalaze .	6	7	8	9	10	11	12	13	14	15	16	17	18	19	20
Fréquences.	20	40	40	»	80	120	**280**	100	**120**	80	60	20	40	»	»

Les courbes sont à plusieurs sommets dans les deux cas, mais celle du 22^{A} greffé est moins compliquée et le sommet 280 se détache nettement des autres.

Les largeurs des chalazes ont donné les chiffres suivants :

22^{A} FRANC DE PIED

Largeurs.	5	6	7	8	9	10	11	12	13	14 E
Fréquences	20	140	80	**280**	140	**160**	100	40	20	20

22^{A} GREFFÉ SUR TERRAS 20

Largeurs	5	6	7	8	9	10	11	12	13	14
Fréquences	»	80	**140**	80	**420**	140	100	40	»	»

Ici encore les courbes sont à deux sommets, mais chez le 22^{A} greffé l'un des sommets de la courbe se détache d'une façon beaucoup plus marquée que chez le 22^{A} franc de pied.

Il était très intéressant également de mesurer la largeur des mêmes pépins, car l'on sait que certaines vignes américaines ont presque la forme globuleuse, tandis que le pépin est plus allongé chez les Viniféras.

La largeur du pépin, dans son plus grand diamètre, chez le franc de pied, est donnée par les nombres suivants :

Largeurs. .	26	27	28	29	30	31	32	33	34	35	36	37	38	39
Fréquences .	40	40	»	**100**	80	100	20	60	**200**	100	120	80	20	40

Chez le 22^{A} greffé sur Terras 20, la largeur du pépin est plus considérable et l'on trouve pour mesures :

Largeurs	33	34	35	36	37	38	39	40	41	42	43	44	45	46	47
Fréquences	10	50	20	**200**	40	40	60	**240**	140	»	87	63	31	»	19

La variation est dans les deux cas représentée par des courbes à plusieurs sommets, sans présenter de très grandes différences, sauf par rapport à l'augmentation considérable de la grosseur du pépin chez le greffé, augmentation d'ailleurs sensible à l'œil nu, et qui se retrouve, ainsi que je l'ai montré pour les pépins des vignes de Haut-Gardère, à Léognan (Gironde), très fréquemment dans les vignes greffées sur Riparia et dans diverses vignes américaines.

On voit également que ces variations ne sont pas sans présenter de l'analogie avec ce que j'ai observé dans la descendance des Haricots greffés (1).

L'augmentation marquée de la largeur du pépin et les variations du bec

(1) Voir Lucien Daniel, *Nouvelles Recherches sur les greffes herbacées*, 100 pages et 54 planches. Rennes, 1913. (Ouvrage honoré d'une souscription du ministère de l'Instruction publique.)

étaient accompagnées d'un changement de la forme dans certains pépins du 22^A greffé sur Terras 20. Quelques-uns avaient la forme arrondie globuleuse et un bec fort gros; ils rappelaient ainsi la forme d'un pépin de Rupestris, comme si le Terras 20, par son sang maternel Rupestris, avait exercé une influence profonde sur le 22^A primitif.

L'influence du Viniféra paternel (Alicante) du Terras 20 pouvait s'observer dans la distance et la situation de la chalaze par rapport à la longueur totale du pépin. La chalaze se rapprochait du tiers de la longueur chez quelques pépins, sans cependant jamais l'atteindre. Le rapport oscillait entre $\frac{2}{5}$ et $\frac{4}{11}$.

Il va de soi que les mensurations de cette année ne préjugent en rien de ce qui pourra exister plus tard, car seul l'avenir dira si cette variation du 22^A greffé sur Terras 20 est *définitive*, ou simplement *temporaire*, ou encore *fluctuante*; si elle restera une *exception* limitée à quelques ceps comme depuis qu'elle a été observée, ou bien si elle *s'étendra* à la façon de ce qui s'est passé chez M. Jurie, à Millery (Rhône), pour l'hybride Jurie 580 greffé sur Aramon-Rupestris Ganzin n° 1 (1).

Le 7^A Baco.

Le 7^A Baco est un Chasselas doré × Noah : c'est un cépage blanc dont la feuille a la forme représentée par la figure 283, avec des dents assez aiguës et des cavités assez prononcées.

Greffé sur Riparia Gloire, il a donné en 1909, sur un cep, quelques feuilles se rapprochant de la feuille du sujet par la grandeur, par la forme générale, par la diminution des échancrures et l'aspect général des épidermes supérieur et inférieur *(fig. 284)*.

Sur Folle blanche, au contraire, les découpures étaient plus profondes chez certaines feuilles, qui avaient pris l'aspect Viniféra et avaient sensiblement conservé les dimensions de la feuille normale de l'hybride primitif. Les dents étaient moins aiguës *(fig. 285)*.

Ces différences s'observent encore avec plusieurs autres sur la figure 286 qui correspond à un 7^A Baco greffé sur Riparia Gloire et sur la figure 287 qui représente le même 7^A greffé sur Folle blanche.

Les raisins de 7^A greffé sur Riparia Gloire *(fig. 288)* étaient plus beaux, plus gros et plus sains que ceux du 7^A greffé sur Folle *(fig. 289)*. Ceux-ci étaient très atteints par le black-rot et un peu par l'oïdium, malgré des sulfatages préventifs. En outre, ces raisins étaient aussi devenus moins résistants à la pourriture grise, fléau des Folles blanches greffées.

L'examen comparatif des sarments choisis comme il a été dit précédemment montrait bien que le sujet avait influencé son greffon.

Le n° 1 de la figure 290 est un sarment de 7^A pied-mère. Les entre-nœuds étaient longs; la teinte était gris rougeâtre, avec des ponctuations noirâtres assez apparentes, mais moins que sur la Folle. Au contraire, les raies étaient plus prononcées que sur ce Viniféra.

Le n° 2 correspond au 7^A Baco greffé sur Folle. Les entre-nœuds sont devenus plus courts, sans qu'il y ait eu de grandes différences comme teinte, ponctuation et raies.

Le n° 3, qui est le 7^A greffé sur Riparia Gloire, ne présentait que de faibles modifications dans la longueur des entre-nœuds et leur coloration.

(1) Voir pp. 173 et suiv. de ce mémoire. La variation du 580 Jurie greffé sur Aramon-Rupestris Ganzin n° 1 fut d'abord limitée à quelques greffes et elle atteignit ensuite la plupart des autres.

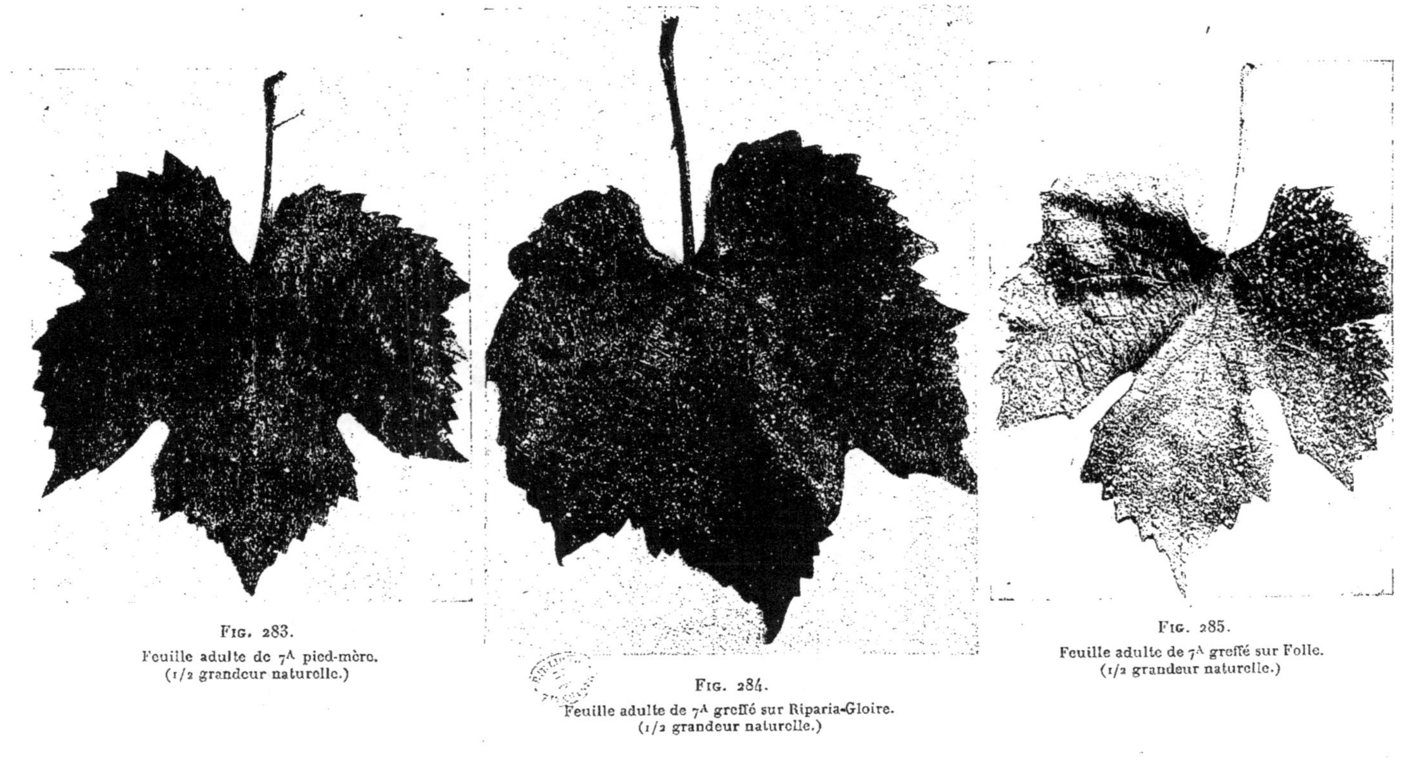

Fig. 283.
Feuille adulte de 7^A pied-mère.
(1/2 grandeur naturelle.)

Fig. 284.
Feuille adulte de 7^A greffé sur Riparia-Gloire.
(1/2 grandeur naturelle.)

Fig. 285.
Feuille adulte de 7^A greffé sur Folle.
(1/2 grandeur naturelle.)

Fig. 286.

7A greffé sur Riparia-Gloire

Fig. 287.
7A greffé sur Folle.

Fig. 288.

Petite grappe de 7^A greffé sur Riparia-Gloire.
(Grandeur naturelle.)

Fig. 289.

Petite grappe de 7^A greffé sur Folle.
(Grandeur naturelle.)

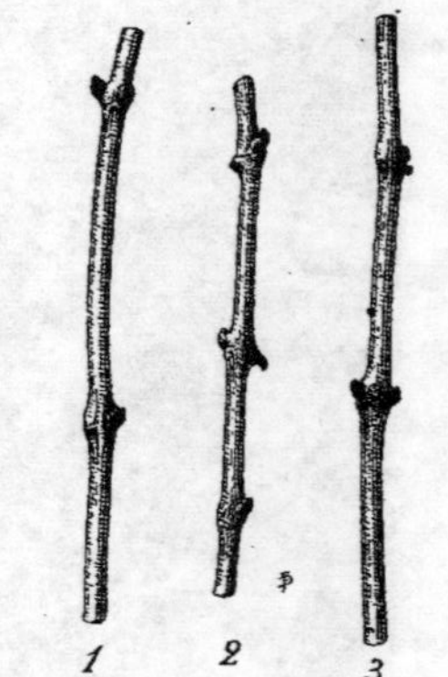

Fig. 290.

Sarments de 7^A :

1. pied-mère;
2. Greffé sur Folle;
3. Greffé sur Riparia-Gloire.

FIG. 291.

1. — Extrémité de pampre de 7^A (Chasselas ordinaire × Noah) franc de pied de semis, presque infertile. Agé de 9 ans.

2. — Extrémité de pampre de 7^A greffé sur Riparia-Gloire, fertile. Agé de 4 ans.

NOTA. — Toutes les boutures racinées proviennent de 7A sur Gloire et toutes celles greffées sur 101-14, 1202, et 420A ont conservé jusqu'ici, en apparence, tous les caractères nouveaux détenus par 7A sur Gloire

Fig. 292.

7^A, provenant de 7^A sur Riparia-Gloire, greffé sur 420^A en avril 1908.

Fig. 293.

7^A provenant de 7^A pied-mère, greffé sur 101-14 en avril 1908.

FIG. 294.
44[A] pied-mère (a été ravagé par la Cochylis).

Fig. 295.

Grappe surmoyenne de 44^A pied-mère.
(Grandeur naturelle.)

FIG. 296.

44A greffé sur Folle blanche.

Fig. 297.
Grappe moyenne de 44A greffé sur Folle blanche.
(Grandeur naturelle.)

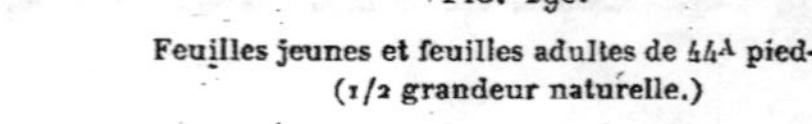

Fig. 298.
Feuilles jeunes et feuilles adultes de 44A pied-mère.
(1/2 grandeur naturelle.)

Fig. 299.
Feuilles jeunes et feuilles adultes de 44^A greffé sur Folle blanche.
(3/8 de la grandeur naturelle.)

1 2

Fig. 300.

1. Sarment de 44^A franc de pied.
2. Sarment de 44^A greffé sur Folle.

Fig. 301.
Petite grappe de 45-8 greffé sur Riparia-Rupestris 3309.
(Grandeur naturelle.)

Fig. 303.
Petite grappe de 45-8 greffé sur Riparia ordinaire.
(Grandeur naturelle.)

Des différences importantes s'observaient aussi sur les pampres jeunes.

Ainsi les entre-nœuds sont allongés et les feuilles palmées chez l'extrémité des pampres du pied-mère, presque infertile *(fig. 291 n° 1)*. Les extrémités des pousses du 7[A] greffé sur Riparia Gloire et devenu fertile sont à entrenœuds plus rapprochés et à feuilles plus voisines du Riparia que dans le franc de pied *(fig. 291 n° 2)*.

Sur 420[A] *(fig. 292)* et sur 101[H] *(fig. 293)*, les pampres avaient aussi un aspect particulier différent de celui du pied-mère.

Le 44[A] Baco.

Le 44[A] Baco est un Baroque × Noah *(fig. 294)*, donnant des raisins blancs, assez gros, très foxés, sur des grappes surmoyennes, moyennes ou petites *(fig. 295)*. En 1909, à l'état franc de pied, il fut ravagé par la cochylis.

Greffé sur Folle blanche *(fig. 296)*, le 44[A] a donné, la même année, des ceps superbes, sans cochylis, avec des grappes souvent plus volumineuses, parfois égales *(fig. 297)*, et des raisins francs de goût. Le greffage sur Folle avait défoxé le raisin à la façon dont certains raisins d'hybrides franco-américains s'étaient défoxés chez M. Jurie.

A ces variations du raisin correspondaient des variations de l'appareil végétatif. Les feuilles jeunes et les feuilles adultes du pied-mère *(fig. 298)* sont à cinq cavités bien marquées en général et ont plutôt un facies de Viniféra. Les feuilles jeunes et les feuilles adultes de quelques sarments du 44[A] greffé sur Folle blanche avaient un aspect plus américain que le franc de pied, car elles étaient plus grandes et trilobées pleines ou à peu près *(fig. 299)*. A côté de caractères du sujet renforçant l'élément Viniféra (disparation du fox), le greffage avait donc, par lui-même, provoqué dans l'hybride le renforcement d'un caractère américain appartenant au Noah (feuillage trilobé à cavités peu marquées). La variation dans les deux cas était une amélioration, bien qu'elle se fût effectuée en sens contraire pour le fruit et la feuille.

Enfin, la longueur des entre-nœuds s'était raccourcie dans le sens de la Folle *(fig. 300)*.

Le 45-8 Baco et numéros divers.

Le 45-8 Baco est un hybride de Seibel[1] × Folle blanche. C'est un cépage blanc, obtenu par M. Baco en 1910.

Greffé sur divers sujets, il s'est, en 1909, comporté de façon bien différente par rapport à la grappe et à la feuille. Il faut noter que tous les greffons avaient été pris non sur le pied-mère (non conservé), mais sur un cep de 45-8 déjà modifié par son greffage sur la Folle blanche.

Sur le Riparia ordinaire, le 45-8 Baco, légèrement sulfaté, est devenu la proie du black-rot, de l'oïdium et de la pourriture grise *(fig. 302, 303 et 304)*. Sur Riparia Gloire, le black-rot seul a attaqué la grappe.

Greffé sur Noah, le 45-8 Baco reste parfaitement sain et donne de beaux raisins.

Sur le Riparia-Rupestris 3309, la grappe du 45-8 est atteinte à la fois par l'oïdium et le *Botrytis cinerea (fig. 304)*.

Le même hybride greffé sur Folle blanche, un de ses parents, reste productif et suffisamment sain *(fig. 305)*. Certaines de ses grappes deviennent beaucoup plus volumineuses et serrées *(fig. 306)*. Chez quelques-unes cependant, restées de

Fig. 302.
45-8 greffé sur Riparia ordinaire.

Fig. 304.
Grappes de 45-8 greffé sur Riparia ordinaire.
(2/3 de la grandeur naturelle.)

Fig. 306.
Grappe de 45-8 greffé sur Folle. (3/4 de la grandeur naturelle.)

Fig. 305.
43-8 greffé sur Riparia ordinaire.

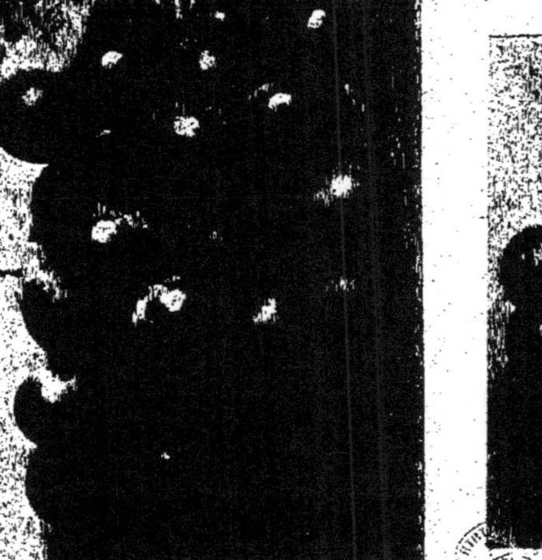

Fig. 307.
Petite grappe de 45-8 greffé sur Folle.
(Grandeur naturelle.)

Fig. 308.
Petite grappe de 45-8 greffé sur Grosse Chalosse (greffons provenant d'un premier greffage sur Folle).
(Grandeur naturelle.)

Fig. 309.
Petite grappe de 45-8 greffé sur Castets, avec greffons provenant de greffes sur Folle.
(Grandeur naturelle.)

Fig. 310

Feuille jeune et feuille adulte de 45-8 greffé sur Riparia ordinaire.
(2/3 grandeur naturelle.)

Fig. 311.

Feuille jeune et feuille adulte de 45-8 greffé sur Folle blanche.
(2/3 grandeur naturelle.)

Fig. 312.

Feuilles adultes et feuilles jeunes de 45-8 greffé sur Grosse Chalosse. (1/2 grandeur naturelle.)

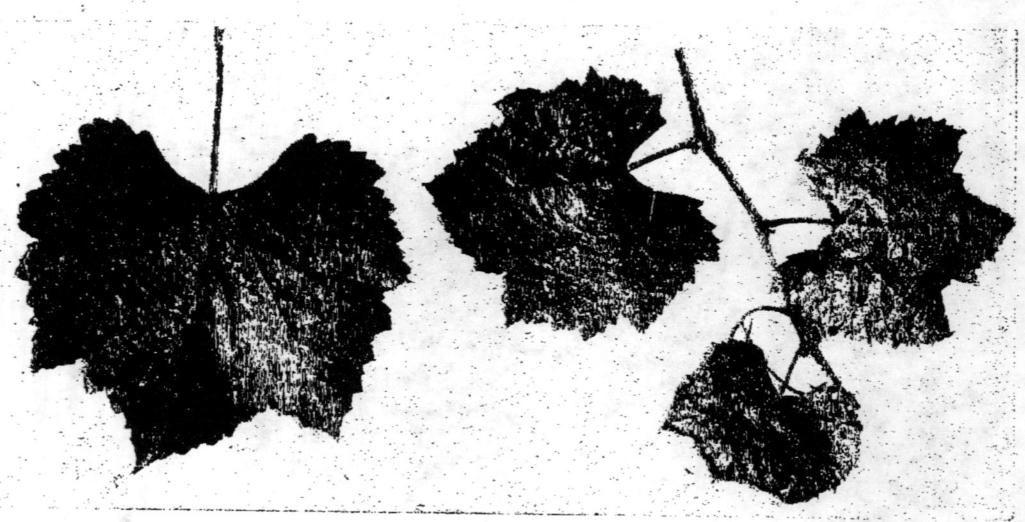

Fig. 313.

Feuilles adultes et feuilles jeunes de 45-8 greffé sur Castets. (1/2 grandeur naturelle.)

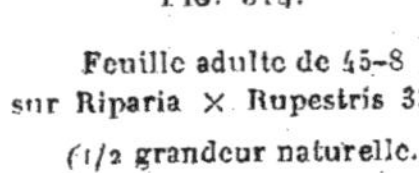

Fig. 314.

Feuille adulte de 45-8
sur Riparia × Rupestris 3309.

(1/2 grandeur naturelle.)

Fig. 315.

27-1 (Claverie × J. 201 de Couderc) de F. Baco, semis de 1900, greffé sur Folle le 5 mai au clos de Moncaut. Résistance pratique au mildew; indemne toujours de black-rot, d'oïdium, de pourriture. Ne s'échauffe pas.

Fig. 316

27-1 (Claverie × J. 201 de Couderc) de F. Baco, semis de 1900, greffé sur Riparia ordinaire le 5 mai 1905 au clos de Moncaut. Même résistance au mildew, au black-rot et à la pourriture que 27-1 sur Folle qui lui fait face; mais toujours très accablé par l'oïdium. A été échaudé cette année.

FIG. 317.

Feuille de 20A greffé sur Folle.
(1/3 environ de la grandeur naturelle.)

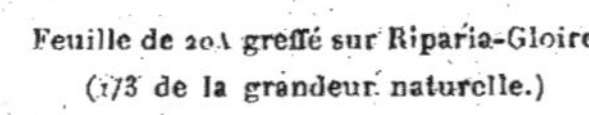

FIG. 318.

Feuille de 20A greffé sur Riparia-Gloire.
(1/3 de la grandeur naturelle.)

Fig. 319.

Co-20 pied-mère.

Fig. 320.
60-20 greffé sur Riparia × Rupestris 3306.

taille ordinaire, les résistances du grain laissaient parfois un peu à désirer (*fig. 307*).

Avec le Plant des Dames ou Grosse Chalosse employé comme sujet, le 45-8 fournit de petites grappes, peu résistantes aux maladies cryptogamiques (*fig. 308*).

Le Castets est un sujet encore plus détériorant à ce point de vue pour le 45-8, ainsi que le montre la figure 309.

Des variations ont été également observées sur le même cépage, quant aux feuilles et aux pampres.

Sur Riparia ordinaire, les feuilles ont un facies plutôt américain, sans cavités bien marquées, qu'il s'agisse des feuilles jeunes ou des feuilles adultes (*fig. 310*).

Sur Folle blanche, les échancrures de la feuille sont très nettes et le facies devient plus Vinifera (*fig. 311*).

Avec la Grosse Chalosse ou plant des Dames, le facies reste plus américain, l'épiderme, plus lisse et plus résistant (*fig. 312*).

Il en est de même avec le Castets, bien que le feuillage soit plus gaufré et les pampres quelque peu différents (*fig. 313*).

Enfin certaines feuilles de 45-8 Baco greffé sur 3309 ont pris une forme bien spéciale, tant comme contours que comme sinus pétiolaire (*fig. 314*).

L'on voit ici encore que les changements des résistances de la feuille et ceux du raisin ne marchent nullement de pair chez le 45-8, et qu'à une amélioration du fruit peut correspondre une détérioration du feuillage et *vice versa*.

Des observations de même ordre ont été faites avec le 27-1 (Claverie × J. 201 de Couderc), cépage blanc, greffé sur Folle, qui est nettement résistant au black-rot, à l'oïdium et à la pourriture grise, avec une résistance suffisante au mildew (*fig. 315*), quand, greffé sur Riparia (*fig. 316*), il conserve ses résistances au black-rot, au mildew, à la pourriture, mais devient très sensible à l'oïdium.

Chez le 20^A Baco (Folle blanche × Noah), autre cépage blanc obtenu en 1899, la figure 317 montre la forme Vinifera de la feuille acquise par la greffe de cet hybride sur la Folle blanche, l'un de ses parents, quand la greffe sur Riparia Gloire a ramené le facies américain plus net (*fig. 318*) et une résistance plus élevée.

Le 60-20 Baco est un cépage blanc obtenu par un croisement entre la Muscadelle et le 4401 Couderc. Franc de pied, il est atteint par l'oïdium et surtout par le mildew (*fig. 319*).

Greffé sur Riparia Gloire, il a été un peu éprouvé par le mildew et très atteint par le black-rot, mais l'oïdium ne l'a pas touché.

A deux mètres de distance, le même 60-20 est greffé sur 3306 (Riparia-Rupestris); ses résistances ont considérablement diminué; le mildew, le black-rot et l'oïdium se sont acharnés sur lui (1909), ainsi que le montre la figure 320.

La feuille du 60-20 et celle du 43-23 Baco se sont modifiées parfois d'une façon sensible dans le sens de leur conjoint. La figure 321 en est la preuve fort nette. Le n° 3 de cette figure est la feuille d'un Vinifera rouge (Gros Noir de la Calmette) greffé avec le 60-20 comme greffon (n° 2) ou comme sujet (n° 1); le n° 4 donne la feuille du 43-23 greffé sur Vinifera rouge et le n° 5 la feuille du même 43-23 greffé sur Cabernet-Sauvignon. Le n° 1 comparé au n° 3 montre le facies plus américain dans les contours et les dents acuminées, sous l'influence du franco-américain; le n° 2, au contraire, montre l'influence du sujet Vinifera éliminant en partie l'élément américain. Les n°s 4 et 5 montrent également la prédominance du caractère Vinifera sous l'influence du sujet.

Plus convaincantes encore sont les figures 322, 323 et 324, les deux premières faites à une plus grande échelle.

Le même 43-23 Baco greffé sur Noah avait, en 1909, modifié quelque peu son sujet, ainsi qu'en fait foi la figure 325. La feuille n° 2, qui correspond à un rejet de Noah portant le 43-23 pour greffon, avait un pétiole rouge et un limbe gaufré comme chez le greffon, tandis que le Noah franc avait conservé son pétiole vert et son limbe plus lisse (n° 1). Les feuilles des entre-cœurs offraient également des différences (*fig. 325, nos 3 et 4*). Les entre-nœuds des sarments adultes, plus courts chez le Noah franc de pied, s'étaient allongés sous l'influence d'un greffon vigoureux (*fig. 325*).

Tous les documents que j'ai figurés ont été conservés en nature dans l'alcool, tant comme pièces justificatives que comme éléments d'études anatomiques ultérieures.

Il ressort des premières études anatomiques que j'ai déjà pu faire qu'aux modifications extérieures correspondaient des changements de structure plus ou moins prononcés, mais bien sensibles.

On s'en fera une idée en comparant simplement les figures 326 et 327. La structure du 22A greffé sur Terras 20 (*fig. 327*) est beaucoup plus tourmentée que celle du 22A franc de pied (*fig. 326*). Celui-ci a une structure ligneuse uniforme, tandis que les bois du 22A greffé sont formés de couches distinctes montrant les à-coups de végétation nombreux qu'ils ont subis au cours de l'année. L'épaisseur des tissus ligneux est plus grande chez le franc de pied qui a moins souffert des variations climatologiques excessives de l'année pendant laquelle se sont développés les rameaux étudiés.

Les variations des hybrides Baco qui viennent d'être décrites et celles que je vais rapporter plus loin ayant trait aux Viniféras greffés ont été contrôlées par des personnes compétentes et dignes de foi qui en peuvent affirmer l'authenticité. Sans parler des viticulteurs de la région landaise qui les ont constatées bien des fois, elles ont été examinées avec beaucoup de soin par des naturalistes habitués aux observations botaniques et viticoles. Parmi eux, je citerai l'honorable M. Dubalen, le savant directeur du Musée d'histoire naturelle de Mont-de-Marsan et directeur des pépinières de vignes du département des Landes.

J'ai vu moi-même sur place ces variations, fin août 1909, ayant été appelé par M. Baco à les constater et les contrôler en présence de témoins. Je puis l'affirmer, parce que c'est la vérité pure : les descriptions de M. Baco sont plutôt en deçà de la vérité qu'au delà. C'est là un fait qui me frappa d'autant plus que je me défiais de l'exagération de certains Méridionaux depuis que j'avais visité les champs d'expériences de Las Sorres et ceux de M. Ravaz, à l'Ecole d'agriculture de Montpellier.

Or, ce que « *j'ai vu, de mes yeux vu, ce qui s'appelle vu* », dirai-je avec Molière, ce que M. Dubalen et d'autres observateurs ont vu également avec M. Baco dans ses champs d'expériences de Bélus et de Labatut, ce qui a été photographié en nature, n'avait pas été vu quinze jours plus tôt par les six membres de la Commission d'enquête nommée par la Société des Agriculteurs de France et venue le 16 août 1909 dans le but d'étudier les variations landaises des vignes greffées !

On a dit que les peuples heureux n'ont pas d'histoire. La Commission d'enquête en question n'est pas heureuse, sans doute, car elle a une histoire et celle-ci vaut la peine d'être contée pour l'édification de ceux qui aiment la vérité et n'admettent pas qu'on l'altère.

A la page 452 de cet ouvrage, j'ai rapporté une partie des protestations que souleva au Congrès d'Angers l'attitude partiale du président du Congrès, M. Prosper Gervais. A propos de ce Congrès, M. R. Kœhrig, dans la *Feuille*

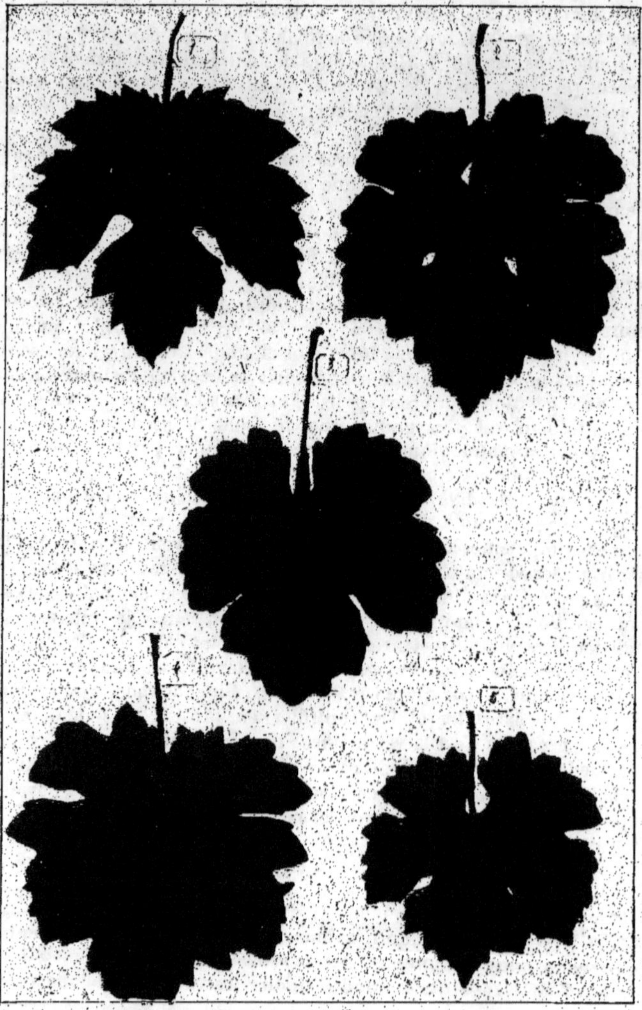

Fig. 321

1, Feuille de Gros Noir de la Calmette sujet de 60-20 Baco; 2, feuille du 60-20 greffon; 3, feuille de Gros Noir de la Calmette franc de pied; 4, feuille de 43-23 Baco greffé sur Gros Noir de la Calmette; 5, feuille de 43-23 greffé sur Cabernet-Sauvignon.

1. FIG. 322. 2.

Gros Noir de la Calmette du vignoble de Beyris.

1, Face inférieure de la feuille adulte de Gros Noir de la Calmette franc de pied, âgé de 29 ans, aux 9/20 de la grandeur naturelle.

La villosité est très abondante, les nervures peu colorées en carmin pâle aux bifurcations du pétiole également peu coloré. Le sinus pétiolaire est en lyre fermée. Le limbe rougit très peu et par places.

2, Face inférieure de la feuille adulte de Gros Noir de la Calmette greffé sur Riparia âgé de 23 ans, aux 9/20 de la grandeur naturelle.

La villosité est très faible et la feuille presque glabre. Les nervures et le pétiole sont plus colorés que chez le franc de pied. Le sinus pétiolaire est en V. Le limbe, moins profondément découpé, rougit par place d'une façon très nette.

1. 2.

Fig. 323.

Gros Noir de la Calmette du vignoble du Presbytère.

1, Face inférieure de la feuille adulte de Gros Noir de la Calmette sujet de 60-20 Baco, greffé en 1908, aux 9/20 de la grandeur naturelle.

Villosité faible : nervures et pétioles très colorés en carmin vif. Le greffon provient d'un cep déjà greffé sur Riparia depuis 10 ans.

2, Face inférieure de la feuille adulte de 60-20 Baco greffé sur Gros Noir de la Calmette en 1908, aux 9/20 de la grandeur naturelle.

La feuille est glabre, à nervures et pétiole vert clair.

Dans la greffe mixte de 60-20 sur Gros Noir de la Calmette, la feuille de 60-20 garde la forme n° 2, mais elle porte des poils comme chez le franc de pied, plus longs cependant ; et les pétioles sont un peu colorés.

FIG. 324

Variations des feuilles du 60-20 après la greffe.
10, feuilles de 60-20 franc de pied; 11, feuilles de 60-20 greffé sur Riparia-Gloire;
12, feuilles de 60-20 greffé sur 3309.

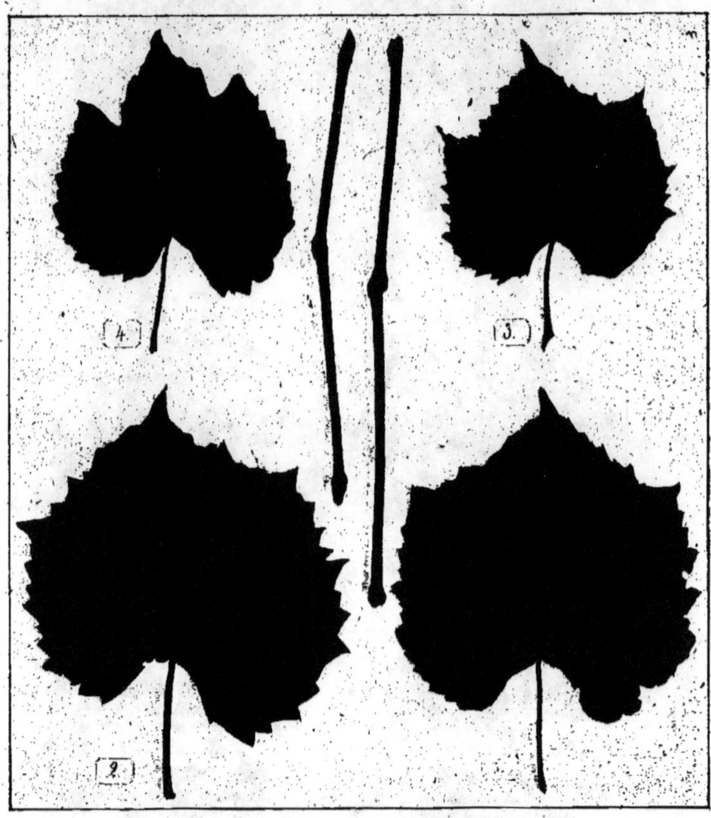

Fig. 325

43-23 Baco greffé sur Noah.

1, Feuille du franc de pied; 2, Noah sujet de 43-23; 3, Feuille d'entre-cœur du franc de pied, 4, Feuille d'entre-cœur du Noah sujet de 43-23. Le sarment à entre-nœuds le plus long est celui du greffé.

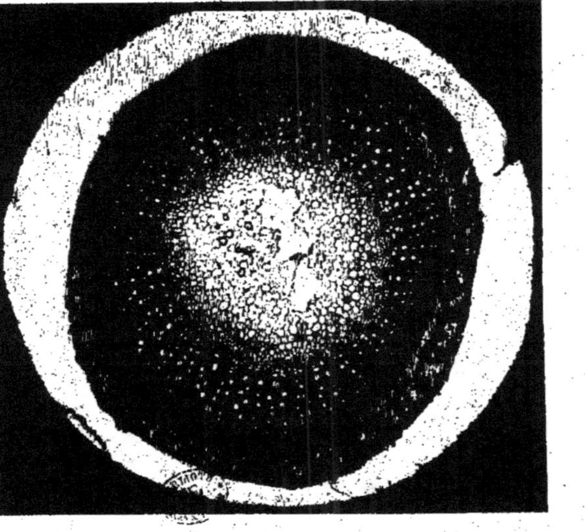

Fig. 326

Coupe transversale d'un rameau de 22^A franc de pied, au voisinage de la grappe. (Grossissement 13.)

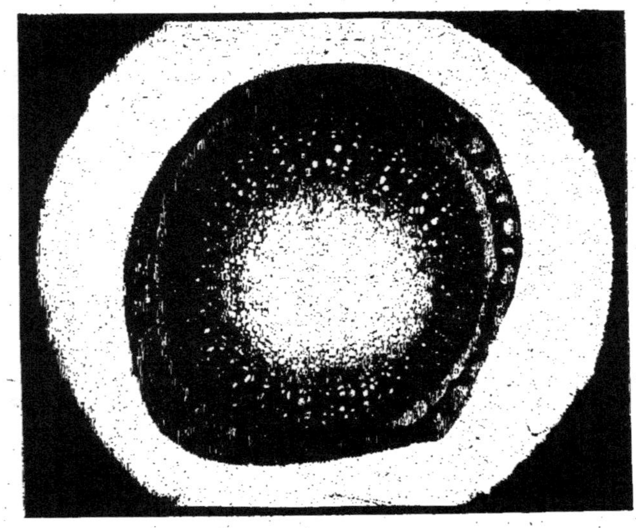

Fig. 327

Coupe transversale d'un rameau de 22^A, greffé sur Terras 20, passant au voisinage de la grappe. (Grossissement 16.)

Vinicole de la Gironde, publia, sous le titre de « A la recherche de la vérité », l'article suivant :

« Un grand chirurgien du XVIe siècle, Ambroise Paré, a dit : « Celui qui émet des idées » nouvelles est comme la chouette sortant en plein jour : tous les autres oiseaux crient et » courent dessus pour lui faire payer son audace et la faire rentrer dans son trou, si elle » n'est pas de taille à se défendre. »

» C'est ce qui est arrivé à M. Lucien Daniel, professeur de botanique à la Faculté de Rennes, chargé par le ministre de l'Agriculture d'étudier les effets du greffage dans le vignoble français.

» Pour M. Daniel, *la viticulture officielle a fait fausse route en poussant au greffage.* Il le dit et l'imprime, donnant ainsi une consécration scientifique aux opinions déjà émises par d'éminents praticiens. On conçoit aisément qu'une telle affirmation ait provoqué une forte émotion dans le camp des partisans du greffage. Car M. Daniel est un savant consciencieux.

» Mais l'émotion ne doit pas exclure la discussion. Toutes les opinions, quand elles émanent de gens sérieux, ont leur valeur et méritent examen. C'est le cas pour les théories du professeur Daniel, dont la probité scientifique est hautement reconnue.

» Or, ce n'est pas ainsi qu'on a envisagé la chose dans le monde viticole officiel, et la procédure d'antan concernant les hérétiques a été reprise. Le greffage est devenu religion d'Etat ; quiconque ose s'élever contre son dogme fait preuve d'hérésie viticole ; il doit être jugé et condamné.

» Donc, un concile fut réuni, nous voulons dire le Congrès international de viticulture d'Angers. On y fit l'apologie du greffage. Manière indirecte de combattre un adversaire, qui ne fut même pas invité à défendre ses théories !

» Rappelons que nous ne sommes ni pour ni contre le greffage quant à ses résultats au point de vue de la qualité des vins, estimant que la lumière ne s'est pas encore entièrement faite sur cette importante question. En outre, notre organe est absolument indépendant. C'est donc en toute liberté d'esprit que nous jugeons l'acte : selon nous, il est mauvais.

» Ce n'est pas ainsi qu'on progresse. Pourquoi vouloir étouffer la discussion ? C'est donc qu'on la redoute ? Mais tout le pays n'a-t-il pas intérêt à ce qu'elle se produise au grand jour ? Qui pourrait affirmer que les idées de M. Daniel sur le greffage ne sont pas de nature à faire avancer sérieusement cette brûlante question ? Alors pourquoi les écarter ?

» Il y a là un parti pris qui offusque ; il ne peut d'ailleurs qu'engager les chercheurs à reprendre l'offensive, car il me semble uniquement basé sur la crainte. Et M. Daniel le souligne très nettement dans l'introduction au livre qu'il vient de faire paraître et où se trouvent exposées ses idées. Parlant des inconvénients du greffage, le savant botaniste écrit :

« *Nier ces inconvénients*, refuser *d'avouer* qu'on s'est trompé, semble pour certains être toujours le *mot d'ordre* qu'on ne peut enfreindre sans s'exposer à des représailles, devant lesquelles recule infailliblement celui qui a des intérêts personnels en jeu. »

» M. Daniel dit tout haut ce que beaucoup, à tort ou à raison, pensent tout bas depuis longtemps. « Mais laisser incriminer le greffage, c'est effrayer et décourager les » viticulteurs, » dit-on de divers côtés. Sans doute, *si la vérité se trouve du côté des théories de Daniel*, il ne sera pas gai d'établir le bilan de la reconstitution ; cependant, cacher le danger, *si danger il y a*, ce n'est pas le conjurer.

» Recherchons le vrai. Ne rejetons rien *a priori*. N'étouffons pas la discussion. La viticulture a intérêt à savoir toute la vérité sur la question du greffage. Elle y a droit. Il est donc utile qu'elle entende les sons de cloches diverses.

» Et c'est pourquoi, très impartialement, nous invitons nos lecteurs à prendre connaissance du livre de M. Daniel, à rapprocher de leurs observations personnelles les faits qui s'y trouvent consignés et à en tirer eux-mêmes leurs conclusions.

» Ecrit d'une plume vigoureuse et savante, ce travail est intéressant. Il a de plus le mérite de l'actualité, puisqu'il paraît au moment où, dans nombre de vignobles à grands vins, une tendance marquée se manifeste en faveur du retour aux vignes françaises. »

Cet article piqua au vif M. Prosper Gervais qui, après avoir protesté de son *impartialité* et de sa *bonne foi*, demanda à la Société des Agriculteurs de France de nommer une Commission d'enquête de *trente* membres, chargée de procéder à la recherche des variations spécifiques chez les Vignes greffées. Or, à ce moment même, les adversaires de mes théories, impuissants à se défendre sur le terrain scientifique, venaient de me faire frapper par le ministre de l'Agriculture, espérant ainsi briser ma plume et arrêter le cours d'études devenues tout aussi embarrassantes pour les partisans du greffage que gênantes pour les auteurs responsables de la reconstitution et de ses désastres répétés.

Cependant, dans ma naïveté, en lisant les protestations de sincérité de certains Américanistes, je crus que cette fois vraiment la vérité allait se manifester et que cette Commission, si bien intentionnée, n'imiterait pas M. Griffon ([1]), mais saurait se documenter aussi bien chez les Américanistes que chez les Antiaméricanistes, c'est-à-dire chez ceux qui, comme c'était le cas pour moi, pouvaient lui montrer des variations et l'éclairer.

Dès l'instant que la Commission avait la prétention de faire ressortir la bonne foi et l'impartialité des Américanistes que le Congrès d'Angers avait laissé suspecter, je m'étais attendu à voir MM. Prosper Gervais et Viala éviter la faute lourde qu'ils avaient commise à cette époque en supprimant toute contradiction. Je pensais que, dans cette Commission, figureraient avec quelques viticulteurs américanistes et antiaméricanistes en nombre égal, des savants connus par leurs travaux botaniques, comme des membres de l'Institut de France et des Académies étrangères. De tels savants, dégagés de toute contingence viticole ou commerciale, étaient tout désignés pour donner sur le point en litige un avis motivé. C'eût été réaliser le vœu de M. Bellot des Minières qui, depuis longtemps ([2]), avait réclamé que l'on soumît la question à la plus haute juridiction scientifique, c'est-à-dire « à l'Institut et non à la Cour des Miracles ».

Or, la Commission susdite fut formée de trente membres dont vingt-neuf Américanistes et un membre indépendant, M. R. Kœhrig qui, dans de telles conditions, refusa aussitôt d'en faire partie. Des journaux viticoles engagèrent les partisans des vignes américaines à demander à se joindre aux enquêteurs pour combattre mes conclusions. C'était, s'il en avait été besoin, souligner le parti pris avec lequel devait se faire l'enquête.

Ainsi, pour élucider une question scientifique qui demande des études précises, longues et délicates, on s'était adressé à des personnes n'ayant pas les connaissances spéciales nécessaires et auxquelles des gens grincheux pouvaient reprocher d'être intéressés à solutionner le problème dans le sens économique le plus favorable à la vente des vignes greffées et de leurs produits ([3]). La Commission, ainsi composée, était scientifiquement *incompétente;* elle était en outre *viciée* dans son origine, car elle était à la fois juge et partie dans le litige.

Son premier acte fut de rédiger un questionnaire ([4]) à l'effet de réunir toutes les opinions et tous les faits connus pour ou contre l'effet du greffage sur la qualité des vins ([5]). Mais, cette fois, l'unanimité dont on s'était vanté au Congrès

([1]) M. Griffon, chargé d'étudier les hybrides de greffe, se rendit à Florence pour y rechercher l'Orange Bizarria, trouvée en 1644. et qui, d'après divers auteurs, est depuis longtemps disparue des cultures. Il aurait pu voir à Rennes mes hybrides de greffe, en moins de temps et à moins de frais, tandis qu'il ne retrouva naturellement pas l'Orange Bizarria. Mais, voulant démolir, il ne cherchait pas à se renseigner et, par ailleurs, il n'aurait pas vu l'Italie.

([2]) Bellot des Minières. — *La question viticole,* Bordeaux, 1902.

([3]) N'est-ce pas M. Prosper Gervais lui-même qui a dit ne connaître aucun viticulteur cultivant la Vigne dans un autre but que de *gagner de l'argent?*

([4]) Voir le compte rendu officiel publié en 1912.

([5]) Cette préoccupation exclusive de la qualité des vins montre bien le but poursuivi par les Congrès et Commissions d'enquête, c'est-à-dire l'intérêt commercial de la question pour les rapporteurs et enquêteurs.

d'Angers, ne se rencontra point. Il y eut des voix discordantes, tant au sujet de la qualité des vins que des variations de résistance chez les Vignes greffées. Aussi, raconte M. Verdié [1], « il importait manifestement de contrôler sur place » les faits les plus saillants. « Des tournées d'enquête furent décidées. » Une seule fut faite dans le Sud-Ouest et le Midi. Vingt-deux vignobles furent ainsi visités, ce qui est peu par rapport à l'ensemble de la France. J'ignore comment furent faites ces visites et si l'on examina sérieusement les vignes des viticulteurs qui s'étaient plaints du greffage. Mais j'ai connu la façon peu banale dont on opéra chez M. Baco qui, sur la demande de la Commission, s'était prêté de la meilleure grâce du monde à toute vérification et à tout contrôle.

Or, dans le Rapport publié au nom de la Commission tout entière, M. Verdié dit que « *M. Baco reconnaît lui-même la variabilité de ses hybrides à l'état franc de pied. Il reconnaît ne point les avoir sélectionnés dans le but d'en fixer les caractères. Son hybride 22^A notamment est très mal fixé. Les observations auxquelles il peut donner lieu étant greffé sont de ce fait d'une valeur scientifique douteuse* ».

M. Baco n'a jamais dit rien de semblable et il proteste de toute son énergie contre de telles affirmations qui sont complètement fausses.

De même, ce rapport présente le vin de 22^A comme *foxé*, quand M. Ravaz, qui cultive ce cépage depuis 1907, écrivait à M. Baco : « *Vos raisins sont si bons qu'on douterait de leur nature hybride,* » fait confirmé par le Congrès de Toulouse.

Et, les six commissaires ont constaté « *sur les pieds mères les mêmes variations que sur les greffés* ». A cette affirmation, M. Baco oppose encore le démenti le plus formel, ainsi que M. Darrigan et moi-même.

La conclusion finale de la délégation, c'est qu' « *elle n'a pu relever quoi que ce soit de positif ou de nettement concluant pouvant justifier les communications que M. Baco a cru devoir faire sur ses expériences* ». Comme une pareille affirmation est en opposition complète avec les observations de MM. Baco et Dubalen et aussi avec les miennes, il est nécessaire de faire ici des remarques qui ont leur importance et qui éclaireront le lecteur.

Ce fut le 16 août 1909 que la Commission d'enquête vint à Bélus et à Labatut. Au lieu de trente membres, elle en comprenait seulement huit dans la Gironde. Quand il s'agit d'aller dans les Landes, deux enquêteurs quittèrent leurs collègues pour regagner leurs domiciles respectifs : c'étaient MM. Ravaz et Roy-Chevrier.

Pourquoi ces deux membres de la Commission refusèrent-ils d'aller visiter les vignes de M. Baco quand, suivant M. Verdié, M. Ravaz était l'homme aux « *expériences précises* », aux travaux « *méticuleux* », particulièrement « *précieux pour la délégation* » dont il faisait partie ? Comment, c'est justement au moment même où ses talents allaient être mis à contribution, au moment où ils étaient les plus nécessaires, qu'il laisse à d'autres un contrôle important, comme s'il fuyait une responsabilité ou des contestations ! Et cependant il a accepté de contresigner le constat négatif, contesté énergiquement par M. Baco, constat d'une opération à laquelle il n'assistait pas !

Et, en 1911, il avait félicité chaudement M. Baco pour son ouvrage sur la « *Culture directe et le greffage de la vigne* », où sont relatés les faits que la Commission avait, deux ans avant, jugés sans intérêt. C'est à n'y rien comprendre ou plutôt cela se comprend trop bien.

Si vraiment M. Baco avait signalé des faits inexacts, MM. Ravaz et Roy-Chevrier manquaient là une occasion unique de confondre l'imposture de l'hybrideur landais. M. Roy-Chevrier eût trouvé là matière à une chanson spirituelle et

[1] Consulter le Rapport publié en 1912, sous le titre de : *Enquête sur les effets du greffage.* Naturellement, ce questionnaire ne me fut pas transmis et l'on se garda bien de me demander communication de mes documents.

mordante, tout comme à l'époque où il chansonnait agréablement M. Viala à propos du *Guignardia*, et le public eût encore applaudi. Pourtant c'est à ce moment même qu'ils sont partis comme s'ils avaient craint de convenir de la réalité des faits ou comme si la lumière leur faisait peur. Sans doute, quand on opère au grand jour sur des documents bien gardés, il est difficile d'étouffer la lumière et de la supprimer au besoin, comme cela s'est fait pour l'Isabelle de Poligny, à laquelle la visite de M. Roy-Chevrier porta sans doute malheur, ou pour la fameuse collection de vignes américaines de l'École d'agriculture de Montpellier, détruite si opportunément par M. Ravaz en 1903.

Quoi qu'il en soit des motifs de la fugue de MM. Ravaz et Roy-Chevrier, la Commission n'était plus, à Bélus, représentée que par le cinquième seulement de ses membres. C'est là un premier fait.

Ces six membres, *en deux heures à peine*, parcoururent les champs d'expériences de Bélus et de Labatut, dont le moindre contient plus de 1,500 pieds de vignes comparatives, et ce court temps leur suffit pour vérifier ce que j'eus peine, une quinzaine de jours plus tard, à voir en plusieurs journées de labeur assidu, en travaillant du matin au soir. C'est là un second fait.

Je sais bien que mes méthodes de travail et celles de M. Baco n'ont aucun rapport avec celles de MM. Prosper Gervais et Verdié, dont la rapidité et la sûreté de diagnostic sont bien connues. Pour eux, l'observation scientifique est vraiment un jeu d'enfant. M. Prosper Gervais (¹) tâtait le pouls et faisait tirer la langue, a-t-il dit, à plus de 200,000 pieds de vigne chaque matin, à une époque où MM. Viala, Ravaz et lui étaient en délicatesse au sujet des effets du greffage.

Quant à M. Verdié, je l'ai vu étudier à Haut-Gardère, à Léognan (Gironde), en une dizaine de jours, plus de 500 combinaisons de vignes franches de pied et greffées en plus de 20 exemplaires chacune. En travaillant à peine 10 heures par jour, il cueillait 500 catégories de raisins séparées, en extrayait les moûts isolément et analysait ceux-ci quant à la densité, au sucre et même à l'acidité. Cela se faisait vite, et, au grand scandale d'un chimiste de profession qui le regardait opérer un jour, M. Verdié n'avait pas de presse manométrique ni les appareils de précision habituels aux chimistes, mais les simples appareils dont se servent les viticulteurs pour se renseigner *grosso modo* sur les corrections à apporter à leurs moûts avant la fermentation.

Et cependant il fut fait état, au Congrès d'Angers, de ces analyses que M. Capus qualifia de travail scientifique sérieux; cela permet de juger du reste.

Sans doute la méthode et les résultats importaient peu aux six enquêteurs qui avaient leur siège fait à l'avance. Il fallait nier et l'on nia, justifiant les paroles du Psalmiste : *Oculos habent et non videbunt*, comme aussi le vieux proverbe :

« Il n'est pire sourd que celui qui ne veut pas entendre. »

En opérant ainsi, la Commission d'enquête avait été bien mal inspirée. Les variations étant là, il était facile à M. Baco de les faire constater par des personnes non prévenues, ce qu'il ne manqua pas de faire. Or une telle constatation, faite peu après le passage de la délégation et sur les documents mêmes qui lui avaient été soumis, était déjà singulièrement gênante. M. Prosper Gervais n'avait pas pensé sans doute à ce contrôle possible des actes de la Commission ainsi prise en flagrant délit de cécité ou d'incompétence.

Je ne me permettrai pas de douter de l'impartialité et de la bonne foi de M. Prosper Gervais, puisqu'il les a affirmées ainsi que son vif désir de connaître

(¹) Voir page 452 de ce Mémoire et Prosper Gervais, *La durée des vignobles reconstitués sur vignes américaines*. (*Revue de viticulture*, 1898.)

la vérité sur les points délicats que la Commission désirait solutionner. Mais, et j'en suis au regret vraiment, je suis obligé de constater une fois de plus qu'il manque beaucoup de mémoire et que ses opinions sont changeantes, si ses vignes sont *actuellement* devenues immuables.

C'est ainsi qu'il ne s'est plus souvenu, à propos des variations signalées par M. Baco, des lettres qu'il avait écrites autrefois à ce dernier et que le souci de la vérité m'oblige à publier. Elles n'étaient d'ailleurs en rien confidentielles. On pourra (tout est possible) contester l'authenticité de ces lettres si instructives. J'en ai fait des photographies pour pouvoir en expédier à ceux qu'elles pourraient intéresser; j'en tiens une épreuve à la disposition de M. Prosper Gervais si, cette fois encore, la mémoire venait à lui faire défaut.

Le 10 novembre 1907, un peu après le Congrès d'Angers, M. Prosper Gervais écrivait à M. Baco :

« Je vous remercie des renseignements très complets que vous voulez bien m'adresser; ils sont faits pour ajouter à l'intérêt qu'avaient éveillé en moi vos lettres précédentes et les échantillons que vous m'aviez envoyés.

» Il est très vrai que je suis très profondément sceptique sur la théorie des variations spécifiques telle qu'elle est exposée par M. Daniel (1); je ne crois pas à ces variations dues au greffage, et *jamais*, jamais (2), je n'ai rien observé qui se rapprochât, même de loin, des faits invoqués par M. Daniel, du moins avec nos types de vieux Viniféras aux caractères depuis longtemps fixés (3). Le Congrès d'Angers a été unanime sur ce point, *unanime* en toute impartialité et en toute indépendance.

» Mais *je ne nie pas* les variations *possibles* par le greffage sur des cépages encore imprécis, encore mal fixés comme le sont les nouveaux hybrides producteurs directs. Ici il n'est pas impossible qu'accidentellement le greffage puisse amener une dissociation de ces éléments de la *mosaïque de l'hybridation* dont parle Naudin, et faire apparaître des caractères nouveaux.

» Non, cela ne me paraît pas impossible, et c'est dans ce sens que j'ai applaudi aux efforts et aux travaux du regretté Jurie (4). En tout cas, ce sont matières

(1) M. Prosper Gervais m'a renié, ainsi qu'on en pourra juger par la lettre suivante qu'il m'écrivait le 5 mars 1902, en m'accusant réception de mon Rapport au Congrès de Lyon sur *les Variations spécifiques* précisément :

« J'ai éprouvé, me disait-il alors, un plaisir infini à le lire à tête reposée, avec tout le soin, toute l'attention qu'il mérite. Sans doute il me paraîtrait difficile peut-être d'admettre actuellement sans quelques réserves les conclusions de ce travail, mais je ne saurais assez en louer la forme et le fonds et admirer les expériences si intéressantes qui lui ont servi de base et en constituent l'ossature. Le jour nouveau que vous jetez ainsi sur des questions d'une grande importance pratique pour la viticulture apporte un élément d'appréciation d'une haute portée pour les praticiens aussi bien que pour les savants. La confirmation des faits que vous avez mis en lumière serait de nature à procréer toute une méthode essentiellement différente de celle que nos hybrideurs ont suivie jusqu'ici. Je ne saurais demeurer indifférent à de tels résultats, à de telles éventualités, et c'est vous dire encore une fois avec quel intérêt passionné j'ai suivi et je continuerai à suivre vos communications. »

(2) M. Prosper Gervais exagère. Il ne se souvient plus de ce qu'il a vu chez M. Jurie à propos des hybrides greffés et de ce qu'il écrivait dans la notice nécrologique qu'il consacra, en 1906, à notre ami commun de Millery.

(3) La mémoire de M. Prosper Gervais devient de plus en plus infidèle. Faut-il lui rappeler les faits publiés par lui en 1900 et 1901 sur les variations des Viniféras greffés et sur la valeur comparée comme porte-greffes des franco-américains et des américo-américains, sur la transmission de caractères du sujet au greffon, sur l'action particulière du 1202 sur les vignes du Midi et de la Bourgogne, etc. Les caractères dont il parle et qui sont transmis ou communiqués, ce sont là ses propres expressions, par le sujet à son greffon sont précisément tous des caractères spécifiques très importants des espèces ou des variétés considérées. Comment expliquer alors son scepticisme vis-à-vis de mes théories et sa négation des faits qu'il a maintes fois observés lui-même ?

(4) M. Prosper Gervais loue l'élève et critique le maître. M. Jurie fut mon élève et ses expériences furent faites sous ma direction, souvent même avec ma collaboration, ainsi que ses lettres et ses écrits en font foi. Ses recherches sur la dislocation des hybrides sexuels de vigne par la greffe ont corroboré les résultats que j'avais obtenus antérieurement sur des hybrides de Haricots, Choux, Tomates, etc., à la suite de leur greffe et que j'avais signalés depuis longtemps.

extraordinairement délicates où il ne faut s'aventurer qu'avec prudence et circonspection [1]. »

Les parties en italiques de cette lettre ont été soulignées par M. Prosper Gervais lui-même pour en accentuer encore l'importance.

Le 21 septembre 1908, c'est-à-dire presque un an après, il écrivait à M. Baco une nouvelle lettre, non moins instructive que la première :

« Je ne suis pas autrement surpris, lui disait-il, des modifications que le greffage a apportées dans la tenue de votre hybride 24-23. Ces modifications, constatées avec la plupart des Viniféras, et qui relèvent presque toujours des phénomènes de nutrition, ne peuvent être que plus nettes, plus accentuées encore, avec des cépages dont les caractères sont mal fixés, mal établis, et que le moindre choc en retour suffit à ébranler. Si, suivant l'expression de Naudin, les hybrides sont des mosaïques, comment s'étonner que ces mosaïques soient, avec les hybrides de création récente, extrêmement sensibles à toutes les actions modificatrices du milieu, qu'elles se dissocient en quelque sorte sous certaines influences beaucoup plus facilement que des cépages dont les caractères sont fixés depuis des siècles? Le fait n'en demeure pas moins d'un *intérêt pratique* de premier ordre et vous avez raison d'y insister. »

J'eus un jour l'occasion de montrer ces deux lettres, mais sans lui faire voir la signature, à un Méridional au courant des discussions soulevées par mes études et plutôt hostile à mes idées par sa profession même. C'était au moment où l'Exposition de Toulouse venait de consacrer la valeur des vins des hybrides sexuels-asexuels Baco; et leur obtenteur venait d'exposer la méthode du perfectionnement par greffe qu'il avait employée pour améliorer ses créations qui, à l'état franc de pied, restaient défectueuses sous certains rapports.

Pour barrer le chemin à ces données nouvelles, des écrivains viticoles avaient cru utile de préconiser le *Mendélisme* comme la seule méthode à employer pratiquement, car selon eux mes méthodes, qu'ils désignaient sous le nom de *Daniélisme*, ne pouvaient rendre aucun service.

Or, après avoir lu les lettres que je viens de rapporter, le Méridional en question s'écria : « Mais c'est du *Daniélisme* pur que nous sert là l'auteur de ces lettres. » Et, il fut au comble de l'étonnement quand il vit la signature de M. Prosper Gervais, qui se proclame un des Américanistes les plus convaincus et le fidèle gardien des bons principes de la reconstitution.

C'est que, tout comme les vignes reconstituées, — dans le Midi, — lui fis-je remarquer :

« Souvent greffeur varie.... »

Il ne faut pas s'en étonner. Les contradictions se rencontrent à chaque pas dans les actes ou les écrits des Américanistes et j'en ai signalé déjà maints exemples au cours de cet ouvrage. Une des plus récentes est celle qui existe entre les conclusions du Congrès d'Angers et celles de la Commission d'enquête dont je viens de parler et que présida, dans les deux cas, M. Prosper Gervais, avec une égale autorité.

Les conclusions du Congrès d'Angers sont les suivantes [2] :

« 1°) L'influence spécifique réciproque du sujet et du greffon est nulle. Dans

[1] On s'étonnera que, connaissant si bien les difficultés de la matière, M. Prosper Gervais ait convoqué des viticulteurs pour les résoudre et se soit placé à leur tête, s'aventurant ainsi sans prudence et sans circonspection sur un terrain réservé aux spécialistes en la matière. Il est vrai qu'il avait avec lui MM. Ravaz et Verdié !

[2] Voir les *Comptes rendus officiels*, page 178.

aucun cas, le sujet américain n'a modifié les produits du greffon, ni ses caractères.

» Le greffon n'a pas davantage modifié la nature spécifique du sujet.

» 2°) Les modifications qu'on a pu constater sur une variété de vigne après le greffage sont de même ordre que celles qui résultent du sol et des pratiques culturales. Elles sont par suite de même importance dans la pratique [1] et sont entièrement sous la dépendance du viticulteur. Au reste, ces modifications se sont traduites généralement par une amélioration [2]. »

Les signataires de ces conclusions, qui furent adoptées à l'unanimité d'après les comptes rendus du Congrès, ne s'étaient pas même aperçus que la deuxième conclusion détruisait la première. Si l'influence réciproque du sujet et du greffon est *nulle*, il ne peut y avoir eu de modifications de quelque sorte qu'elles soient. Si ces modifications ont existé, l'influence réciproque du sujet et du greffon ne peut être nulle. C'est là un dilemme dont je défie bien M. Prosper Gervais de sortir, même avec l'aide de MM. Ravaz, Viala et autres Congressistes.

Les conclusions de la Commission d'enquête publiées en 1912, c'est-à-dire cinq ans après celles du Congrès d'Angers et après une longue gestation [3], sont bien différentes des précédentes :

« De l'ensemble de notre tournée, dit le Rapporteur, il se dégage nettement que la prévention ou les assertions invoquées contre le greffage ne sont pas suffisamment fondées pour qu'elles soient de nature à faire admettre une dégénérescence [4] ou des modifications spécifiques sous l'influence du greffage *quand il est normalement fait, que les conditions requises d'adaptation et d'affinité ont été réalisées, et que les autres nécessités vitales des vignes ont été satisfaites.* »

Cela devient intéressant. A l'affirmation retentissante et *absolue* du Congrès d'Angers, la Commission a cru devoir ajouter une sourdine et quelle sourdine ! Pour que la vigne greffée ne varie pas, il y a une condition *sine qua non :* c'est celle que je viens de souligner. Il faut *un greffage normalement fait*, avec *adaptation et affinité complètes*. Mais ce greffage, dont les Américanistes se réclament aujourd'hui, existait-il autrefois quand je montrais, avec M. Sahut, combien l'on s'était emballé, sans penser « aux complications, dont on ne se doutait même pas » ? Il n'existait pas davantage au moment du fameux Congrès d'Angers, puisque personne n'en a parlé.

De tels greffages sont-ils même réalisés aujourd'hui ? Si oui, je demande instamment à M. Prosper Gervais de m'en montrer, ne fût-ce qu'un seul exemplaire, afin que je puisse l'étudier, que je puisse m'assurer que ce n'est pas un mythe et

(1) Mais alors elles ont une importance capitale, puisque les facteurs de la qualité des vins sont le sol, le climat et la variété. Donc..., la conclusion s'impose, mais toute différente de celle des Américanistes.

(2) C'est en contradiction formelle avec l'observation.

(3) Pourquoi la Commission a-t-elle mis trois ans pour publier son Rapport et parler des résultats de sa visite à Bélus ? Pensait-elle échapper au contrôle de ses assertions par trop audacieuses ? Supposait-elle plutôt que l'*Affaire du Times*, m'avait fait abandonner la lutte et que la Vérité allait rentrer définitivement au fond du puits américaniste ? Quoi qu'il en soit, le rapport en question ne vit le jour qu'après la polémique engagée par moi avec M. Viala au sujet des phrases inventées par lui et qu'il m'avait attribuées dans le but de me nuire.

(4) Cette question de la dégénérescence par multiplication asexuelle est résolue depuis longtemps dans le sens de l'affirmative. A propos de la culture du champignon de couche, M. Perrot l'a rappelé avec juste raison : « Aussi, dit cet auteur, de même qu'un végétal plus élevé en organisation ne saurait se multiplier indéfiniment par marcottage naturel (tubercules, rhizomes, bulbes, etc.), sans dégénérer peu à peu et qu'il faut recourir à la sélection par graines pour fixer des variétés ou des races, de même, chez le champignon de couche, de bonnes races bouturées et multipliées à l'aide de leur propre blanc, perdent la plus grande partie de leurs qualités (poids, saveur, couleur, etc.). » (E. Perrot, professeur à l'École supérieure de pharmacie, *Le champignon de couche*, Rapport des classes 41-54 de l'Exposition franco-britannique de Londres, 1908.)

Ces lignes n'ont pas été, que je sache, écrites pour les besoins de ma cause. Elles n'en sont que plus probantes et plus suggestives.

proclamer que la fâcheuse « *impressionnabilité* » des vignes greffées signalée par lui a aujourd'hui disparu, grâce aux recherches de sa Commission d'enquête. Pour moi, je n'ai jamais rencontré ce greffage normal qui permettrait à la plante greffée de vivre comme si elle était autonome. Je ne suis pas seul dans ce cas et pour cause. Mais de telles affirmations font de l'effet près de ceux qui se paient de mots et qui se fient, les malheureux, à ce que leur racontent des personnalités intéressées.

Pour réduire à leur juste valeur les orgueilleuses affirmations américanistes, il suffit de dire que si vraiment la Vigne greffée est sous la dépendance absolue du viticulteur, celui-ci, qui d'après M. Prosper Gervais n'a d'autre but que de gagner de l'argent, saurait se préserver des mauvaises années, des maladies cryptogamiques, des insectes, des accidents de végétation de plus en plus nombreux et inquiétants. Il saurait parer aux conséquences des variations climatologiques si souvent désastreuses pour les vignes greffées. Or, la Commission d'enquête a constaté elle-même qu'il y a des mauvaises années, car son Rapporteur raconte que : « La Commission d'enquête se proposait de poursuivre ses études dans le courant de l'été 1910, en Bourgogne, en Champagne et en Franche-Comté; elle en a été empêchée à la suite des conditions climatériques extrêmement défavorables dont personne n'a perdu le souvenir. »

Je ne puis penser que les enquêteurs aient craint la pluie, le vent ou le soleil. S'ils ne se sont pas dérangés en 1910, 1911 et 1912, c'est que sans doute ils n'avaient pas à s'enorgueillir de la situation du vignoble reconstitué, même par greffage normal, avec adaptation et affinité complètes, suivant leur récente formule.

En résumé, c'est donc sur la seule visite de vingt-deux vignobles, faite très rapidement au moment de la véraison ou de la maturation des raisins, pendant l'année 1909, qu'est basé le rapport de la Commission. Il ne faut, dans ces conditions, pas s'étonner qu'il ne contienne aucun fait scientifiquement observé; qu'on n'y trouve que des affirmations pures et simples ou des négations cent fois reproduites, qu'aucune expérience sérieuse ne vient corroborer. Il ne tient d'ailleurs aucun compte des opinions des Antiaméricanistes ni des faits scientifiques contrôlés et en contradiction formelle avec la thèse américaniste.

La préoccupation unique de la Commission semble avoir été de proclamer, envers et contre tout, le maintien ou l'amélioration de la qualité des vins par le greffage, question qui ne pouvait être résolue impartialement par les intéressés eux-mêmes et qui n'était d'ailleurs qu'un des côtés du problème général qu'on s'était donné mission de résoudre.

Dans ces conditions, il n'y a pas lieu de tenir le moindre compte de ses affirmations tant en pratique qu'en théorie. Tout ce que j'en puis dire, c'est que, comme la montagne en travail, la Commission susdite a, sans trop d'efforts mais avec clameurs, accouché d'une souris :

Et nascetur ridiculus mus.

Après tout, pouvait-on sérieusement lui demander davantage?

Les documents que je viens de publier montrent que le *mot d'ordre* existe toujours, qu'il faut à tout prix cacher les vices de la reconstitution et que l'arrachage des vignes greffées qui s'effectue en grand dans beaucoup de points du vignoble reconstitué, ne suffit pas plus que la leçon des faits à faire avouer à certains Américanistes qu'ils se sont trompés et qu'il faut revenir en arrière.

Si le polytechnicien Prosper de Laffitte, dont la verve caustique s'exerça si souvent sur les anciens greffeurs, vivait encore, ainsi que le botaniste Millardet, tous deux diraient que les hommes passent, mais que les méthodes demeurent. Congrès et Commissions ont actuellement, comme à leur époque, pour armes le boisseau et l'éteignoir et ils les manient de la même façon. Pendant ce temps, nos vieilles vignes achèvent de mourir ou de dégénérer, et l'on n'a pas voulu établir des *champs de conservation* pour nos variétés inimitables qui disparaîtront ainsi sans retour. Combien tout cela est triste et ne serait-ce pas le cas de répéter ici le vieil adage :

Errare humanum est, perseverare diabolicum?

Comme il m'importe fort peu que les Américanistes, qui combattent mes travaux et mes théories, se convertissent ou meurent dans l'impénitence finale, je les laisserai désormais, maintenant qu'ils sont démasqués, à leurs contradictions et à leurs... « inexactitudes » pour revenir à l'examen des variations des Viniféras landais greffés que j'ai pu contrôler sur place, à Bélus et à Labatut.

B. — Variations des Viniféras landais greffés et de leurs sujets.

L'on a vu que, lorsqu'il s'agit du *Vitis Vinifera* surtout, les Américanistes considèrent chaque caractère spécifique (qu'il s'agisse de l'espèce ou de la variété) comme étant absolument fixe, à la façon d'une pièce à conviction mise sous scellés par la justice ou d'une édition *ne varietur*. Pour moi, au contraire, il n'y a chez les *Vitis* aucun caractère spécifique invariable au sens absolu, mais chacun d'eux est l'expression d'une fonction variable sous l'influence de nombreux facteurs parmi lesquels il faut placer la greffe.

Sous le rapport de la variation par greffe, la vigne se comporte, on l'a montré par bien des faits déjà, à la façon des autres végétaux usuellement greffés. Or, pour ces derniers, des faits de plus en plus nombreux sont publiés chaque année et viennent à l'appui de mes conceptions. Le *Cratægomespilus* de Saujon, les *Pirocydonia Winkleri*(1) et *P. Danieli*, le *Solanum tubingense*, le Pêcher-Amandier, etc., etc., sont des exemples indiscutables d'hybrides asexuels ou somatogéniques. Quant aux variations spécifiques portant sur un caractère isolé ou sur un petit nombre de caractères, elles sont signalées de tous côtés(2). K. Snell vient de publier(3) des recherches sur l'action réciproque exercée entre des variétés précoces et des variétés tardives de pommiers, choisies tantôt pour greffons, tantôt pour sujets. Et il a constaté que « *les modalités de développement* des variétés *se sont trouvées changées* et que le sujet exerce une *action directe* au moment de l'apparition des bourgeons ».

Les variations du chimisme chez les plantes greffées sont de même bien établies aujourd'hui pour les recherches(4) de Ch. Laurent (1906-1908), par celles(5) de Javillier (1910) et, enfin, par les travaux(6) de A. Meyer et de E. Schmidt (1909-1910). Je citerai à cet égard les conclusions du travail de ces deux derniers auteurs, qui sont particulièrement nettes et affirmatives :

(1) Lucien Daniel. — *Un nouvel hybride de greffe* (*C. R. de l'Académie des Sciences*, 24 novembre 1913).

(2) Ces genres d'hybrides symbiogénétiques peuvent se comparer aux Xénies et pourraient être désignés sous le nom de Xénies de greffe ou encore de Symbiomorphoses.

(3) K. Snell. — *Beobachtungen über die Beeinflussung des Edelreises durch die Unterlage*, Stüttgart, 15 März 1912.

(4) Ch. Laurent. — *Loc. cit.*

(5) Javillier. — *Sur la migration des alcaloïdes dans les greffes de Solanées sur Solanées* (*Annales de l'Institut Pasteur*, 1910).

(6) A. Meyer et E. Schmidt. — *Ueber die gegens. Beeinflussung d. Symbionten heteroplastich. Transplantationen.* (*Flora*, 100, 1909-1910, p. 317.)

« *Nos recherches*, disent A. Meyer et E. Schmidt, *ont prouvé d'une manière certaine que les* alcaloïdes *du Datura et du Tabac passent à travers la greffe; il est établi ainsi que ce transport peut avoir lieu pour des substances non plastiques. Il semble donc possible que les cellules différentes qui se mélangent à l'endroit de la greffe peuvent agir en symbiose et s'influencer réciproquement.* »

Personnellement, à l'aide des greffes de Carotte rouge sur Fenouil poivré, j'ai montré(1) que si la couleur de la Carotte rouge ne passe pas dans le Fenouil, la substance âcre et poivrée du Fenouil passe dans la Carotte. On ne saurait donc tirer du non-passage d'une substance comme la matière colorante de la Carotte les conclusions qu'une autre substance ne puisse passer dans les mêmes conditions, mais chaque élément doit être étudié séparément.

Enfin, M. Trabut(2) a constaté la transmission de la chlorose infectieuse du sujet au greffon et *vice versa* dans les *Citrus*, comme cela se passe pour certaines panachures transmissibles par greffage.

Toutes ces données nouvelles sont en opposition avec la thèse américaniste et en parfaite concordance avec la mienne.

Relativement à la Vigne, on va voir, par les recherches intéressantes et rigoureusement comparatives de M. Baco qu'il en est de même.

Des résultats observés par M. Baco, sur les Viniféras landais je ferai deux parts :

1° Ceux qui ont été relevés antérieurement à 1910 et que la Commission d'enquête nommée par la Société des Agriculteurs de France eût pu contrôler sur place en 1909, si elle avait tenu à les voir et pris le temps de les examiner sérieusement, sans parti pris;

2° Ceux qui sont postérieurs à 1910 et qui ont été en partie décrits par M. Baco dans son beau livre sur *la Culture directe et le greffage de la Vigne* (Rennes, 1911) ou dans les *Comptes rendus de l'Académie des Sciences*, faits que ne pouvait avoir contrôlés la fameuse délégation qui opéra en 1909, à Bélus, ce qui ne l'a naturellement pas empêchée de répudier en bloc, en 1912, toute l'œuvre scientifique de M. Baco. Quand on prend du galon, on n'en saurait trop prendre. Heureusement que ces négations n'empêchent pas les faits d'exister.

A. — Variations observées avant 1910.

Les Viniféras landais greffés qu'a étudiés M. Baco sont surtout le Baroque, parmi les cépages blancs, et le Tannat, cépage rouge.

M. Baco a donné le détail de l'organisation des divers champs d'expériences dans lesquels il a fait ses observations(3). Pour donner une idée de leur composition, de leur étendue et de l'esprit très scientifique qui a présidé à leur organisation, j'indiquerai comment est formé celui de Nassy.

Ce champ d'expériences comprend 36 rangées de 41 pieds de vignes, soit 1.396 pieds de vignes greffées à côté desquels sont cultivés des francs de pied de même âge, ayant six ans environ en 1909, et en parfait état de santé.

Le sol, argilo-siliceux, non calcaire, est de composition sensiblement uniforme, frais, et repose sur un sous-sol silico-argilo-graveleux, non calcaire et, par conséquent, très sain. Il ne présente donc aucune difficulté d'adaptation et n'a reçu aucun engrais depuis 1902.

Quatre sulfatages et un soufrage ont été uniformément donnés en 1908, année très favorable au développement des maladies cryptogamiques.

(1) Lucien Daniel. — *Greffe de la Carotte rouge sur le Fenouil poivré* (*C. R.*, 1913).
(2) Trabut. — *Sur la chlorose infectieuse des Citrus* (*C. R. de l'Académie des Sciences*, 20 janvier 1913).
(3) F. Baco. — *Loc. cit.*

Les ceps de Baroque et de Tannat greffés le sont sur de nombreux sujets différents, pris parmi ceux que l'on a considérés comme les plus recommandables : Riparia Gloire, Riparia Grand Glabre, Rupestris du Lot, Riparia × Rupestris 101[14], Riparia × Rupestris 3306, Riparia × Rupestris 3309, Solonis × Riparia 1616, Berlandieri × Riparia 157[11], Aramon × Rupestris Ganzin n° 1, Mourvèdre × Rupestris 1202, Chasselas × Berlandieri 41[B] et Noah.

α. Variations du Baroque greffé et de certains de ses sujets.

Le Baroque franc de pied est un cépage français à pampres de couleur vert très pâle uniforme, à entre nœuds de longueur moyenne, ne portant en général que peu de pousses secondaires ou entre-cœurs, ou rameaux anticipés.

Ses feuilles adultes (*fig. 328*), à la base et vers le milieu du pampre, sont d'un vert uniforme et portent une villosité assez abondante à leur face inférieure ; le pétiole est vert clair. La feuille adulte présente des découpures beaucoup plus profondes que la feuille semi-adulte (*fig. 329*), et sa forme est nettement différente.

Les inflorescences jeunes sont assez longtemps recouvertes d'un fin duvet ; la calyptre de la fleur est de couleur uniforme vert assez foncé. Les pédoncules sont vert pâle, très légèrement carminés au voisinage de leur insertion sur le pampre.

Les raisins sont en général bien conformés et bien sains.

Dans un cep de Baroque greffé sur 41[B] (*fig. 330*), M. Baco a observé des variations curieuses. On sait que le 41[B] (Chasselas × Berlandieri) Millardet est un hybride franco-américain remarquable par son adaptation au calcaire. Sa feuille adulte (*fig. 331*) est luisante, lisse et glabre, d'un vert foncé, à parenchyme épais.

Or, sur ce cep de Baroque greffé sur 41[B], certaines feuilles presque adultes (*fig. 332*) de Baroque montraient une analogie frappante avec le 41[B] (*fig. 333*) comme villosité, luisant et réduction du gaufrage : elles étaient presque glabres.

Le sujet 41[B] avait des rejets dont l'un (R^2, *fig. 330*) avait lui-même acquis certains caractères du greffon, ainsi qu'on peut s'en rendre compte en comparant les feuilles des figures 331 et 333, à surface lisse et à peine gaufrée, et celle de la figure 332 dans laquelle le gaufrage est très visible ; sur l'épiderme inférieur de celle-ci se voyait une villosité bien nette.

Greffé sur 3306 Couderc (Riparia-Rupestris), le même Baroque a modifié son sujet comme il l'avait déjà fait pour le 41[B].

Les feuilles du 3306, pied mère, à l'état adulte, présentent le contour indiqué par la figure 335 ; nettement acuminées et à lobes nombreux, elles portent deux petites dents au sommet d'un sinus pétiolaire en V ouvert. A l'état jeune, les feuilles ont le même contour.

Sur un rejet du 3306 servant de sujet au Baroque, on voyait des feuilles dont les sinus et la dentelure étaient très modifiés ; les petites dents avaient disparu (*fig. 336*) ; le sinus pétiolaire s'était considérablement évasé.

Greffé sur Aramon-Rupestris Ganzin n° 1, le Baroque modifia aussi certains rejets de ce porte-greffe bien connu.

Les feuilles de l'Aramon-Rupestris Ganzin n° 1 franc de pied (*fig. 337*) ont en général un limbe symétrique et un sinus pétiolaire en U. Les feuilles à peu près d'un rejet de cet hybride servant de sujet au Baroque étaient très différentes comme forme, villosité, luisant de la feuille et aussi comme sinus pétiolaire et parfois même comme symétrie générale (*fig. 338* et *339*).

β. Variations du Tannat et de certains de ses sujets.

Le Tannat a des pampres de couleur vert pâle, rosés très légèrement du côté du soleil. Les entre-nœuds sont de longueur surmoyenne et les sarments portent peu d'entre-cœurs ou rejets de seconde végétation.

FIG. 328

Feuille adulte de Baroque franc de pied
(1/2 grandeur naturelle).

FIG. 329

Feuille demi-adulte de Baroque franc de pied
(aux 2/3 de la grandeur naturelle).

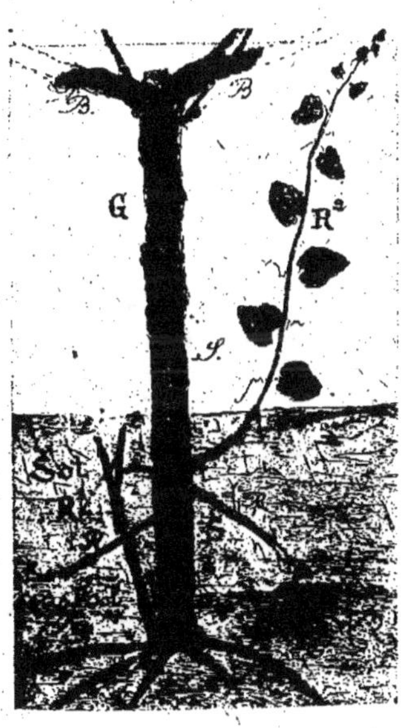

FIG. 330

41^B greffé en Baroque blanc. S, sujet; G, greffon; S, bourrelet; R¹ vieux rejets coupés en t t; R² rejet de l'année; RR, racines du sujet; BB, bras du greffon conduits en espalier.

FIG. 331

Feuille presque adulte de 41^B, à parenchyme épais et glabre.

Fig. 332
Feuille adulte de Baroque, greffé sur 41^B.

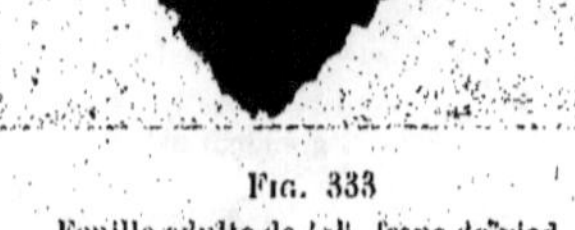

Fig. 333
Feuille adulte de 41^B, franc de pied.

Fig. 334
Feuille presque adulte de 41^B portant le Baroque pour greffon, prise sur le rejet de la fig. 330, R^2.

Fig. 335
Feuille adulte de 3306, franc de pied.

Fig. 336

Feuille adulte et jeune pousse de 3306 greffé en Baroque.

Fig. 337
Feuille adulte d'Aramon-Rupestris Ganzin n° 1
franc de pied.

Fig. 338
Feuille adulte d'Aramon-Rupestris Ganzin n° 1
greffé en Baroque.

Fig. 339
Feuille d'Aramon-Rupestris Ganzin n° 1
sujet de Baroque.

Fig. 340
Feuille adulte de Tannat franc de pied (1/2 grandeur naturelle).

Fig. 341
Grappe surmoyenne de Tannat franc de pied (grandeur naturelle).

Fig. 342
Souche de Tannat franc de pied.

« Ce cépage, dit le comte Odart [1], est facile à reconnaître par son feuillage. Ses feuilles *(fig. 340)*, rugueuses en dessus, cotonneuses en dessous, ont leur bord en volute, c'est-à-dire recourbé en dessous, ce qui leur donne l'air arrondi. Souvent elles sont entières, et quand elles sont divisées, c'est peu profondément.

» La grappe est ailée *(fig. 341)*, bien fournie de grains noirs, serrés et très ronds, de grosseur à peine moyenne. La pellicule est mince, ce qui les expose à la pourriture par les temps pluvieux. »

Ces caractères sont pour la plupart faciles à constater sur la figure 342, qui représente une souche de Tannat franc de pied.

C'est un cépage donnant des vins très riches en couleur et en tanin et qui sont très utilisés pour les coupages.

Chez M. Baco, le Tannat greffé sur divers sujets a fait varier ceux-ci et a varié lui-même dans certains cas d'une façon très remarquable.

Considérons par exemple la figure 343, concernant le 157[11] (Berlandieri × Riparia). La figure 1 correspond à la feuille du 157[11] franc de pied, à l'âge adulte. Elle est lisse, souple et toujours indemne de mildew. La figure 2 représente une feuille comparable prise sur un rejet du 157[11] servant de sujet au Tannat; et la figure 3, une feuille du rejet de 157[11] greffé en Camaraou, autre cépage landais. Ces feuilles sont gaufrées et le mildew les a atteintes en formant des points en tapisserie caractéristiques.

Avec l'Aramon-Rupestris Ganzin n° 1, se sont produites des différences également intéressantes. La feuille du franc de pied chez l'Aramon-Rupestris Ganzin n° 1 a déjà été décrite et figurée *(fig. 337)*. Un rejet d'Aramon-Rupestris Ganzin n° 1 servant de sujet au Tannat portait des feuilles ayant pris en partie une couleur rouge *(fig. 344)* ou devenues entièrement rouges bullées et déformées *(fig. 345)*, avec des modifications du sinus et des pointes.

Le greffon, chez un curieux exemplaire, s'était, lui aussi, profondément modifié à la suite de sa greffe sur Aramon-Rupestris Ganzin n° 1 *(fig. 346)*, en même temps que l'Aramon-Rupestris sujet. Un pampre horizontal portait des feuilles ayant la forme et l'aspect presque lisse de l'hybride sujet (n° 4, *fig. 346*). Ce pampre, non sulfaté, était indemne de mildew et de black-rot, tandis que les pampres voisins, bien que largement sulfatés, étaient atteints sérieusement par ces deux champignons. En outre, ce pampre était beaucoup mieux aoûté. L'on voit en outre que les feuilles de l'Aramon-Rupestris Ganzin sujet *(3, fig. 346)* avaient perdu la dentelure du type franc de pied *(2, fig. 346)* pour prendre des contours, un sinus et un gaufrage plus voisins de ceux de la feuille du Tannat greffon.

En un mot, il y avait eu, pour ce cep greffé, une influence réciproque profonde entre le greffon et le sujet.

La grappe elle-même *(fig. 347)* s'était modifiée, élargie et raccourcie à la fois. Elle portait des grains beaucoup plus gros qu'à l'ordinaire portés par un pédicelle rouge très vif, beaucoup plus coloré que chez le franc de pied.

En 1908, d'autres modifications de la villosité de la feuille se faisaient remarquer chez d'autres ceps dont l'aspect spécial devenait très frappant.

Ainsi, chez le franc de pied (1, *fig. 348*), la feuille conservait les caractères habituels, c'est-à-dire qu'elle était verte et à villosité abondante à la face inférieure, avec des pétioles verts de grosseur moyenne, sans traces d'oïdium.

Chez le Tannat greffé sur Aramon-Rupestris Ganzin n° 1, la feuille, choisie comparativement par rapport au franc de pied, se distinguait par une taille beaucoup plus petite (2, *fig. 348*), une villosité beaucoup plus faible et une

[1] Comte Odart. — *Ampélographie*, p. 494, Paris, 1862.

Fig. 343.

Berlandieri × Riparia 157^{11} : fig. 1, feuille du franc de pied ; fig. 2, feuille d'un rejet de 157^{11} greffé en Tannat ; fig. 3, feuille de 157^{11} greffé en Camaraou (grandeur naturelle).

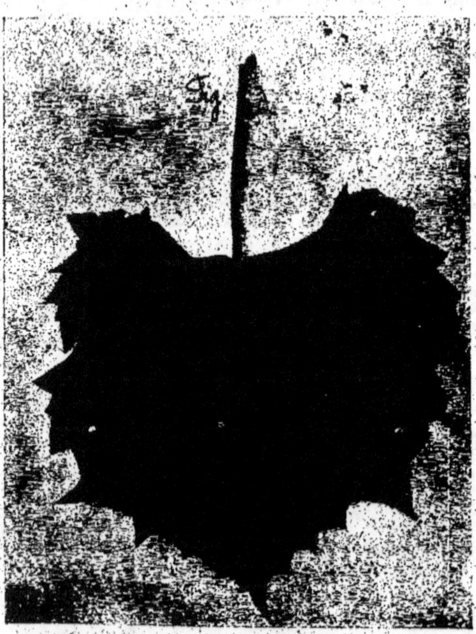

Fig. 344

Feuille d'Aramon-Rupestris Ganzin n° 1, sujet de Tannat.

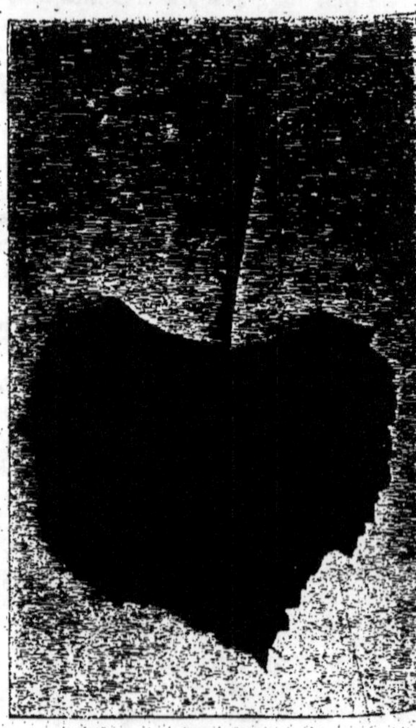

Fig. 345

Feuille bullée et déformée d'Aramon-Rupestris Ganzin n° 1, prise sur un rejet d'un sujet de Tannat.

Fig. 346

2. Feuille adulte d'Aramon-Rupestris Ganzin 1 franc de pied (au 1/3 de la grandeur naturelle).
3. Feuille adulte d'Aramon-Rupestris Ganzin 1 greffé en Tannat (au 1/3 de la grandeur naturelle).
4. Feuille adulte de Tannat greffé sur Aramon-Rupestris Ganzin 1 (au 1/3 de la grandeur naturelle).

Fig. 347
Grappe de Tannat greffé sur Aramon-Rupestris Ganzin 1 (grandeur naturelle).

Fig. 348
1, Feuille demi-adulte de Tannat franc de pied, à villosité abondante, sans oïdium, venant d'un cep fertile.
2, Feuille demi-adulte de Tannat greffé sur Aramon-Rupestris Ganzin n° 1, à villosité réduite, atteinte d'oïdium et prise sur un cep devenu infertile par la greffe.

1 2

Fig. 349

1, Extrémité d'un pampre de Tannat franc de pied, fertile et vigoureux, très vitieux. — 2, Extrémité d'un pampre de Tannat greffé sur Aramon-Rupestris Ganzin n° 1, très vigoureux, mais infertile.

1 2

Fig. 350

1, Feuille de Tannat greffé sur Aramon-Rupestris Ganzin n° 1, cep devenu infertile. — 2, Feuille de Tannat greffé sur le même sujet, devenu de fertilité médiocre.

Fig. 351

1, Face inférieure de Tannat franc de pied. — 2, Feuille de Tannat greffé sur Noah.

Fig. 352

1, Extrémité d'un rejet de Tannat franc de pied. — 2, Extrémité d'un rejet de Tannat greffé sur Noah.
Le franc de pied est très atteint par le mildew ; le greffé est indemne de maladie.

diminution des résistances par rapport à l'oïdium. En même temps, la fertilité du Tannat avait été considérablement réduite comme si le sujet infertile avait influencé le greffon.

Les pampres du Tannat franc de pied et greffé sur Aramon-Rupestris Ganzin n° 1 se distinguaient eux-mêmes très nettement par la longueur des entre-nœuds et les dimensions des vrilles et des feuilles, chez certains ceps du champ d'expérience du Nassy.

L'extrémité des pampres de Tannat franc de pied (1, *fig. 349*), avec leurs entre-nœuds plus rapprochés, leurs feuilles plus développées et plus nombreuses, donnaient l'impression d'une plante bien équilibrée, saine et normale. La fertilité et la vigueur se trouvaient réunies comme il convient.

Chez des Tannats greffés sur Aramon-Rupestris Ganzin n° 1, les pampres avaient des entre-nœuds de longueur absolument anormale, d'épaisseur relative beaucoup plus grande, des vrilles énormes, des feuilles à villosité excessive (2, *fig. 349*). L'infertilité était devenue complète.

On en trouvait à foison des exemples, en 1909, dans les vignes d'expériences de M. Baco; tantôt la villosité était extraordinaire et la fertilité nulle (1, *fig. 350*); tantôt la villosité était plus faible que chez le franc de pied, avec un limbe plus développé et un pétiole également anormal (2, *fig. 350*) et la fertilité était médiocre.

J'ai vu, avec M. Baco, un fait plus général et de même ordre que le précédent quant à la fertilité. Un vignoble tout entier de Castets. Greffé sur Riparia trois fois de suite après importation directe de la Gironde, ce cépage était devenu improductif. Le même fait s'est produit pour d'autres cépages à la suite de leur greffage sur 1202, sur Aramon-Rupestris Ganzin, etc. Il semble que, dans cette région on retrouve cette propriété stérilisante du Rupestris et de ses hybrides que j'ai déjà signalée dans d'autres régions au cours de ce travail.

L'affaiblissement des résistances aux maladies accompagne souvent les greffages.

Cette expérience sur le Castets est intéressante parce qu'elle ne porte pas seulement sur un cep particulier, mais sur une pièce entière.

Dans les cas que je viens de décrire, il est bon de remarquer que les variations du caractère villosité sous l'influence du greffage ont varié en plus ou en moins suivant les exemplaires. C'est un exemple de plus de cette variation *en plus ou en moins* que je signalais au Congrès de Lyon en 1901, pour tous les caractères spécifiques (espèce ou variété) chez la Vigne et, en particulier, pour les raisins. Le vin varie donc lui-même en plus ou en moins, mais seules les variations utiles sont admises; la détérioration ne peut exister si elle lèse des intérêts... Et c'est toujours le cas pour les Américanistes.

Greffé sur Noah, le Tannat varie aussi dans son feuillage et dans les rejets de ses pampres.

Le feuille perd parfois sa villosité (2, *fig. 351*); la surface devient plane; les pétioles prennent les dimensions et la forme de ceux du Noah. Les entre-nœuds s'allongent considérablement. Il y avait chez certaines feuilles plus de ressemblance avec des feuilles de Noah qu'avec des feuilles de Tannat franc de pied (1, *fig. 351*).

Des différences assez tranchées existaient aussi dans les rejets du franc de pied (1, *fig. 352*) et ceux du Tannat greffé sur Noah (2, *fig. 352*); quand à la longueur des entre-nœuds, la vigueur de la pousse et la forme des feuilles, comme aussi pour les résistances au mildew. Le franc de pied était atteint quand le greffon ne l'était pas, comme si le sujet Noah lui avait communiqué ses propriétés spéciales de résistance au champignon.

Le Tannat greffé sur 1202 Couderc donna lui aussi des variations remarquables sur divers ceps, particulièrement sur le sixième cep de la troisième rangée du champ d'expériences d'Arrious à Bélus (*fig. 353*).

Le greffon provenait d'une vieille vigne franche de pied, n'ayant par conséquent pas encore subi l'action du greffage.

Les variations étaient surtout visibles et prononcées sur le pampre A (feuilles 1, 2, 3, 4, 5, 6, etc.) et sur les grappes G^1 et G^3.

Les deux rejets du sujet B^1 et B^2 avaient aussi toutes les feuilles modifiées.

La résistance au milieu paraissait accrue surtout sur le pampre A. Les feuilles avaient reçu de légères pulvérisations cupriques.

Les pédicelles des feuilles étaient rouge vif tandis qu'ils étaient verts ou légèrement rougeâtres chez le franc de pied.

Pour se faire une idée plus nette des modifications observées, des feuilles et des grappes ont été photographiées séparément. Quand on compare les feuilles de la figure 354, prises sur le sujet et sur le greffon, on est aussitôt frappé par les ressemblances qu'elles présentent et aussi par les différences qui existent avec les francs de pied correspondants (*fig. 340, 351*, etc., pour le Tannat) et (*fig. 355*, pour le 1202).

Les changements de la grappe étaient également très démonstratifs.

La grappe du 1202 franc de pied a un aspect très spécial (*fig. 353*), bien différent de celui de la grappe du Tannat franc de pied (*fig. 339*). Elle est beaucoup plus coularde et ses raisins sont plus petits.

Dans les ceps de Tannat greffés sur 1202 ou Clos Arrious, la grappe s'était modifiée parfois dans le sens du sujet (*fig. 356*), et ses résistances aux invasions cryptogamiques s'étaient abaissées (*fig. 357*).

Le 1202 influe souvent sur les greffons qu'il porte. En 1909, je revins de Bélus par Saujon où j'allais visiter l'intéressant Néflier hybride de greffe de La Grange. J'eus l'occasion d'étudier le vignoble d'expériences établi à Saujon par M. H. Beuffeuil, pharmacien et adjoint au maire de cette ville. Je trouvai sur une Madeleine Angevine greffée sur 1202 des grappes qui rappelaient absolument celles du 1202 leur servant de sujets.

Enfin je signalerai ici un curieux exemple de retour ancestral chez le 4401 Couderc greffé sur Riparia. Le 4401 est un Chasselas rose × Rupestris. Or, un rejeton du Riparia sujet de 4401 portait à la fois des feuilles Rf du type normal et des feuilles Rs rappelant non la forme CRg du greffon, mais celle de l'ancêtre Chasselas rose Cr (*fig. 358*). Ce sont là des cas de Cryptomérie de greffe qui se rencontrent assez souvent chez certains hybrides sexuels mal équilibrés, lorsqu'ils sont greffés sur sujets capables de les disloquer.

B. — Expériences effectuées de 1910 à 1914.

Les variations précédemment décrites et figurées portent sur des caractères spécifiques importants, d'autant plus importants que le plus remarquable de nos ampélographes, dont les descriptions font encore autorité, le comte Odart a écrit(1) :

« J'assure que plusieurs caractères sont persistants dans tous les sols : la présence ou l'absence de coton sous les feuilles, la couleur et la forme des grains de raisins, presque toujours la disposition de la grappe, la distance plus ou moins rapprochée des yeux ou boutons sur le sarment, etc. »

(1) *Loc. cit.*

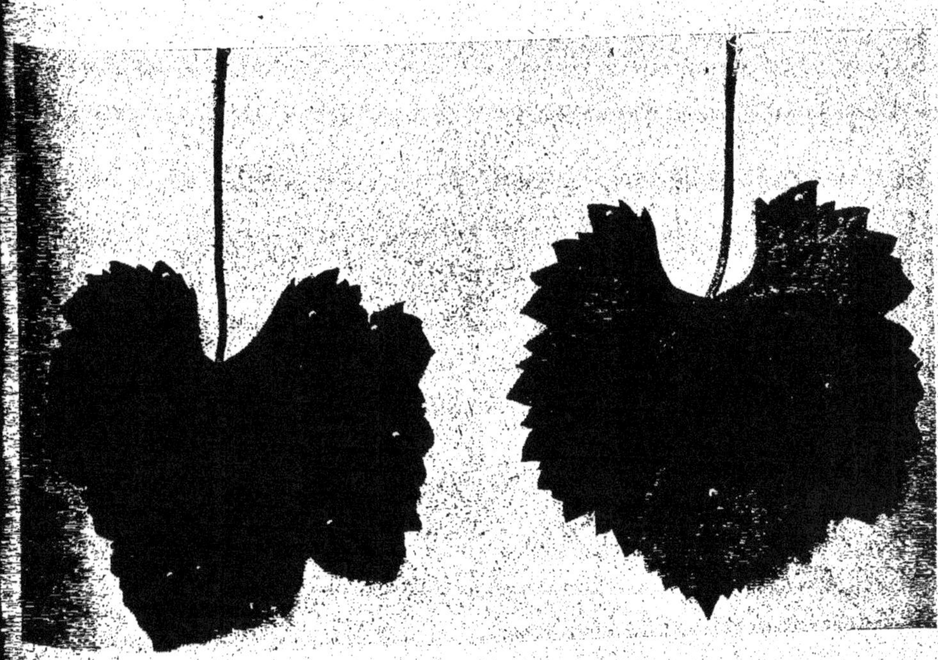

Fig. 354
A gauche, feuille du pampre à fruit A appartenant au greffon; à droite, feuille du pampre B^1 B^2 appartenant au sujet

Fig. 355
Feuille adulte de Mourvèdre × Rupestris 1202 (1/2 grandeur naturelle) et grappe de 1202 franc de pied (1/2 grandeur naturelle).

FIG. 356
Grappe G1 de Tannat greffé sur 1202 (grandeur naturelle) (voir figure 351).

FIG. 357
Grappe G2 de Tannat greffé sur 1202 (grandeur naturelle) (voir figure 351).

Fig. 353
Tannat greffé sur 1202. — B^1, B^2, rejets du sujet. — 1, 2, 3, 4, 5 et 6, feuilles du greffon. G^1 et G^2, grappes modifiées du greffon.

Fig. 358
Rf, feuille de Riparia franc de pied; CRg, feuille de 4401 Couderc; Rs, feuille d'un rejet de Riparia servant de sujet au 4401; Cs, feuille de Chasselas rose.

Ce sont d'ailleurs, d'après les ampélographes modernes, les caractères fondamentaux sur lesquels sont basées les classifications actuelles des diverses variétés de vignes, considérées au point de vue utilitaire.

Mais ce ne sont pas les seuls. Aussi, après avoir vérifié sur place, en 1909, les variations obtenues par M. Baco, je lui demandai d'entreprendre de nouvelles recherches sur les variations provoquées par le greffage sur la durée des phases végétatives et reproductrices (pleurs de taille, débourrement, feuillaison, floraison, véraison, maturation des raisins, aoûtement et défoliation); sur la constitution des raisins et les variations de leur composition; sur les variations de résistance de la racine, du feuillage ou des raisins aux divers parasites; enfin, sur les modifications du racinage, etc., etc.

Pour donner une idée des collections sur lesquelles M. Baco a expérimenté, je rappellerai que ses observations ont porté pour le Baroque sur le franc de pied, et les greffés sur Riparia Gloire, Riparia Grand Glabre, Rupestris du Lot, Riparia × Rupestris 101[14], 3306, 3309, Solonis × Riparia 1616, Berlandieri × Riparia 157[11], Aramon-Rupestris Ganzin n° 1, Mourvèdre × Rupestris 1202, Chasselas × Berlandieri 41[B], et Noah.

Pour le Tannat, sur le franc de pied et les mêmes sujets, moins le Mourvèdre × Ruspestris 1202 et le Noah.

Ces recherches ont été faites avec beaucoup de soin par M. Baco, qui m'a mis à même de les contrôler par des envois répétés d'échantillons cueillis comparativement par lui et dûment photographiés. Ayant *vu* et *vérifié* les documents de M. Baco, j'en affirme hautement l'exactitude.

Des différences très sensibles existent entre la durée du phénomène des pleurs chez les francs de pied et les vignes greffées correspondantes, toutes conditions égales d'ailleurs.

La perte de liquide est moindre chez les francs de pied, au moins avec le Baroque et le Tannat qui ont servi dans ces expériences, et les divers sujets considérés.

Ce sont surtout les vignes greffées sur Riparia et sur Riparia × Rupestris, particulièrement le 101[14], qui ont donné des pleurs en plus grande quantité.

Ce résultat ne peut nous surprendre puisque les Riparia et Riparia × Rupestris alimentent richement en eau leurs greffons et que, suivant M. Viala, tout sujet n'imprimant pas une grande vigueur aux greffons a été rejeté comme ne convenant pas à la reconstitution.

Le débourrement a son importance dans la classification; mais il est également important au point de vue utilitaire, à cause des gelées printanières.

Le Tannat et le Baroque, francs de pied, ont un débourrement sensiblement égal, à deux ou trois jours près. Ce débourrement se fait régulièrement.

Chez les greffés, on observait une irrégularité prononcée dans le départ des bourgeons, et presque partout un retard par rapport aux francs de pied. Le retard, léger pour le Riparia × Rupestris 101[14], était considérable relativement pour les vignes greffées sur le Noah, chez lesquelles le débourrement était en retard d'une douzaine de jours.

Les feuilles, examinées vers le milieu de la feuillaison, présentaient en général une souplesse et une surface plus grandes chez les vignes greffées. La coloration était souvent différente; les entre-nœuds plus longs, plus gros; les ramifications plus nombreuses.

Certains ceps greffés présentaient des colorations anormales, quasi américaines, et ces colorations des jeunes pousses étaient parfois accompagnées de variations de forme et de coloris dans les inflorescences qui offraient alors une analogie frappante avec les parties correspondantes du sujet.

Dans le cas du Baroque, ce sont surtout le 1202, le Riparia × Rupestris 3309, 157¹¹ et le Rupestris du Lot, qui ont manifesté de tels phénomènes.

Pour le Tannat, les sujets modificateurs ont été le 1202, le Noah, le 101¹⁴ et l'Aramon-Rupestris Ganzin n° 1.

On conçoit que le même sujet puisse avoir une action semblable sur deux greffons d'espèce différente, ou bien exercer une action opposée sur chacun d'eux ou encore influencer l'un et non l'autre.

La floraison et la fécondation ont un intérêt capital pour la Vigne, puisque c'est de l'exercice régulier de ces fonctions que dépend la récolte future.

La fleur des vignes françaises et la floraison ayant été déjà étudiées, ainsi que la coulure et le millerandage, je ne reviendrai pas sur ces points en détail.

Je rappellerai toutefois que les caractères de la floraison sont normalement assez stables pour être spécifiques au sens que j'ai donné à ce mot.

« La durée de la floraison, dit M. Costantin (1), l'époque de l'année où elle se produit, son apparition précoce ou tardive relativement à la feuillaison sont autant de faits qui nous permettent de définir une espèce. Ce sont le plus souvent des *caractères héréditaires*. Ces caractères sont cependant susceptibles de variations qui depuis longtemps ont frappé les observateurs même les plus inattentifs. L'étude de ces variations est devenue une branche de la météorologie qu'on appelle la *phénologie*. »

J'ai déjà cité de nombreux exemples dans lesquels des vignes, au lieu de conserver leur mode de floraison euchrone, deviennent à floraison polychrone. Et c'est un fait aujourd'hui bien connu (2) que les Vignes greffées sur Riparia ont une avance de huit à quinze jours sur les francs de pied quand le Rupestris retarde la maturité de ces mêmes vignes. Le Berlandiéri se comporte à la façon du Riparia bien que cépage plus tardif que le *Vitis Vinifera*, du moins pour beaucoup de variétés.

Ces transmissions de caractères (Riparia, Rupestris) sont bien connues. Le renforcement d'un caractère, comme pour le cas du Berlandiéri, s'observe en hybridation sexuelle assez fréquemment. Et cela n'est pas plus extraordinaire de rencontrer des faits de sérotinisme chez les plantes greffées, un sérotinisme de greffe, que de voir, chez les plantes normales transportées sous des climats et en des sols différents, apparaître un sérotinisme *positif*, *négatif* ou même *variable*, suivant la somme de chaleur qui leur est fournie.

La régularité relative de la floraison et de la production a été également modifiée d'une façon très marquée dans la plupart des cas par le greffage. Les viticulteurs en ont aussi signalé de nombreux exemples. M. Couderc a signalé ce fait que l'influence du sujet sur la régularité de la production annuelle chez le greffon est beaucoup plus marquée chez le Riparia qu'avec le Rupestris; avec le second, les écarts d'une année à l'autre sont parfois très grands. M. Feuillerat (3) a reproché au 1202 la fructification irrégulière de ses greffons, irrégularité qu'il attribue à un sang de Rupestris.

Dans les expériences de M. Baco, les résultats concordent d'une façon générale, à part quelques variantes, avec les observations antérieures des vignerons. La floraison des vignes greffées a été modifiée dans ses champs d'expérience comme époque et comme durée (4). Chez lui, en 1910, ce sont les francs de pied qui ont commencé à fleurir les premiers, le 29 juin; l'allure générale des pleurs

(1) Costantin. — *Végétaux et milieux cosmiques*, p. 56.
(2) Voir p. 537 de ce mémoire.
(3) *Revue de Viticulture*, 4 mai 1905.
(4) Voir ce qu'avait observé M. Pineau en Gironde, p. 97 de ce mémoire.

et du débourrement se reproduisit pour la floraison. Et ce qu'il y a de plus frappant dans ses observations, c'est l'*irrégularité* remarquable de la floraison des ceps greffés par rapport à la régularité des francs de pied correspondants.

M. Baco a pu observer en outre des phénomènes intéressants relatifs à la forme des grappes, à la disposition des fleurs, à l'ouverture de celles-ci et à la facilité relative de leur fécondation.

Souvent, chez les vignes greffées, on a observé des modifications profondes de l'inflorescence, qui est normalement en forme de grappe ou de cyme scorpioïde. Au Congrès de Lyon, en 1901, M. Couderc (¹) écrivait ces lignes bien caractéristiques :

« C'est seulement une *vraie grappe* qui fait le bon vin, une vraie grappe qui ne mûrit pas toute à la fois, qui reste une vraie grappe au point de vue botanique et qui n'est point changée par le greffage en une inflorescence écourtée ou surchargée suivant les cépages (hermaphrodite femelle ou hermaphrodite mâle). »

M. Baco a, de son côté, fait des observations sur ce point, et les faits qu'il signale sont d'un haut intérêt.

« Les inflorescences mûres, c'est-à-dire sur le point d'épanouir, du Baroque franc de pied sont, dit-il (²), de couleur vert assez foncé avec pédoncules très peu colorés en rose au voisinage de leur insertion sur le pampre. Celui-ci, ainsi que les feuilles adultes et semi-adultes, et toutes ses vrilles, présente, de la base au sommet, une coloration vert clair. Par contre, chez le Baroque greffé en mixte sur 1202 (19ᵉ cep) tous les organes précités, sauf les fleurs, avaient une coloration spéciale rouge vineux ou violacé plus intense que celle que revêtent ces mêmes organes chez le 1202 greffé en mixte ou franc de pied. Le port de l'inflorescence du greffon la forme, le volume, la structure des fleurs (à étamines moins longues et moins dressées que chez le franc de pied) présentaient des caractères anormaux intermédiaires entre ceux du sujet et ceux du greffon. Une étoile à cinq branches carmin vif orne le sommet du capuchon vert clair de chaque fleur d'une inflorescence de 1202.

« Chaque fleur d'inflorescence de Baroque greffé sur 1202 avait son capuchon, vert peu foncé, pareillement orné de cette étoile, tandis que le capuchon des fleurs du Baroque franc de pied, qui est d'un vert assez foncé uniforme, est toujours dépourvu de cette distinction américaine. Dès leur apparition bien visible, les inflorescences du Baroque greffé sur 1202 (19ᵉ cep), s'étaient, à l'instar de celles du 1202, dépouillées prématurément de leur duvet, qui était moins abondant que chez celles du pied franc. »

M. Baco a relevé des faits du même genre chez des ceps de Baroque greffés sur 3309, sur 157¹¹ et sur Rupestris du Lot. Et, dans d'autres ceps, le caractère américain étoilé s'est montré seulement sur les inflorescences de deuxième floraison, mais non sur celles de première floraison.

En outre, des ceps de Tannat greffés sur 101¹⁴, sur Aramon-Rupestris Ganzin nº 1, sur 157¹¹, portaient des inflorescences très ramifiées par comparaison avec les francs de pied. Avec le Baroque greffé sur 3309, les grappes étaient très allongées ou fourchues. Enfin, les dimensions des pédoncules du Baroque greffé sur 1202 étaient très allongés, comme ceux du sujet.

Il était important d'étudier non seulement les caractères des inflorescences et les transmissions de couleur, mais encore les caractères de la fleur.

Les fleurs normales de la Vigne européenne sont d'un vert jaunâtre ou d'un vert intense. Elles sont portées par un pédicelle qui s'étale et forme une partie

(¹) *Comptes rendus du Congrès de l'hybridation de la Vigne*, p. 119.
(²) F. Baco. — *Culture directe et greffage de la Vigne* (*Revue bretonne de Botanique*, 1911).

Fig. 359

1, Grappe de Baroque franc de pied, âgé de 9 ans, trois jours après floraison complètement achevée. — 2, Grappe de Baroque greffé sur Riparia × Rupestris 3309, âgé de 8 ans, en train d'effectuer très lentement sa floraison.

Nota. — *Respectivement, ces grappes avaient commencé à fleurir les 6 et 8 juillet. — La grappe représentée par la fig. 2 provient d'un cep dont tous les pampres, de coloration anormale (rouge vineux), tenant du sujet, étaient porteurs d'inflorescences dont le capuchon (corolle) de chaque fleur était orné à son sommet d'une étoile rouge carmin vif, comme le sont les corolles des fleurs du sujet, le 3309. Sur ces grappes, la larve de la cochylis n'a exercé aucun ravage; mais, jusqu'au 13 juillet, quelques pluies et une température assez fraîche avaient contrarié un peu la floraison.*

FIG. 360
Fleur de Baroque franc de pied avant l'épanouissement.

FIG. 361
Fleur de 1202 franc de pied avant son épanouissement.

FIG. 362
Fleur de Baroque greffé sur 1202, avant l'épanouissement.

FIG. 363
Épanouissement normal chez le Baroque franc de pied.

FIG. 364
Fleur de Baroque franc de pied après la chute de la calyptre.

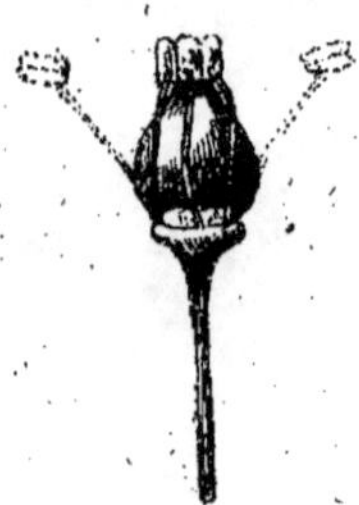

FIG. 365
Fleur de 1202, après la chute de la calyptre. Elles forment un angle plus grand que celui des étamines du Baroque.

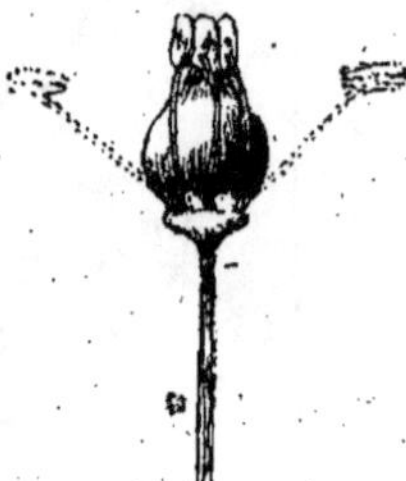

FIG. 366
Fleur de Baroque greffé sur 1202 et ayant, après la chute de la calyptre, pris le mode de disposition des étamines du 1202.

FIG. 367
Epanouissement anormal d'une fleur de Baroque greffé sur Riparia × Rupestris 3309.

FIG. 368
Ouverture anormale d'une fleur de Baroque greffé sur 3309. La calyptre n'est pas rejetée par les étamines.

FIG. 369
Ouverture anormale d'une autre fleur de Baroque greffé sur 3309. Une partie seulement de la calyptre va tomber normalement.

évasée appelée bourrelet. Le plus souvent lisse, le bourrelet porte parfois des verrues de liège. Les fleurs sont insérées sur ce réceptacle.

Il y a cinq parties dans chaque verticille. Le calice forme une petite couronne où les sépales sont à peine indiqués. La corolle comprend cinq pétales allongés, limités par des lignes brillantes quand la corolle n'est pas ouverte. Ces pétales assez étroits et épais sont intimement soudés au sommet et concrescents en ce point. Quand la fleur s'ouvre, ces pétales se séparent vers leur base, mais restent unis par le sommet. Quand ils se détachent successivement à la base, les étamines soulèvent la corolle qui forme alors au-dessus de la fleur une sorte de capuchon appelé calyptre. La calyptre finit par tomber et les étamines sont mises en liberté. Elles sont au nombre de cinq, dressées; elles possèdent un filet long et grêle au sommet duquel sont des anthères jaune orangé. Entre les étamines, à la base de l'ovaire, se trouve un disque composé de cinq nectaires parfois très développés et remplis de matières sucrées.

L'ovaire, dans les fleurs hermaphrodites, est à deux loges contenant chacune deux ovules. Il porte un style très court terminé par un petit stigmate capité pyriforme vert ou jaune verdâtre.

Presque toutes les fleurs des Vignes sauvages d'Amérique ont l'organe femelle avorté et, par conséquent, sont des fleurs mâles (Riparia, Rupestris, etc.). Ces fleurs ont les filets de leurs étamines très longs et des anthères très développées; leur pollen a le maximum de puissance génératrice.

Les fleurs de certaines autres Vignes ont, au contraire, un ovaire bien conformé, mais des étamines à filets courts ou recourbés, à anthères mal conformés et à pollen peu actif. Livrées à elles-mêmes, elles ne produisent rien, si l'on ne fait intervenir un pollen étranger.

Au moment de la floraison, les fleurs de la Vigne exhalent un parfum particulier, très différent suivant les cépages. La différence de ce parfum est très sensibles entre les Vignes françaises et les Vignes américaines.

J'ai, en 1904, montré les remarquables modifications observées quant au parfum des Vignes greffées et des mêmes Vignes franches de pied au champ d'expériences de Haut-Gardère[1].

M. Baco a observé, en 1910, des faits de même ordre.

« L'intensité du parfum de la fleur, dit-il, a varié aussi. Il n'était pas identique pour un même greffon associé avec des sujets différents; en général, il avait moins de finesse et de suavité chez les greffés que chez les francs de pied. Les fleurs du Tannat greffé sur Noah, notamment le n° 3 (vigne de Miquéou), exhalaient une odeur très pénétrante rappelant celle bien connue des fleurs de ce producteur direct. »

L'on ne possédait jusqu'ici que peu d'observations précises sur la façon dont se fait la floraison et sur les modifications apportées par le greffage dans les verticilles floraux.

M. Couderc seul[2] a signalé que, « chez quelques cépages, la greffe augmente la coulure », si elle la diminue chez d'autres. « Certaines vignes, à l'état franc de pied, ont des étamines droites, mais juste assez longues pour atteindre le niveau du stigmate. Par le greffage, elles deviennent en étoile et la pollinisation devient ainsi plus difficile. »

M. Baco a étendu ces notions d'une façon très intéressante. Les figures 1 et 2 de la figure 359 nous montrent l'état, au 18 juillet 1910, de deux grappes choisies comparativement chez le Baroque. La première appartenait à un des francs

(1) Lucien Daniel. — *Nouvelles observations sur les variations produites par le greffage dans la Vigne française* (*L'Œnophile*, 1904).

(2) *Revue des hybrides* (avril 1905).

de pied témoins; la deuxième au 18e cep de la rège sur 3309. Comme l'on en peut juger, ces grappes devaient être, avant la floraison de grandeur sensiblement égale. De plus elles appartenaient à des souches et à des rameaux ayant à peu près semblable envergure et elles étaient situées à la même hauteur sur des rameaux correspondants.

Tandis que la première avait terminé sa floraison et sa fécondation en six jours, la seconde était encore en train d'effectuer ces fonctions lentement, mollement, de façon irrégulière et désordonnée. Cela tenait à la conformation plus ou moins défectueuse de ses fleurs. Dans la fleur normale de Baroque franc de pied *(fig. 360 et 365)*, le capuchon se détache de sa base et est soulevé par les étamines qui ensuite se redressent pour le jeter de côté. Dans une fleur de la grappe du greffon, le capuchon ne pouvait pas se détacher de sa base ou bien les étamines, trop courtes, ne pouvaient le soulever. Alors les pétales se séparaient en leur milieu *(fig. 367)* et finalement la fleur épanouie prenait l'aspect anormal représenté par la figure 368 ou par la figure 369. Chez cette grappe on trouvait beaucoup de fleurs à épanouissement anormal et d'autres qui ne pouvaient se décapuchonner.

Un fait très curieux consiste dans la manière dont les étamines s'écartent de la verticale après la chute de la calyptre. Dans le Baroque franc de pied *(fig. 364)* les filets forment un angle plus petit que chez le 1202 *(fig. 365)*. Les étamines de Baroque greffé sur 1202 avaient pris, dans les inflorescences ici décrites, la disposition de celles de 1202, et même étaient parfois déjetées davantage *(fig. 366)*.

Chez le Tannat greffé sur Aramon-Rupestris Ganzin n° 1 (29e cep), les fleurs s'ouvraient en entier par le sommet. Leurs étamines étaient courtes et les pétales restaient soudées sur le bourrelet de la fleur.

Les variations dans les inflorescences et l'épanouissement floral ne pouvaient manquer d'avoir une répercussion sur la fécondation et sur la fructification [1].

La coulure s'est en effet montrée très différente sur les francs de pied et sur les greffés. Quelques sujets se sont montrés nettement détériorants sous ce rapport.

« D'une manière générale, dit M. Baco, les ceps francs de pied comportaient à chaque bras un nombre sensiblement égal de grappes plus ou moins bien nouées. Il n'en était pas de même dans aucune série des greffés, les associations de 41^{B}, 157^{11}, Riparia et Noah un peu mises à part. Sous ce rapport, l'irrégularité était parfois considérable. Par exemple, chez les types greffés sur 1202, Rupestris du Lot et Aramon-Rupestris Ganzin n° 1, la fructification était notablement déséquilibrée par suite d'avaries plus fortes sur une aste que sur l'autre. Les deux tiers des ceps de Tannat sur Aramon-Rupestris Ganzin n° 1 portaient cinq à six grappes à un bras, et une ou deux, souvent rien, à l'autre; le restant des ceps, et en particulier le 18e, était dépourvu du moindre grappillon. Cependant, sauf un pied, le 2e, que nous avions observé de très près à cause de ses fleurs à étamines courtes, tous les autres détenaient, en même temps qu'une végétation qui ne présentait rien de bien exagéré, des inflorescences fort belles et en apparence bien constituées.

« Et c'est depuis trois ans que nous constatons cette improductivité, qui n'est certes pas de nature originelle puisque tous les greffons de n'importe

(1) Cette influence stérilisante de certains sujets est connue depuis très longtemps des greffeurs américanistes. Dès 1885, M. Sahut, dans son ouvrage sur *les Vignes américaines*, p. 241, citait les greffes d'Aramon sur Cunningham qui, même dans les terres propres à la culture du sujet, devenaient *infertiles*. Et il avait remarqué combien cette infertilité était *capricieuse:* la récolte, abondante chez certains ceps, était médiocre ou nulle chez les autres.

« Dans les expériences du greffage des vignes, disait-il, faites pendant les dernières années; on a remarqué quelquefois que *l'infertilité du sujet porte-greffe se communiquait au greffon.* »

laquelle de nos vignes expérimentales ont été prélevés sur de vieux ceps d'élite et d'absolue identité. C'est dire que la stérilité des souches greffées sur Aramon-Rupestris Ganzin, voire même, mais en nombre moins élevé, sur Rupestris du Lot, sur 1202 et quelquefois sur 3309, est indépendante de la sélection et des conditions atmosphériques dans lesquelles s'opèrent la floraison et la fécondation. Bref, en l'occurrence, le greffage doit être le grand coupable. »

Bien des fois, j'ai insisté sur l'action stérilisante du Rupestris et de ses hybrides. Il s'agit ici d'une action spécifique particulièrement nette. A quoi l'attribuer? A deux causes qui se complètent mutuellement :

1° A ce que l'excès de vigueur que donnent ces sujets à leurs greffons au moment de la fécondation augmente la coulure physiologique. Il est facile de se rendre compte que des grappes fortement irriguées comme le sont celles du Cabernet-Sauvignon greffé sur Aramon-Rupestris Ganzin n° 1 (*fig. 54*, p. 97 de ce Mémoire) couleront plus facilement que celles du franc de pied dans lesquelles le tissu conducteur (*fig. 48*, p. 93) est considérablement moins développé;

2° A ce que les vignes américaines, étant à fleurs mâles, ont des tissus secondaires moins différenciés que les vignes françaises, étant donnée la différence profonde qui existe entre les rôles qu'elles doivent remplir. Il est très probable que, dans la stérilisation du greffon, il faut voir l'influence d'un sujet à fleurs mâles sur un greffon hermaphrodite coïncidant avec l'excès d'eau amenée par ce sujet dans les tissus du greffon[1].

Ce qui me permet d'émettre cette hypothèse, c'est que j'ai examiné en 1904 des grappes de Carmenère franche de pied, à grains déjà noués, et des grappes de Carmenère greffée sur Rupestris du Lot dont la plupart des fleurs avaient coulé. La différence de structure était énorme à un même niveau et les tissus secondaires étaient beaucoup plus développés dans la grappe du franc de pied. Il en était de même chez le Cabernet franc greffé sur Aramon-Rupestris Ganzin n° 1, pour les grappes millerandées.

Il était à prévoir que les changements dans les inflorescences qui viennent d'être décrits seraient suivis de modifications correspondantes dans les raisins à maturité, sans préjudice de nouvelles variations.

Non seulement il y eut en 1910 de nombreuses variations dans les époques de véraison et de maturité suivant les sujets, dans le goût des raisins, dans les épaisseurs et la couleur des peaux, dans la santé relative des grains et leur composition chimique, mais les inflorescences dont les variations ont été précédemment étudiées donnèrent naissance à des grappes anormales, coulardes ou millerandées, dans le sens du sujet.

Le raisin de Baroque (*fig. 370*, 1), qui était le plus grand de ceux portés par le 19e cep de la sixième rège greffé sur 1202, provenait d'une inflorescence anormale. Comme on peut en juger, il présente une conformation intermédiaire entre la grappe normale de Baroque (*fig. 370*, 1 et 4) et celle du 1202 (*fig. 369*, 3-6) sujet.

De même le raisin (*fig. 370*, 2*a*), qui appartenait à la même souche, est un avorton tenant plus du 1202 que du Baroque et il se distinguait par des macules très nettes d'anthracnose.

Sur le 1er cep de la sixième rège de Baroque greffé sur 1202, on trouvait des raisins très anormaux (*fig. 370*, 5). Par leurs grains petits et dégénérés, presque tous millerandés, ils rappelaient nettement la grappe coularde et ramifiée du sujet.

Réciproquement, la grappe du 1202 sujet de Baroque (*fig. 370*, 3*a*), s'éloignait

[1] Lucien Daniel. — *Nouvelles observations sur les variations produites par le greffage dans la Vigne française* (*L'Œnophile*, 1904).

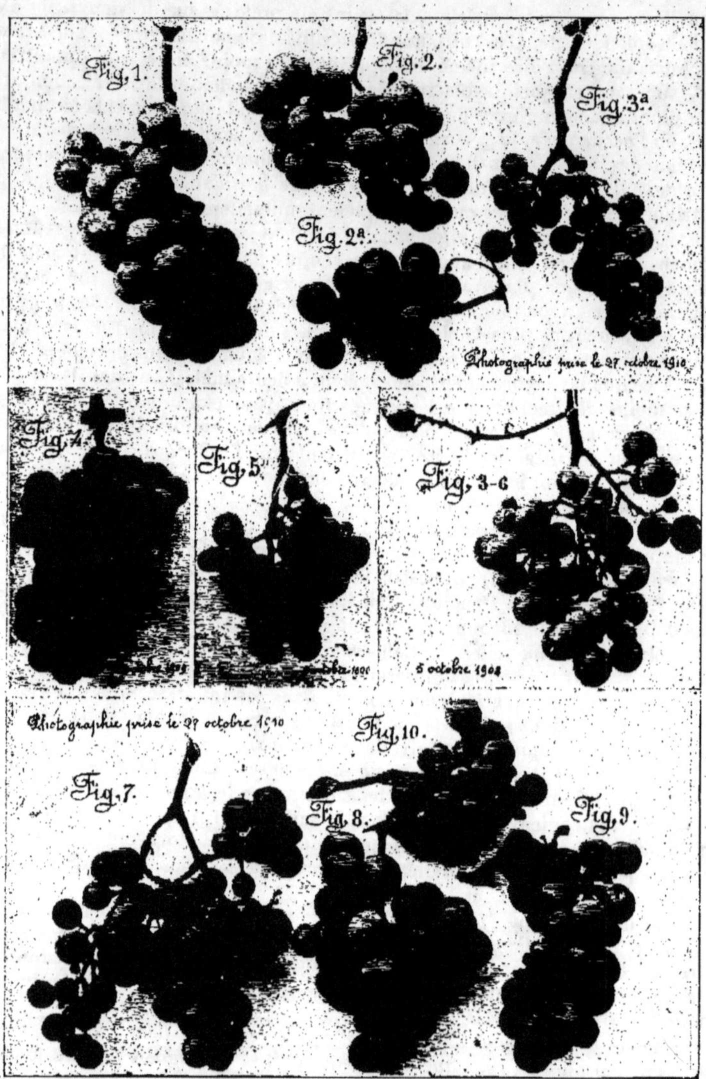

Fig. 370

1, Raisin de Baroque franc de pied témoin; 2, Raisin de Baroque greffé sur 1202; 2a, Raisin de Baroque greffé sur 1202 et atteint par l'anthracnose; 3a, Raisin de 1202 greffé sur Baroque; 4, Raisin de Baroque franc de pied, parfaitement conformé; 5, Raisin de Baroque greffé sur 1202 et atteint par l'oïdium; 3-6, Raisin de 1202 franc de pied, grandeur réelle; 7, Raisin de Baroque greffé sur 101^{14}; 8, Raisin de Baroque sur 157^{11}; 9, Raisin de Baroque sur 3309; 10, autre Raisin de Baroque greffé sur 3309.

FIG. 371

5^a, Raisin de Baroque greffé sur 1202; 5^b, Raisin de Baroque greffé sur 1202 et atteint par l'oïdium; 1, État, une semaine avant la véraison, de trois grappes a, a^2, a^3, de Baroque franc de pied; 2, État, une semaine avant la véraison, de trois grappes b, b^2 et b^3, de Baroque greffé sur 3309, attaquées fortement par le mildew.

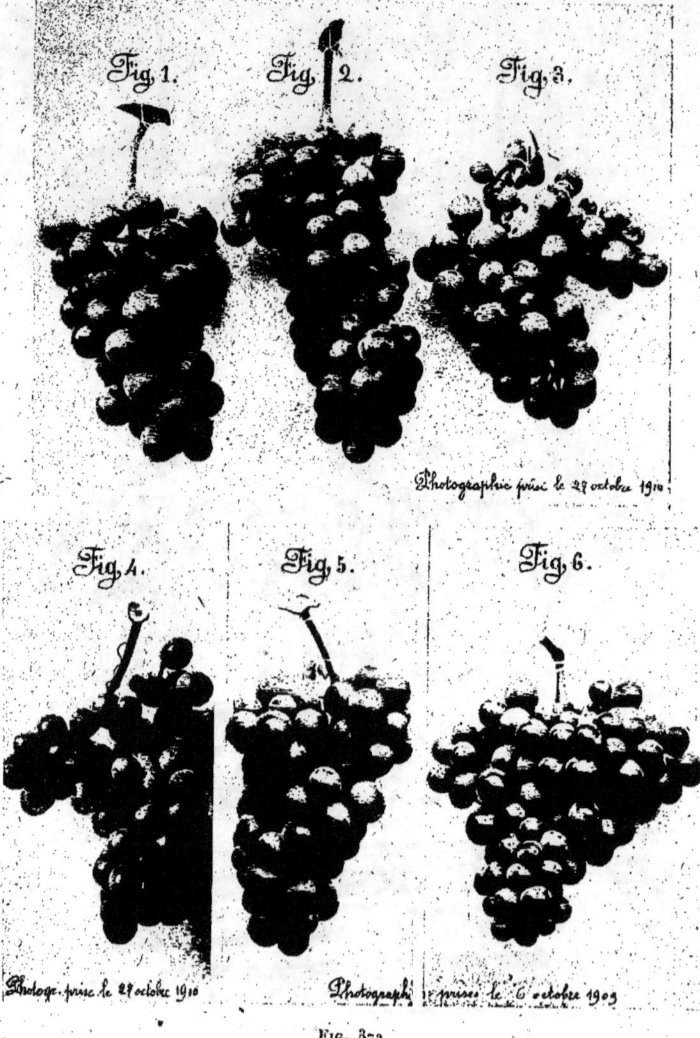

Fig. 372

1, Raisin de Baroque franc de pied; 2, Raisin de Baroque greffé sur 3309; 3, Raisin de Baroque greffé sur 3309, atteint par l'oïdium; 4, Raisin de Baroque greffé sur Rupestris du Lot; 5, Raisin de Baroque greffé sur 41^B; 6, Raisin de Tannat greffé sur 41^B.

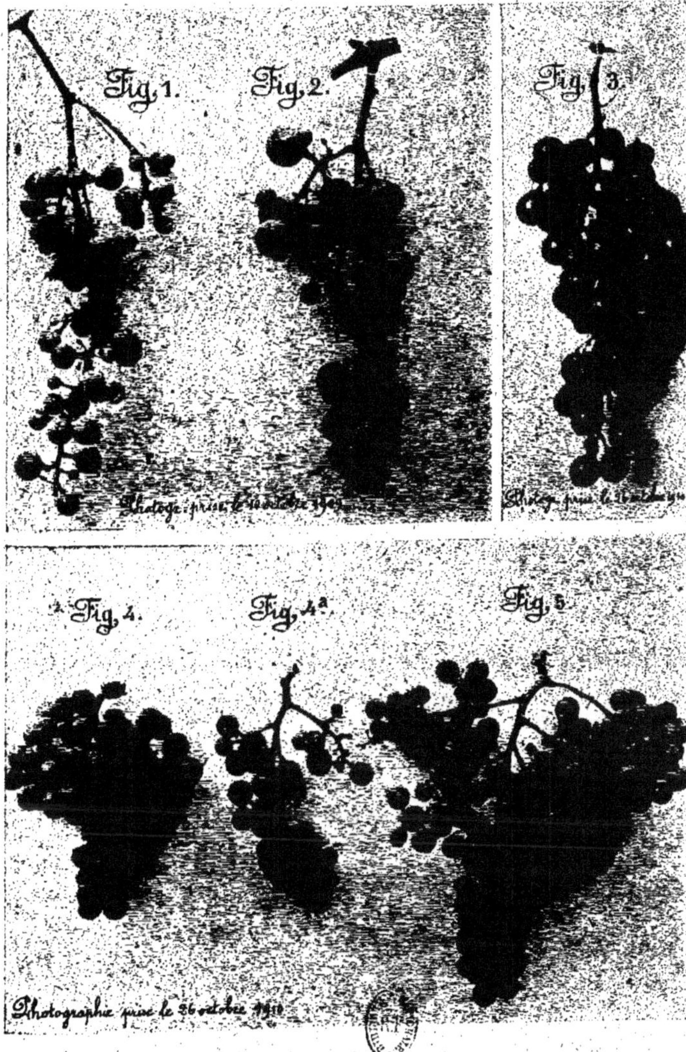

Fig. 373

1, Raisin de 1202 greffé avec le Tannat; 2, Raisin de Tannat greffé sur 1202 (greffe mixte); 3, Raisin d'Aramon franc de pied; 4, Raisin de Tannat franc de pied; 4a, Raisin coulé de Tannat franc de pied; 5, Raisin de Tannat greffé sur 157[11] (3/10 de la grandeur réelle).

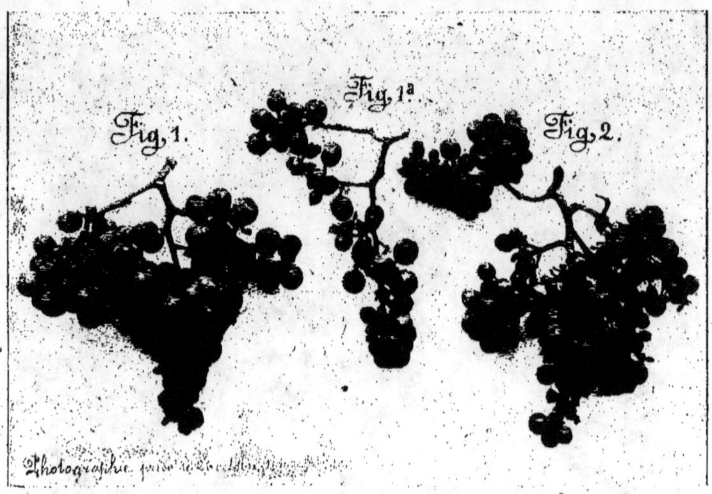

Fig. 374

1 et 1 a, Raisins de Tannat greffé sur Aramon × Rupestris Ganzin n° 1 ; 2, Raisin de Tannat greffé sur 101[14] ; 3, Raisin de Tannat franc de pied ; 4, Raisin de Tannat greffé sur Noah.

de la rafle normale du 1202 franc de pied (*fig. 370*, 3-6) pour se rapprocher de celle du Baroque franc de pied (*fig. 369*, 1 et 4).

La coloration de tous les raisins de Baroque greffé sur 1202, quelle que soit l'association (greffe ordinaire ou greffe mixte), était d'un vert terne à la maturité, qui avait été retardée dans le sens de la maturité du sujet.

Enfin, on peut se faire une idée des variations observées à la suite du greffage sur 1202 par les grappes 5*a* et 5*b* de la figure 371, pour le Baroque; et par les numéros 1 et 2 de la figure 37, qui concerne le Tannat.

Avec d'autres franco-américains, tels que le 101[14], le 157[11], le 3309, le Baroque a donné des modifications non moins remarquables que sur 1202, ainsi qu'on peut le constater facilement par l'examen des grappes 7, 8, 9 et 10 de la figure 369. Ces raisins venaient tous d'inflorescences anormales, à fleurs dont les capuchons étaient étoilés carmin vif et portées par des rameaux rouge vineux tenant du sujet, comme il a été dit à propos de la fleur.

La figure 371 concerne encore le Baroque greffé sur 1202 ou sur 3309. Les grappes 5*a* et 5*b* montrent que le greffage a provoqué chez le greffon une atteinte d'oïdium. De même les raisins 1 et 2 de la même figure nous montrent deux variations opposées : dans la première (*a*, *a*², *a*³), les grappes sont compactes et à grains serrés; dans la seconde, elles sont lâches, à grains espacés et devenus ovoïdes au lieu de rester sphériques (*b*, *b*², *b*³). Ces raisins furent d'ailleurs fortement atteints par le mildew.

Les raisins de la figure 372 sont également intéressants. Le numéro 1 est un raisin de Baroque franc de pied pris sur un témoin. Le numéro 2 représente une grappe de Baroque greffé sur 3309. Elle est plus développée que celle du franc de pied, mais les grains sont plus petits et oïdiés. La grappe du numéro 3 montre un changement de forme très accentué avec une aile très marquée et les grains petits sont atteints par le mildew et l'oïdium.

Les raisins du numéro 4 proviennent d'un Baroque greffé sur Rupestris du Lot; les grains étaient espacés et ovoïdes, par conséquent tout différents du franc de pied, toujours sphériques quand ils ne sont pas comprimés par les grains voisins.

Le Baroque greffé sur 41[B] (n° 5) et le Tannat greffé sur 41[B] (n° 6) donnent habituellement de belles grappes tantôt analogues à celles des francs de pied correspondants, tantôt modifiées plus ou moins. En 1910, ces associations donnèrent des grappes ravagées par l'oïdium et la cochylis.

D'autres variations curieuses des grappes et des raisins sont visibles sur les photographies des figures 373 et 374.

La grappe normale du Tannat franc de pied est représentée par les numéros 4, figure 373, et 5, figure 374. Elle est compacte, de forme conique assez allongée et non ailée en général. Les grains, portés par des pédicelles verts à la cueillette, sont ronds, de belle grosseur, mesurant chez les plus beaux 15 millimètres de leur attache au sommet. A la maturité, le raisin est d'un violet intense uniforme.

La grappe du 1202 (*fig. 370*, n°s 3-6) est très différente; elle est ramifiée, à grains lâches, petits et de couleur violet plus pâle.

Un cep de Tannat (6e de la troisième rège), greffé en mixte sur 1202, avait fourni en 1908, ainsi qu'il a été dit plus haut, quelques grappes lâches, ailées, à grains plus petits, portés par des pédicelles rouge carmin vif, c'est-à-dire présentant de nombreux caractères du 1202 sujet.

En 1909 et en 1910, ces caractères se sont accentués encore, ainsi qu'on peut s'en rendre compte par l'examen des raisins n°s 1 et 2 (*fig. 373*). La grappe du sujet et celle du greffon avaient en partie perdu leurs caractères distinctifs pour se rapprocher l'une et l'autre de leur conjoint. La couleur des raisins du Tannat s'était atténuée. A ces modifications de l'appareil reproducteur correspondaient des variations de l'appareil végétatif aérien ou souterrain et des résistances.

La grappe n° 5, de la figure 373, représente un raisin très anormal de Tannat greffé sur 157[11] et provenant des inflorescences ramifiées précédemment décrites. Mais le développement de la rafle n'a pas été suivi du grossissement des grains qui sont restés petits. Les plus gros n'ont pas dépassé 14 millimètres de diamètre.

Les grappes représentées par les nos 1 et 1a de la figure 374, appartenaient à une souche exceptionnellement assez fertile de Tannat greffé sur Aramon-Rupestris Ganzin n° 1. Elles se distinguaient surtout des grappes du franc de pied nos 4 et 4a (*fig. 373*), et 3 (*fig. 374*) par la forme allongée de leurs grains, assez espacés, atteignant jusqu'à 17 millimètres de long. Ces grains étaient portés par des pédicelles carminés au moment de la vendange. Leur teinte était moins foncée que dans le type normal et leur saveur était moins âpre et plus fade. Tous ces caractères se rapprochaient de ceux de l'Aramon, l'un des parents de l'hybride sujet n° 3 (*fig. 373*).

Parmi les plus amples et les plus détériorantes variations provoquées par la greffe chez le Tannat, il faut signaler celle qui fut observée par M. Baco dans la vigne de Miquéou, sur des ceps de Tannat greffés sur Noah en 1908.

Après une reprise difficile provoquée par des conditions de milieu défavorables, neuf greffons poussèrent, mais, dès le début, se montrèrent dissemblables entre eux, tout en différant du Tannat témoin.

Ainsi la villosité était, comme à l'ordinaire, abondante à la face inférieure de la feuille du Tannat franc de pied; elle était très peu marquée à la face inférieure des feuilles comparables de Tannat greffé sur Noah dans quatre greffons. Un de ces greffons, au contraire, avait des feuilles plus velues que chez le témoin, et le pétiole et les nervures étaient aussi anormalement carminés. Chez un autre, les feuilles adultes étaient découpées en trèfle quand cette forme n'existe que sur les premières feuilles des pieds francs.

De toutes ces greffes, la plus remarquable était le n° 3 qui, très vigoureuse, se rapprochait nettement du Noah sujet. Ses feuilles étaient grandes, pleines, entières, presque glabres ou tout au plus garnies de quelques longs poils à la face inférieure; les pétioles étaient longs, verts avec nervures vert clair; les pampres avaient des entre-nœuds de longueur anormale, et la résistance aux maladies cryptogamiques était intermédiaire entre le Tannat et le Noah.

En 1910, toutes ces greffes se mirent à fruit, en conservant les variations qui viennent d'être décrites. Le n° 3 avait vingt-trois grappes qui, au moment de la floraison, exhalaient un parfum mitigé fortement de parfum de fleur de Noah.

Ces grappes donnèrent des raisins chétifs, moins noirs que ceux du Tannat franc de pied, à grains anormaux, petits, à saveur presque insipide. C'étaient en somme des fruits dégénérés rappelant ceux que M. Baco avait obtenus chez des hybrides sexuels de Noah et de Tannat, hybrides qu'il avait rejetés pour cette raison.

Ainsi la greffe avait provoqué chez le Tannat une association hybride de greffe analogue à celle qui s'était sexuellement produite entre les deux cépages. Ce résultat est des plus intéressants, car il est une preuve de plus de l'analogie très remarquable qui existe entre l'hybridation par greffe et l'hybridation sexuelle, fait déjà mis en évidence par M. Jurie chez l'un de ses hybrides de vigne, le 580.

En outre, des variations profondes dans le racinage avaient accompagné les transformations de l'appareil reproducteur et de l'appareil végétatif aérien.

Les variations si curieuses obtenues par M. Baco chez le Tannat m'engagèrent à faire étudier la biométrie des pépins chez cette espèce franche de pied et greffée sur Riparia Gloire et sur 41[B]. Cette étude a été faite à mon laboratoire par M. Seyot, alors préparateur de Botanique appliquée.

La mensuration fut effectuée sur un grand nombre de dimensions chez 850 pépins. De ces mesures, indiquées dans des mémoires spéciaux(¹), je ne retiendrai ici que celles concernant les caractères spécifiques de la largeur du bec et de sa longueur.

Dans le franc de pied, les courbes relatives à la longueur du bec sont à un seul sommet. Il en est de même pour la longueur du bec chez les pépins de Tannat greffé sur Riparia Gloire, mais les points critiques diffèrent notablement. Les mêmes observations s'appliquent aux mesures des pépins de Tannat greffé sur 41[B].

La largeur du bec donne des résultats plus démonstratifs encore. Dans le franc de pied, la courbe présente les points critiques 4, 7 et 12; dans le Tannat greffé sur Riparia Gloire, 6, 8, 12, 13 et 19; dans le Tannat greffé sur 41[B], 6, 8 et 15.

Les courbes du franc de pied et du 41[B] sont très comparables; il y a seulement déplacement des points critiques; le sujet 41[B] a une simple tendance à augmenter la largeur du bec des pépins du greffon.

Quant au Riparia Gloire, son action est beaucoup plus remarquable. La courbe devient à deux sommets, correspondant l'un au chiffre 8, l'autre au chiffre 13. Ce deuxième sommet est en dehors de la limite de variations du franc de pied et possède une grande valeur. 221 pépins ont une largeur supérieure à 12 dixièmes de millimètre, chiffre atteint seulement par 7 pépins chez le franc de pied. Un telle courbe à deux sommets indiquerait un mélange de deux races, si l'on ne connaissait l'origine du greffon et l'homogénéité du Tannat franc de pied.

On voit par cette courbe à deux sommets que la biométrie révèle chez les pépins, dont les caractères sont considérés comme essentiellement spécifiques, une analogie nette avec l'hybridation sexuelle qui amène aussi une courbe à deux ou plusieurs sommets chez les hybrides.

En outre, la biométrie chez la vigne confirme ce que j'ai maintes fois avancé, c'est-à-dire la variabilité en *plus* ou en *moins* imprimée par la greffe. C'est ce qui ressort très nettement aussi des mesures biométriques que j'ai relevées chez le 22[A] franc de pied et le 22[A] dégénéré à la suite d'un greffage détériorant et que j'ai indiquées précédemment.

Ces constatations sont d'autant plus démonstratives que M. Millardet a écrit : « Jamais M. de Grasset et moi, dans les très nombreuses hybridations que nous avons faites, n'avons observé de variations dans la forme des graines qui sont le résultat direct de l'hybridation. Nous les avons toujours vues offrir uniquement les caractères de celles de la plante mère. Une graine d'Aramon conserve toujours les caractères d'une graine d'Aramon et n'en présente jamais d'autres, qu'elle soit le produit de la fécondation normale de l'Aramon ou de son croisement avec les *Vitis Riparia, Rupestris* ou autres. La réciproque est également vraie. »

M. Baco a relevé de nombreuses différences quant aux résistances du Baroque ou du Tannat greffés par rapport aux francs de pieds correspondants. En outre, ces résistances étaient plus ou moins prononcées suivant les sujets employés. Et cela est tout naturel, puisque aux différences de villosité, de gaufrage et même d'insertion du limbe sur le pétiole correspondent des variations de résistance chez des vignes non greffées.

Il en est de même pour l'aoûtement, et il n'y a pas lieu de revenir sur ce point.

(¹) P. Seyot. — *Étude biométrique des pépins d'un Vitis Vinifera franc de pied et greffé* (C. R. de l'Acad. des Sciences, 5 juillet 1909); id. (*Revue bretonne de Botanique*, décembre 1909).

M. Guillon a montré [1] que les angles de géotropisme des racines d'un cépage varient suivant les types considérés, mais il ne s'est pas préoccupé de déterminer quelle pouvait être sur la direction des racines d'un sujet donné l'influence de son greffon, pas plus que de rechercher qu'elle était l'influence d'un sujet déterminé sur le racinage des boutures prises sur son greffon.

C'est à M. Baco que revient le mérite d'avoir le premier fait des recherches sur ce point d'une grande importance en viticulture.

On sait qu'il y a des vignes à racines traçantes dans lesquelles l'angle de géotropisme est de 75° à 90°; à racines mi-traçantes, dans lesquelles l'angle de géotropisme est de 60° à 75°; à racines mi-plongeantes dans lesquelles l'angle est de 45° à 60°; et enfin à racines plongeantes dans lesquelles cet angle varie de 0° à 45°. On sait aussi que le *Vitis Vinifera* est le type des vignes à racines plongeantes quand beaucoup de vignes américaines sont à racines traçantes comme le Riparia, ce qui entraîne des différences de capacités fonctionnelles de grande valeur culturale, sur lesquelles j'ai insisté bien des fois au cours de cet ouvrage.

De plus, la structure de ces racines est fort différente aussi.

Dans les expériences de M. Baco, les résultats constatés par lui nous font voir bien nettement que le greffage peut modifier directement le géotropisme du sujet. Ainsi le 1202 franc de pied à un angle de géotropisme radiculaire de 55° et le 3309, de 50°. Greffés en Baroque, le 1202 et le 3309 ont un géotropisme de 70°.

Le racinage est aussi devenu plus traçant sous l'action du Baroque chez les Riparia Gloire, 420 A, 33 A, 3306, 1616, 175 II, Rupestris du Lot et Noah.

Inversement le Baroque a rendu plus plongeant le système radiculaire du 41 B qui de 50° passe à 40°. Une action analogue s'est produite avec le 101 14 (65° à 53°).

Ici encore l'action du greffage s'effectue en *plus* ou en *moins* suivant les cas.

Et M. Baco en conclut très justement que le greffage a déplacé chez lui l'aire d'adaptation des divers sujets qu'il a étudiés. Il a rendu la grande majorité de ces sujets plus avides d'eau et d'engrais, et par conséquent diminué leurs résistances spécifiques à la sécheresse, sans préjudice d'autres changements physiologiques.

Il était tout aussi intéressant d'étudier si les caractères ainsi modifiés par le greffage se retrouvaient dans les boutures prises sur les greffons et sur les sujets.

Ces études ont été faites par M. Baco dans ces dernières années, sur une grande échelle. En voici les principaux résultats [2].

Le 1202, après avoir subi la greffe du Tannat, a été bouturé et son angle de géotropisme est devenu de 30°; autrement dit, de demi-plongeant, il est devenu plongeant. Ayant eu pour greffon le Baroque, il est devenu mi-traçant *(fig. 375)*.

Pour les Viniféras (Baroque, Tannat et Castets), on constate que les boutures donnent un angle de géotropisme de 30° environ, avec racines charnues peu riches en radicelles.

Après la greffe, des boutures des greffons de ces mêmes cépages donnent un chevelu tenant à la fois du greffon et du sujet, plus ou moins traçant à la façon des vignes américaines, moins charnu et plus grêle que chez les témoins.

Et il ne s'agit pas d'une seule expérience. Dès 1909, M. Baco planta en sol homogène, non fumé, mais fertile et bien meuble, des boutures comparables prises sur le Tannat franc de pied, de Tannat greffé sur Aramon-Rupestris Ganzin n° 1 et choisies de même dimension et de même âge. A l'arrachage, en 1911, on put observer des différences marquées : les boutures de Tannat franc

(1) GUILLON. — *Géotropisme des racines de la vigne* (*Revue de Viticulture*, 1901).

(2) Voir F. BACO. — *Culture directe et greffage de la vigne*, p. 155 et suiv. (*Revue bretonne de Botanique*, 1911).

Fig. 375

Modifications du géotropisme par la greffe : 6^a, racinage du 1202 franc de pied ; 6^b, racinage du 1202 servant de sujet au Baroque. Plants de même âge.

de pied avaient des racines nombreuses de couleur brun assez foncé, bien charnues et plongeantes avec un angle de géotropisme de 40°. Celles des boutures du Tannat greffé sur Aramon-Rupestris Ganzin n° 1 étaient moins nombreuses, de couleur brun clair, charnues et mi-traçantes avec un angle de 70°.

Parallèlement à ces expériences sur les Viniféras, au point de vue de l'hérédité des caractères acquis par bouturage, M. Baco avait bouturé son 24-23 franc de pied et provenant des ceps greffés sur divers sujets. Les résultats furent de même ordre que pour les Viniféras.

De l'ensemble des faits rapportés dans cet ouvrage au sujet des effets du greffage de la vigne, on peut tirer diverses conclusions qui offrent d'autant plus d'intérêt qu'elles sont en formelle contradiction avec les données qui ont servi de base à la reconstitution du vignoble, c'est-à-dire avec les fameux *dogmes de la reconstitution*.

Ces dogmes ont été formulés de la façon suivante par M. Foëx [1], et il faut les rapporter ici pour permettre de comparer ce qu'on a affirmé avec ce qui est la réalité.

« Comme les autres procédés de multiplication par segmentation, dit cet auteur, le greffage assure la *parfaite conservation* des qualités propres à la greffe; la nature du sujet ne peut influer que par la vigueur plus ou moins grande qu'il est capable d'imprimer à son développement; mais les propriétés spéciales, telles que la *constitution de la fleur*, la *couleur*, la *forme* et le *goût des fruits*, par exemple, ne *sauraient être modifiés* de ce chef. On obtient seulement, dans la plupart des cas, par suite du greffage, une certaine augmentation dans le volume et la richesse glucométrique du fruit, mais ce fait est indépendant du porte-greffe : on le voit se produire lorsqu'on greffe un rameau sur le pied même qui lui a donné naissance.

» Tout ce qui a été avancé relativement à la *stérilité* des greffes provenant de rameaux fertiles sur des sujets infertiles, sur l'*altération* de la saveur des fruits des cépages d'Europe greffés sur des vignes américaines à raisins *foxés* ou sur l'incompatibilité entre les porte-greffes à fruits blancs et les greffes à raisins noirs, est *absolument erroné* et doit être regardé comme *inspiré par l'ignorance ou les préjugés*. Il en est de même pour le porte-greffe qui, une fois greffé avec un autre végétal ne subit *aucune modification dans la nature des tissus de sa tige ou de ses racines*. »

Donc, conservation intégrale de tous les caractères des vignes greffées. C'est en somme ce qu'exprimait plus tard M. Ravaz, sous une autre forme, quand il disait [2] que le greffon et le sujet « *conservent tous leurs caractères, toutes leurs propriétés* » et que « par suite, il n'y a pas lieu de redouter *une modification quelconque de leurs produits* ».

Les faits que j'ai rapportés dans la partie relative tant à l'influence de nutrition générale qu'à l'influence spécifique réciproque du sujet et du greffon contredisent d'une façon très nette ces dogmes de la reconstitution.

Les vignes greffées peuvent varier dans leurs caractères spécifiques et dans leurs caractères de nutrition. Et cela est si vrai que MM. Viala, Ravaz, Prosper Gervais et autres Américanistes ont rapporté des faits de variation, ont signalé des cas où le sujet transmettait à son greffon quelques-uns de ses caractères particuliers. Et cette influence était depuis longtemps connue des Américanistes, puisque l'un d'eux, M. Sahut, écrivait en 1885 [3] :

[1] Foëx. — *Manuel pratique de viticulture pour la reconstitution des vignobles méridionaux*, Montpellier, 1887, p. 118.

[2] Ravaz. — *Les effets de la greffe*, p. 20.

[3] Sahut. — *Les vignes américaines*, Montpellier, 1885, p. 237.

« L'espèce ou la variété servant de greffon *ne conserve pas*, comme on aurait pu le croire, son entité absolue, c'est-à-dire la totalité de l'ensemble des caractères qui la distinguent. Ces caractères sont, au contraire, *susceptibles de modifications parfois fort importantes* et qui *peuvent même les dénaturer* dans de certaines limites, selon les conditions dans lesquelles se trouve l'espèce greffon vis-à-vis de l'espèce à laquelle appartient le sujet porte-greffe. »

Les Américanistes, même ceux qui, comme MM. Foëx, Sahut, Viala, Ravaz, ont vécu dans le pays même qui fut, disent-ils, le berceau de la reconstitution, ne sont donc pas d'accord entre eux sur la question de l'influence réciproque du sujet et du greffon.

Les études que j'ai entreprises sur les effets du greffage de la vigne, celles qui ont été faites par MM. Juric, Castel, Baco, à l'aide d'une *méthode comparative rigoureuse*, l'expérience faite dans les vignobles reconstitués et qui date de plus de cinquante ans, ont montré que, comme je le disais au Congrès de Lyon, en 1901, *le greffage fait varier la vigne et son produit, le vin*.

Les modifications produites, soit par la variation spécifique, soit surtout par les changements de nutrition amenés par la symbiose, sont, au point de vue utilitaire, ou utiles ou nuisibles. Autrement dit, il y a chez les vignes, des *greffages améliorants* et des *greffages détériorants* suivant les greffons et les sujets employés. Et précisément ces modifications portent assez souvent sur des caractères de haute valeur culturale, comme ceux des *feuilles* (forme et résistances) ou ceux des *inflorescences* (fertilité, forme, etc.) ou encore des *raisins* (nature spécifique des variétés, constitution chimique, résistances) dont le *vin* est lui-même changé en *plus* ou en *moins*, comme qualité et conservation.

J'avais donc grandement raison quand je disais, à ce même Congrès de Lyon, que le greffage avait sauvé *momentanément* le vignoble du phylloxéra, mais *en engageant l'avenir;* quand je prévoyais la *disparition lente*, mais sûre, des cépages jalousement sélectionnés jusqu'alors. Combien de ces cépages sont aujourd'hui *disparus*, surtout parmi ceux qui étaient à *faible production* et donnaient la qualité, soit qu'on les ait rejetés comme *insuffisants producteurs*, soit qu'on les ait abandonnés faute de pouvoir les défendre, une fois greffés, contre les maladies cryptogamiques, soit enfin parce qu'ils ont *dégénéré* sous l'influence de sujets détériorants dont on ne voulait pas admettre l'existence avant que j'en aie révélé l'existence et les dangers? Mon *cri d'alarme* était donc bien justifié.

J'avais encore raison quand, passant aux hybrides producteurs directs, je montrais que l'on pouvait, par l'emploi de sujets améliorants à rechercher pour chaque hybride, arriver à les *perfectionner systématiquement* aux points de vue des résistances ou de la fructification pour les multiplier et cultiver ensuite francs de pieds, de boutures, comme les vignes d'autrefois, car souvent les caractères ainsi acquis devenaient héréditaires par multiplication végétative (bouturage, marcottage ou greffage).

MM. Castel et Juric avaient montré les premiers que le perfectionnement systématique des hybrides sexuels de vignes que j'indiquais aux viticulteurs était possible à l'aide de greffages rationnels et ils avaient prouvé par des documents vérifiés ou présentés dans des concours que la méthode avait, chez eux, donné des résultats sérieux, qu'elle n'était point un *mirage*, mais une *réalité* autorisant de légitimes espérances.

M. Baco, ayant repris cette méthode avec la conviction qu'elle ne devait rien lui donner, a été amené par ses expériences à constater que MM. Castel et Juric ne s'étaient pas trompés; il a considérablement étendu les résultats signalés avant lui en indiquant une foule de données nouvelles, tant par rapport aux hybrides que par rapport aux Viniféras greffés. Il a créé des hybrides sexuels améliorés par la greffe, qu'il a désignés sous le nom d'hybrides sexuels-asexuels pour exprimer leur double origine. Et ce sont ces hybrides, le 24-23 n° 1, le 22^A, etc., qui sont classés aujourd'hui parmi les meilleures obtentions de cet hybrideur. Ce sont leurs vins, *d'origine pure* et contrôlée, qui ont obtenu de *hautes récompenses* au Concours des vins, à Toulouse, en 1913, dans un milieu plutôt hostile à mes théories. Ce sont ces hybrides qui sont aujourd'hui prônés par de fervents Américanistes, même dans le Midi.

Ce sont là des résultats que j'ai enregistrés avec plaisir, on le comprendra sans peine. Ils ne peuvent qu'encourager les chercheurs indépendants à entreprendre, eux aussi, sans parti pris, des expériences dans la voie nouvelle, à un moment où le découragement atteint presque partout les viticulteurs qui ont reconstitué et voient, avec crainte, arriver le moment où ils ne pourront plus défendre leurs Viniféras contre les parasites qui profitent de la défaillance de ceux-ci, de leur affaiblissement par la vie en symbiose.

J'ai, avec non moins de satisfaction, constaté que dans les milieux vraiment scientifiques, les hybrides asexuels et la méthode du greffage mixte que j'avais indiquée pour les obtenir ont acquis définitivement droit de cité (¹).

Tandis que M. Ravaz, en 1902, employait la méthode que je conseillais en 1901 pour provoquer l'apparition de pousses adventives chez le sujet et pour transformer la greffe ordinaire en greffe mixte (²), et décapitait 300 ceps de vigne à Montpellier sans le moindre succès, je trouvais le *Pirocydonia Danieli* (1902), et cet hybride de greffe était obtenu par *décapitation* au-dessus du bourrelet de vieux Poiriers greffés sur Cognassier.

Les cas d'hybrides de greffe trouvés depuis mes premières recherches (1898 et 1909) chez les Néfliers greffés sur Épine réalisaient aussi des greffes mixtes naturelles (*Cratægomespilus Dardari* et Néflier de Saujon). Il en est de même pour le *Pirocydonia Winkleri*.

Et n'est-ce pas la méthode que j'avais préconisée, celle que M. Ravaz avait employée sans résultat en 1902, qui a précisément servi à Hans Winkler pour obtenir son *Solanum tubingense*, puis à Heuer pour réaliser des hybrides de greffe entre Tomate et Douce-Amère, à Baur pour les chimères de Peuplier?

Mes conceptions et mes méthodes, méprisées et combattues par MM. Viala, Ravaz, Griffon et presque toute la presse agricole, ont depuis cette époque fait leurs preuves à l'étranger comme en France. Les vrais hybrides de greffe, baptisés *Chimères*, *pro parte*, ne sont plus niables aujourd'hui.

Quant aux applications possibles, elles paraissent devoir être d'une certaine importance pour l'agriculture et pour la viticulture, ainsi que le faisait tout récemment ressortir Hans Winkler (³), qui attend les meilleurs résultats de l'emploi de ces sortes de *Centaures végétaux*.

Pour Hans Winkler, on devra « chercher pour la Pomme de terre, le Tabac, la Tomate et autres plante économiques, des partenaires de chimères qui les protégent plus ou moins contre leurs ennemis, tels que les champignons, les pucerons, etc. ».

Et il cite la vigne parmi les plantes qui devront être perfectionnées de

(¹) Voir la discussion de l'*hybridation asexuelle* au Congrès de Génétique de Paris, et Hans WINKLER, *Untersuchungen über Pfropfbastarde*, Iéna, 1912; Erwin BAUR, *Einführung in die experimentelle Vererbungslehre*, Berlin, 1911, etc., etc.

(²) Lucien DANIEL. — *La greffe mixte* (*C. R. de l'Acad. des Sc.*, 1899). Voir aussi l'article que j'ai publié sur cette méthode dans la *Revue des hybrides* en 1902.

(³) Hans WINKLER. — *Die Chimärenforschung als methode der experimentellen Biologie*, Würzburg, 1914. — Je prie le lecteur de rectifier l'erreur qui s'est glissée à la page 465 de ce travail, et de lire « le *Solanum tubingense* étudié par Hans Winkler », au lieu de « *Solanum tubingense* de Heuer ». De même, un peu plus loin, il faut lire « le *Solanum tubingense* n'était pas le seul hybride de greffe obtenu par Hans Winkler », au lieu de « par Heuer ».

la sorte par la création de chimères, réalisant la fameuse vigne à tête française et à pied américain, en vain cherchée jusqu'ici.

Me faut-il rappeler qu'au Congrès de Lyon, en 1901, j'indiquais l'hybridation asexuelle comme capable de résoudre le problème viticole posé par la crise phylloxérique? J'avais donc vu juste, mais le mot d'ordre était de me combattre; je fus combattu, l'on sait de quelle façon, et je le suis encore aujourd'hui, malgré l'évidence, par certains théoriciens et même par des viticulteurs oubliant que ce sont eux qui paient les fautes de leurs guides, car, comme l'a dit Horace :

Quidquid delirant reges, plectuntur Achivi.
(Livre I, Ép. II.)

J'espère que mes théories et mes conclusions relatives à l'*hybridation asexuelle* et à sa valeur pratique revenant sous un autre nom et sous les auspices de savants étrangers, auront acquis, grâce à ce patronage inattendu, ce qui leur manquait pour être acceptées en France, à un moment où il n'était pas encore trop tard et pouvaient largement aider à solutionner la crise.

Les questions de *priorité* quant à la méthode de production et à l'observation des hybrides de greffe m'importeraient bien peu si ceux qui m'ont combattu, reconnaissant leurs erreurs, se décidaient à remettre la viticulture dans le bon chemin, à répudier enfin la cause fondamentale de tous les déboires du vigneron, c'est-à-dire le *greffage* et toutes ses *tares*, origine première de tous les maux qui assaillent les vignobles français et étrangers.

Mais sans doute préfèreront-ils continuer à enregistrer les *désastres*, à crier à tous les échos la *détresse* des viticulteurs, plutôt que d'avouer leurs erreurs et de réparer le mal qu'ils ont fait à la viticulture et au pays. Ils attendront que les vieilles vignes aient toutes disparu et que, à l'imitation de l'empereur romain réclamant à Varus ses légions détruites, les vignerons leur crient un jour :

« Américanistes, Américanistes, rendez-nous nos vignes ! »

Hélas ! ceux qui auront péché ne seront à ce moment sans doute plus là pour subir la responsabilité de leurs fautes. Ce seront leurs enfants qui la supporteront, conformément à ce qu'a dit Racine :

Nos pères ont péché ; nos pères ne sont plus
Et nous portons la peine de leurs crimes.

CONCLUSIONS GÉNÉRALES

Il y a un demi-siècle environ, le Phylloxéra était inconnu en Europe et la Vigne européenne *(Vitis Vinifera)* était cultivée dans presque tous les vignobles à l'état franc de pied.

Partout la multiplication de ce précieux arbuste se faisait par marcottage ou bouturage, car toutes les variétés de *Vitis Vinifera* s'enracinaient avec facilité par ces procédés et le jeune cep ainsi obtenu donnait des raisins vers la quatrième ou la cinquième année de sa plantation. Établi dans de bonnes conditions, ce cep vivait plus ou moins longtemps suivant les variétés ou les milieux, mais en général il pouvait durer 150 ou 200 ans, sans exiger de soins, à tel point que les frais de culture étaient alors presque insignifiants.

Très exceptionnellement, l'on greffait quelques ceps, mais c'était pour remplacer un cépage ayant cessé de plaire ou dans un but de simple curiosité. Ce procédé était, au contraire, d'un usage plus fréquent chez les Anciens, si l'on s'en rapporte aux écrits des agronomes arabes, grecs et latins; toutefois, il fut presque complètement abandonné avant le Moyen-Age, tant pour les raisins de cuve que pour les raisins de table. Les Auteurs ne nous ont pas indiqué les raisons de cet abandon, mais on peut en conclure que le procédé avait donné lieu à des déboires, ou qu'on l'avait reconnu au moins inutile. Un tel fait est d'autant plus significatif que le greffage des arbres fruitiers a non seulement persisté à travers les âges, mais a pris un développement et une importance de plus en plus considérables en grande et en petite culture.

La pratique millénaire de la culture de la Vigne dans les vignobles européens avait donné lieu à de nombreuses observations qui s'étaient transmises, par tradition, de génération en génération et servaient de base à la viticulture pratique de chaque région. Ces remarques formaient un véritable code de culture. Le vigneron savait qu'en suivant les règles établies par une longue expérience, il était presque certain d'avoir le maximum de chances de réussite, abstraction faite des aléas résultant des variations météorologiques alors impossibles à prévoir, comme c'est encore le cas aujourd'hui. Il savait qu'en violant ces règles, il s'exposait à des déboires certains, dont quelques-uns lui étaient bien connus et qu'il devait être un jour, à coup sûr, puni de son imprudence et de sa témérité. Quand il lui arrivait ainsi malheur, il ne pouvait s'en prendre à son ignorance, mais à son avidité.

De ce code établi par la tradition, l'on peut extraire quelques données fondamentales, acceptées par tous les viticulteurs, et qui permettront facilement de comprendre les changements profonds, les troubles et les déboires causés par la reconstitution des vignobles européens, c'est-à-dire par le greffage du *Vitis Vinifera* sur les Vignes américaines.

I. — LA VITICULTURE ANCIENNE

Nutrition, culture, production et chimisme de la Vigne autonome.

Les variétés diverses du *Vitis Vinifera*, cultivées franches de pied, vivaient à l'état autonome et leur nutrition était par conséquent autotrophe. Ces termes ont un sens très précis, bien défini par les biologistes, et ils ne laissent place à aucune ambiguïté. Dans les conditions de milieux constants ou variables, la plante autonome ne se sert pas, pour vivre, d'appareils quelconques empruntés à d'autres végétaux, mais elle tire de l'air et du sol sa nourriture à l'aide de ses propres appareils, sans l'intermédiaire d'aucun appareil étranger. Ainsi elle pompe ses aliments et réagit, dans le milieu où elle est placée, suivant des lois particulières à son espèce, sa race ou sa variété, et qui constituent ses caractères physiologiques spécifiques, au sens large du mot.

Bien que l'espèce *Vitis Vinifera* renferme de nombreuses variétés distinctes cultivées en grand, depuis un temps immémorial, en des milieux souvent très différents, l'on a considéré, d'une façon trop absolue en Viticulture, cette espèce comme ubiquiste, c'est-à-dire comme capable de s'accommoder également bien des sols et des climats les plus variés dans les limites de son aire de culture. Cependant, toutes les variétés de Vignes européennes n'ont pas cette large faculté d'adaptation qu'on leur a prêtée; il y en a de plus ou moins exigeantes et quelques-unes même sont presque exclusives sous certains rapports.

Trois facteurs principaux ont été de tout temps considérés comme fondamentaux quant à la culture de la Vigne et à la qualité de ses produits. Ce sont : 1° la variété de *Vitis Vinifera* choisie; 2° le sol où elle est placée, et 3° la nature du climat sous lequel elle est cultivée.

A ces trois facteurs, sur lesquels le vigneron ne peut exercer qu'une action très limitée, on peut ajouter les procédés de culture, les fumures, la taille, etc., qui sont, au contraire, jusqu'à un certain point, sous sa dépendance, en ce sens qu'il peut en réglementer l'emploi, en prévoir plus ou moins les conséquences, sans cependant être le maître absolu de leurs résultats qui sont fonction de la météorologie des années et de la façon dont celle-ci influence la variété de Vigne considérée et réagit sur le sol où elle est placée.

1. Choix de la variété.

Le choix des variétés ne se faisait pas à la légère. De temps immémorial l'on avait remarqué que les raisins de table, agréables au goût comme le Chasselas, par exemple, donnaient, dans la grande majorité des cas, un vin inférieur sous tous les rapports et de mauvaise conservation; que les raisins de cuve, en général, flattaient moins le palais, mais fournissaient un produit, d'abord moins agréable et plus rude, qui s'améliorait progressivement avec l'âge, devenait parfait à la longue et, en vieillissant, gardait pendant très longtemps ses qualités ainsi acquises.

L'antagonisme entre la qualité et la conservation des vins provenant des raisins de table et des vins provenant des raisins de cuve se retrouve en pomologie, où les fruits à pépins, dits fruits à couteau, donnent un cidre inférieur, quand les fruits de pressoir, mauvais à manger, fournissent un cidre d'excellente qualité et de parfaite conservation. Aussi a-t-on insisté avec raison sur les différences existant entre ce qui se mange et ce qui se boit. L'*amélioration* des fruits dans le sens de ce qui se mange, c'est-à-dire l'augmentation de la grosseur et de la richesse en sucre avec la réduction de l'acidité, du tannin, la diminution du nombre et l'affaiblissement des qualités des graines, etc., constitue donc souvent une *détérioration* par rapport à ce qui se boit, c'est-à-dire par rapport aux boissons fermentées.

Toutes les variétés de *Vitis Vinifera* cultivées pour la production du vin dans une région déterminée étaient loin d'avoir la même valeur au point de vue de la qualité de cette boisson. Les unes fournissaient beaucoup de raisins, riches en liquide, mais celui-ci était de qualité plutôt médiocre : c'étaient les cépages d'abondance, cultivés surtout dans les parties du vignoble produisant les vins communs, dans le Midi. Les autres, au contraire, étaient des cépages fins, très parcimonieux comme produits, mais fournissant des vins de haute qualité; on les cultivait surtout dans les crus classés, en Gironde, en Bourgogne, en Champagne, etc.

En France, comme d'ailleurs dans tous les vignobles européens, l'on avait sélectionné, soit empiriquement, soit d'une façon plus ou moins méthodique, les variétés les plus adéquates au sol et au climat de chaque région, c'est-à-dire celles qui, de l'aveu de tous les vignerons, des dégustateurs de profession et des consommateurs les plus éclairés, y fournissaient les vins les meilleurs, les plus recherchés, par conséquent ceux dont la culture était par là même la plus rémunératrice. C'étaient aussi celles dont la culture offrait le moins d'aléas parce que, étant particulièrement bien adaptées à leur milieu, elles jouissaient d'une bonne santé des appareils végétatif et reproducteur et donnaient, dès lors, des produits sains et bien équilibrés, fermentant normalement sous l'action des levures locales, spéciales à chaque cépage et adaptées de temps immémorial à la composition chimique naturelle de leurs raisins.

Dans les divers vignobles, et plus particulièrement dans les régions de grands crus, l'on ne cultivait pas un cépage unique, mais bien un mélange de cépages fins destinés à se compléter mutuellement quant au vin. C'était à la suite d'essais multipliés et souvent répétés pendant des siècles que l'on avait établi, dans chaque cru, l'encépagement particulier dont les proportions étaient combinées de façon à donner aux vins le maximum de qualité compatible avec le sol et le climat et à exalter la caractéristique du cru.

Toutes conditions égales d'ailleurs, l'âge des Vignes jouait un grand rôle dans la valeur relative des vins fournis par un vignoble déterminé. Dans les grands crus surtout, les Vignes jeunes donnaient pendant longtemps un vin notablement inférieur à celui que fournissaient des Vignes âgées de la même variété; il fallait parfois attendre une quarantaine d'années de plantation pour récolter des raisins de qualité parfaite. Cette différence consécutive à l'âge était si prononcée que, dans les vignobles de quelque mérite, on cueillait à part les raisins des provins et l'on se gardait bien de les mélanger à la cuve avec ceux, supérieurs sous tous rapports, récoltés sur les ceps âgés. Ceux-ci étaient seuls considérés comme dignes d'entrer dans les grandes cuvées chargées de maintenir l'honneur et la réputation du cru.

Cependant, la multiplication constante de la Vigne par bouturage et marcottage ne conservait pas toujours, identique à elle-même dans un point donné, la variété que l'on y cultivait avec tant de soins. Parfois un déséquilibre de nutrition, dû à une cause accidentelle le plus souvent passée inaperçue ou résultant d'une disjonction de caractères parentaux, provoquait sur un cep ou sur plusieurs à la fois des modifications d'importance variable, tantôt bonnes, tantôt mauvaises, dont les premières étaient conservées par bouturage quand elles se montraient franchement héréditaires. Les vignerons intelligents notaient avec soin toutes ces variations, car s'ils propageaient les bonnes, ils supprimaient avec le même soin toutes celles qui pouvaient constituer des dégénérescences au point de vue cultural ou à celui de la production. Les dégénérescences se reconnaissaient souvent à un changement du feuillage qui devenait plus découpé et même persillé; cette découpure était fréquemment un indice d'infertilité [1].

Quand les modifications portaient sur le raisin, elles affectaient sa précocité, sa forme, sa couleur, sa composition chimique, etc. Beaucoup de variétés locales d'un même raisin, cultivées en Bourgogne, en Gironde, etc., ont pour origine la sélection de variations de cette nature, nées spontanément en apparence, fixées et propagées par des viticulteurs intelligents et observateurs qui avaient su mettre ainsi à profit la variabilité naturelle du *Vitis Vinifera* autonome sous l'influence des changements naturels des milieux et des procédés culturaux.

L'on avait également noté l'apparition de quelques monstruosités (fasciations, duplicatures, modifications de la couleur, etc.). Ces morphoses, comme les précédentes, étaient fort rares; c'est là un fait indéniable, corroboré par les écrits d'un grand nombre d'ampélographes français et étrangers qui ont étudié la Vigne avant la reconstitution.

Malgré la rareté des variations, il n'était pas moins nécessaire de sélectionner avec soin les boutures destinées à la multiplication. L'on rejetait impitoyablement tout mauvais bois pour propager exclusivement les sarments qui avaient conservé intacts, du moins en apparence, tous les caractères végétatifs et reproducteurs de la variété primitive.

2. Influence du sol.

A cette époque, la nature du sol était, avec raison, considérée comme d'une importance fondamentale en Viticulture. La qualité du vin, sa composition, sa couleur et son bouquet variaient à tel point avec les sols que certains vins avaient un goût spécial, dit de terroir, une coloration et un parfum particuliers. La composition chimique du vin, que l'on appréciait surtout par la dégustation et par l'odorat, caractérisait chaque cru et un rien suffisait parfois à la modifier d'une façon sensible. Aussi le vin des grands crus a-t-il été comparé fort judicieusement à un morceau de musique savamment orchestré que la moindre fausse note fait détonner. De même le moindre changement dans la composition particulière d'un vin de grand cru peut lui faire perdre son caractère spécifique, celui qui en fait uniquement la valeur [2].

La grande impressionnalité de tels vins, loin d'être un défaut, était, au contraire, une qualité précieuse pour l'heureux possesseur d'un cru, car il savait que par là même son vin était inimitable. Il en était de même pour les eaux-de-vie dérivées des vins des variétés spéciales pour la chaudière. Leur goût et leur

(1) La nécessité de la sélection était bien connue des Anciens et elle a été signalée par Virgile pour les graines :

« *Vidi lecta diu, et multo spectata labore,*
Degenerare tamen, ni vis humana quotannis
Maxima quæque manu legeret ; sic omnia fatis
In pejus ruere ac retro sublapsa referri. »

Géorgiques, Livre I, 197.

(2) Les Anciens connaissaient la multiplicité des crus, ainsi que le prouvent ces vers de Virgile :

« *Sed neque, quam multæ species, nec nomina quæ sint,*
Est numerus : neque enim numero compendere refert
Quem qui scire velit, Lybici velit æquoris idem
Discere quam multæ Zephyro turbentur arenæ
Aut, ubi navigiis violentior incidit Eurus,
Nosse quot Ionii veniant ad littora fluctus. »

Géorgiques, Livre II, 103.

bouquet particuliers dépendaient beaucoup du sol où ces variétés étaient cultivées.

L'on avait maintes fois, au cours des siècles, essayé de cultiver en dehors de leur aire normale d'adaptation au sol tels cépages fins qui faisaient depuis longtemps la réputation des grands crus et la fortune de leurs heureux propriétaires. On n'avait pas tardé à s'apercevoir que les cépages ainsi dépaysés subissaient des modifications plus ou moins accentuées et acquéraient, avec le temps, des caractères nouveaux sous l'influence de leur adaptation à d'autres conditions de vie. Les appareils végétatif et reproducteur ne présentaient cependant que des changements légers en apparence et, malgré cela, la variation était profonde, utilitairement parlant, comme en témoignait la dégénérescence plus ou moins rapide, plus ou moins prononcée, du raisin et du vin obtenus (1).

Ainsi le Pinot était incapable de donner en Gironde les vins si remarquables qu'il fournissait en Bourgogne; c'était pure folie d'essayer dans le Midi, par la culture des Cabernets ou du Sauvignon, d'obtenir les vins renommés de Bordeaux, etc. A plus forte raison était-il impossible à l'étranger de fabriquer des vins analogues aux nôtres et au vigneron français d'obtenir les grands vins étrangers. Chaque pays avait ses joyaux viticoles particuliers, bien distincts, absolument localisés dans chaque région de production et tenant à la nature du sol pour une grande part, à la nature du cépage et à la radiation incidente d'autre part, comme il va être montré plus loin.

Bien plus, dans chacune de ces régions privilégiées, toujours d'une certaine étendue, on ne pouvait obtenir le vin d'un grand cru classé en dehors de la portion très limitée du sol que l'expérience avait révélée apte à le produire. Si l'appellation générique de vins de Bourgogne, de vins de Bordeaux, de vins du Beaujolais, etc., correspondait à des territoires très étendus relativement, celle d'un grand cru donné était, au contraire, fort restreinte et limitée parfois à quelques hectares. Le vin de ce cru se distinguait des crus immédiatement voisins par des caractères spéciaux suffisants pour le faire reconnaître sûrement par tout dégustateur assez exercé. Parmi les professionnels de la dégustation, il n'était pas rare d'en trouver qui distinguaient non seulement les crus voisins, mais encore les vins provenant d'années différentes d'un même cru. En effet, ces vins, tout en conservant leur caractère propre de race, variaient comme composition suivant la météorologie particulière de chaque année et ces variations, sensibles plus ou moins à l'analyse chimique, étaient plus nettement encore perceptibles à la dégustation.

Dans ces conditions, il n'était pas alors besoin de faire des lois pour délimiter les régions et protéger les marques vinicoles. Chaque cru se délimitait lui-même par la nature spéciale de ses produits, parce qu'ils étaient réellement inimitables de l'aveu de tous.

L'on avait, en outre, remarqué, depuis la plus haute antiquité, que, pour récolter de bon vin, il fallait planter la Vigne sur les coteaux et non dans les plaines grasses et fertiles. « *Bacchus amat colles* », avait dit Virgile (2). C'est ce qu'a-

(1) La dégénération de la vigne et la perte de la qualité de ses produits dans les terres salées ont été indiquées par Virgile :

« Salsa autem tellus, et quæ perhibetur amaro,
Frugibus infelix (ea nec mansuescit amaro,
Nec Baccho genus aut pomis sua nomina servat). »

Géorgiques, Livre II, 238.

(2) Il savait aussi qu'on ne devait pas cultiver la vigne dans les terres à blé, mais dans les terres légères :

« Rara sit an supra morem si densa requiras
(Altero frumentis quoniam favet, altero Baccho,
Densa magis Cereri, rarissima quæque Lyæo),... »

Géorgiques, Livre II, 237.

vaient ainsi traduit les vignerons : « Si tu veux de bon vin, plante ta vigne sur coteaux » ; l'expérience leur avait fait ajouter : « Mais tu n'en auras guère ».

Les Vignes à vins fins, plantées en coteaux à sol pauvre et sec, ne donnaient donc qu'un petit nombre de raisins, mais leur vin était d'autant meilleur et de plus longue conservation. Les mêmes variétés de Vignes, plantées dans des terres riches et humides, cultivées comme en coteaux, fournissaient des raisins plus abondants, à grains plus gros et plus aqueux, dont les vins, plus riches en eau et en matières azotées, étaient toujours notoirement inférieurs aux premiers; leur conservation était plus courte et plus délicate.

Il résultait de là que, avant le Phylloxéra, les vignobles de grands crus et même des simples crus bourgeois occupaient exclusivement les coteaux et les sols presque arides. L'on ne voyait, dans les pays de trop faible altitude, que de rares vignobles à vins communs, destinés à la consommation sur place. On se gardait bien de planter alors la Vigne dans les terres à blé ou les prairies, car l'on savait d'avance que l'on obtiendrait des vins de qualité médiocre et de si faible constitution que, ne pouvant voyager sans aléas, ils devraient être vendus sur place à bas prix, s'ils ne restaient pour compte à leur imprudent producteur.

Ainsi la distribution géographique culturale de la Vigne était alors bien nettement localisée. Celle-ci occupait presque uniquement les terrains de si mauvaise qualité qu'ils ne pouvaient se prêter lucrativement à d'autres cultures. Le voyageur qui circulait en chemin de fer, à une époque où les grandes lignes existaient seules et passaient surtout dans les vallées ou les plaines de peu d'altitude, ne voyait pas la Vigne ou ne l'apercevait que de loin au flanc des collines bordant les vallées étroites et encaissées qu'il traversait, emporté rapidement par la vapeur.

La monoculture n'existait pas, même dans le Midi. Le vigneron, conformément au proverbe, se gardait bien de mettre tous ses œufs dans le même panier.

3. Le climat et l'exposition.

Le climat et l'exposition, autrement dit les quantités de lumière, de chaleur et d'humidité que reçoit la Vigne, ont aussi une grosse influence sur sa production et sur la qualité de ses produits. Aussi ce troisième facteur entre pour une part très importante dans la caractéristique des crus.

Les expositions chaudes et bien ensoleillées étaient particulièrement recherchées comme agents de qualité des vins. A ce point de vue, la couleur et la nature superficielle du sol avaient une haute importance, car celui-ci pouvait absorber ou réfléchir les rayons calorifiques et lumineux, c'est-à-dire diminuer ou augmenter la quantité de radiations utiles de la chaleur et de la lumière solaires. Au même point de vue, l'angle d'incidence de ces radiations, autrement dit l'inclinaison du coteau et sa disposition par rapport à la course journalière de la terre autour du soleil, jouait un rôle des plus considérables. Les expositions en pente du côté du midi étaient les meilleures, car elles étaient naturellement les plus chaudes et les plus longtemps ensoleillées. Les graves avaient une influence bien connue.

Chaque variété de Vigne, pour mûrir ses raisins normalement, doit emmagasiner chaque année une somme de chaleur déterminée, lui arrivant progressivement et régulièrement au cours de la végétation et surtout de la véraison à la maturation finale, comme nous l'enseigne la phénologie. Si cette somme est dépassée ou n'est pas atteinte, la composition du raisin s'en ressent fatalement, ainsi que la qualité du vin qu'il fournit. De ce fait, on comprend qu'en un même point il y ait de bonnes et de mauvaises années suivant les quantités de chaleur et de lumière reçues dans des années différentes aux diverses périodes de la végétation de l'arbuste.

Comme la chaleur est inégalement distribuée dans le Midi et dans le Nord de la France la maturation du raisin ne s'y faisait pas de la même manière. Sous l'influence des hautes températures du Midi, la maturité théorique était vite atteinte et s'effectuait en entier si le raisin était laissé sur le cep. Le sucre était alors à son maximum, la transformation des acides en sucre étant complète. La disparition des acides avait pour conséquence de nuire à la qualité et d'empêcher la conservation des vins; c'est pour cela que l'on avait pour habitude de vendanger tôt, c'est-à-dire au moment où l'acidité des raisins était encore suffisante pour garder au vin sa fraîcheur.

Dans les contrées septentrionales, l'excès de maturation n'était pas à craindre, mais, au contraire, le défaut de maturation. L'on vendangeait le plus tard possible pour obtenir le maximum de sucre, certain qu'on était d'avoir toujours une acidité suffisante pour assurer la qualité et la conservation du vin. Aussi les bonnes années étaient-elles les années chaudes et bien ensoleillées; les années froides et pluvieuses étaient, au contraire, justement redoutées.

Les maturations brusquement avancées ou trop longtemps retardées par suite de conditions atmosphériques anormales étaient toujours suivies d'une diminution plus ou moins marquée de la qualité des vins. Pour que ceux-ci fussent parfaits, il était absolument nécessaire que la maturation des raisins fût lente et régulière, depuis la véraison jusqu'au moment de la vendange. Dans ce cas seulement, les raisins avaient les proportions particulières de sucres, d'acides, de tannins, etc., qui donnaient aux vins le maximum de qualité et de conservation, tout en développant au plus haut degré les caractères distinctifs de chaque cru.

La Vigne était très sensible aux variations excessives de l'humidité et de la sécheresse, résultant de l'état du sol et des variations climatologiques causées par les inégalités de l'état hygrométrique de l'air suivant les années. De même que l'on se gardait de planter la Vigne dans les sols bas et humides, on ne la cultivait pas dans les régions à climat essentiellement pluvieux.

Même en sol naturellement sec et sous un climat convenable, la Vigne était notablement influencée par les pluies et l'humidité de l'air. L'action de l'eau s'exerçait à la fois sur l'appareil aérien et sur l'appareil souterrain de la plante; la première était plus importante que la seconde. En effet, dans toutes les variétés de *Vitis Vinifera*, les racines sont plongeantes et pénètrent profondément dans le sous-sol où sont situés par conséquent les poils absorbants. C'est là un caractère spécifique important qui permet de comprendre que la Vigne européenne est en quelque sorte indépendante du sol arable et des pluies légères, tant que l'eau n'est pas en excès et n'atteint pas par infiltration les couches profondes du sous-sol. Aussi résiste-t-elle longtemps à l'action des pluies ou de la sécheresse prolongée; elle ne présente que rarement des accidents consécutifs aux à-coups excessifs de végétation, mortels comme la pléthore aqueuse, le folletage, etc., ou simplement très nuisibles comme l'éclatement des raisins, leur grillage ou ercissement, le rougeot et la chute prématurée des feuilles, etc.

La culture en sols naturellement humides ou irrigués par un procédé quelconque conduisait toujours à l'exubérance de l'appareil végétatif aux dépens des qualités de fructification de l'appareil reproducteur. Les raisins, plus gros et gonflés d'eau, donnaient des vins médiocres et parfois même mauvais. Les résistances de la plante étaient considérablement réduites, tant par rapport à l'appareil végétatif que par rapport à l'appareil reproducteur. Les vins eux-mêmes étaient beaucoup plus sensibles aux maladies.

Maintes fois, l'expérience avait rappelé durement aux vignerons qu'il était presque impossible de défendre pratiquement les Vignes cultivées en terrains humides contre certains champignons qui ne causaient que des dégâts insignifiants sur les mêmes variétés de Vignes cultivées en coteaux. C'est ainsi qu'en Bourgogne, l'anthracnose avait détruit des vignobles entiers imprudemment établis dans des terrains trop humides, quand des années pluvieuses étaient venues augmenter encore l'excès de liquide mis à la disposition de la plante. Quelques cépages s'étaient montrés si sensibles à cette affection que l'on avait fini par les supprimer dans les cultures.

L'excès d'humidité atmosphérique ou de celle du sol avait, d'autre part, une influence néfaste sur la floraison de toutes les Vignes, même des plus résistantes aux maladies cryptogamiques, sur leur fécondation, sur la valeur du raisin et sur la qualité des vins.

Ainsi, la coulure, lors des printemps très humides, était souvent la conséquence de l'excès d'eau dans les tissus et cet accident était plus accentué chez les variétés vigoureuses et bien nourries. Si la fécondation parvenait à s'effectuer malgré la pluie, les grains de raisin avortaient à des degrés divers de développement : c'est ce qu'on appelait le millerandage. Les raisins millerandés portaient de très nombreux grains sans pépins, petits et de composition fort différente de celle des grains normaux; ils donnaient un vin de qualité inférieure et de mauvaise conservation.

Toutefois ces accidents étaient alors assez rares et ne se rencontraient qu'exceptionnellement dans les coteaux où l'influence des pluies persistantes était moins sensible que dans les parties basses où s'accumulent les eaux de ruissellement. Ils étaient plus rares dans les sous-sols perméables que dans les autres où l'infiltration était réduite à son minimum.

Il ne faudrait cependant pas croire que la Vigne franche de pied, cultivée en coteaux, était absolument indemne de toute maladie cryptogamique. Elle était parfois, dans les années extrêmement humides, atteinte par l'anthracnose; la pourriture grise *(Botrytis cinerea)* pouvait attaquer les raisins, mais leur action était beaucoup moins nocive que dans les plaines. Ces maladies anciennes étaient peu fréquentes et rarement inquiétantes.

Dans les vignobles fournissant des vins liquoreux, comme le Sauternois par exemple, une forme de *Botrytis cinerea*, désignée sous le nom de pourriture noble, était un agent de qualité des vins. Pratiquement, cette forme du champignon se distinguait donc nettement du type qui est toujours un agent de détérioration des vins et la cause d'un grand nombre de maladies qui peuvent atteindre ceux-ci.

Au siècle dernier, un autre champignon, importé d'Amérique, mit le vignoble européen à deux doigts de sa perte. Heureusement l'on finit par trouver le moyen d'arrêter, sinon complètement sa propagation, du moins ses ravages, à l'aide du soufre. Mais on ne le détruisit pas et, depuis lors, il est resté à l'état de perpétuelle menace pour les vignobles européens, d'autant moins résistants qu'ils sont plus affaiblis par une plus longue multiplication végétative.

Ce champignon redoutable, c'est l'*Oïdium*, bien connu des vignerons.

4. Les fumures.

Les variétés cultivées de *Vitis Vinifera* étaient toutes très sensibles à l'action des engrais. Ceux-ci, convenablement choisis et en quantité minime, pouvaient augmenter à la fois la végétation et la production sans nuire à la qualité des produits. Mais, dans la grande majorité des cas, ils détérioraient plus ou moins la qualité du vin. En outre, ils affaiblissaient souvent les résistances de la Vigne et ce résultat était surtout sensible avec les engrais azotés. Le raisin lui-même devenait plus facilement attaquable par les maladies cryptogamiques, car sa peau s'amincissait sous l'action d'un excès d'azote comme sous celle d'un excès d'eau; la cuticule des organes végétatifs aériens se comportait de même. Les réceptivités de l'appareil aérien et de l'appareil reproducteur, ainsi que celles du vin, étaient donc à la fois fonction du régime de l'eau, de la quantité et de la qualité des engrais fournis à la Vigne. C'est là un fait de la plus grande importance, qui a, dans ces derniers temps, été complètement confirmé par la pathologie végétale.

Aussi, dans les vignobles de quelque mérite, s'abstenait-on de fumer la Vigne, sauf en cas de nécessité absolue, à titre exceptionnel, quand les ceps semblaient presque complètement épuisés. Encore fumait-on d'une façon discrète, en évitant avec soin tout ce qui pouvait rappeler la culture intensive ou culture vampire de Liebig; on choisissait les engrais, comme le terreau, les moins capables d'amener, même momentanément, un abâtardissement du vin et un affaiblissement des résistances de l'arbuste.

Quelques engrais spéciaux, comme le fumier de porc, n'étaient jamais employés parce qu'ils communiquaient invariablement aux vins un goût désagréable, *sui generis*. Cela montre bien l'extrême sensibilité du raisin, la facilité avec laquelle sa constitution varie suivant les matières absorbées dans le sol par la Vigne et l'action exercée par des proportions infinitésimales de certains produits sur le vin résultant de sa fermentation, toutes conditions égales d'ailleurs.

Le raisin n'a donc point la curieuse propriété que lui ont attribuée certains auteurs modernes, c'est-à-dire une autonomie spéciale dans la plante qui lui permettrait de fabriquer les mêmes produits quelles que soient les conditions dans lesquelles il se trouve. Au contraire, il est des plus sensibles aux variations des milieux extérieur et intérieur et il les enregistre dans sa constitution même, comme le ferait le plus délicat de nos appareils de physique. Cette sensibilité est particulièrement exaltée pendant la véraison et la maturation.

Il est heureux qu'il en soit ainsi au point de vue des régions vinicoles. Si le raisin était vraiment indépendant du milieu, les crus n'existeraient pas; les vins seraient partout uniformes s'ils provenaient des mêmes variétés de Vignes; il n'y aurait ni bonnes ni mauvaises années. La Vigne pourrait se cultiver partout avec un égal succès; il n'y aurait plus ni régions favorisées, ni joyaux vinicoles, ni monopoles en Viticulture. Le Midi égalerait la Gironde, la Bourgogne, le Beaujolais, la Champagne et l'Anjou; ce serait le triomphe complet de la médiocrité et de la quantité sur la qualité, autrement dit la ruine complète de la viticulture française.

5. La taille.

Les systèmes particuliers de taille, usités dans les régions viticoles, avaient aussi une répercussion marquée sur la qualité du vin, sur sa conservation, sur ses résistances aux maladies, ainsi que sur les résistances de la Vigne tout entière. Et cela se conçoit, car la taille a pour but de régulariser la distribution des matières nutritives absorbées, puis élaborées par la plante, de les concentrer en certains points plutôt que dans d'autres, suivant l'époque de la végétation et les conditions météorologiques.

Les pincements, l'écimage, le rognage ou la suppression totale des feuilles (effeuillage) ont été de tout temps considérés comme des facteurs exerçant une haute influence, utile ou nuisible, sur la constitution chimique des raisins.

La taille en sec, c'est-à-dire celle qui s'effectue pendant la vie ralentie du végétal, donnait des résultats très différents suivant la façon dont elle était faite.

Deux systèmes généraux étaient alors utilisés : ceux de la taille longue et ceux de la taille courte.

Si l'on recherchait la qualité, on proscrivait la taille longue et les pisse-vins qui donnaient une grande quantité de vin médiocre et épuisaient rapidement les Vignes. Seule, la taille courte fournissait des vins de qualité, mais en quantité beaucoup plus faible.

Dans toutes les régions tenant à conserver leur réputation, les vignerons utilisaient la taille courte. Toutefois les procédés de taille étaient variables suivant les pays, le mode de culture des variétés et la nature particulière de la végétation de celles-ci. C'était à la suite d'une longue pratique et d'essais répétés pendant des siècles qu'on avait adopté le système de taille courte que l'expérience avait montré donner les meilleurs résultats en un point avec l'encépagement employé. On savait qu'en s'écartant de ce système consacré par une longue expérience l'on était certain d'obtenir de moins bons résultats, dans les limites des variations météorologiques annuelles que l'on ne pouvait naturellement prévoir.

Aussi confiait-on exclusivement, dans les grands crus, la taille des Vignes à des ouvriers aussi habiles qu'expérimentés, capables de raisonner leurs opérations d'après l'âge de chaque cep, sa vigueur relative, ses productions antérieures, etc. Le propriétaire avisé surveillait lui-même avec soin ce travail, non seulement à cause de son importance immédiate pour la récolte de l'année courante, mais encore parce qu'il retentissait obligatoirement sur la tenue et la reproduction de la Vigne au cours des années suivantes.

Quantité et qualité étaient alors deux termes essentiellement antagonistes. On ne pouvait dès lors obtenir les deux à la fois et cela était admis par tout le monde comme un axiome fondamental, une règle sans exception.

La culture à la quantité ne se faisait que pour les vins communs, destinés à une consommation rapide et sur place; partout ailleurs, les vignobles étaient conduits à la taille courte quand on voulait obtenir la qualité. Dans le Midi, le pays de la quantité, la culture intensive n'existait pas, même quand on pratiquait la taille longue en vue d'augmenter la production.

6. Fabrication du vin et œnologie.

Les vendanges terminées, le raisin était amené à la cuve et on l'employait tel que, sans l'additionner d'aucun produit étranger, avant ou après la fermentation. Cependant, depuis à peine un siècle, l'on sucrait quelquefois, mais rarement, la vendange quand la maturation avait été défectueuse et quand les raisins restaient trop acides. Ce procédé, désigné sous le nom de *chaptalisation* (de Chaptal auquel il était dû), fut le premier embryon d'une funeste œnologie chimique qui devait plus tard devenir tristement célèbre à divers titres. On reconnut vite d'ailleurs qu'il était préférable de ne pas sucrer, car cela changeait la nature même du vin; les médecins eux-mêmes constatèrent que les vins artificiellement sucrés étaient moins hygiéniques que les vins naturels et ils en proscrivirent l'usage à leurs malades.

Une fois faits, les vins naturels étaient logés dans des fûts préalablement soufrés, ce qui suffisait à les préserver des fermentations anormales. Ils étaient ensuite l'objet de soins consistant principalement en soutirages, collages, etc., et qui ne pouvaient avoir qu'une heureuse influence sur leur tenue ultérieure, sans leur communiquer la moindre nocivité.

Plus tard, ils étaient mis en bouteilles et, à partir de ce moment, il n'y avait plus qu'à les laisser vieillir à la cave.

L'on avait constaté que les vins âpres au début et quelque peu désagréables même étant jeunes étaient ceux qui devenaient les meilleurs avec l'âge. Ils se dépouillaient lentement et acquéraient progressivement leurs qualités particulières; ils n'étaient bons à boire qu'après un séjour assez long en bouteilles. La bonification prématurée était considérée comme un grave défaut; un vin trop vite bon à boire était incapable de fournir ce qu'on appelait une grande bouteille, c'est-à-dire le type parfait d'un grand cru donné.

Malgré le matériel rudimentaire dont on se servait depuis des siècles et le peu de soins apportés par les vignerons à la fabrication de leurs vins, ceux-ci se comportaient presque toujours bien et ils acquéraient presque sûrement leurs qualités marchandes. Rarement on rencontrait des vins tournés, amers ou même piqués. C'est que les vins d'alors, comme le demandait le législateur, provenaient exclusivement de raisins frais; c'est que ces raisins, produits par des vignes autonomes, saines et bien conduites, étaient tout naturellement bien équilibrés et parfaitement sains eux-mêmes; ils permettaient dès lors à leurs levures naturelles d'effectuer normalement et sans heurts leur travail accoutumé de fermentation, sans craindre d'être contrariées ou vaincues par leurs concurrents dangereux.

Comme conséquence pratique, le commerçant pouvait sans crainte acheter de tels liquides, car il était sûr à l'avance que, soit à l'état pur, soit à l'état de coupages judicieux et intelligemment dosés, ils vieilliraient sans accrocs dans ses caves, en lui donnant de larges bénéfices au moment de leur vente, moment qu'il pouvait, à cause de leur longue conservation, choisir à son gré au mieux de ses intérêts.

Les années d'abondance étaient considérées comme une excellente aubaine par tout le monde : par le producteur, qui vendait cher ses vins presque à la sortie de la cuve; par le commerçant, qui emmagasinait précieusement ceux-ci pour les revendre plus tard, bonifiés lentement par l'âge, quand venaient les années de disette; par le consommateur, enfin, qui s'approvisionnait à bon compte et pouvait ainsi se faire une cave suivant son goût et ses moyens.

La Vigne payait royalement les quelques frais de culture qu'elle nécessitait; la profession de vigneron était lucrative et recherchée; les propriétaires de grands crus envisageaient l'avenir avec confiance, car ils pensaient que le monopole à eux octroyé par la nature ne devait jamais leur échapper.

Les médecins, loin de songer à proscrire le vin comme nocif à la santé publique, en faisaient prendre à leurs malades qui ne tardaient pas à ressentir les bienfaisants effets de ce liquide vraiment tonique et fortifiant. L'homme sain y puisait la vigueur et l'énergie, sans crainte de se délabrer l'estomac, le foie ou les reins, à moins d'en faire un abus vraiment exagéré. Chacun était fier de sa cave où dormaient depuis de longues années, au repos et dans une obscurité propice, des bouteilles qui se recouvraient d'une poussière vénérable et que l'on débouchait dans les grandes occasions, en les buvant suivant les rites, car il y avait un art de boire le vin [1].

Chaque propriétaire de grand cru était aussi jaloux de sa marque que du nom et de l'honneur de ses aïeux. Il eût rougi de la laisser ternir et il la transmettait à ses enfants comme l'héritage le plus sacré des ancêtres, bien précieux dont ils ne devaient se dessaisir à aucun prix et sur lequel ils devaient veiller avec une probité scrupuleuse. Les crus bourgeois eux-mêmes, bien que moins favorisés, étaient également traités avec le plus grand soin par ceux qui les possédaient, de façon à en conserver la renommée locale.

(1) Personne n'aurait alors songé à industrialiser le vin, à en faire un type uniforme. « Prétendre qu'il ne faut pas changer de vin est une hérésie », a dit Brillat-Savarin dans sa *Physiologie du goût*, 1854. Tout gourmet est de son avis; il considère le vin comme « la plus aimable des boissons », et se réjouit de l'infinie variété des crus qui lui procure de multiples sensations au lieu de la banale uniformité qui résulterait d'un type unique, fût-il même parfait, ce qui serait loin d'être le cas avec l'infernale chimie de l'alimentation.

7. Conclusions relatives a la viticulture ancienne.

Les faits qui viennent d'être exposés ont été corroborés par une pratique au moins millénaire. Ils montrent qu'un cépage autonome, adapté depuis des siècles à une région viticole donnée, possède un chimisme propre qui, dans les conditions de milieu où la Vigne est placée, lui fait donner des produits nettement déterminés par des caractères particuliers.

Mais ce cépage ne conserve ce chimisme : 1° qu'à la condition expresse, fondamentale, d'être entouré de soins multiples pendant sa végétation et 2° que si son milieu extérieur ne varie pas dans des limites trop étendues. Autrement dit, ce chimisme, considéré même dans ses limites utilitaires, exige, pour se conserver, que soient maintenues les conditions de sol, de climat, d'exposition nécessaires à l'exercice régulier de l'alimentation, celles qui ont présidé à la formation même du cépage. Sans quoi, sa végétation et ses produits en subissent aussitôt le contre-coup.

Le premier soin du viticulteur doit donc être la conservation de l'harmonie existant entre les fonctions d'absorption et de consommation de la plante, c'est-à-dire l'équilibre de végétation. L'écueil, ce sont les déséquilibres de nutrition, brusques ou progressifs, trop élevés, qui dépassent les limites utilitaires de résistance. Dans ce cas, ils ont pour résultat infaillible la perte de la santé pour la plante entière, la détérioration des raisins et du vin, l'affaiblissement des résistances et, finalement, une dégénérescence plus ou moins rapide de la Vigne.

Mais les méthodes anciennes de culture permettaient d'éviter les déboires qui, quand ils se produisaient, étaient localisés et accidentels. Aussi la situation était-elle particulièrement brillante à la fin du Second Empire quand survint la « *crise phylloxérique* » qui devait bouleverser les anciens procédés de culture et provoquer tant de ruines.

II. — LA VITICULTURE NOUVELLE

Nutrition, culture, production et chimisme des Vignes greffées.

La crise phylloxérique éclata, dit-on, comme un coup de foudre. En réalité, le Phylloxéra était là depuis longtemps et, s'il sembla si brusquement apparaître, c'est qu'on n'avait pas soupçonné jusqu'alors sa présence sur les vignes en France. On conçoit l'espèce d'affolement qu'engendra le fléau à son apparition par le fait que la cause en paraissait mystérieuse, l'angoisse qu'amena la découverte, par Félix Sahut, du puceron responsable et même le nom fort exagéré de *Phylloxera vastatrix* donné par Planchon à cet insecte qui devait être la cause de tant de déboires pour l'immense majorité des viticulteurs et la source de gros profits pour d'autres, plus habiles ou moins scrupuleux.

Il est inutile de revenir sur la faute fondamentale du début quand, passant outre aux conseils désintéressés de l'Institut et de la Commission supérieure du Phylloxéra, l'on autorisa l'introduction en France des Vignes américaines qui avaient désormais toute liberté de contaminer tout le vignoble et d'y introduire les nombreuses maladies dont elles étaient atteintes. Le présent travail étant avant tout d'ordre scientifique, je laisserai à l'historien impartial le soin d'exposer en détail ce qui se passa à cette époque troublée qu'on peut comparer à celle de Law pour la fièvre et l'agio et pendant laquelle les intérêts particuliers prirent trop souvent le pas sur l'intérêt général ([1]).

Du fait même que l'on greffa la Vigne française, celle-ci perdit la vie autonome qui a été précédemment décrite pour végéter désormais à l'état de symbiose avec la Vigne américaine; la vie indépendante était remplacée désormais pour elle par la vie à deux, avec toutes ses conséquences. A la *Viticulture ancienne* succédait ainsi ce qu'on a appelé la *Viticulture nouvelle* et dont nous allons indiquer les diverses conséquences, pour la plupart insoupçonnées au début, mais trop connues aujourd'hui.

1. Principes sur lesquels fut basée la reconstitution.

Si l'on examine la manière dont s'est faite la reconstitution du vignoble français, on est immédiatement frappé par la hâte fébrile et l'insouciance avec lesquelles, sans études préalables, les viticulteurs du Midi changèrent leurs méthodes de culture, comme si le greffage de leurs Vignes était la solution définitive, offrant de gros avantages sans le moindre aléa. Les écrits de cette époque sont très affirmatifs sur ce point et cet emballement a été même glorifié par des écrivains récents ([2]).

C'est que l'on avait érigé en dogmes absolus divers principes dont la démonstration scientifique n'avait jamais été faite et qui correspondaient seulement aux désirs des greffeurs. L'un de ces dogmes est fondamental, car de lui dérivent tous les autres : c'est celui de l'*immutabilité absolue des caractères des plantes greffées*. Celles-ci gardent leur autonomie et leur chimisme propre comme si elles vivaient séparées; vigne greffon et vigne sujet « conservent tous leurs caractères, toutes leurs propriétés et, par suite, il n'y a pas lieu de redouter une modification quelconque de leurs produits » ([3]).

De cette conception initiale découlent, en effet, d'autres dogmes tout aussi absolus :

1° L'invariabilité de la résistance phylloxérique du sujet américain, caractère acquis par sélection et devenu complètement fixe désormais (Viala). Cette propriété a même été considérée comme la seule raison d'être de la reconstitution sur pieds américains (Ravaz);

2° La conservation intégrale des résistances de l'appareil végétatif et de l'appareil reproducteur qui, par conséquent, ne pouvaient en aucune façon devenir plus sensibles aux parasites cryptogamiques ou aux variations du milieu extérieur;

3° L'immutabilité de la composition du raisin et de ses résistances qui entraînait, comme corollaire obligé, l'immutabilité de la qualité du vin et de ses résistances aux maladies.

Ces dogmes, cependant, pouvaient difficilement se concilier avec ce que l'on sait sur les symbioses en général et sur les greffes en particulier. Dans toute

([1]) Parmi les nombreux exemples du peu de scrupules de certains individus, on peut citer la propagation volontaire du Phylloxéra dans des régions non encore contaminées. C'est ainsi que M. Catta, chef du Syndicat départemental de défense contre le Phylloxéra à Alger, a, dans un Rapport fortement motivé et publié en 1908, demandé une instruction judiciaire contre inconnu, de façon à rechercher les responsabilités dans l'introduction criminelle de l'insecte, seule hypothèse permettant, selon lui, de comprendre l'apparition de taches phylloxériques au centre même des vignobles du département d'Alger.

([2]) Prosper Gervais. Toast porté au banquet Viala, en 1903. Cet emballement en présence des bénéfices réalisés au début par les greffeurs est comparable à la passion du gain *(auri sacra fames)* décrite par le poète :

« Nuit et jour il voyait une mine féconde
Étaler devant lui les trésors du Pérou,
Et les souverains d'or, avec leur face ronde,
Semblaient lui rire au nez : *il en devenait fou.* »

([3]) Ravaz. *Les Effets de la Greffe* (Congrès de Rome, 1903).

symbiose, les êtres sont en étroite dépendance entre eux ; ils se rendent des services réciproques, mais ils se gênent mutuellement, car aucun être n'échappe à la loi de la concurrence vitale.

Si, dans les greffes, il s'établit des accords entre le sujet et le greffon, créant une symbiose mutualistique, il existe aussi des désaccords qui rendent cette même symbiose antagonistique à des degrés divers. L'antagonisme des associés se manifeste par la tendance à la séparation des conjoints, séparation qui constitue ce qu'on a désigné sous le nom d'affranchissement.

L'action de l'un est ainsi empêchante par rapport à l'autre, et cela à des degrés divers suivant les êtres et les symbioses réalisées. Si ce degré est faible, il n'en résulte qu'un malaise pour les deux et la vie en commun se maintient pendant un temps d'autant plus long que l'antagonisme est plus réduit ; si ce degré est fort, la mort en est la conséquence, soit de suite, soit au bout d'un temps très court, tantôt pour l'une des plantes (le plus souvent le greffon), tantôt pour les deux à la fois.

Toutes les greffes entre plantes d'espèces différentes réalisant des symbioses à la fois mutualistiques et antagonistiques, aucune des plantes ainsi associées ne peut se trouver dans les conditions de la vie normale autonome. L'association se maintient, c'est un fait. Mais il y a lutte entre le sujet et le greffon, dans laquelle, comme dans le parasitisme naturel, le premier se défend contre le second et vice versa. Ce sont là des aspects obligatoires de l'adaptation aux conditions naturelles de la lutte pour l'existence et cela permet de comprendre non seulement toute une série d'accidents physiologiques de la nutrition des plantes greffées, mais encore les variations de réceptivité subies par elles quant aux maladies cryptogamiques. Ces accidents et ces variations sont incompatibles avec les dogmes posés par les américanistes, car si les plantes greffées sont immuables, en aucune façon elles ne peuvent changer. Mais c'était à l'expérience d'en décider, non au raisonnement et non surtout à la simple affirmation.

Les premiers résultats de la greffe sur Vignes américaines montrèrent bien vite que des modifications se produisaient au moins dans les Vignes françaises greffons quant à l'abondance de la fructification et à la nature des raisins. On prétendit que ces changements étaient de même ordre que ceux qui se produisent chez les arbres fruitiers et qu'ils constituaient une amélioration. Les dogmes furent présentés sous une forme différente et l'on admit dès lors que *le greffage maintient tous les caractères des associés ou les améliore*. Il y a encore des américanistes qui soutiennent ce nouveau dogme sans s'apercevoir des contradictions qu'il renferme (¹). En effet, s'il y a maintien, il ne peut y avoir d'amélioration ; s'il y a amélioration, il ne saurait y avoir maintien, mais variabilité. On ne peut logiquement sortir de ce dilemme.

De même, en comparant le greffage de la Vigne française à celui des arbres fruitiers de nos jardins, on a confondu des symbioses très différentes. Quand l'on greffe, par exemple, le Poirier sur Cognassier, on place une plante vigoureuse sur une plante faible ; c'est l'inverse pour la Vigne française greffée sur les Vignes américaines pures ou hybrides dont on s'est servi, car l'on a bien des fois souligné la *nécessité* de choisir seulement pour sujet des Vignes très vigoureuses, les seules utilisables dans la reconstitution (²).

(¹) VIALA et RAVAZ. *Les Vignes américaines*, Paris, 1896, etc.

(²) VIALA et RAVAZ, *loc. cit.* — VIALA. *Mission viticole pour la reconstitution des vignobles du département de Maine-et-Loire*, Angers, 1890, etc.

On sait depuis longtemps que la Pomologie et la Viticulture ne peuvent se comparer. « *Principio arboribus varia est natura creandis*, » a dit judicieusement Virgile.

Géorgiques, Livre II, 9.

Le greffage de la Vigne, tel qu'il a été pratiqué, fût-il en tous points comparable à celui des arbres fruitiers que l'on ne pourrait légitimement en tirer une conclusion favorable en viticulture. L'amélioration dans le sens du fruit de table, c'est-à-dire l'augmentation du jus et du sucre, la diminution du tanin, etc., constitue, en effet, une véritable *détérioration* pour le fruit de pressoir et les boissons fermentées qu'il est appelé à fournir. C'est un fait fondamental en pomologie agricole, connu de tout praticien.

Pourtant tous ces dogmes furent acceptés d'emblée par les américanistes qui ne se donnèrent pas la peine de les contrôler, en présence de la situation brillante qui fut, au début, la conséquence du greffage et qui amena les dirigeants de la reconstitution à présenter leur œuvre comme la plus grandiose opération agricole des temps actuels et comme une éclatante manifestation du génie de la race méridionale. Il faut dire que ces viticulteurs, n'ayant d'autre but que de gagner de l'argent, comme l'a écrit Prosper Gervais, pouvaient croire alors que la fortune entrevue continuerait indéfiniment à leur sourire.

Or, l'expérience devait leur montrer durement, un jour, que l'agriculteur qui emploie des méthodes fondées sur des erreurs scientifiques et culturales finit par en être la victime. Il peut, au début, réaliser des bénéfices, mais la ruine est au bout. Comme dit le proverbe, il mange son blé en herbe. La reconstitution donna lieu par la suite à des déboires et à la plus formidable crise viticole qu'ait enregistrée l'histoire agricole, crise que n'avaient pas prévue ceux qui avaient prétendu, contre les avis autorisés de l'Institut et de la Commission supérieure du Phylloxéra, résoudre définitivement la crise phylloxérique par le greffage.

Les conséquences du greffage de la Vigne française sur les Vignes américaines pures ou hybrides ont été extrêmement nombreuses. On peut les grouper en deux catégories.

1° Les changements culturaux qui accompagnèrent cette opération et en furent pour ainsi dire le corollaire obligé ;

2° Les changements qui furent provoqués de suite ou à la longue chez les deux Vignes par la vie en commun succédant pour elles à la vie autonome.

2. Changements culturaux consécutifs a la reconstitution.

Les changements culturaux, conséquences indirectes du greffage de la Vigne française, ont porté sur la plupart des principes considérés comme fondamentaux dans l'ancienne Viticulture, c'est-à-dire sur l'encépagement et le choix des variétés, sur le sol et l'exposition, sur les fumures et les procédés de taille, sur la fabrication des vins et l'œnologie.

Le *Vitis Vinifera* et les divers types de Vignes américaines pures et hybrides présentent entre eux des différences physiologiques considérables dont une des plus importantes consiste dans la disposition du racinage et la nature des aliments absorbés dans le sol. Ces différences sont particulièrement marquées chez le *Vitis Riparia* qui, normalement, vit dans les régions assez chaudes et dans les terres d'alluvion riches et fertiles.

Un fois greffé, le *Riparia* exigea, pour permettre aux greffes de prospérer, des terrains fertiles et fortement fumés; il ne réussit pas sur les coteaux arides; mais dans les sols à sa convenance, il donna des récoltes si considérables que les viticulteurs en furent émerveillés. Les résultats ont été maintes fois rapportés par les américanistes eux-mêmes. « La viticulture méridionale, délibérément, a écrit M. Prosper Gervais (¹), s'orienta tout entière vers la *quantité*. Ce fut le triomphe de l'Aramon. Sur bien des coteaux, et pour la même raison, l'Aramon

(¹) *Bulletin de la Société des Viticulteurs de France*, décembre 1906, p. 456.

fut substitué aux plants fins employés auparavant. L'extension du vignoble aux terres submersibles du littoral accrut le domaine de ce cépage qui ne tarda pas à couvrir des surfaces réservées aux pâturages et à d'autres cultures. »

Ainsi, comme première conséquence, la Vigne *émigra du coteau dans la plaine*, autrement dit « la prédominance des Vignes de plaine s'affirma » (1). C'était, pour la Vigne française, le changement de sol et d'exposition, qui devait favoriser fatalement la quantité au détriment de la qualité.

Comme seconde conséquence, c'était une *modification d'encépagement* avec ses effets néfastes pour la qualité des vins, ainsi que l'ont reconnu les greffeurs eux-mêmes : « Le nouvel encépagement adopté dans le Midi, a dit M. Roy-Chevrier (2), a accordé une place beaucoup trop large à des plants d'abondance et à jus incolore, tels que l'Aramon. » Il faut dire que cela ne se fit pas seulement dans le Midi, mais aussi dans certaines régions des grands crus. Ainsi sont *disparues* de bonne heure des variétés de Vignes qui donnaient de la qualité, mais qui furent sacrifiées à cause de leurs faibles récoltes.

Les cépages d'abondance, mieux nourris qu'avec leurs propres racines, fournirent un feuillage exubérant et des sarments vigoureux. On dut dès lors abandonner la taille courte et la remplacer par la *taille longue* qui augmenta d'autant plus la quantité qu'on employa en même temps les pisse-vins et toutes les pratiques susceptibles d'exagérer la production, déjà exaltée par le greffage lui-même (3).

La substitution du racinage traçant du *Riparia* à celui de la Vigne française et ses besoins plus grands en éléments nutritifs eurent pour résultat l'épuisement rapide du sol. Sous peine de voir péricliter les Vignes greffées, il fallut les fumer fortement. *L'augmentation des fumures* fut une quatrième conséquence de la reconstitution. On ne se contenta pas de fumer raisonnablement ; on employa la *culture intensive*, celle que Liebig a justement appelée la culture vampire et dont les effets nuisibles sont bien connus (4). « C'est de toutes les Écoles d'Agriculture et de l'Institut agronomique que vinrent les conseils, les enseignements et les incitations les plus pressantes vers la cultures intensive », a dit le docteur Vialettes (5). Aussi celle-ci fut-elle bientôt l'une des bases fondamentales de la Viticulture nouvelle.

« Il est certain, a écrit M. Prosper Gervais (6), que l'on traite à présent la Vigne d'une tout autre manière qu'autrefois... Pour tout dire, on s'est mis à appliquer cette culture intensive qui a si heureusement transformé d'autres branches de l'agriculture. Les fumures ont pris la première place dans les préoccupations des vignerons et nous les voyons jouer un rôle en quelque sorte prépondérant dans la culture des Vignes greffées. J'ai dit des fumures qu'elles constituent le *nœud* de la Viticulture nouvelle et je tiens pour certain que, dans des cas, elles exercent une action décisive sur la tenue des Vignes greffées (7) ».

Les récoltes, obtenues par ces procédés en opposition complète avec les anciennes règles de la culture de la Vigne, furent augmentées encore par l'effet naturel du greffage lui-même. Elles s'exagérèrent tellement que, dans le Midi en particulier, on obtint jusqu'à 350 hectolitres de vin à l'hectare (Müntz). A propos des

(1) Sémichon, *L'évolution des méthodes de vinification* (C. R. du Congrès d'Angers, 1907).
(2) Roy-Chevrier, *Les producteurs directs et la qualité des vins* (C. R. du Congrès d'Angers, 1907, p. 196).
(3) Muntz, *Les Vignobles à hauts rendements du Midi de la France* (*Revue de Viticulture*, 1902).
(4) Coste-Floret, *Revue de Viticulture*, 2 novembre 1901.
(5) *Revue de Viticulture*, 5 avril 1902.
(6) Prosper Gervais, *La Crise phylloxérique* (Congrès de Rome, 1903, p. 14 et suiv.).
(7) Grande est la responsabilité des fumures azotées dans le développement des maladies cryptogamiques, plaie actuelle des vignobles reconstitués.

vignobles établis sur les bords du Vidourle [1], M. Chauzit a écrit qu'ils donnaient non seulement du vin, mais des « fontaines de vin ».

En présence de cette abondance, très rémunératrice, car les vins se vendaient alors fort cher, chacun se fit vigneron; les terres à blé et les prairies se transformèrent à l'envi en vignobles. A la polyculture d'autrefois succéda la *monoculture* dans le Midi. Cette conséquence culturale allait à l'encontre des principes élémentaires de l'économie rurale, qui défend avec raison de mettre tous ses œufs dans le même panier.

Pour pouvoir faire rapidement les plantations nouvelles, il fallait à la fois posséder des greffons et des sujets en quantités considérables. Ce fut une riche aubaine pour les pépiniéristes et pour certains viticulteurs qui s'improvisèrent marchands de bois et réalisèrent de gros bénéfices. Au lieu de mettre tous leurs soins à la sélection des sarments, beaucoup d'entre eux firent, comme on dit, flèche de tout bois. Sous des étiquettes trompeuses [2], certains vendirent des Vignes quelconques; en fait de Vignes françaises, ils greffèrent tout ce qu'ils avaient sous la main, bons et mauvais sarments. Le tout était de vendre d'abord.

L'*absence de sélection des greffons* fut donc, au moins pendant les débuts de la reconstitution, une conséquence fâcheuse de cette opération.

On arriva à enseigner des erreurs évidentes qui ont eu une grande part de responsabilité dans la crise viticole. Ainsi, M. Ravaz [3] — et d'autres professeurs de Viticulture ont répété et soutenu ses singulières affirmations — a écrit que « le greffage permettait de se passer de l'influence du sol »; que « le grain de raisin reçoit des racines et des feuilles les éléments nutritifs qui lui sont nécessaires; mais que ce grain de raisin possède une autonomie spéciale incontestable qui lui permet de recevoir ces éléments nutritifs et de les modifier à sa façon suivant une loi qui est propre à chaque variété, formant ainsi, quelles que soient les conditions extérieures, un produit toujours identique à lui-même »; que, avec des fumures appropriées, l'on peut faire durer les vignes greffées autant qu'on voudra; que « le greffage fait du vigneron le maître absolu du développement de la vigne », etc.

De ces affirmations, en opposition aussi formelle avec la simple logique qu'avec les faits les mieux démontrés, résultait cette conclusion qu'on pouvait, en choisissant le bon cépage français et le sujet américain convenable, cultiver partout nos Vignes les mieux sélectionnées et les plus parfaites et obtenir en des régions et en des sols quelconques les vins des crus les plus réputés, ceux qui étaient restés jusqu'alors rigoureusement localisés en des régions déterminées. C'était encourager l'établissement de vignobles dans les pays où la culture de la Vigne était encore inconnue; c'était engager les étrangers à concurrencer nos produits, ce qui d'ailleurs a été fait sur une grande échelle et a contribué à amener la crise viticole.

L'*extension mondiale de la Viticulture* dans les régions impropres à cette culture fut donc pour notre pays une conséquence regrettable de la reconstitution [4].

(1) Chauzit. *Le Vignoble des bords du Vidourle* (*Revue de Viticulture*, 8 septembre 1904).

(2) Cette absence de scrupules a persisté longtemps. En 1905, M. Guille, dans un opuscule publié à Bar-sur-Seine sur les Vignes américaines, donnait aux viticulteurs des conseils en vue de se défendre contre la fraude qui, à propos de bois américains, se faisait surtout dans les départements où débutait la reconstitution.

(3) Ravaz et Bouffard. *Les Producteurs directs à l'École de Montpellier* (C. R. du Congrès de l'hybridation, Lyon, 15-17 novembre 1901).

(4) Un jour viendra où l'on s'étonnera qu'à notre époque on ait pu soutenir des erreurs aussi manifestement contraires à l'expérience des générations précédentes. Depuis des milliers d'années, l'on sait pourtant que l'Agriculture en général repose sur le choix raisonné des cultures qui conviennent le mieux à un sol donné, ainsi que l'a fait remarquer Virgile :

> « *Hic segetes, illic veniunt felicius uvæ;*
> *Arborei fetus alibi, at que injussa virescunt*
> *Gramina.* » Géorgiques, Livre I, 54.

En laissant aux viticulteurs la faculté d'introduire librement les Vignes américaines dans certains départements, c'était permettre au Phylloxéra de contaminer rapidement les départements voisins, puis le vignoble tout entier. C'était aussi s'exposer à introduire en France diverses maladies cryptogamiques qui ravageaient les Vignes américaines. Les avertissements de Maxime Cornu au sujet du mildew ne furent pas plus écoutés que ne l'avaient été ceux de l'Institut. Aujourd'hui, plusieurs maladies cryptogamiques qui sévissent sur les Vignes du Nouveau-Monde ont pénétré chez nous et sont devenues extrêmement inquiétantes, infiniment plus que le Phylloxéra.

L'*introduction de diverses maladies cryptogamiques américaines de la Vigne* fut une autre conséquence mauvaise de la reconstitution.

3. Conséquences directes du greffage.

Les conséquences directes du greffage de la Vigne ont été très nombreuses et très importantes. Elles sont dues, comme des expériences et des études précises l'ont aujourd'hui démontré, à l'action simultanée, concordante ou discordante, de deux facteurs très importants qui ont été cependant considérés comme négligeables par M. Ravaz et autres américanistes, et qui sont :

1° Les relations existant entre les capacités fonctionnelles du sujet et du greffon, relations désignées en Viticulture sous le nom vague d'affinité;

2° La nature du bourrelet cicatriciel formé en commun par les deux plantes aux points où elles s'unissent.

Les variations causées par ces deux facteurs sont faciles à mettre en évidence. Pour cela l'on peut se servir de cinq méthodes différentes qui se complètent et se contrôlent mutuellement. Ce sont :

1° La *méthode organoleptique*, qui permet, par l'usage direct de nos sens, de constater des changements de saveur, de couleur, d'odeur, de dureté, de forme, etc., dans certains organes du sujet et du greffon, comme cela a été maintes fois constaté dans la pratique courante;

2° L'*examen microscopique*, qui révèle des modifications, souvent insensibles à l'œil nu, correspondant aux changements biologiques causés par la symbiose et qui ont, le plus souvent, beaucoup d'analogie avec ceux que produisent les variations des milieux, en particulier la sécheresse et l'humidité;

3° L'*analyse chimique* des divers organes des Vignes greffées, qui montre les déséquilibres de constitution des produits de l'activité cellulaire à la suite de la symbiose et qui varient avec les conditions particulières de vie de chaque greffe;

4° L'*action des organismes inférieurs*, qui, par des différences de développement dans des milieux comparables provenant des francs de pied et des mêmes Vignes greffées, permet de saisir certains changements qui nous échapperaient par l'emploi des autres méthodes en général moins sensibles;

5° L'*étude directe des principales fonctions* de chaque plante, qui indique chez les greffés, par rapport aux francs de pied, des changements plus ou moins marqués dans la respiration, la transpiration, l'absorption, l'assimilation chlorophyllienne, etc., et qui permet ainsi, avec les variations correspondantes des produits cellulaires, de comprendre les changements de résistance aux agents extérieurs, etc.

Ces cinq méthodes, pour être démonstratives, doivent être essentiellement comparatives; autrement dit, on doit posséder, à côté des Vignes greffées et venues dans les mêmes conditions en dehors de la greffe, des Vignes franches de pied destinées à servir de termes de comparaison. Or, cette méthode comparative n'a pas été employée par les américanistes ou très rarement jusqu'en 1901, c'est-à-dire jusqu'au moment où j'en indiquais la nécessité absolue si l'on désirait vraiment solutionner les problèmes soulevés par la reconstitution. Il semble d'ailleurs qu'on n'ait pas tenu à être exactement renseigné sur ce point par peur des conséquences économiques du moment.

Or, l'expérience comparative, réalisée en prenant toutes les précautions voulues pour la rendre aussi rigoureuse que possible, a permis depuis de relever chez les Vignes greffées de nombreuses variations qui peuvent se classer en quinze catégories, si l'on considère surtout les Vignes reconstituées sur *Vitis Riparia*, sujet qui a été le plus employé pour le greffage dans le Midi (¹) :

1° L'augmentation considérable de la vigueur de l'appareil végétatif (sarments et feuilles) avec les changements anatomiques correspondants, comme cela se passe chez toute Vigne mieux irriguée ou mieux nourrie;

2° La production plus rapide des Vignes françaises qui ont donné des raisins dès la deuxième année de greffe quand les boutures d'autrefois fructifiaient seulement au bout de quatre ou cinq ans d'âge;

3° La surfructification, c'est-à-dire l'apparition de grappes plus nombreuses, plus volumineuses, avec *acini* plus développés et plus ramifiés;

4° La formation de grains plus serrés, à peau plus mince, plus gros, plus juteux, plus sucrés, moins acides et moins âpres que chez le franc de pied;

5° La réduction du nombre des graines, coïncidant avec une augmentation de leur volume, ou plus rarement avec une diminution de celui-ci;

6° Une avance, ou plus rarement un retard, dans le débourrement, dans la maturité des raisins et une véraison irrégulière brusquée prenant la place de la maturation lente et progressive des Vignes franches de pied;

7° L'apparition irrégulière de la chlorose dans les sols calcaires et toute la série de phénomènes qu'on a désignés sous le nom général d'adaptation au sol et au climat;

8° Une sensibilité plus grande aux accidents météorologiques, la fréquence plus grande du folletage, des thylles, du court-noué, de la brunissure, du rougeot, de la chute prématurée des feuilles, de l'éclatement des raisins et de leur ercissement, de la coulure et du millerandage, de la mort par les gelées ou par les chaleurs excessives, etc.;

9° L'aggravation très marquée des maladies cryptomagiques, anciennes ou nouvelles, et l'accentuation progressive de leur virulence coïncidant avec l'augmentation de la réceptivité des Vignes greffées, plus riches en eau et en azote, et avec l'ombre plus grande portée par l'exubérance du feuillage sur les parties les plus internes dont la transpiration est ainsi entravée, surtout dans les périodes humides;

10° L'attaque plus vive des parasites animaux (Phylloxéra, Cochylis, etc.), qui deviennent d'autant plus redoutables que les souffrances de l'association sont plus élevées par défaut d'adaptation entre le sujet et le greffon ou par l'action du milieu extérieur. Ainsi il est aujourd'hui indéniable que la résistance phylloxérique de Vignes américaines considérées autrefois comme presque indemnes a considérablement baissé à la suite de certains greffages (*Riparia*, *Rupestris*, *York-Madeira*, etc.);

11° L'abréviation considérable de la vie chez les Vignes greffées, abréviation d'autant plus grande que les différences physiologiques entre le sujet et le greffon sont plus accusées;

12° L'hétérogénéité très prononcée des ceps de Vignes greffées qui a succédé à l'homogénéité plus grande et bien connue des vignobles anciens;

13° Les variations, partout constatées, dans la composition chimique des raisins, des moûts et des vins; le vieillissement prématuré de ceux-ci; le travail

(¹) Il ne faut pas oublier que dans les Vignes greffées, suivant le sujet choisi, il se produit des variations en *plus* ou en *moins*. En choisissant ses sujets, on peut obtenir des modifications inverses de celles que produit le *Riparia*, par exemple. Ces différences dans les résultats sont une des meilleures preuves de la mutabilité des Vignes greffées. Rien de tout cela n'existerait si les dogmes de la reconstitution étaient fondés.

différent des levures indigènes avec le changement du bouquet ; le défaut général de conservation des vins ; le changement de qualité des eaux-de-vie ; la sensibilité plus grande des raisins et de leurs dérivés (moûts et vins) aux maladies cryptogamiques, etc. ;

14° Les changements d'ordre plus spécifique, c'est-à-dire ceux qui portent sur les caractères *imprimés, transmis* ou *communiqués* à l'une des Vignes par son conjoint. Ces variations ont pour critérium d'être le plus souvent exceptionnelles et de présenter une intensité relative très différente suivant les greffes considérées. Elles sont même spéciales parfois à une association déterminée. Ainsi le *Riparia* peut transmettre sa précocité à ses greffons ; le *Rupestris*, son retard de végétation, son défaut d'aoûtement et de fructification ; le *Berlandieri*, ses qualités de fructification, etc., etc. C'est à cette catégorie de modifications qu'on doit attribuer les effets particuliers de greffages d'une même Vigne sur sujets différents (Vignes américaines pures ou hybrides) et l'atténuation du goût de fox ou sa transmission accidentelle aux raisins, aux vins ou aux eaux-de-vie, dans les quelques cas où ces phénomènes ont été constatés ;

15° La disparition de certaines variétés de Vignes françaises délicates qui n'ont pu résister indéfiniment à des conditions de vie défavorables et la dislocation de divers hybrides qui avaient donné de belles espérances et qui ont été abandonnés quand ils ont été complètement détériorés par leur greffage inconsidéré sur sujets détériorants, qui ont transformé défavorablement leur mosaïque primitive, dédoublé les caractères parentaux ou réalisé des combinaisons nouvelles.

Tous ces changements sont *indéniables* et la plupart ont été avoués par les greffeurs eux-mêmes (Viala et Ravaz, Prosper Gervais, Jallabert, etc.). Ils sont la preuve évidente que les Vignes greffées ont perdu leur chimisme propre et leur autonomie. Le dogme de l'immutabilité du vignoble reconstitué est donc formellement contredit par les faits. Écrire, comme on l'a fait, que le vignoble reconstitué est le miroir de la stabilité, c'est raisonner à la façon du vieux militaire qui disait que « l'immobilité est le plus beau mouvement du soldat ».

Or, des quinze principaux résultats du greffage de la Vigne qui viennent d'être indiqués découlent diverses conséquences pratiques qui en ont été le corollaire obligé ; ce sont :

1° La nécessité de changer de sol, de faire émigrer la Vigne du coteau dans la plaine, de fumer énergiquement, de tailler long, c'est-à-dire de remplacer les procédés de taille à la qualité par ceux donnant la quantité, en un mot d'abandonner les pratiques culturales anciennes. Ces changements n'étaient donc pas *facultatifs*, comme on l'a dit, mais *nécessaires ;*

2° L'obligation de remplacer les manquants nombreux chaque année dans les vignobles, ce qui a amené ceux-ci à être composés de ceps de tout âge, au détriment de la qualité du vin et aussi la nécessité de reconstituer en totalité, au bout de vingt à vingt-cinq ans, chaque vignoble quand, autrefois, ces reconstitutions étaient beaucoup plus éloignées ;

3° Les difficultés de culture qui ont été considérablement augmentées ainsi que la main-d'œuvre ;

4° L'abaissement, général ou presque, de la qualité des vins, aboutissant au nivellement de ceux-ci au profit du Midi viticole et au développement abusif de l'œnologie (correctifs de la vendange, des moûts et des vins, etc.), ce qui devait tout naturellement amener une recrudescence de la fraude (1) ;

5° La nécessité de traitements antiparasitaires nombreux et coûteux qui ont

(1) « Le marchand de vins frelatés » ne date pas d'hier ; il existait déjà du temps d'Horace (Livre I, Satire 1) ; mais il n'avait à aucune époque pris l'importance qu'il a eue à la suite de la reconstitution en certaines régions.

nui à la végétation de la Vigne, à l'élaboration régulière de ses produits, aux levures et à la fermentation ainsi qu'à la conservation et à la qualité des vins, etc., rendant parfois ceux-ci nocifs à des degrés divers comme ceux provenant de Vignes traitées par des sels arsenicaux (Dr Cazeneuve);

6° La répercussion considérable exercée, d'une part, par le défaut de conservation des vins sur le commerce de ces liquides qui a dû changer ses procédés de vente et abandonner en grande partie ses méthodes séculaires produisant la bonification lente à la cave; d'autre part, par l'abondance excessive de la production des vins de qualité inférieure, devant être consommés rapidement sous peine de les voir devenir impropres à la consommation; enfin par la fabrication de vins de sucre et par la fraude, etc.

En résumé, la reconstitution du vignoble s'est faite en violant tout à la fois la plupart des règles les mieux établies de la Viticulture ancienne et de l'Économie rurale. Elle aboutissait au triomphe de la quantité sur la qualité, c'est-à-dire à l'hégémonie du Midi sur les pays de grands crus, à la disparition du monopole que ceux-ci tenaient de la nature, comme aussi au bouleversement du commerce des vins et des habitudes du consommateur.

Des voix autorisées eurent beau mettre en garde les viticulteurs contre le saut formidable qu'ils faisaient dans l'inconnu, contre les déboires faciles à prévoir qui les attendaient obligatoirement, les américanistes s'emparèrent de la nouvelle boîte de Pandore et en répandirent hardiment le contenu sur le monde viticole.

Ce n'est pas d'hier que Horace a dit :

« Hélas! Tout se paie ici-bas, et c'est une des conditions de la vie (1).

A l'imitation de l'illustre écrivain romain, quiconque réfléchit peut se dire aujourd'hui que :

« Tout se tient, tout s'enchaîne et finalement tout se paie dans les fautes de la reconstitution (2) », car celle-ci devait logiquement aboutir à la trop fameuse crise viticole, crise qui a causé tant de ruines, qui est loin d'être finie et qui, si l'on continue les mêmes errements, se terminera, comme je l'ai dit en 1901, au Congrès de Lyon, par la disparition définitive de la Vigne française (3).

III. — LA CRISE VITICOLE

Ses origines, ses résultats actuels et ses conséquences pour l'avenir.

La crise viticole a eu des causes multiples, toutes en relation avec la reconstitution par greffage, et qui étaient faciles à prévoir par tout viticulteur sensé qui se serait donné la peine de réfléchir. Elle ne fut cependant nullement prévue, bien que quelques-uns aient prétendu le contraire. Mais beaucoup d'américanistes, voulant défendre leur œuvre, ont cherché la genèse de cette crise dans diverses pratiques culturales et économiques au lieu de convenir qu'elle était due au greffage et aux pratiques vicieuses qu'il avait engendrées. Il est facile de démontrer la responsabilité du greffage par les recherches scientifiques qui ont été précédemment exposées et même d'en trouver la preuve dans les écrits des américanistes eux-mêmes.

(1) HORACE. *Les Satires* (Livre I, Satire IX).

(2) Lucien DANIEL. *La Crise viticole mondiale* (*The Times*, avril 1908).

(3) Lucien DANIEL. *Les Variations spécifiques par la greffe ou hybridation asexuelle* (Congrès international de l'hybridation de la Vigne, Lyon, 15-17 novembre 1901).

I. Rôle de l'abondance et de la surproduction.

Au début de la reconstitution, les Vignes reconstituées, choisies surtout parmi les cépages d'abondance, cultivées dans les plaines, largement fumées et irriguées, donnèrent des récoltes doubles ou triples de celles que fournissaient les anciennes. M. Müntz a même parlé de récoltes décuples. Mais les vins obtenus étaient de très faible degré.

Par suite de la situation économique du moment, à une époque où la disette paraissait à craindre, les acheteurs étaient nombreux et empressés. Tout vin trouvait facilement preneur. Les premiers greffeurs, par l'abondance des récoltes, firent ainsi de superbes bénéfices et le greffage de la Vigne fut la riche aubaine pour le Midi. Bien mal reçu aurait été celui qui eût critiqué l'emballement des vignerons pour la reconstitution et qui aurait osé parler de sa répercussion sur l'avenir, tant la quiétude était complète. L'on répétait d'ailleurs, comme aujourd'hui certains osent le dire encore, que le greffage était l'*ultima ratio*, car le Phylloxéra devait fatalement anéantir toutes les Vignes françaises. En réalité, ce que l'on voyait surtout, c'étaient les grosses récoltes et les gros bénéfices qu'on en retirait. Qu'importait le reste?

« La substitution des Vignes greffées aux vieilles Vignes indigènes, a écrit M. Prosper Gervais [1], n'en a pas moins produit son résultat habituel et certain : la précocité et l'abondance de la mise à fruit. La caractéristique bien constatée du greffage sur la plupart des porte-greffes les plus usuels et en particulier sur le *Riparia* n'est-elle pas de hâter la mise à fruit et d'accroître l'abondance de la fructification? C'est ainsi que la Viticulture s'est laissée glisser, inconsciemment pour ainsi dire, sur une pente que rendait fatale l'emploi des porte-greffes américains. La cause initiale d'une production trop généralement abondante réside donc, semble-t-il, dans ce nouveau mode d'établissement de la Vigne dont le porte-greffe est le pivot. »

« La recherche de la quantité, ajoutait-il plus tard [2], a été pendant un temps la préoccupation dominante de notre région. »

C'est que les américanistes s'étaient imaginés pouvoir obtenir à la fois la quantité et la qualité; du moins c'est ce qu'ils ont maintes fois affirmé dans leurs écrits. Or, il est impossible d'unir deux caractères antagonistes. Les vins de Vignes greffées n'avaient point la qualité des anciens vins; ils étaient plus vite bons à boire, plus vite usés et plus sensibles aux maladies. On affecta de considérer l'obligation de les boire plus rapidement comme un avantage sans vouloir remarquer la perturbation que cela devait produire dans les habitudes du commerce.

Or, avant la reconstitution, le commerce régularisait le marché en emmagasinant l'excès de production dans les années d'abondance. Les vins pouvaient se bonifier longtemps dans les caves et être livrés ensuite à la consommation dans les années de disette, de telle sorte que les années d'abondance étaient une bonne aubaine pour le producteur et le commerçant. Avec le greffage, le défaut de conservation des vins empêcha rapidement le commerce de jouer son rôle de régulateur; producteurs et commerçants furent obligés de jeter sur le marché tous les vins qui ne pouvaient se conserver et de les vendre de suite. L'offre dépassant alors la demande, le marché s'encombra et les prix s'effondrèrent. Les années d'abondance devinrent, à une certaine époque, une plaie redoutée. Et, justement effrayés de cette pléthore, les viticulteurs du Midi demandèrent à

(1) *Bulletin de la Société des Viticulteurs de France*, 1901, p. 116.
(2) *Ibidem*, 1906, p. 456.

l'État, en 1909, « d'assurer par la distillation l'écoulement des récoltes exceptionnellement abondantes » (¹).

Ce rôle du commerce en présence de la situation nouvelle a été bien défini par M. Prosper Gervais (²) : « En même temps qu'elle bouleversait la production viticole, a-t-il écrit, la crise phylloxérique troublait profondément le commerce des vins; elle modifiait radicalement ses usages, ses habitudes, ses traditions et ses besoins. » Et, d'après cet auteur, la répercussion de la réforme des boissons fut aussi « un des faits les plus singuliers de notre situation économique et un de ceux que nul n'avait prévus ».

L'on eut beau, sur l'initiative des intéressés, faire des lois de circonstance, elles firent l'effet de palliatifs, mais ne supprimèrent pas la gêne. La situation parut, en 1901, assez sérieuse à M. Jean Dupuy, ministre de l'Agriculture, pour qu'il crût devoir réagir contre les enseignements des Foëx, des Viala, etc., faits pourtant sous les auspices et avec les encouragements de son ministère. Aussi, après avoir signalé « le manque de clairvoyance de certains de nos viticulteurs », il ajoutait : « Pressés de produire, ils se sont livrés à une culture intensive; ils ont amené sur le marché, ils ont produit beaucoup de vin, mais du vin qui n'avait plus les garanties de conservation et de tenue, ni la qualité des anciens vins. Eh bien! lorsqu'on veut corriger un mal, il faut avoir le courage de débrider la plaie; il faut dire à nos viticulteurs, à ceux qui ont commis ces erreurs, de *revenir en arrière* et de prendre les bonnes pratiques viticoles. »

Il fallut donc, avec M. Prosper Gervais, considérer l'abondance, la surproduction dues au greffage de la Vigne française sur Américains purs ou sur Américo-Américains « comme étant un des facteurs essentiels de la situation actuelle » (³), c'est-à-dire de la crise viticole. Mais il y en eut d'autres encore.

2. L'œnologie.

La production de vins déséquilibrés par suite du greffage — et plus tard par les maladies de la Vigne, anciennes ou nouvelles, qui ravagèrent les Vignes greffées — devait tout naturellement inciter les viticulteurs à rechercher les moyens artificiels de redonner aux vins leurs qualités anciennes et les garanties de tenue et de conservation qu'ils avaient perdues à la suite de l'emploi de mauvaises pratiques viticoles, suivant l'expression de M. Jean Dupuy.

L'analyse chimique avait montré que, dans les années chaudes et sèches, les vins manquaient d'acidité; que, dans les années froides et humides, le sucre se développait en quantité insuffisante; que, très souvent, le tanin et les matières colorantes se trouvaient réduits pendant qu'augmentaient l'eau et les substances azotées. De même ces vins étaient très souvent de faible degré.

On corrigea donc les vins en y ajoutant ce qui leur manquait ou en ajoutant à la vendange ces éléments manquants, ce qui était défendu autrefois. Et l'on ne fixa pas même les doses à employer, car, a dit M. Prosper Gervais (⁴), la loi permettait alors « d'ajouter l'acide tartrique à des doses pour ainsi dire illimitées », tout aussi bien que le sucre, le tanin, les substances colorantes, etc.

Mais le sucre, l'acide tartrique et le tanin, qui paraissent des drogues inoffensives et qui le sont à petites doses, deviennent nocifs à hautes doses (Couderc (⁵),

(¹) *Bulletin de la Société des Viticulteurs de France*, 1909, p. 73.
(²) *Ibidem*, 1906, p. 188.
(³) *Bulletin de la Société des Viticulteurs de France*, 1902, p. 72.
(⁴) *Bulletin de la Société des Viticulteurs de France*, 1908, p. 84. La fabrication de l'acide tartrique prit ainsi une grande extension dans le Midi.
(⁵) *Congrès de Lyon*, 1901.

Henri Marès, etc.). Et les correctifs de la vendange rendant le consommateur malade, celui-ci commença à se dégoûter de sa boisson favorite.

Les choses devaient se gâter davantage. Les correctifs ainsi employés pour guérir les vins des Vignes reconstituées, se montrèrent vite insuffisants. Les vins cassèrent, tournèrent ou devinrent amers sous l'action de maladies pour la plupart déjà connues, mais qui, jusqu'alors, étaient restées accidentelles et n'avaient eu qu'une minime importance.

La multiplication de ces maladies et leur augmentation d'intensité étaient dues aux méthodes nouvelles de culture. « Les insuccès de la reconstitution du vignoble, a, en effet, écrit M. Sémichon (1), les hésitations, les difficultés d'adaptation des vignes greffées, l'apparition de nouvelles maladies cryptogamiques, du mildew, du black-rot, devaient fatalement avoir leur répercussion sur la qualité des vins, occasionner des accidents plus nombreux et faciliter même le développement des décompositions microbiennes, nouvelles sources d'accumulation de vins défectueux. »

Certaines années, ces vins furent tellement déséquilibrés et tombèrent à si bas prix que, ne pouvant en tirer parti, beaucoup se décidèrent à les faire couler à la rivière. Mais les œnologues veillaient! Les bisulfites et autres drogues allaient jouer leur rôle désormais.

« Les anciennes habitudes de vinification, a écrit M. Sémichon en 1908, — l'emploi empirique du soufre, du plâtre et du sel, — déjà insuffisantes pour empêcher les altérations, sont devenues manifestement impuissantes. Le terrain était alors admirablement préparé à l'éclosion d'une foule de pratiques nouvelles, préconisées par certains industriels (2), et le viticulteur désemparé était particulièrement disposé à accueillir toutes les panacées. Aux vieux usages d'antan, qu'on pourrait appeler la médecine des plantes, vint se substituer la médecine des drogues, infiniment plus dangereuse si elle n'est pas bien réglementée. »

Aussi la législation a-t-elle dû changer. La définition ancienne : « Le vin est la boisson obtenue par la fermentation alcoolique du raisin frais ou du jus de raisin frais, sans manipulations ou pratiques œnologiques de nature à apporter une modification à la composition du vin », a, elle aussi, subi des corrections successives. On a permis non seulement d'ajouter acide tartrique, sucre, tanin, mais aussi l'acide sulfureux, les bisulfites, le tartrate neutre de potasse, etc. Mais des individus peu scrupuleux sont allés plus loin et se sont servis de remèdes non autorisés.

« Nous avons vu, dès le début de l'année 1901, a rapporté M. Prosper Gervais (3), un certain commerce rechercher les mauvais vins de préférence aux bons. Il faut que cela soit dit : Nous avons vu de nombreux courtiers sillonner nos campagnes à la recherche des vins tournés ou cassés ou sur le point de l'être, les acheter à vil prix — depuis un franc l'hectolitre — et faire de ces achats le point de départ d'une campagne de baisse qui a tout gagné de proche en proche et qui a eu pour résultat l'effondrement du marché. Ce sont ces vins, savamment remaniés par d'habiles chimistes œnologues, sulfités, bisulfités, sulfuriqués, phosphoriqués, collés, filtrés, maquillés, remis sur pied, qui, durant la campagne de 1901, étaient expédiés à Paris à 8 fr. 50 et 9 francs l'hectolitre, franco des deux ports!

« Il convient d'affirmer bien haut qu'il n'est point de remède à la situation actuelle si l'on ne s'applique à obtenir, avant tout et par-dessus tout, la sincérité du produit. »

(1) Sémichon. *L'Évolution des méthodes en vinification* (Congrès international d'Angers, 1908).

(2) Les industriels n'ont pas été les seuls à conseiller l'emploi des drogues, mais aussi, d'après Couderc (Congrès de Lyon, 1901), « les Stations œnologiques, les professeurs d'agriculture », etc.

(3) *Revue de Viticulture*, 11 janvier 1902.

L'œnologie ne fut pas spéciale au Midi viticole. Après avoir indiqué qu'en Bourgogne le greffage n'a pu empêcher que, certaines années, les grands vins de Pinot soient devenus de tout petits vins, M. Roy-Chevrier a raconté les tribulations subies par ceux-ci (1) : « Au chevet du vin malade s'est abattue la légion des médecins et apothicaires œnologues, les uns armés de pilules de tanin, de globules d'acide citrique, de cachets de métabisulfites, d'infusions de Banyuls, de sirop de glycérine et autres remèdes inavouables offerts avec discrétion assurée; les autres, de seringues compliquées et diverses, appelées pasteurisateurs ou filtres, et le patient, torturé de toutes les façons, a gardé du cauchemar de sa maladie le plus désagréable souvenir. Il s'est demandé comment s'y prenaient ses ancêtres pour vivre centenaires et inspirer à la ronde l'amour et l'envie par leur santé rutilante. »

Faut-il s'étonner, après cela, si les médecins finirent par proscrire l'usage de telles boissons et si le consommateur cessa de les acheter? L'abus de l'œnologie, conséquence du déséquilibre de constitution des raisins des Vignes greffées, fut donc un deuxième facteur important de la crise viticole.

3. Vins artificiels et fraude.

Dans les faits signalés par MM. Prosper Gervais et Roy-Chevrier, les pratiques œnologiques non permises constituaient une fraude. Il y en eut beaucoup d'autres qui, logiquement, devaient aboutir à la fabrication artificielle des vins.

En effet, bien que la Vigne fût, d'après le Congrès d'Angers, devenue, par le greffage, sous la dépendance absolue du viticulteur, il se produisit quand même des mauvaises années, des années de faible production dues le plus souvent à des conditions météorologiques défavorables. Sur la demande des viticulteurs du Midi, toujours *si éprouvés* quand ils s'adressaient aux pouvoirs publics, on autorisa, pour la consommation familiale, la fabrication de vins de raisins secs, de vins de sucre, de vins de marc et autres piquettes.

Cette fabrication, eût-elle ainsi été limitée, présentait déjà certains dangers pour ceux qui buvaient de telles boissons. Mais il y eut des personnes assez peu scrupuleuses pour profiter de cette autorisation et pour fabriquer en grand ces liquides artificiels dont ils inondèrent le marché (2), déjà lourd dans les années de surproduction. Piquettes, vinage, mouillage (3) et acquits fictifs eurent leur heure de célébrité. Et l'on vit le commerce, « connaissant la mentalité de nos propriétaires du Midi (4), les mettre en garde contre eux-mêmes », pendant que ceux-ci accusaient le commerce de vouloir les exploiter et les ruiner.

Il y eut même des gens qui, moins scrupuleux encore, se livrèrent à la fabrication purement artificielle du vin; il en fut de même pour les eaux-de-vie. Ces gens prétendirent que les vins purement artificiels, faits avec les éléments normaux des vins naturels, étaient moins dangereux pour le consommateur que les vins de Vignes greffées traités avec les correctifs des vendanges ou des vins, même avec les correctifs légalement employés!

Avant la loi sur les fraudes, la multiplication des vins, par un nouveau miracle de Cana, était pratiquée en grand et était bien connue des pouvoirs publics.

« Vous recevez dans votre correspondance, a écrit M. Ruau, ministre de l'Agri-

(1) Roy-Chevrier. *Les Producteurs directs et la qualité des vins* (C. R. du Congrès international d'Angers, 1908, p. 202).

(2) Voir ce qui fut écrit au moment où l'on fit la loi sur les fraudes et où l'on obligea les propriétaires récoltants à déclarer leur récolte, etc.

(3) Le commerce prétendait qu'il n'y avait pas de différence entre un vin mouillé et les petits vins de 5 à 6 degrés fournis par les vignes greffées, irriguées, taillées long et fumées avec exagération.

(4) Voir le discours de M. Tournier, président de la Chambre syndicale des Négociants en vins de Lyon (*La Vigne américaine*, 1905, p. 216-223).

culture ([1]), le moyen de faire de l'excellent cognac avec un extrait; on vous envoie de la poudre et des colorants avec lesquels vous transformez des vins médiocres en vins supérieurs.

» Je connais une région de la France où l'on fabriquait, avant la loi sur les fraudes, toute espèce de vins. Il suffisait d'apporter un échantillon et de demander à l'habile falsificateur de le reproduire. Il paraît qu'il y réussissait assez bien; sans doute, le produit fabriqué n'avait pas le bouquet, le velouté, le fini qu'a le produit naturel, mais il était assez bien imité pour tromper l'acheteur. »

Les fautes et les fraudes des viticulteurs d'alors sont d'ailleurs connues de tout le monde et elles ont été relevées par de nombreux auteurs.

« Comment, a écrit M. Marcel Prévost ([2]), une substance de consommation universelle et que nul pays ne fournit meilleure que la France, en arriva-t-elle à n'être plus une rente pour beaucoup de régions françaises qui la produisent et pour quelques autres un intolérable fardeau? Et quels furent les puissants, les irréductibles ennemis du vin, lequel, si longtemps, sur la terre gauloise, ne connut que des partisans? Le vin eut des ennemis conscients qui firent campagne contre lui. Il eut aussi, et ce ne furent pas les moins nuisibles, de faux amis qui le trahirent. Il eut enfin des amis maladroits qui, par avidité ou par paresse, gâchèrent, en même temps que leurs propres intérêts, l'intérêt général du vin.

» Les amis maladroits, pires que des ennemis, furent les propriétaires de vignobles. Ils ne surent pas comprendre que leur fortune, leur vie même étaient liées à la fortune et à la vie du vin. Ils lassèrent la chance par leur incurie ou par leur avidité. Certains s'endormirent dans la bienheureuse paresse où, depuis tant d'années, la prospérité des vignobles français avait bercé leurs aïeux... Travailler, prendre de la peine, à quoi bon? La vigne fidèle donnait son jus précieux tous les octobres et, tandis que le vigneron nonchalant fumait sa pipe au seuil du chai, voilà qu'affluaient les courtiers se disputant à coups de billets bleus la vendange encore effervescente. D'autres, cependant, plus ambitieux, plus avisés, constatant le facile débit des récoltes, accroissaient sans relâche le territoire des vignes. Ils en plantaient dans les grasses terres à blé ou à la place des prairies défoncées; ils déracinaient les bois pour en planter encore. Bonne ou mauvaise terre à vigne, la vigne y poussait tout de même, à force d'engrais, et peu importait la qualité de la vendange puisqu'elle se vendait toujours.... C'est ainsi que la majorité des départements français se mirent à produire du vin; il y eut des vignobles dans l'Ille-et-Vilaine!... Ces vins, que la nature contrainte produisait comme à regret, étaient forcément médiocres; écoulés tout de même par les habiletés des négociants, ils dépréciaient à la longue la marque française; ils grevaient le marché d'un poids mort qui devait peu à peu l'obstruer, l'écraser. Ce qui advint dès que la limite de consommation fut atteinte.

» Elle fut atteinte d'autant plus vite qu'une équipe d'ennemis avérés du vin, des gens qui, du moins, ne se souciaient guère de sa vie ou de sa mort, mais qui voulaient hâtivement faire fortune à ses dépens, accrut encore par la fraude cette production démesurée. Ils firent du vin, du vin que nulle vigne n'avait jamais porté à l'état de grappes vermeilles ou dorées. Tel propriétaire du Midi vendait à l'un de ces néfastes industriels sa récolte, trois cents barriques par exemple, à prendre dans son chai; mais le contrat de vente stipulait que l'acheteur gardait six mois durant la clef de ce chai et pouvait y travailler à sa fantaisie. Pensez

([1]) *Bulletin de la Société des Viticulteurs de France*, 4 avril 1909.

([2]) *Bulletin de la Société des Viticulteurs de France*, 1909. Cette Société a hautement approuvé l'article de M. Marcel Prévost, car « l'illustre écrivain, en plaidant la cause du vin français, a rendu un éclatant hommage à la vérité », est-il dit dans le commentaire qui accompagne cet article. Elle maudit mon article du *Times* qui plaidait la même cause, mais qui stigmatisait en même temps les errements de la reconstitution! *Inde iræ.*

quelle cuisine et quelle chimie s'élaboraient à l'abri de ce chai d'apparence honnête! Ce n'était pas trois cents barriques, mais bien quinze cents qu'il avait dégorgées au bout du semestre, quinze cents barriques au sein desquelles les trois cents d'origine ne figuraient plus que comme prête-nom, noyées dans l'alcool de rebut, l'eau, les colorants, le tanin, les bisulfites, mixture redoutable qui non seulement encombrait le marché déjà lourd, mais dégoûtait peu à peu le consommateur d'un liquide devenu suspect et que l'estomac supportait mal. Ainsi le vin perdit peu à peu sa réputation de boisson hygiénique, de conservateur et de réparateur de la santé, de la gaîté humaine, qu'il avait acquise depuis une antiquité vénérable et conservée à travers les siècles... Savez-vous que, dans certains estaminets de Paris, le fournisseur envoie le matin la barrique de vin pleine et la fait reprendre vide le soir, garantissant qu'il durera une quinzaine d'heures, pas davantage; dès le lendemain, ce prétendu vin ne serait plus qu'une sorte d'eau saumâtre, toute sa chimie précipitée au fond! »

Alors naquit la fameuse mévente des vins qui fut aussi, pour une grande part, dans la crise viticole, crise de désenchantement qui succéda à la crise d'enthousiasme du début et qui devait aboutir à la crise actuelle où la Vigne française greffée menace de disparaître sous les attaques des maladies cryptogamiques qui compliquent singulièrement par ailleurs la situation économique et la culture (augmentation de la main-d'œuvre et du prix de revient).

4. Les Parasites en général et les Maladies cryptogamiques.

Il est établi, en pathologie générale, que tout être ayant subi un affaiblissement quelconque dans sa vitalité, perd, par cela même, une portion de ses résistances aux parasites. Le greffage est, dans la plupart des cas, une cause d'affaiblissement plus ou moins rapide, sauf dans les cas, plutôt fort rares, où l'un des associés plus résistant transmet ses qualités à son conjoint.

On devait prévoir que les Vignes américaines greffées perdraient, plus ou moins vite, leur résistance phylloxérique sous l'influence des greffons non résistants et du changement rencontré par elle par rapport à leurs conditions de vie (climat et sol nouveaux). La fixité d'un caractère d'adaptation est toute relative. Aussi le dogme de l'immutabilité de la résistance phylloxérique, seule raison d'être de la reconstitution, est-il aujourd'hui démontré faux par de nombreux faits. L'obligation où l'on s'est trouvé de sulfurer des Vignes greffées en est la preuve; il y en a beaucoup d'autres. Mais étant donnée la dégénérescence du Phylloxéra et les procédés qui, si cela était nécessaire, permettent aujourd'hui de limiter pratiquement son action, ces changements de résistance n'ont plus l'importance fondamentale qu'on leur avait autrefois attribuée.

Beaucoup plus inquiétants sont les ravages de la *Cochylis*, de l'*Eudémis* ou autres insectes, et surtout ceux des maladies cryptogamiques anciennes ou nouvelles. On peut dire que, en présence de ces parasites dont on ne se préoccupait guère autrefois, le Phylloxéra est passé au second plan.

Les maladies anciennes (anthracnose, pourriture grise et aussi l'oïdium, introduit par les Vignes américaines avant la reconstitution) sont aujourd'hui à l'état de maladies endémiques redoutables contre lesquelles on est désarmé. Le mildew est venu avec les Vignes américaines importées par des greffeurs; il en a été de même des rots divers et il est très probable que d'autres fléaux pourront suivre le même chemin.

Si, au début de la reconstitution, et c'est un fait bien connu, personne ne s'occupait de la santé du feuillage ou de celle de l'appareil reproducteur, cette santé est aujourd'hui une des principales préoccupations des viticulteurs. En effet, non seulement les parasites ont augmenté de virulence, mais la réceptivité des Vignes greffées a été singulièrement favorisée par leur symbiose qui a rendu leurs tissus plus aqueux et plus riches en azote. On sait, en effet, que la virulence ou aptitude d'un microbe à s'installer dans le corps de son hôte peut être diminuée ou augmentée suivant l'alimentation qui lui est fournie.

« Qu'est-ce qu'un organisme microscopique inoffensif pour l'homme ou pour tel animal déterminé? C'est un être qui peut se développer dans notre corps ou le corps de cet animal; mais rien ne prouve que si cet être microscopique venait à pénétrer dans une autre des mille et mille espèces de la création, il ne pourrait l'envahir et la rendre malade. Sa virulence, renforcée par des passages successifs dans les représentants de cette espèce, pourrait devenir en état d'atteindre tel ou tel animal de grande taille, l'homme ou les animaux domestiques. Par cette méthode, on peut créer des virulences et des contagions nouvelles. » Ainsi s'est exprimé Pasteur. C'est également lui qui a montré la grande importance de l'aliment au point de vue des maladies des échanges nutritifs; à propos des levures, dont le rôle est fondamental en vinification, il a indiqué qu'il existe un rapport entre l'aliment et l'action physiologique de ces êtres dans un mélange de glucose et de lévulose, de telle sorte que, suivant les proportions de ces sucres, c'est l'un ou l'autre sucre qui est décomposé le premier (1).

Les diastases ont elles-mêmes une activité qui dépend des éléments minéraux qui leur sont associés.

Enfin, il faut aussi tenir compte des associations microbiennes, des voies de pénétration des microbes divers, des cellules réceptrices et des tissus d'élection, de la réaction des tissus attaqués, des ferments et des toxines que le parasite laisse dans les tissus, de la durée de l'incubation dans les tissus, de la vaccination naturelle, de l'anaphylaxie, autrement dit des causes qui font varier l'immunité naturelle des Vignes, qui l'augmentent ou la diminuent, comme de celles qui augmentent ou diminuent la vitalité de leurs parasites. Il faut malheureusement en convenir: en pathologie viticole, les problèmes d'hygiène et d'alimentation rationnelle ont été négligés ou n'ont pas été envisagés en tenant un compte suffisant des données récentes fournies par la microbiologie. Pourtant que de phénomènes constatés chez les Vignes greffées rappellent ceux qu'a fait connaître la pathologie parasitaire animale! L'inoculation d'un remède à doses faibles suffit à rendre un trypanosome plus résistant et l'on a pu créer ainsi des *races* de trypanosomes résistant à divers médicaments. Les bactéries acquièrent facilement aussi une résistance aux actions défensives des organismes supérieurs chez lesquels elles évoluent. Ainsi se comprend et s'explique l'accoutumance de l'oïdium au soufre, celle du mildew au cuivre, le caractère plus agressif de l'anthracnose et de la pourriture grise (2), la fréquence et la virulence exaltée des maladies microbiennes des vins (3), etc.

Les américanistes, en présence des modifications multiples subies par les Vignes greffées, ont-ils tenu compte des progrès considérables réalisés, en ces dernières années, par la microbiologie et par la physiologie végétale? Tandis que les thérapeutiques humaine et animale se transformaient complètement et progressaient à pas de géant, la thérapeutique viticole est restée stationnaire ou presque, comme Diafoirus en présence de la découverte de la circulation du sang.

(1) Des analyses comparatives de vins de Vignes françaises greffées et franches de pied ont fait voir, pour les Pinots et les Gamays de Bourgogne, que le rapport entre les proportions du glucose et du lévulose est changé à la suite de la greffe (Curtel), contrairement aux expériences de MM. Gayon et Dubourg relatives à quelques cépages de la Gironde.

(2) Roy-Chevrier, *L'Avenir des producteurs directs* (*Revue de Viticulture*, 1903).

(3) Sémichon, *loco citato*.

Elle soufre, sulfate, pulvérise et badigeonne (1) comme autrefois les médecins purgeaient, saignaient, posaient des emplâtres, des révulsifs ou des cataplasmes, sans se préoccuper de l'état physiologique du malade, sans se douter que le terrain varie à l'infini suivant l'espèce, l'âge et les résistances spécifiques de chaque Vigne et même de chaque individu au moment de l'attaque par un parasite donné.

Évidemment, si l'on tenait compte de cette variabilité, aujourd'hui indéniable dans le domaine vital, ce serait l'abandon des dogmes de la reconstitution et la faillite de la conception américaniste. Or, pendant que la Viticulture piétine ainsi sur place, plus de seize traitements faits avec le sulfate de cuivre, selon toutes les règles de l'art, n'arrivent pas, certaines années, à préserver les Vignes du mildew; le soufre manque d'efficacité contre l'oïdium qui augmente de vitalité; la pourriture grise s'étend de plus en plus et résiste à tous les ingrédients dont on abreuve empiriquement les Vignes malades et leurs raisins, etc.

Un vent de folie semble avoir soufflé sur les américanistes et l'on pourrait répéter, pour quelques-uns d'entre eux et non des moindres, ce que Paul-Louis Courier disait, à propos d'agriculture, du gouvernement de la Restauration et même des gouvernements en général (2) :

« Par une fatalité qui ne se dément jamais, tout ce qu'ils encouragent languit, tout ce qu'ils dirigent va mal, tout ce qu'ils conservent périt. »

Les avertissements ne leur ont cependant pas manqué, tant pour les maladies anciennes que pour les maladies nouvelles qu'ils ont importées d'Amérique, et ils ont été prévenus, il y a vingt ans environ, que, « en voulant par greffage sur pieds américains, préserver la Vigne du Phylloxéra, ils la livraient aux cryptogames : *c'était tomber de Charybde en Scylla* » (3).

Dans ces dernières années, la situation du vignoble est devenue des plus inquiétantes et beaucoup de viticulteurs se demandent aujourd'hui si l'on ne va pas être obligé d'abandonner nos vieux cépages impossibles à défendre. Mais l'on continue à professer que le greffage et la reconstitution ne sont pour rien dans ce résultat.

Ainsi les considérations étrangères à la science, dont se plaignait autrefois M. Prosper de Laffitte, membre de la Commission supérieure du Phylloxéra, n'ont pas encore disparu de l'horizon viticole.

Mais il faut toujours le redire jusqu'à ce que l'idée ait pénétré chez les intéressés. La *cause initiale* des malheurs du vigneron, de la crise viticole, de la recrudescence des maladies cryptogamiques et de la diminution des résistances des vieilles Vignes aux maladies cryptogamiques, *c'est le greffage sur pieds américains et tous les errements de la reconstitution dont il est le pivot* (4).

Loin de se tromper, loin de faire, comme on le leur a si souvent reproché dans certains milieux, du mal à la Viticulture en s'opposant à la reconstitution, les membres de l'Institut et de la Commission supérieure du Phylloxéra avaient vu juste et rendaient à leur pays un signalé service. Le temps, ce grand maître, leur a donné raison.

(1) Elle l'a fait, chose triste à dire, sans songer aux dangers qui en peuvent résulter pour le consommateur. Les avis des hygiénistes n'ont pas été écoutés, et l'on est surpris des résultats.

(2) Paul-Louis Courier. *Œuvres*, Lettre II, t. I : *Projet d'amélioration de l'Agriculture*, Paris, édition de 1876.

(3) Voir Lucien Daniel. *Parasites et plantes greffées*, Paris, 1894; *Les variations spécifiques ou hybridation asexuelle* (Congrès de Lyon, 1901); *Quelques mots sur la greffe* (Congrès de Rome, 1903), etc.

(4) C'est à cette même cause qu'il faut attribuer les modifications de résistance subies par divers hybrides greffés, qui, à l'origine, possédaient une santé parfaite comme appareil végétatif (feuillage) ou reproducteur (raisins) et qui l'ont aujourd'hui perdue à tel point qu'on a dû les éliminer des cultures. Ce qui est arrivé à nos vieux cépages se produit donc aussi chez les hybrides greffés.

IV. — LE REMÈDE A LA CRISE

La Viticulture a fait fausse route en greffant; c'est là un fait bien établi aujourd'hui et qu'il faut accepter avec ses conséquences.

Il n'y a logiquement qu'un remède à la crise actuelle du vignoble : c'est le retour aux vieilles méthodes et l'abandon du greffage, ainsi que de toutes les pratiques vicieuses qu'il a engendrées.

« *Sublata causa, tollitur effectus.* »

En indiquant une fois de plus cette solution, je ne me dissimule nullement les difficultés de plus en plus grandes qu'il faudra vaincre et les problèmes ardus qu'il faudra résoudre. Cependant, si l'on veut placer enfin l'intérêt général au-dessus des intérêts particuliers, baser les méthodes culturales sur la vérité scientifique et non sur des erreurs manifestes, la situation du vignoble, quoique grave, n'est pas désespérée. Mais il n'y a plus de fautes à commettre si l'on veut sauver les Vignes françaises qui ont valu à nos produits leur réputation mondiale.

Il faut enfin se décider à créer dans chaque région ces *champs de conservation* des variétés de Vignes françaises, comme je le réclamais dès 1905, et faire tous les sacrifices voulus pour les maintenir en bon état jusqu'au jour où elles seront appelées à reprendre leur place dans les grands crus (¹).

Je sais bien que j'ai jusqu'ici prêché dans le désert, peut-être parce que j'avais trop raison; que j'ai été calomnié, honni et finalement blâmé contre toute justice pour avoir dit tout haut ce que les vignerons pensaient tout bas. Je n'en continue pas moins à jeter le cri d'alarme, parce que c'est mon devoir, et sans me laisser arrêter par le mot d'Horace (²) :

« Au fait, pourquoi sauver les gens qui ne veulent pas être sauvés? »

Propriétaires de grands crus, conservez à tout prix vos vieilles Vignes, revenez aux anciennes méthodes, si vous les avez abandonnées; recherchez la qualité comme vos ancêtres et répudiez la quantité qui avilirait votre marque. La qualité, c'est la seule raison d'être des grands vins; l'oublier, ce serait pour vous et vos enfants la ruine définitive et la perte du monopole que vous devez à la nature.

Propriétaires des régions à vins communs, que la crise oblige à cultiver les hybrides, plantez les francs de pied et ne les greffez pas si vous voulez leur éviter le sort des Vignes françaises reconstituées.

Hybrideurs, qui utilisez la greffe comme moyen d'amélioration de vos créations défectueuses sous certains rapports, ne greffez pas les hybrides de greffes que vous avez obtenus de peur de disloquer le produit nouveau.

L'amélioration systématique par la greffe ne peut être indéfinie; donc son emploi est *transitoire* et doit cesser dès que le résultat cherché est atteint.

Viticulteurs en général, n'oubliez pas la leçon des faits; ayez toujours présente à la mémoire la crise viticole qui vous a causé tant d'angoisses. Les mêmes causes produisent les mêmes effets et l'histoire, a-t-on dit, est un perpétuel recom-

(¹) La lutte contre le phylloxéra est possible aujourd'hui; c'est un point bien établi, ainsi que l'a montré le chroniqueur agricole de la *Petite Gironde* (2 novembre 1913) : « La lutte contre les insectes, disait-il, est parfaitement possible par la généralisation des efforts de la lutte. Le fait est tellement vrai, que l'on peut en citer un exemple typique. Pendant plus de vingt ans, la lutte antiphylloxérique organisée par M. Couanon, inspecteur général de la Viticulture, a eu raison du terrible puceron dans l'arrondissement de Tlemcen et seul le relâchement de l'organisation a obligé à la transformation du vignoble. »

(²) HORACE. *Epitre XX, Livre I.*

mencement. La monoculture et la recherche de la quantité par les plantations exagérées d'hybrides gros producteurs dans les terres riches, avec fumure intensive, taille longue et greffages augmentant la production, amèneront fatalement *une nouvelle crise*, à moins de circonstances économiques exceptionnelles. Soyez prudents et **n'engagez pas l'avenir sans songer au passé, à la surproduction et à la mévente possible.**

Tel est le dernier mot de celui qui, complètement désintéressé dans la question, a consacré vingt années de sa vie à étudier sans parti pris les effets du greffage de la Vigne, qui a été amené par les faits à conclure que la reconstitution a été une grave erreur scientifique, culturale et économique contre laquelle il est urgent de réagir si l'on veut éviter la perte définitive de nos vieilles variétés de Viniféras et conjurer définitivement la crise engendrée par la Viticulture nouvelle.

NOTES ET PIÈCES JUSTIFICATIVES

En parcourant cet ouvrage, le lecteur, qui ne connait pas les attaques aussi passionnées qu'injustes dont j'avais été l'objet avant de me défendre, trouvera peut-être que j'ai été sévère et parfois même très dur pour mes adversaires.

Cet animal est très méchant;
Quand on l'attaque, il se défend,

a dit un poète qui connaissait bien la nature humaine.

J'ai dit, au cours de mon travail, que je donnerais ici quelques documents susceptibles de fixer des points d'histoire, et de montrer de quel côté se trouve la bonne foi. Je prie, une fois de plus, le lecteur qui désirerait se faire sur ce point une opinion motivée de bien vouloir examiner mes citations, dont j'ai toujours indiqué la source afin d'en permettre la vérification. Je sais à l'avance qu'il ne trouvera aucun mot de changé, aucune altération du texte. Il n'en a pas été de même pour mes adversaires qui m'ont prêté des choses que je n'ai jamais écrites, bien qu'ils les aient présentées entre guillemets, comme littéralement extraites de mes publications. Cette différence de procédés porte en elle-même son enseignement sans qu'il soit besoin d'y insister, mais il était nécessaire de le répéter.

J'indiquerai ici comment je fus amené à m'occuper de la Vigne et ce qu'il en advint.

A la suite de mes études sur la greffe des plantes herbacées et ligneuses (1890-1898), j'avais à plusieurs reprises indiqué que la Vigne greffée pouvait très probablement se comporter comme les autres végétaux greffés et j'en tirais la conclusion que de nombreux phénomènes observés dans le Vignoble reconstitué trouveraient sans doute une explication dans les changements de vie causés par la symbiose de la Vigne française et de la Vigne américaine. MM. Viala et Ravaz, dans leur ouvrage sur les Vignes américaines, s'étaient rangés à mon avis.

M. Jurie, de Millery, près Lyon, hybrideur connu, ayant pris connaissance de mes publications, me pria de le guider dans la voie du *Perfectionnement systématique de la Vigne par greffage sur sujets convenablement choisis*, à la façon dont j'avais opéré pour les plantes herbacées. Ces études commencées au début de 1899, continuées en 1900 et 1901, lui donnèrent, m'écrivait-il, des résultats inespérés. Aussi, désireux de faire connaître la méthode, me demanda-t-il, au nom de la Société régionale de Viticulture de Lyon, de faire un Rapport sur l'hybridation asexuelle au Congrès de l'hybridation qui devait se tenir à Lyon, les 15-17 novembre 1901. J'acceptai, mais quand j'exposai mes conclusions relatives à l'abaissement presque général des vins de Vignes greffées, je soulevai un véritable tolle, et il fallut l'intervention du Président du Congrès et de quelques Congressistes désireux de s'instruire pour que je pusse librement finir mon exposé.

A la suite de ma conférence, de nombreux hybrideurs, parmi lesquels M. Castel, le grand expérimentateur de Parelongue, près Carcassonne, me demandèrent des explications détaillées sur mes méthodes afin de pouvoir les essayer sur leurs obtentions en vue de les améliorer.

Mais si je rencontrai ainsi des bonnes volontés, désireuses de connaître la vérité scientifique et disposées à en subir toutes les conséquences, je trouvai par la suite des personnalités intéressées à maintenir coûte que coûte la lumière sous le boisseau. Je fus l'objet de *tentatives de corruption* et de *menaces* de la part de certaines personnes que je ne veux pas nommer. L'une d'elles alla même jusqu'à me dire : « Vous oubliez que vous avez un fils ! » Je fus surpris de rencontrer une telle mentalité, mais naturellement, je passai outre et n'en continuai pas moins mes recherches sur la Vigne.

De nombreux viticulteurs et des savants qui pensaient que la Viticulture pouvait tirer parti de mes études m'avaient vivement engagé à demander au ministère de l'Agriculture une mission à l'effet d'étudier les effets du greffage dans le Vignoble français. Cette mission, malgré leurs efforts, me fut refusé en 1902. Mais mes recherches ayant été récompensées par l'Académie des Sciences (prix Philippeaux), par la Société royale d'Horticulture de Londres (médaille de Veitch), par la Société nationale d'agriculture de France (médaille d'or à l'effigie d'O. de Serres), par la Société nationale d'Horticulture (médaille d'or), par la Société des agriculteurs de France (grand diplôme d'honneur), la mission me fut accordée en 1903, sur l'intervention de M. Rouvier, ministre des Finances, et *non sur celle de M. Viala*, comme l'a écrit inexactement M. Prosper Gervais. Je connais d'ailleurs ce qu'il en est de l'intervention de M. Viala sur ce point et je suis *documenté*, prêt à fournir des précisions si mon affirmation était contestée.

L'octroi de cette mission fut suivi de quelques faits intéressants :

1° Au Congrès de Rome, M. Ravaz présenta un travail destiné à démolir mes conclusions, et ce travail reçut une large publicité. Ensuite des séries d'articles parurent dans le *Progrès agricole* de Montpellier, où j'étais, sans aménité, *mis en demeure de répondre*.

2° L'Isabelle de Poligny, vigne qui avait eu le tort de varier conformément à mes théories, était supprimée on ne sait par qui, mais, *sur les instances pressantes de M. Ravaz*, M. Roy-Chevrier écrivait que la variation n'avait pas existé quand il nous avait écrit le contraire, à M. Jurie et à moi.

3° M. Ravaz, apprenant que j'allais visiter la collection de Vignes américaines de l'École d'Agriculture de Montpellier, document compromettant pour les dogmes de la reconstitution, la faisait arracher.

4° M. Ravaz, qui avait décapité 300 ceps de vignes greffés et n'avait obtenu sur les repousses aucune variation, supprimait également ces mêmes vignes que j'aurais désiré voir, comme tout autre fait susceptible de m'éclairer.

Malgré beaucoup de mauvaises volontés rencontrées au cours de ma mission, je pus récolter des documents assez nombreux qui me permirent, dans un rapport motivé, de conclure à la nécessité du retour aux anciennes méthodes. Ce rapport fut publié dans la *Revue de Viticulture*, précédé d'une Note assez vive de M. Viala, Note qui ne m'avait pas été communiquée au préalable, comme cela se fait toujours entre personnes en désaccord sur une question scientifique, quand leurs relations sont courtoises, ce qui était jusqu'alors le cas.

Des travaux nombreux à l'appui de mes méthodes parurent en 1904 et, en 1905, la Société régionale de Viticulture de Lyon m'invita à faire à Lyon, sous ses auspices, une conférence sur les Hybrides dans leurs relations avec le greffage et les vins. M. Durand, son président, qui devait plus tard demander contre moi des sanctions sévères et désavouer mes théories, montra le haut intérêt des nouvelles recherches pour la Viticulture.

M. Jurie, à l'exposition de Toulouse, présenta les variations qu'il avait obtenues par la greffe, et M. Castel, converti par les faits, signalait à ce moment qu'il avait obtenu d'importantes améliorations de ses hybrides par leur greffage sur sujets appropriés.

En 1906, je publiai le premier fascicule du présent ouvrage, avec une aimable préface de M. Gaston Bonnier. Harcelé par les attaques répétées d'adversaires qui, en présence de mon silence, m'accusaient de me dérober, je ripostai désormais et je le fis énergiquement. Ce premier fascicule fit une grosse sensation chez les Américanistes. Pour en atténuer l'effet dans le monde des viticulteurs de profession, on organisa le Congrès d'Angers dans le but de me combattre. Je ne fus pas invité à y assister et l'on s'arrangea de façon à me donner tort.

Avec le Congrès d'Angers coïncida presque la publication d'un travail de M. Guignard sur le passage et le non-passage de l'acide cyanhydrique dans les Haricots et certaines

Rosacées greffées. Cette substance se comporte exactement comme l'inuline que j'avais étudiée à ce point de vue en 1891. C'était donc une confirmation des faits que j'avais le premier signalés. Cela n'empêcha pas mes adversaires de prétendre que mes travaux sur la Vigne étaient démolis (voir p. 262 de cet ouvrage). La lutte, dans ces conditions de parti pris, n'était pas pour me déplaire, car j'étais sûr que la vérité et la bonne foi finiraient bien par avoir le dessus.

Je continuai donc mes recherches et je publiai le deuxième fascicule de cet ouvrage dans lequel je signalais de nouveaux faits à l'appui de ma manière de voir. En 1908, sur la demande du Directeur du *Times*, je fis paraître sur la crise viticole mondiale un article de vulgarisation intitulé : *The Crisis in the Wineyard.* Cet article fut, à mon insu, accompagné d'un commentaire, écrit par l'un des rédacteurs, sous le titre de *Wine Growing in the Midi.* Ce commentaire n'avait d'ailleurs rien de subversif ou de blessant.

C'est alors que je fus systématiquement calomnié, même par ceux qui, comme la Société régionale de Viticulture de Lyon, étaient venus me chercher en 1901 et 1905, et m'avaient encouragé dans mes études. Cette dernière Société émit le vœu suivant :

« La Société régionale de Viticulture de Lyon proteste avec indignation contre les allégations tendancieuses et erronées contenues dans un article de M. Lucien Daniel, paru dans le *Times*, où les affirmations téméraires du professeur de Rennes semblent rédigées exprès pour jeter le discrédit sur les produits de notre vignoble national. Elle trouve étrange que ce soit un Français, voire même un fonctionnaire, qui profite de l'ouverture de l'Exposition franco-britannique où notre commerce des vins tente des efforts inouïs en vue de conquérir ou maintenir à la France une clientèle anglaise pour venir affirmer sans preuve autre que sa compétence personnelle que *nos vins de vignes greffées ne valent rien et ne se conservent plus malgré les drogues dont on est obligé de les saturer.* »

A ce moment, sur le vu de cette phrase, toutes ou presque toutes les Sociétés de Viticulture marchèrent à l'unisson contre moi. Je reçus chaque jour de nombreuses coupures de journaux où j'étais traité de *vendu*, d'*antipatriote*, etc. Et même des lettres anonymes où j'étais menacé de mort me furent adressées à diverses reprises.

Une campagne si bien organisée devait porter ses fruits. Le ministre de l'Agriculture, menacé d'une double interpellation à la Chambre et au Sénat, fut obligé de me sacrifier et je reçus la lettre suivante :

« Monsieur,

» J'ai pris connaissance d'un article que vous avez publié dans le *Times* de Londres, sous le titre de *Wine Growing in the Midi* et qui a provoqué dans les milieux viticoles français une vive et légitime émotion.

» Les allégations contenues dans cet article sont en effet de nature à jeter la suspicion et le discrédit sur les produits du vignoble national et à causer ainsi à notre commerce un préjudice dont l'importance ne peut être appréciée.

» Je regrette que vous soyez sorti de la réserve que vous imposait votre caractère de fonctionnaire et que vous n'ayez pas hésité à donner à de telles imputations l'appui de votre notoriété.

» Dans ces conditions, j'ai l'honneur de vous faire connaître que, désapprouvant formellement votre attitude en cette circonstance, je vous retire la mission qui vous avait été accordée par mon ministère en vue d'étudier les effets du greffage dans le Vignoble français.

» Recevez, Monsieur, l'assurance de ma considération distinguée.

Le ministre de l'Agriculture, RUAU.

La phrase que me reprochaient les Sociétés de Viticulture n'a jamais été écrite par moi; elle ne figure ni dans mon article du TIMES, ni même dans son commentaire. Elle fut donc INVENTÉE DE TOUTES PIÈCES pour la circonstance, conformément à l'adage : « Quand on veut se débarrasser de son chien, on dit qu'il a la rage. »

Voici, sans commentaires, ma réponse au ministre :

« Monsieur le Ministre,

» J'ai l'honneur de vous accuser réception de la lettre par laquelle vous me retirez la mission que vous m'aviez accordée en vue d'étudier les effets du greffage dans le Vignoble français.

» Cette mesure, me dites-vous, est la conséquence d'un article que j'aurais « publié dans » le *Times* de Londres sous le titre de *Wine Growing in the Midi* et qui a provoqué dans les » milieux viticoles français une vive et légitime émotion. »

» Permettez-moi, Monsieur le Ministre, de vous faire remarquer respectueusement que je n'ai pas écrit cet article et que j'y suis complètement étranger.

» Le travail que j'ai publié dans le *Times* sous ma signature, et qui contient un résumé de mes observations scientifiques dont je prends la responsabilité, a paru sous le titre de *The Crisis in the Wineyard,* correspondant en anglais au titre français de mon manuscrit : *La crise viticole mondiale.*

» Daignez agréer, je vous prie, Monsieur le Ministre, l'assurance de mon très respectueux dévouement.

» Lucien DANIEL. »

Attaqué par les Américanistes auxquels on avait monté la tête en leur signalant une phrase que je n'avais pas écrite, blâmé par le ministre pour un commentaire de mon article, je trouvai chez tous ceux que n'aveuglait pas le parti pris une sympathie à laquelle je fus très sensible.

Le blâme du ministre, émis en juillet, fut suivi, au mois de décembre suivant, d'une sanction universitaire qui n'était pas pour me déplaire. A l'unanimité me fut décernée une *promotion au choix,* la seule qui fut attribuée en 1908 dans les Facultés des sciences de province. C'était bien significatif.

Je dois dire que le ministre de l'Agriculture lui-même m'avait remercié chaleureusement des services que j'avais rendus à la Viticulture en lui permettant de remonter un courant néfaste et que, comme M. Vassillière, directeur de l'Agriculture, il était de mon avis sur la valeur de la reconstitution. Il se promettait bien de réparer le mal qu'on l'avait *obligé* à me faire et il m'en avait fait donner l'assurance par M. Vassillière. Les documents suivants sont caractéristiques; j'en pourrais publier d'autres, si c'était nécessaire.

Le 16 février 1908, M. Vassillière m'écrivait :

« Mon cher Monsieur Daniel,

» J'ai reçu votre lettre et ferai le possible pour le renouvellement de votre mission, et cela non pas seulement parce que vos idées sont les miennes, mais parce que j'estime qu'on ne saurait trop faire d'expérimentation.

» Croyez à mes meilleurs sentiments. » L. VASSILLIÈRE. »

J'étais donc bien en communauté d'idées avec le directeur de l'Agriculture, quoi qu'on en ait dit. Que de fois, depuis l'*Affaire du Times,* il m'avait engagé à laisser le temps faire son œuvre, *m'affirmant que justice me serait rendue.* Et quand, en 1909, M. Guillermo de Boladeres, alcade de Barcelone et directeur de l'Agriculture de sa province, demanda au ministre français de l'Agriculture de m'envoyer en mission pour y étudier son procédé de lutte contre le phylloxéra, M. Vassillière m'écrivit la lettre suivante qui se passe de commentaires :

« Paris, le 3 janvier 1910.

» Mon cher Monsieur Daniel,

» Je profite de quelques moments de répit que me donnent les fêtes du jour de l'an pour mettre à peu près à jour ma correspondance particulière et ce m'est un plaisir de répondre à votre lettre du 30.

» Oui, il viendra un jour où, malgré tous les efforts contraires, la vérité scientifique se fera jour, où l'on ne pourra plus nier l'évidence.

» Mais, voyez-vous, l'heure n'a pas encore sonné; les intérêts économiques sont encore trop surexcités pour que l'on puisse tenter quelque chose. Pourtant je chercherai tout au moins à créer une sorte de musée des vignes françaises franches de pied et possédant une valeur réelle. Comment pourrai-je arriver à ce résultat? Je n'en sais rien, mais je vais y réfléchir.

» Quant à penser à vous envoyer en Espagne, il n'y faut point songer, pour le moment du moins. Cela soulèverait un tolle général, et il faut laisser le temps faire son œuvre.

» En tout cas, je vous serai toujours reconnaissant en ce qui me concerne des renseignements que vous voudrez bien m'envoyer sur cette grave question.

» Croyez, mon cher Monsieur Daniel, à mes meilleurs sentiments.

» L. VASSILLIÈRE. »

Comme, malgré ces avatars et sans me préoccuper de mes intérêts personnels, je continuais mes recherches sur la Vigne auxquelles je m'intéressais de plus en plus, on entreprit des expériences qui *devaient* être en contradiction avec les miennes. La Société des Agriculteurs de France nomma une Commission de trente membres dans le but non dissimulé de me mettre enfin en déroute. Et, *par une coïncidence curieuse*, à quelques semaines de distance, parurent dans les *Comptes rendus de l'Académie des Sciences* trois notes, l'une de M. Griffon, l'autre de M. Viala, l'autre de M. Ravaz, dans lesquelles, avec ensemble, mes conclusions sur la Vigne passaient un vilain quart d'heure.

En 1911, au Congrès de Génétique de Paris, fut posée la question de l'hybridation asexuelle que M. Griffon essaya en vain de démolir. M. Erwin Baur apporta une intéressante contribution à la question des hybrides de greffe ou Chimères en décrivant un peuplier nouveau produit par greffage. Déjà Hans Winkler et beaucoup d'autres expérimentateurs en avaient obtenu auparavant, précisément à l'aide de ma méthode de décapitation du greffon, celle-là même que M. Ravaz avait, disait-il, employée sans succès à la suite du Congrès de Lyon. En outre, le docteur Armand Gautier exposa à nouveau ses théories du Congrès de l'hybridation de 1901, théories parfaitement d'accord avec les faits de variation observés par moi-même sur les greffes en général.

Une telle lutte était intéressante; elle avait d'ailleurs suscité de nombreuses recherches nouvelles qui venaient à l'appui de mes théories. La lumière se faisait peu à peu et cela devenait inquiétant pour mes adversaires, car, en Gironde notamment, on arrachait les vignes greffées pour retourner à l'ancienne culture. Aussi M. Viala crut devoir intervenir en publiant un article destiné à rassurer les viticulteurs.

Comme il m'avait cité dans cet article, et m'avait prêté des phrases que je n'avais pas écrites, j'en profitai pour envoyer une lettre de rectification qu'il inséra dans sa *Revue de Viticulture* en supprimant les passages qui pouvaient le gêner. Je l'obligeai, par ministère d'huissier, à insérer intégralement ma première lettre avec une seconde. Cela me valut de nouvelles attaques et enfin la publication dans la *Revue de Viticulture* de mon article du *Times* que les lecteurs de ce journal n'avaient connu que par des analyses tendancieuses.

J'adressai à M. Viala une troisième réponse qui cette fois ne prêtait prise à aucune échappatoire et dont voici les passages principaux [1] :

« La probité scientifique et la loyauté la plus élémentaire exigent qu'en citant un auteur on reproduise exactement ses phrases et que l'on donne toutes les références capables de permettre au lecteur la facile *vérification des textes*. Chacun peut s'assurer que j'ai toujours opéré ainsi, mais j'ai le regret de constater que certains Américanistes — et vous êtes du nombre — n'ont point montré les mêmes scrupules. »

Après avoir donné comme première preuve la phrase qui me valut le retrait de ma

[1] Voir LUCIEN DANIEL, L'affaire du *Times* (*L'Œnophile*, 1912); voir aussi tous les documents relatifs à la polémique de 1912 entre M. Viala et moi et qui, avec une louable impartialité, furent reproduits *in extenso* dans ce journal pour permettre à ses lecteurs de juger en parfaite connaissance de cause.

mission, je sommai mes adversaires de me dire où ils avaient pris les lignes qu'ils m'attribuaient si généreusement. J'ajoutai ensuite :

« Une seconde preuve, c'est la phrase suivante que vous m'avez prêtée (et j'en pourrais citer d'autres) : « *La vigne sauvage d'Amérique infuse dans son greffon français les détestables qualités acerbes, foxées, acides, fades de son fruit, et vient ainsi changer en un » breuvage affreux les qualités de finesse et le bouquet si remarquables de nos grands vins.* » (*Revue de Viticulture*, 21 décembre 1911, p. 689.)

« Quand je vous ai défié de justifier cette citation en indiquant sa source, vous m'avez répondu : « M. Daniel veut vraiment ignorer son article du *Times ;* il devrait bien le relire » puisqu'il l'a oublié. » Je l'ai lu et relu ; vos lecteurs en auront fait autant et, pas plus que moi, ils n'auront pu y trouver cette phrase, car j'ai dit textuellement : « *Les vins de greffe » n'avaient point la constitution des anciens vins ; ils étaient plus vite bons à boire, mais plus » vite usés et plus sensibles aux maladies. Pour les vins de grands crus, la bonification » prématurée est un grave défaut. Un vin agréable à boire à la sortie de la cuve est incapable » de fournir une grande bouteille.* »

» Et plus loin, me basant sur les déséquilibres de nutrition causés par les *variations de l'alimentation* des greffes et non sur l'*hybridation* asexuelle, j'ai ajouté : « *On s'explique » ainsi que, malgré les incontestables progrès de la vinification, les vins de crus aient perdu » par la greffe leurs caractères distinctifs. Ils ne sont plus comparables aux anciens vins : » c'est là le fait brutal.* »

» Voilà, Monsieur, ce qui se trouve dans mon article du *Times* à propos des grands crus, mais cela ne ressemble en rien à la phrase que vous avez inventée de toutes pièces. Je me borne à vous mettre en présence du fait, laissant à l'homme de science et au praticien le soin de nous juger. »

Mis au pied du mur, M. Viala refusa d'insérer cette réponse en se lançant dans le maquis de la procédure. Je ne voulus pas l'y suivre, pareil procédé portant en lui-même sa signification. Je me bornai à écrire une brochure intitulée *L'Affaire du Times*, Bordeaux, 1912, mettant les choses au point et dans laquelle figure une partie des documents probants que je possède. Cette brochure arrêta net les attaques, et cela se conçoit. Mais, comme j'avais cité les noms des membres du Bureau de la Société régionale de Viticulture de Lyon qui avaient accepté de présenter le vœu où figurait la phrase inventée pour me faire supprimer ma mission, l'un d'eux, l'honorable Dr Grandclément, m'adressa une lettre ouverte où je trouve les phrases suivantes qui jettent une vive lumière sur les actes de mes adversaires. (Voir *Supplément à l'affaire du Times*, Bordeaux, 1913, dans *L'Œnophile* et dans la brochure spéciale tirée à part.)

Après avoir indiqué qu'il se croit « obligé de me dire pourquoi il avait protesté alors », le Dr Grandclément ajoute :

« Inutile de vous dire que, malgré notre protestation, nous n'avons jamais cessé d'avoir pour vous un profond respect et l'estime la plus grande. Au reste, la droiture de vos intentions, en cette circonstance, a été et continue à être pour tout le monde au-dessus de tout soupçon, croyez-le bien, malgré les protestations un peu aigres et les attaques, souvent un peu vives, dont vous avez été l'objet. »

Je profitai de cette lettre ouverte pour demander au Dr Grandclément quel était celui qui avait inventé la phrase qui m'était reprochée. Le Dr Grandclément l'ignorait et il ne put, malgré sa bonne volonté — et je sais qu'il était sincère — me renseigner comme je l'eusses désiré.

Je terminai dès lors ma défense par l'épilogue suivant qui clôt pour moi l'*Affaire du Times*, mais qu'il est nécessaire de faire figurer ici comme un document d'histoire.

ÉPILOGUE

« *Je dis ce que je dis et nullement ce qu'on assure que j'ai voulu dire, et je réponds » encore moins de ce qu'on me fait dire et que je ne dis point.* »

« Ainsi s'exprimait La Bruyère dans un de ses discours à l'Académie, à un moment où une puissante cabale s'acharnait contre lui.

» A moi aussi, à propos de l'*Affaire du Times*, des Américanistes peu scrupuleux ont prêté des intentions que je n'ai jamais eues et ont fait dire des choses que je n'ai pas dites. *Si parva licet componere magnis*, je ne pourrais qu'être flatté de m'être vu traiter à la façon de l'immortel auteur des *Caractères*.

***

« Comme Diogène, sa lanterne à la main, cherchant en vain un homme, j'ai sans succès demandé à tous les échos quel est l'inventeur de la phrase qui me fut si amèrement reprochée en 1908, et qui me valut le retrait de ma mission. J'aurais vivement désiré discuter avec lui, et, s'il était de bonne foi comme je l'avais d'abord supposé, le convaincre qu'il s'était trompé et sur mes intentions et sur le sens de mon article.

» Il est resté sourd à mes appels répétés et continue à se cacher dans l'ombre comme celui qui a commis une action honteuse. Il n'a pas le courage de prendre la responsabilité de ses actes et s'abrite prudemment derrière ceux qu'il a su mettre en avant. En présence d'une telle tactique et d'une telle obstination, ne suis-je pas autorisé, tant qu'il ne se sera pas fait connaître, à le considérer comme un vulgaire calomniateur, ayant *sciemment* et *méchamment* agi dans le but de me nuire ?

» Ce sont là, heureusement, des mœurs jusqu'ici inconnues dans le monde scientifique.

***

» Pourtant ce calomniateur aurait dû, avant d'agir ainsi, méditer ces paroles de La Bruyère, particulièrement justes dans le cas présent :

« *C'est se venger contre soi-même et donner un trop grand avantage à ses ennemis que » de leur imputer des choses qui ne sont pas vraies et de mentir pour les décrier. — Un » innocent condamné est l'affaire de tous les honnêtes gens.* »

» Dans ces conditions, je serais presque tenté de dire que cet homme, en opérant ainsi, m'a fait la part trop belle.

» La vérité est en marche, disais-je dans ma brochure récente sur l'*Affaire du Times*. Aujourd'hui la vérité est sortie du puits américaniste, inondant de sa clarté les pseudo-justiciers qui me firent blâmer, à l'aide de documents inexacts, à un moment où cependant, de l'avis du Dr Grandclément lui-même, tous mes adversaires savaient que j'avais pensé défendre une cause bonne et juste et rendre un signalé service à notre pays.

***

» Les réparations nécessaires ne sont pas encore venues, mais je puis les attendre sans trop d'impatience. Elles viendront un jour, et ce jour ne saurait être trop éloigné, car *faire attendre la justice, c'est continuer l'injustice.*

» Pour moi, l'*Affaire du Times* est désormais close. Ayant obligé mes adversaires à reconnaître ma *bonne foi* et réduit les plus intransigeants d'entre eux à un *silence significatif*, je vais de nouveau me consacrer à l'étude des effets du greffage, ne regrettant rien, si ce n'est le temps précieux que l'on m'a fait perdre à me défendre et que j'aurais pu mieux employer au service de la science et du pays.

» 10 octobre 1912.

» Lucien DANIEL. »

UN DERNIER MOT

« Acta est fabula. »

Le calomniateur ne s'est pas fait connaître, bien qu'il soit connu de quelques-uns qui l'ont jugé comme il le mérite. Mais depuis la publication du précédent épilogue, se sont passés d'intéressants événements qui m'obligent à ajouter ici un dernier mot.

La Science a marché; des recherches désintéressées, effectuées en France et à l'étranger, m'ont pleinement donné raison. Aujourd'hui les faits ne sont plus niés que par ceux dont ils gênent les intérêts. On ne lutte pas indéfiniment contre la vérité scientifique; quoi qu'on fasse, elle finit par triompher de l'erreur. Ce qui devait fatalement se produire un jour est arrivé. Mes méthodes sont entrées dans la pratique viticole. Les hybrides Baco, améliorés par des greffages systématiques, ont fait rapidement leur chemin, à la suite de ceux de MM. Jurie et Castel. Enfin, en Gironde, de louables efforts sont faits en vue de la conservation des vieilles vignes.

Au printemps de 1914, j'ai été de nouveau chargé par le ministère de l'Agriculture d'étudier les applications de la greffe au perfectionnement des plantes horticoles. J'ai été accrédité par le ministère des Affaires étrangères près de ses agents à l'étranger, dans le but de faciliter l'accomplissement de la mission qui m'était confiée. La réparation que j'attendais est donc enfin venue; *pede claudo*, me dira-t-on avec Horace(¹). Peut-être, mais elle est venue et je n'en désirais pas davantage. Le souvenir des calomnies passées n'est pas aujourd'hui pour moi sans douceur : *et hæc meminisse juvabit* (²). Mon calomniateur ne pourra jamais en dire autant.

Tout est donc bien qui finit bien. J'étais d'ailleurs tranquille avant que justice me fût rendue : ma conscience me disait que j'avais bien agi. Je savais que la postérité, impartiale parce que désintéressée, rendrait hommage à ma mémoire et proclamerait la sincérité de mes recherches. Il ne m'a pas été désagréable de voir le ministère qui m'avait autrefois injustement blâmé recourir de nouveau aux services du vieux lutteur et reconnaître ainsi que je n'avais pas démérité.

J'ai été heureux d'accepter une seconde mission, oubliant bien volontiers les tracasseries et les épreuves subies au cours de la première. J'ai en effet pour principe qu'un Français digne de ce nom ne peut avoir de rancune contre son pays et se doit tout entier à celui-ci, eût-il été payé de son dévouement par la plus noire ingratitude.

Ne disons jamais avec Scipion l'Africain :

Ingrate patrie, tu n'auras pas mes os.

C'est un blasphème. Les méchants passent; la patrie demeure, toujours noble et belle, toujours digne de l'amour de ses enfants. Les taches du soleil peuvent produire des perturbations atmosphériques désagréables; celles-ci sont momentanées et nous font mieux apprécier la bienfaisance de ses rayons dans les beaux jours.

Rennes, le 1er juillet 1914.

Lucien DANIEL.

(¹) Horace, Livre III, Ode II, 32.
(²) Virgile, *L'Énéide*, Livre I, 203.

TABLE DES DESSINS

TABLE DES MATIÈRES

DEUXIÈME PARTIE

Les vignes américaines et la reconstitution *(suite)*.

Bordeaux. — Imp. GOUNOUILHOU, 9-11, rue Guiraude.